Phare *collection dirigée par Christian LEBŒUF*

MPSI

Problèmes avec indications
et corrigés détaillés
pour assimiler tout le programme

nouveau programme

Maths

Walter DAMIN
Agrégé de l'Université
Professeur en classe préparatoire scientifique
au lycée Déodat de Sévérac (Toulouse)

ellipses

Dans la même collection

MATHS – MPSI. Exercices corrigés, nouveau programme, par E. Goldsztejn, 304 pages, 2003

MATHS – MPSI. Problèmes corrigés, nouveau programme, par W. Damin, 288 pages, 2004

MATHS – PCSI, 1re période. Exercices corrigés, nouveau programme, par W. Damin, 320 pages, 2003

MATHS – PCSI, 2e période. Exercices corrigés, nouveau programme, par W. Damin, 288 pages, 2004

MATHS – PTSI-PT. Exercices corrigés, par L. Girard, 320 pages, 1998

MATHS – PT. Problèmes corrigés, par L. Girard, 240 pages, 2000

MATHS – PT. Problèmes corrigés, volume 2, par L. Girard, 208 pages, 2003

MATHS – MP-MP. Exercices corrigés,* par E. Merle, 448 pages, 2000

MATHS – PSI-PSI. Exercices corrigés,* par D. Léger, 400 pages, 2000

MATHS – ECS 1/2. Exercices corrigés, par S. Berthommé, 400 pages, 2001

MATHS – ECS 2/2. Exercices corrigés, par S. Berthommé, 272 pages, 2002

MATHS – ECE. Exercices corrigés, par B. Bouissou et M. Rondeau, 320 pages, 2002

MATHS – BCPST/VETO, 1re année. Exercices corrigés, par J.-P. Grenier et F. Grenier, 448 pages, 2004

PHYSIQUE – MPSI, nouveau programme, par J.-L. Wintz, 416 pages, 2003

PHYSIQUE – PCSI, nouveau programme, par M. Douard et J.-L. Wintz, 448 pages, 2003

PHYSIQUE – PC-PC,* par A. Colin, 512 pages, 2002

ISBN 2-7298-1869-3

www.editions-ellipses.fr

AVANT-PROPOS

Ce recueil de problèmes couvre le programme de mathématiques de la classe préparatoire de première année MPSI. L'ordre adopté est l'ordre majoritairement suivi par les enseignants de cette filière.

Les problèmes sont structurés ainsi :

1) **Les notions prérequises**, qui permettent au lecteur de savoir rapidement s'il a vu la partie du cours nécessaire pour sa résolution. Ceci est repris dans la table des matières avec une indication de la difficulté de chaque problème (de facile : ● ❍ ❍ ❍ ❍ à difficile : ❍ ❍ ❍ ❍ ●).

2) **La durée du problème**. Cette durée n'est bien entendu qu'indicative, mais il est conseillé de faire une pause au bout du temps imparti, afin d'évaluer la fraction du problème effectivement traitée.

3) **L'énoncé** !

4) **Le décryptage de l'énoncé**, qui est à lire avant la correction et que l'on trouve dans la plupart des problèmes de ce livre. Il permet de donner une vue plus globale du problème, de préciser son origine... Il peut aussi mettre en lumière une question difficile et aider à prendre une direction pour sa résolution.

5) **Le corrigé détaillé du problème**.

6) **Des commentaires**, quand le sujet s'y prête. Ils permettent au lecteur curieux de prolonger le thème abordé, par exemple par quelques remarques sur les théorèmes utilisés, par l'utilisation pratique des notions introduites, ou par des illustrations à l'aide du logiciel **Maple**...

La plupart des problèmes sont très abordables et la difficulté est presque toujours graduée. Ce sont souvent des problèmes de base, certains des énoncés illustrent des notions qu'il est bon de connaître, d'autres sont des fragments un peu arrangés de sujets de concours (concours des Mines de première année, Concours Communs Polytechniques, ...), d'autres enfin sont tout simplement des applications directes du cours. Tous permettent de se préparer aux classiques devoirs surveillés que l'étudiant de MPSI trouvera sur son chemin tout le long de l'année.

L'auteur accueillera avec reconnaissance les critiques et suggestions que le lecteur voudra bien lui faire parvenir, aux bons soins des éditions Ellipses.

TABLE DES MATIÈRES

Problème n° 1 _____________ *Durée estimée : 1 heure*

Prérequis :

Nombres complexes, module et argument d'un nombre complexe.

ÉNONCÉ

On note j le nombre complexe $\cos \frac{2\pi}{3} + i \sin \frac{2\pi}{3}$. Le problème est axé sur certaines propriétés de ce complexe.

I : Propriétés de j

1°) Vérifier que $j^3 = 1$, que $j^2 = \overline{\jmath}$ et enfin que $1 + j + j^2 = 0$.

2°) Résoudre dans $\mathbb{C}$ l'équation $z^3 = 1$, exprimer les solutions sous forme de puissances de j.

3°) On rapporte le plan affine euclidien $\mathcal{P}$ à $(O, \vec{\imath}, \vec{\jmath})$ repère orthonormal direct et on note A, B et C les points de $\mathcal{P}$ d'affixes respectives $1, j$ et $\overline{\jmath}$. Que peut-on dire du triangle (ABC) ? Quel est son centre de gravité ?

4°) Soient p et q deux entiers naturels non nuls, déterminer tous les complexes z tels que l'on ait à la fois

$$z^p = 1 \text{ et } (z+1)^q = 1.$$

II : Ecriture d'un complexe dans $\{1, j\}$

1°) Démontrer que tout nombre complexe $z = a + ib$ avec $(a, b) \in \mathbb{R}^2$ peut s'écrire de manière unique sous la forme $x + jy$ avec x et y réels. Exprimer x et y en fonction de a et b puis a et b en fonction de x et y.

2°) Soient $z = x + jy$ et $z' = x' + jy'$ (avec x, y, x' et y' réels) deux nombres complexes. Mettre sous la forme $A + jB$ (avec A et B réels) chacun des nombres complexes suivants, le dernier étant défini pour $z \neq 0$,

$$z + z', zz', jz, j^2z, \overline{z}, |z|^2, z^{-1}.$$

III : Combinaisons linéaires entières

On pose dans cette partie $E = \{x + jy, (x, y) \in \mathbb{Z}^2\}$ et $\mathcal{U}$ désigne l'ensemble des élements z de E tels qu'il existe $z' \in E$ tel que $zz' = 1$.

1°) Vérifier que la somme, la différence et le produit de deux éléments de E est un élément de E.

2°) Montrer que pour tout $z \in E$, $|z|^2$ est un entier positif ou nul.

3°) Montrer l'équivalence ($z \in \mathcal{U} \iff z \in E$ et $|z| = 1$)

4°) En déduire que $\mathcal{U}$ est constitué de six éléments à déterminer en fonction de j ou de puissances de j.

Décryptage du sujet :

Le but du problème est de donner quelques utilisations du nombre complexe j à ne pas confondre avec le i des physiciens qu'ils notent j aussi.
Dans la partie I, on s'interesse surtout aux relations entre j et j^2, **qui sont à connaître absolument** et à l'interprétation de j dans le plan complexe. On met l'accent dans la partie II sur le fait que tout nombre complexe peut s'écrire comme combinaison linéaire de 1 et de j, on dit que $\{1, j\}$ est une base de $\mathbb{C}$, notion qui sera vue plus tard dans l'année. Dans la partie III, on utilise le fait que l'addition, la différence et le produit de deux entiers relatifs reste un entier relatif ce qui va permettre d'étudier les opérations sur les nombres complexes $a + bj$, avec a et b entiers relatifs. Dans la question III-4, on exprimera $x^2 - xy + y^2$ sous forme de somme de deux carrés.

CORRIGÉ

Partie I

1°) Comme $j = e^{i\frac{2\pi}{3}}$, on remarque que :

$$j^3 = e^{i2\pi} = 1, j^2 = e^{i\frac{4\pi}{3}} = e^{-i\frac{2\pi}{3}} = \overline{j}$$

D'autre part : $0 = j^3 - 1 = (j-1)(j^2 + j + 1)$ et comme $j \neq 1$, il reste :

$$1 + j + j^2 = 0$$

2°) C'est du cours, immédiatement, on a : $z^3 = 1 \Longleftrightarrow z \in \{e^0, e^{i\frac{2\pi}{3}}, e^{i\frac{4\pi}{3}}\}$

$$\mathcal{S} = \{1, j, j^2\}.$$

3°) On a : $j^2 - 1 = (j+1)(j-1) = -j^2(j-1) = e^{i\frac{\pi}{3}}(j-1)$.

Ainsi on passe du vecteur $\overrightarrow{AB}$ au vecteur $\overrightarrow{AC}$ par la rotation de centre A et d'angle $\frac{\pi}{3}$: le triangle (ABC) est équilatéral.

De plus, le centre de gravité ou isobarycentre de (A, B, C) a pour affixe $1 + j + j^2$ et coïncide donc avec l'origine O.

4°) Etant donné que le problème parle beaucoup de j, on peut essayer cette valeur et remarquer que sous certaines conditions de p et q, j est solution. En brûlant encore quelques neurones, on remarque que j^2 est encore solution sous certaines conditions.
La difficulté est de savoir s'il y a d'autres solutions.

On doit déjà nécessairement avoir $|z| = 1$ et $|z + 1| = 1$ (puisque si z est solution, z est une racine $p^{\text{ème}}$ et $(z + 1)$ une racine $q^{\text{ème}}$ de l'unité. Dans le plan complexe, le point M d'affixe z est situé à la fois sur le cercle de centre O et de rayon 1 (c'est le cercle trigonométrique) et sur le cercle de centre $(-1, 0)$ et de rayon 1. Un petit dessin ou un calcul montrent que ces deux cercles ont pour seuls points d'intersection les points d'affixe j et j^2.
Les seules solutions possibles sont bien j et j^2.
Réciproquement, quelles sont les conditions sur p et q pour que j ou j^2 convienne ?
On commence par remarquer que les équations étant à coefficients réels, j est solution si et seulement si $\overline{j} = j^2$ est solution. Il suffit donc de voir quand j est solution.

On écrit :

$$j^p = e^{i\frac{2p\pi}{3}} = 1 \text{ et } (1+j)^q = (-j^2)^q = \left(e^{i\frac{\pi}{3}}\right)^q = e^{i\frac{q\pi}{3}} = 1$$

On en déduit que j est solution si et seulement si p est un multiple de 3 et q un multiple de 6. En conclusion :
Si p est multiple de 3 et q multiple de 6, l'ensemble des solutions est $\{j, j^2\}$ et si p n'est pas multiple de 3 ou q n'est pas multiple de 6, l'ensemble des solutions est vide.

Partie II

1°) On écrit $x + jy = x + \frac{1}{2}(-1 + i\sqrt{3})y = (x - \frac{1}{2}y) + i\,\frac{\sqrt{3}}{2}\,y$.
Comme a, b, x, y sont réels, nous avons l'équivalence :

$$a + ib = x + jy \iff \begin{cases} a = x - \dfrac{1}{2}\,y \\ b = \dfrac{\sqrt{3}}{2}\,y \end{cases}$$

et donc :

$$y = \frac{2}{\sqrt{3}}\,b, x = a + \frac{1}{2}\,y = a + \frac{1}{\sqrt{3}}\,b$$

[*Nous verrons plus tard dans le cours que ce que nous venons de démontrer est que* $(1, j)$ *est une base de* $\mathbb{C}$ *en tant qu'espace vectoriel sur* $\mathbb{R}$.]

2°) Il suffit de faire les calculs, en utilisant les relations : $\overline{j} = j^2 = -1 - j$.

$z + z' = (x + x') + j(y + y')$, $zz' = (xx' - yy') + j(xy' + x'y - yy')$,
$jz = -y + j(x - y)$, $j^2 z = (-x + y) - jx$, $\overline{z} = (x - y) - jy$,
$|z|^2 = z\overline{z} = x^2 - xy + y^2$, $z^{-1} = \dfrac{\overline{z}}{|z|^2} = \dfrac{x - y}{x^2 - xy + y^2} + j\,\dfrac{-y}{x^2 - xy + y^2}$

Partie III

1°) La somme, la différence, le produit de deux entiers étant entiers, on vérifie sans difficulté que la somme et le produit de deux éléments de E est dans E.

[*Nous verrons plus tard dans l'année que l'on dit que* E *est un sous anneau de* $\mathbb{C}$.]

2°) Soit $z = x + jy$ un élément de E, on a : $|z|^2 = x^2 - xy + y^2$, ce qui montre que $|z|^2$ est un entier. De plus, comme un module est positif ou nul, cet entier est positif ou nul.

3°) Soit $z \in \mathcal{U}$, il existe z' de E tel que $zz' = 1$. On en déduit donc $|z|^2\,|z'|^2 = 1$ et comme $|z|$ et $|z'|$ sont des entiers naturels, nécessairement $|z| = |z'| = 1$.
Réciproquement, soit $z = x + jy \in E$ tel que $|z| = 1$, on a $\overline{z} \in E$ et $z\overline{z} = 1$, donc $z \in \mathcal{U}$.

4°) Soit $z = x + jy \in E$, on a : $z \in \mathcal{U} \iff x^2 - xy + y^2 = 1$. Or, on peut écrire

$$x^2 - xy + y^2 = (x - \frac{1}{2}y)^2 + \frac{3}{4}y^2.$$

La condition $x^2 - xy + y^2 = 1$ implique $\frac{3}{4}y^2 \leqslant 1$ ou encore $y^2 \leqslant \frac{4}{3}$. Donc nécessairement, y étant entier, il prend ses valeurs dans $\{-1, 0, 1\}$. En reportant ces différentes valeurs de y dans $x^2 - xy + y^2 = 1$, on obtient

$$(x, y) \in \{(-1, -1), (-1, 0), (0, -1), (0, 1), (1, 0), (1, 1)\}$$

c'est-à-dire $\mathcal{U} = \{j^2, -1, -j, j, 1, -j^2\}$.

Problème n° 2 — *Durée estimée : 3 heures*

Prérequis :

Nombres complexes, équations algébriques.

ÉNONCÉ

Les trois parties sont indépendantes et peuvent être traitées dans n'importe quel ordre.

I : Résolution connaissant un type de racine

On pose, pour tout nombre complexe z,

$$f(z) = z^4 + 4z^3 + 6z^2 + (6 - 2i)z + 3 - 2i,$$

et on note (E) l'équation $f(z) = 0$.

1°) Montrer que (E) possède une, et une seule, solution réelle z_0 que l'on déterminera. En déduire une factorisation de $f(z)$ sous la forme :

$$f(z) = (z - z_0)(z^3 + az^2 + bz + c),$$

où (a, b, c) est un triplet de complexes à déterminer.

2°) Vérifier que (E) possède une solution imaginaire pure notée z_1 que l'on déterminera. En déduire les deux dernières solutions z_2 et z_3 de (E).

3°) On munit le plan affine $\mathcal{P}$ d'un repère orthonormal direct $(O, \vec{u}, \vec{v})$. On appelle M_k le point de $\mathcal{P}$ d'affixe z_k pour k variant de 0 à 3. Montrer que $(M_1M_2M_3)$ est un triangle équilatéral dont le centre de gravité (point de concours des médianes) est M_0.

II : Résolution d'une équation réciproque du 4-ème degré

On se propose ici de résoudre dans $\mathbb{C}$ l'équation (E)

$$z^4 - 5z^3 + 6z^2 - 5z + 1 = 0.$$

1°) Montrer que cette équation est équivalente au système :

$$u^2 - 5u + 4 = 0, u = z + \frac{1}{z}$$

2°) Résoudre dans $\mathbb{C}$, $u^2 - 5u + 4 = 0$. On note u_1 et u_2 ses solutions. Résoudre alors $z + \frac{1}{z} = u_k$, pour $k \in \{1, 2\}$. En déduire les solutions de (E).

3°) Déduire des questions précédentes une méthode de résolution dans $\mathbb{C}$ d'une équation du type $z^4 + az^3 + bz^2 + az + 1 = 0$, où $(a, b) \in \mathbb{C}^2$,

On pourra illustrer de façon algorithmique.

III : Résolution d'une équation de degré 3

On considère une équation du type

$$a_3z^3 + a_2z^2 + a_1z + a_0 = 0,$$

où $(a_0, a_1, a_2, a_3) \in \mathbb{R}^4$ avec $a_3 \neq 0$.

1°) Démontrer que si on remplace l'inconnue z par $Z = z + \frac{a_2}{3a_3}$, on se ramène à une équation, notée (1), du type $Z^3 + pZ + q = 0$, où p et q sont deux réels à déterminer en fonction de a_0, a_1, a_2 et a_3.

2°) Soit Z solution de (1), on cherche u et v deux complexes tels que

$$u + v = Z \text{ et } uv = -\frac{p}{3}.$$

Démontrer que u^3 et v^3 sont solutions d'une équation de degré 2, notée (2) que l'on déterminera.

3°) On pose $\Delta = \frac{1}{27}(4p^3 + 27q^2)$. Déterminer les solutions de (1) en distinguant les trois cas $\Delta = 0, \Delta > 0$ et $\Delta < 0$.

4°) Appliquer la méthode précédente à l'équation

$$z^3 + 12z^2 + 42z + 44 = 0.$$

5°) Ecrire un algorithme de donnée un polynôme P de degré 3 et qui calcule et affiche ses racines en suivant les étapes développées dans les trois premières questions.

Décryptage du sujet :

Le problème est axé essentiellement sur trois méthodes différentes de résolution d'équations polynomiales de degré 3 ou de degré 4.
Dans la première partie, on sait à l'avance que des solutions sont réelles ou imaginaires pures. Cela peut paraître artificiel, ceci dit, prenons un problème physique qui débouche sur une telle équation. Et supposons que l'on sache que physiquement il y a au moins une solution réelle, cela donne un sens à la méthode.
Les deux autres parties proposent des méthodes plus systématiques. Voir d'ailleurs les commentaires sur la méthode de la partie III. On notera que les parties II et III débouchent sur une mise en place algorithmique, il est clair qu'un ordinateur (ou une calculatrice performante) muni d'un logiciel de calcul formel, genre Maple, permettra un aboutissement plus ludique qu'un simple bout de papier.

CORRIGÉ

Partie I

1°) Si z est réel, $\operatorname{Im} f(z) = -2(z+1)$ et donc $z_0 = -1$ est la seule racine réelle possible. On vérifie aisément que $z_0 = -1$ est effectivement racine.

Sans trop de difficulté, par exemple par identification (la méthode de division euclidienne d'un polynôme par un autre ne sera vue que plus tard dans l'année) on aboutit à :

$$f(z) = (z+1)(z^3 + 3z^2 + 3z + 3 - 2i)$$

2°) Posons $z = \alpha i$, avec $\alpha \in \mathbb{R}$, comme $z + 1 \neq 0$:

$$f(z) = 0 \iff z^3 + 3z^2 + 3z + 3 - 2i = 0 \iff 3(1-\alpha^2) + (-\alpha^3 + 3\alpha - 2)i = 0$$

$$\iff \alpha^2 = 1 \text{ et } -\alpha^3 + 3\alpha - 2 = 0$$

$\alpha = 1$ est la seule solution et $z_1 = i$. Puis il reste à procéder comme dans la question précédente par identification et :

$$z^3 + 3z^2 + 3z + 3 - 2i = (z - i)(z^2 + (3 + i)z + 3i + 2)$$

D'où :

$$f(z) = (z + 1)(z - i)(z^2 + (3 + i)z + 3i + 2).$$

La résolution de l'équation du second degré résiduelle est classique :
son discriminant est $\Delta = (3 + i)^2 - 4(3i + 2) = -6i = 6.\mathrm{e}^{-i\frac{\pi}{2}}$. Les racines carrées de Δ sont $\pm\sqrt{6}.\mathrm{e}^{-i\frac{\pi}{4}} = \pm\sqrt{3}(1 - i)$, et les racines de l'équation sont :

$$z_2 = \frac{1}{2}\big(\sqrt{3} - 3 - i(1 + \sqrt{3})\big) \text{ et } z_3 = -\frac{1}{2}\big(\sqrt{3} + 3 + i(1 - \sqrt{3})\big)$$

3°) Notons que la numérotation choisie z_2 et z_3 est arbitraire, mais que si on inverse les rôles de z_2 et z_3 cela ne changera pas la nature du triangle $M_1M_2M_3$!
On écrit :

$$\begin{aligned} z_2 - z_1 &= \frac{1}{2}\big(\sqrt{3} - 3 - i(3 + \sqrt{3})\big) = -\frac{1}{2}\big(3 + 3i + \sqrt{3}(i - 1)\big) \\ &= -\frac{1}{2}\big(3 + 3i + i\sqrt{3}(1 + i)\big) = -\frac{1 + i}{2}(3 + i\sqrt{3}), \end{aligned}$$

On trouve de même : $z_3 - z_1 = -\dfrac{1 + i}{2}(3 - i\sqrt{3})$.
Il en découle que :

$$\frac{z_2 - z_1}{z_3 - z_1} = \frac{3 + i\sqrt{3}}{3 - i\sqrt{3}} = \frac{(3 + i\sqrt{3})^3}{12} = \frac{6 + 6\sqrt{3}\,i}{12} = \frac{1 + i\sqrt{3}}{2} = \mathrm{e}^{i\frac{\pi}{3}}.$$

Le point M_2 se déduit du point M_3 dans la rotation de centre M_1 et dont l'angle a pour mesure $\frac{\pi}{3}$. Le triangle $M_1M_2M_3$ est donc équilatéral. L'affixe de l'isobarycentre est

$$\frac{1}{3}(z_1 + z_2 + z_3) = -1 = z_0.$$

[*Le calcul effectué pour $z_2 - z_1$ est assez artificiel. On peut bien entendu se contenter de calculer directement $\frac{z_2 - z_1}{z_3 - z_1}$ à l'aide des expressions des racines. Le résultat est heureusement le même !*]

Partie II

1°) On remarque que 0 n'est pas solution de l'équation (E) et on peut donc diviser sans honte par z^2, on obtient :

$$(E) \Longleftrightarrow z^2 - 5z + 6 - \frac{5}{z} + \frac{1}{z^2} = 0$$

Comme $u = z + \frac{1}{z} \Longrightarrow u^2 = \big(z + \frac{1}{z}\big)^2 = z^2 + \frac{1}{z^2} + 2$, on a : $u^2 - 2 = z^2 + \dfrac{1}{z^2}$ et on obtient $(E) \Longleftrightarrow u^2 - 5u + 4 = 0$ et $u = z + \dfrac{1}{z}$.

2°) On a : $u^2 - 5u + 4 = (u - 1)(u - 4)$ et on trouve donc :

$$u^2 - 5u + 4 = 0 \Longleftrightarrow u \in \{1, 4\}.$$

$$z + \frac{1}{z} = 4 \Longleftrightarrow z^2 - 4z + 1 = 0 \Longleftrightarrow z \in \{2 - \sqrt{3}, 2 + \sqrt{3}\}\,;$$

$$z + \frac{1}{z} = 1 \Longleftrightarrow z^2 - z + 1 = 0 \Longleftrightarrow z \in \Big\{\frac{1 + i\sqrt{3}}{2}, \frac{1 - i\sqrt{3}}{2}\Big\}.$$

3°) L'équation proposée dans la première question porte le nom **d'équation réciproque.** Il s'agit d'une équation de degré 4 du type (E') :

$$z^4 + az^3 + bz^2 + az + 1 = 0$$

que l'on sait résoudre par le changement d'inconnue $u = z + \frac{1}{z}$. D'où la méthode de résolution suivante : on divise par z^2, puis on remplace l'inconnue z par $u = z + \frac{1}{z}$, on obtient :

$$(E'') : u^2 + au + b - 2 = 0$$

Le discriminant de (E'') est $\Delta = a^2 - 4b + 8$, il peut être éventuellement nul ce qui donne une solution double dans ce cas.
Les solutions de (E'') étant u_1 et u_2, on se ramène à deux équations (voire une seule si $u_1 = u_2$) du second degré en z ce qui donne quatre solutions non nécessairement distinctes.

On laisse au lecteur le soin de faire un algorithme de données a et b dans $\mathbb{C}$, fournissant d'abord u_1 et u_2 puis les solutions de (E'). En revanche, on va faire une illustration Maple :

Un zeste de Maple :

```
> RESOL := proc(a,b) :
> P := z∧4+a∗z∧3+b∗z∧2+a∗z+1 : Q := u∧2+a∗u+b-2 :
> print(‘l’equation de depart est ‘, P = 0) :
> print(‘l’equation en u est ‘, Q = 0) :
> u1 := solve(Q = 0)[1] : u2 := solve(Q = 0)[2] : print(u1,u2) :
> alpha := solve(u1 = z+1/z) : beta := solve(u2 = z+1/z) :
> print(alpha,beta) : end ;
```

Ce qui donne pour notre exemple :

```
> RESOL(-5,6) ;
```

l'equation de depart est $z^4 - 5z^3 + 6z^2 - 5z + 1 = 0$

l'equation en u est $u^2 - 5u + 4 = 0$

$$1, 4$$

$$\frac{1}{2} - \frac{\sqrt{3}}{2}i, \frac{1}{2} + \frac{\sqrt{3}}{2}i, 2 + \sqrt{3}, 2 - \sqrt{3}$$

Partie III

1°) On commence par diviser par $a_3 \neq 0$, puis on utilise $z = Z - \frac{a_2}{3a_3}$, on obtient :

$$\left(Z - \frac{a_2}{3a_3}\right)^3 + \frac{a_2}{a_3}\left(Z - \frac{a_2}{3a_3}\right)^2 + \frac{a_1}{a_3}\left(Z - \frac{a_2}{3a_3}\right) + \frac{a_0}{a_3} = 0.$$

On développe et le coefficient devant z^2 est ... nul. Il reste bien une équation du type $Z^3 + pZ + q = 0$, avec :

$$p = \frac{-a_2^2 + 3a_1a_2}{3a_3^2}, \quad q = \frac{2a_2^3 - 9a_1a_2a_3 + 27a_0a_3^2}{27a_3^2}.$$

2°) Comme $Z = u + v$ est solution de (1) :

$$(u + v)^3 + p(u + v) + q = u^3 + v^3 + (u + v)(3uv + p) + q = 0$$

et comme, par hypothèse, $uv = -\frac{p}{3}$, on obtient $u^3 + v^3 = -q$.

Réciproquement, si u et v sont tels que $u^3 + v^3 = -q$ et $uv = -\frac{p}{3}$ (ce qui entraîne $u^3v^3 = -\frac{p^3}{27}$), le calcul précédent montre que $u + v$ est solution de (1). En posant $U = u^3$ et $V = v^3$, les nombres U et V sont donc les racines (dans $\mathbb{C}$) de l'équation $X^2 + qX - \frac{p^3}{27} = 0$. Cette équation est notée (2).

[*Attention, en résolvant l'équation* (2), *on obtient une valeur pour U et une valeur pour V (à l'ordre près, ce qui est sans importance, par symétrie des écritures), ceci conduit normalement à trois valeurs possibles de u et trois valeurs possibles de v, mais comme* $uv = -\frac{p}{3}$, *le choix d'une des racines cubiques de U impose le choix de la racine cubique de V associée et* (1) *a bien* 3 *racines et non pas* 9 *!*]

3°) Notons x_1 et x_2 les solutions (éventuellement non distinctes) de (2).

• Si $\Delta = q^2 + \frac{4p^3}{27} > 0$, x_1 et x_2 sont distincts et réels, de plus, comme $uv = -\frac{p}{3}$, le produit uv est réel et on peut décider que $u^3 = x_1, v^3 = x_2$.

D'autre part, en notant $j = e^{i\frac{2\pi}{3}}$, $u^3 = x_1$ a pour solutions :

$$u_1 = x_1^{1/3}, u_2 = j\, x_1^{1/3}, u_3 = \bar{\jmath} x_1^{1/3}$$

De même l'équation $v^3 = x_2$ a pour solution $v_1 = x_2^{1/3}, v_2 = j\, x_2^{1/3}, v_3 = \bar{\jmath} x_1^{1/3}$ (la fonction $x \mapsto x^{1/3}$ est bien définie sur $\mathbb{R}$).

Comme le produit uv est réel, on doit associer u_1 et v_1, u_2 et v_3 et u_3 et v_2, et les solutions de (1) sont :

$$x_1^{1/3} + x_2^{1/3},\ jx_1^{1/3} + \bar{\jmath}x_2^{1/3},\ \bar{\jmath}x_1^{1/3} + jx_2^{1/3}$$

On remarque en passant qu'une des solutions est réelle, les deux autres sont complexes conjuguées.

• Si $\Delta = 0$, on a $x_2 = x_1$. Le calcul précédent reste valable et comme $j + \bar{\jmath} = -1$, les solutions de (1) sont :

$$2x_1^{1/3}, -x_1^{1/3}, -x_1^{1/3}$$

On remarque qu'elles sont réelles et que (1) admet une racine multiple.

• Si $\Delta < 0$, alors nécessairement $p < 0$ et uv est un réel strictement positif.

Les deux nombres x_1 et x_2 sont complexes conjugués.

Notons α une racine cubique de x_1, les solutions de l'équation $u^3 = x_1$ sont les nombres α, αj et $\alpha\bar{\jmath}$ et les solutions de $v^3 = x_2$ en sont les conjugués.

Comme $uv > 0$, on doit coupler les racines dont le produit est réel positif, (donc d'arguments opposés, donc conjuguées puisqu'elles ont le même module) et les racines de (1) sont les nombres :

$$\alpha + \overline{\alpha}, \alpha j + \overline{\alpha j}, \alpha\bar{\jmath} + \overline{\alpha}j$$

c'est-à-dire les nombres :

$$2\,\text{Ré}(\alpha),\ 2\,\text{Ré}(\alpha\,\bar{\jmath}),\ 2\,\text{Ré}(\alpha\, j)$$

On remarque en passant que les trois solutions sont réelles.

4°) On pose $Z = z + 4$ et on obtient $Z^3 - 6Z + 4 = 0$, donc ici $p = -6$ et $q = 4$.

L'équation (2) est $X^2+4X+8=0$, (ici $\Delta=-16<0$) de solutions $-2+2i$ et $-2-2i$, c'est-à-dire : $2\sqrt{2}\,e^{i\frac{3\pi}{4}}$ et $2\sqrt{2}\,e^{-i\frac{3\pi}{4}}$.
On peut donc prendre $\alpha=\sqrt{2}\,e^{i\frac{\pi}{4}}$ et les solutions de (1) sont :

$$2, 2\sqrt{2}\cos\frac{11\pi}{12}, 2\sqrt{2}\cos\frac{19\pi}{12}$$

Si vous etes doués en trigonométrie (ou si vous avez une bonne calculette), les solutions de (1) sont donc 2, $-1-\sqrt{3}$, $-1+\sqrt{3}$.

Il ne faut pas oublier d'enlever 4 à chaque de ces solutions pour avoir les solutions de l'équation de départ qui sont finalement :

$$-2, -5-\sqrt{3}, -5+\sqrt{3}.$$

5°) Effectuons directement une procédure Maple.

```
> TARTAGLIA := proc(a3, a2, a1, a0) ;
> P := a3*z∧3 + a2*z∧2 + a1*z + a0 ; nz := z-a2/(3*a3) ;
> P := expand(subs(z=nz,P)) :
> p := subs(z=0,diff(P,z)) : q := subs(z=0,P) :
>, NP := x∧2 + q*x - p∧3/27 : Delta := 1/27*(4*p∧3 + 27*q∧2) :
> if Delta > 0 then u1 := solve(NP,x)[1] : u2 := solve(NP,x)[2] :
> nz0 := (u1)∧(1/3)+(u2)∧(1/3) :
> nz1 := (u1)∧(1/3)*(-1/2 + I*sqrt(3)/2) + (u2)∧(1/3)*(-1/2-I*sqrt(3)/2) :
> nz2 := conjugate(nz1) :
> elif Delta < 0 then u1 := solve(NP,x)[1] : u2 := solve(NP,x)[2] :
> nz0 := 2*Re((u1)∧(1/3)) :
> nz1 := 2*Re((u1)∧(1/3)*(-1/2+I*sqrt(3)/2)) :
> nz2 := 2*Re((u1)∧(1/3)*(-1/2-I*sqrt(3)/2)) :
> else u1 := -q/2 : nz0 := 2*Re(u1∧(1/3)) :
> nz1 := -Re(u1∧(1/3)) : nz2 := nz1 :
> fi :
> z0 := nz0-a2/(3*a3) : z1 := nz1-a2/(3*a3) : z2 := nz2-a2/(3*a3) :
> print(' les racines sont', (evalf(z0), evalf(z1), evalf(z2))) ;
> end :
```

Si on l'applique au polynôme de la question 3 :

```
> TARTAGLIA(1,12,42,44) ;
```

les racines sont $-2, -6.73205, -3.26794$

On retrouve bien le résultat de la question 3.

Commentaires

Penchons nous un peu plus sur cette façon de résoudre les équations du troisième degré. L'origine de la méthode remonte à TARTAGLIA.
Il signore Niccolo Fontana est né à Brescia en 1499, il a commencé très mal puisqu'il été maltraité par les soldats de Louis XII et laissé pour mort en 1512. Il survît heureusement mais garda un défaut de parole ce qui le fit appeler Tartaglia

(tartagliare=bégayer en italien). Tartaglia détermina en 1535 la résolution de l'équation de degré 3 *développée plus haut. Malheureusement les problèmes de Tartaglia n'étaient pas terminés car Gerolamo Cardano (dit aussi plus simplement Cardan) a récupéré sa méthode et la publia. C'est pourquoi cette méthode porte aussi (à tort) le nom de méthode de Cardan.*
Il est à noter que si l'équation a trois racines réelles, alors les formules donnant ces racines utilisent toutes les nombres complexes (qui n'existaient pas à l'époque ! pensez à l'angoisse de ces personnes amenées à parler de racine carrée de nombres négatifs...), tandis que si elle a une seule racine réelle la formule qui la donne est réelle.

Quant aux équations de degré 4, *nous avons développé le cas des équations réciproques qui se résolvent directement, mais il faut savoir que la résolution générale découle en fait de celle des équations de degré* 3. *L'histoire commence avec Cardan (encore lui). Ludovico Ferrari entre à son service. Il en devient l'élève et bientôt s'illustre auprès de son maître par la résolution de l'équation* $x^4 + 6x^2 + 36 = 60x$. *En fait, la méthode consiste à se ramener à une équation bicarrée (*$ax^4 + bx^2 + c = 0$*), en résolvant pour cela une équation de degré* 3.

L'histoire ne s'arrête pas là et on a cherché à résoudre les équations du cinquième degré, jusqu'à ce que les travaux de deux génies précoces (Abel et Galois) mettent un terme à cette quête en démontrant qu'il ne peut exister de formule générale algébrique pour de telles équations.

Problème n° 3 — *Durée estimée : 2 heures*

Prérequis :

Notion de plan euclidien, base orthonormale, produit scalaire, cercles.

ÉNONCÉ

$\mathcal{E}$ désigne le plan euclidien, le produit scalaire de deux vecteurs $\vec{u}$ et $\vec{v}$ est noté $\vec{u} \cdot \vec{v}$. Dans tout le problème, $\vec{e}_1$ et $\vec{e}_2$ sont deux vecteurs tels que

$$\vec{e}_1 \cdot \vec{e}_1 = \vec{e}_2 \cdot \vec{e}_2 = 1 \text{ et } \vec{e}_1 \cdot \vec{e}_2 = \cos\theta,$$

où θ est un réel appartenant à $\left]0, \frac{\pi}{2}\right]$.

I : Construction d'une base orthonormale

1°) Montrer que les vecteurs $\vec{e}_1$ et $\vec{e}_2$ ne sont pas colinéaires. On peut en déduire que $(\vec{e}_1, \vec{e}_2)$ est une base du plan.

2°) Soit $\vec{u}$ et $\vec{u}'$ deux vecteurs de coordonnées respectives (α, β) et (α', β') dans la base $(\vec{e}_1, \vec{e}_2)$. Exprimer $\vec{u} \cdot \vec{u}'$ en fonction de $\alpha, \beta, \alpha', \beta'$ et θ.

3°) On note $\vec{\imath} = \dfrac{1}{2\cos(\frac{\theta}{2})}(\vec{e}_1 + \vec{e}_2)$ et $\vec{\jmath} = \dfrac{1}{2\sin(\frac{\theta}{2})}(-\vec{e}_1 + \vec{e}_2)$.

Démontrer que $(\vec{\imath}, \vec{\jmath})$ est une base orthonormale de $\mathcal{E}$. Déterminer les coordonnées de $\vec{e}_1$ et de $\vec{e}_2$ dans la base $(\vec{\imath}, \vec{\jmath})$.

II : Etude d'une application

Soit O un point de $\mathcal{E}$, D_1 (resp. D_2) est la droite affine passant par O et de vecteur directeur $\vec{e}_1$ (resp. $\vec{e}_2$). Pour tout point M de $\mathcal{E}$, on appelle M_1 (resp. M_2) la projection orthogonale de M sur D_1 (resp. D_2). Enfin, M' est le milieu de $[M_1, M_2]$.

1°) Démontrer que $\overrightarrow{OM}_1 = (\overrightarrow{OM} \cdot \vec{e}_1)\vec{e}_1$ et que $\overrightarrow{OM}_2 = (\overrightarrow{OM} \cdot \vec{e}_2)\vec{e}_2$.

2°) Soit l'application $g : \mathcal{E} \to \mathcal{E}, M \mapsto M'$. Exprimer les coordonnées (x', y') de M' dans le repère orthonormal $(O, \vec{\imath}, \vec{\jmath})$ en fonction des coordonnées (x, y) de M dans le même repère.

3°) Vérifier que g est bijective. Préciser l'ensemble des points invariants par g.

4°) Soit $(\mathcal{C})$ le cercle de centre O et de rayon 1, déterminer une équation de l'image $(\mathcal{C}')$ de $(\mathcal{C})$ par l'application g. Comment faut-il choisir θ pour que $(\mathcal{C}')$ soit un cercle ?

5°) Démontrer que quels que soient les points A et M d'images respectives A' et M' par g, on a

$$\overrightarrow{OM'} \cdot \overrightarrow{OA} = \overrightarrow{OM} \cdot \overrightarrow{OA'} \text{ et } \overrightarrow{MM'} \cdot \overrightarrow{OA} = \overrightarrow{AA'} \cdot \overrightarrow{OM}.$$

6°) Soit $\vec{\Delta}$ une direction de droite, quel est l'ensemble des points M de $\mathcal{E}$ tels que le vecteur $\overrightarrow{MM'}$ soit orthogonal à $\vec{\Delta}$?

III : Etude d'un rapport

1°) Soit λ un réel strictement positif. Comment choisir λ pour qu'il existe des points M de $\mathcal{E} \setminus \{O\}$ tels que $OM' = \lambda OM$?

(on pourra ramener ce problème à l'étude d'une équation de la forme $ax^2 + by^2 = 0$, où a et b sont des nombres dépendant de λ et de θ).

2°) En déduire que

$$\forall M \in \mathcal{E} \setminus \{O\}, \sin^2\left(\frac{\theta}{2}\right) \leqslant \frac{OM'}{OM} \leqslant \cos^2\left(\frac{\theta}{2}\right).$$

Décryptage du sujet :

Le problème est basé sur certaines propriétés d'une application dans le plan affine. Préalablement, dans la partie I, on introduit un repère orthonormal construit à partir d'un repère du plan non orthonormal. La partie II repose sur l'interprétation géométrique du produit scalaire. La partie III est un petit peu plus originale.

CORRIGÉ

Partie I

1°) Les vecteurs $\vec{e_1}$ et $\vec{e_2}$ ne sont pas nuls. Supposons par l'absurde qu'il existe un réel λ tel que $\vec{e_2} = \lambda \vec{e_1}$, alors :

$$\cos\theta = \vec{e_1} \cdot \vec{e_2} = \lambda \vec{e_1} \cdot \vec{e_1} = \lambda$$

et de plus $\vec{e_2} \cdot \vec{e_2} = \lambda \vec{e_1} \cdot \vec{e_2} = \lambda \cos\theta = 1$, ce qui donne $\cos^2\theta = 1$, en contradiction avec $\theta \in]0, \pi/2]$.

2°) On écrit $\vec{u} = \alpha\vec{e_1} + \beta\vec{e_2}, \vec{u'} = \alpha'\vec{e_1} + \beta'\vec{e_2}$ et donc par linéarité et développement :

$$\vec{u} \cdot \vec{u'} = \alpha\alpha' + \beta\beta' + (\alpha\beta' + \beta\alpha')\cos\theta.$$

3°) On a :

$$\vec{\imath} \cdot \vec{\jmath} = \frac{1}{4\cos\frac{\theta}{2}\sin\frac{\theta}{2}}(\vec{e_1} + \vec{e_2}) \cdot (-\vec{e_1} + \vec{e_2}) = \frac{1}{4\cos\frac{\theta}{2}\sin\frac{\theta}{2}}(\vec{e_2} \cdot \vec{e_2} - \vec{e_1} \cdot \vec{e_1}) = 0\,;$$

$$\|\vec{\imath}\|^2 = \vec{\imath} \cdot \vec{\imath} = \frac{1}{4\cos^2\frac{\theta}{2}}(\vec{e_1} \cdot \vec{e_1} + \vec{e_2} \cdot \vec{e_2} + 2\vec{e_1} \cdot \vec{e_2}) = \frac{1}{4\cos^2\frac{\theta}{2}}(2 + 2\cos\theta) = 1$$

(car $1 + \cos\theta = 2\cos^2\frac{\theta}{2}$)

On trouve de la même façon $\|\vec{\jmath}\|^2 = 1$ et $(\vec{\imath}, \vec{\jmath})$ est une base orthonormée du plan.

Pour avoir l'expression des coordonnées de $\vec{e_1}$ et de $\vec{e_2}$ dans la base $(\vec{\imath}, \vec{\jmath})$, on peut inverser le système définissant $\vec{\imath}$ et $\vec{\jmath}$ mais on peut aussi remarquer que les coordonnées de $\vec{e_1}$ dans la base orthonormale $(\vec{\imath}, \vec{\jmath})$ sont les produits scalaires de ce vecteur avec $\vec{\imath}$ et $\vec{\jmath}$. Ainsi :

$$\vec{e_1} = (\vec{e_1} \cdot \vec{\imath})\vec{\imath} + (\vec{e_1} \cdot \vec{\jmath})\vec{\jmath} = \frac{1 + \cos\theta}{2\cos\frac{\theta}{2}}\vec{\imath} - \frac{1 - \cos\theta}{2\sin\frac{\theta}{2}}\vec{\jmath} = \cos\frac{\theta}{2}\vec{\imath} - \sin\frac{\theta}{2}\vec{\jmath}.$$

La remarque est bien sûr aussi valable pour $\vec{e}_2$ et $\vec{e}_2 = \cos\frac{\theta}{2}\vec{\imath} + \sin\frac{\theta}{2}\vec{\jmath}$.

Partie II

1°) Les vecteurs $\overrightarrow{OM}$ et $\overrightarrow{OM}_1$ ayant même projection orthogonale sur le vecteur unitaire $\vec{e}_1$, la composante de $\overrightarrow{OM}_1$ suivant $\vec{e}_1$, égale à $\overrightarrow{OM}_1 \cdot \vec{e}_1$ vaut encore $\overrightarrow{OM} \cdot \vec{e}_1$. De même pour $\overrightarrow{OM}_2$.

2°) Puisque M' est le milieu de $[M_1, M_2]$, on a :
$\overrightarrow{OM'} = \frac{1}{2}(\overrightarrow{OM}_1 + \overrightarrow{OM}_2)$, d'où $\overrightarrow{OM'} = \frac{1}{2}\left((\overrightarrow{OM} \cdot \vec{e}_1)\vec{e}_1 + (\overrightarrow{OM} \cdot \vec{e}_2)\vec{e}_2\right)$.
En remplaçant $\vec{e}_1$ et $\vec{e}_2$ par leurs expressions en fonction de $\vec{\imath}$ et $\vec{\jmath}$, on obtient :

$$\begin{cases} \overrightarrow{OM} \cdot \vec{e}_1 = (x\cos\frac{\theta}{2} - y\sin\frac{\theta}{2})(\cos\frac{\theta}{2}\vec{\imath} - \sin\frac{\theta}{2}\vec{\jmath}) \\ \overrightarrow{OM} \cdot \vec{e}_2 = (x\cos\frac{\theta}{2} + y\sin\frac{\theta}{2})(\cos\frac{\theta}{2}\vec{\imath} + \sin\frac{\theta}{2}\vec{\jmath}) \end{cases}$$

et donc : $\overrightarrow{OM'} = x\cos^2\frac{\theta}{2}\vec{\imath} + y\sin^2\frac{\theta}{2}\vec{\jmath}$, d'où :

$$x' = x\cos^2\frac{\theta}{2} \text{ et } y' = y\sin^2\frac{\theta}{2}.$$

3°) On a $\frac{\theta}{2} \in \left]0, \frac{\pi}{4}\right]$, et donc les formules précédentes donnent :

$$x = \frac{x'}{\cos^2\frac{\theta}{2}},\ y = \frac{y'}{\sin^2\frac{\theta}{2}}.$$

L'application g^{-1} existe donc. D'autre part, les quantités $\cos^2\frac{\theta}{2}$ et $\sin^2\frac{\theta}{2}$ ne peuvent prendre ni l'une, ni l'autre la valeur 1. Le système $x' = x$, $y' = y$ admet donc $(0,0)$ pour seule solution.
L'ensemble des points fixes est réduit au singleton $\{O\}$.

4°) Soit $(\mathcal{C})$ le cercle de centre O et de rayon 1, il a pour équation, dans le repère $(O, \vec{\imath}, \vec{\jmath}) : x^2 + y^2 = 1$.

Une équation de $(\mathcal{C}')$ dans ce même repère est : $\dfrac{x^2}{\cos^4\frac{\theta}{2}} + \dfrac{y^2}{\sin^4\frac{\theta}{2}} = 1$.

Pour avoir l'équation d'un cercle, il faut et il suffit que l'on ait $\cos^4\frac{\theta}{2} = \sin^4\frac{\theta}{2}$, ainsi $\tan\frac{\theta}{2} = 1$ et $\theta = \frac{\pi}{2}$.

5°) On commence par écrire les relations vectorielles :

$$\overrightarrow{OM} = x\vec{\imath} + y\vec{\jmath},\ \overrightarrow{OA} = \alpha\vec{\imath} + \beta\vec{\jmath},\ \overrightarrow{OM'} = x'\vec{\imath} + y'\vec{\jmath},\ \overrightarrow{OA'} = \alpha'\vec{\imath} + \beta'\vec{\jmath}.$$

Ainsi :

$$\overrightarrow{OM'} \cdot \overrightarrow{OA} = x'\alpha + y'\beta = x\alpha\cos^2\frac{\theta}{2} + y\beta\sin^2\frac{\theta}{2}$$
$$\overrightarrow{OM} \cdot \overrightarrow{OA'} = x\alpha' + y\beta' = x\alpha\cos^2\frac{\theta}{2} + y\beta\sin^2\frac{\theta}{2}$$

D'où :

$$\overrightarrow{OM'} \cdot \overrightarrow{OA} = \overrightarrow{OM} \cdot \overrightarrow{OA'}.$$

Pour la seconde relation, on utilise la relation de Chasles :

$$\overrightarrow{MM'}\cdot\overrightarrow{OA} = (\overrightarrow{MO}+\overrightarrow{OM'})\cdot\overrightarrow{OA} = \overrightarrow{MO}\cdot\overrightarrow{OA}+\overrightarrow{OM'}\cdot\overrightarrow{OA}$$
$$= \overrightarrow{MO}\cdot\overrightarrow{OA}+\overrightarrow{OM}\cdot\overrightarrow{OA'} = \overrightarrow{OM}(-\overrightarrow{OA}+\overrightarrow{OA'}) = \overrightarrow{AA'}\cdot\overrightarrow{OM}.$$

6°) Soit $\vec{u} = \overrightarrow{OA} = \alpha\vec{\imath}+\beta\vec{\jmath}$ dirigeant $\vec{\Delta}$, on a l'équivalence :

$$\overrightarrow{MM'}\cdot\overrightarrow{OA} = 0 \iff \overrightarrow{AA'}\cdot\overrightarrow{OM} = 0.$$

Comme on a $\overrightarrow{OA'} = \alpha\cos^2\frac{\theta}{2}\,\vec{\imath}+\beta\sin^2\frac{\theta}{2}\,\vec{\jmath}$, on a :

$$\overrightarrow{AA}' = \alpha(\cos^2\frac{\theta}{2}-1)\,\vec{\imath}+\beta(\sin^2\frac{\theta}{2}-1)\,\vec{\jmath}$$

et l'ensemble cherché est la droite d'équation $\alpha(\cos^2\frac{\theta}{2}-1)x+\beta(\sin^2\frac{\theta}{2}-1)y = 0$, c'est-à-dire la droite affine contenant O et dirigée par le vecteur :

$$\beta(1-\sin^2\frac{\theta}{2})\,\vec{\imath}+\alpha(\cos^2\frac{\theta}{2}-1)\,\vec{\jmath}.$$

Partie III

1°) $OM'^2 = \lambda^2 OM^2 \iff x^2\cos^4\frac{\theta}{2}+y^2\sin^4\frac{\theta}{2} = \lambda^2(x^2+y^2)$

$$\iff (\lambda^2-\cos^4\frac{\theta}{2})x^2+(\lambda^2-\sin^4\frac{\theta}{2})y^2 = 0.$$

Pour qu'il existe des couples (x,y) solutions autres que $(0,0)$, il faut et il suffit que les coefficients de x^2 et y^2 ne soient pas tous les deux strictement positifs ou tous les deux strictement négatifs, soit :

$$(\lambda^2-\cos^4\frac{\theta}{2})(\lambda^2-\sin^4\frac{\theta}{2}) \leqslant 0.$$

Comme $0 < \frac{\theta}{2} \leqslant \frac{\pi}{4}$, l'ensemble des valeurs de λ répondant à la question est $I = \left[\sin^2\frac{\theta}{2}, \cos^2\frac{\theta}{2}\right]$.

2°) Pour tout point M autre que O, le rapport $\dfrac{OM'}{OM}$ est minoré par $\inf I = \sin^2\frac{\theta}{2}$ et majoré par $\sup I = \cos^2\frac{\theta}{2}$.

Commentaire

Dans la question 4 de la partie II, on peut aller plus loin, à condition d'avoir fait le cours sur les coniques.

Ainsi $(\mathcal{C}')$ est une ellipse de centre O. Le grand axe est porté par Ox, la demi-distance focale est donnée par :

$$c^2 = \cos^4\frac{\theta}{2}-\sin^4\frac{\theta}{2} = (\cos^2\frac{\theta}{2}-\sin^2\frac{\theta}{2})(\cos^2\frac{\theta}{2}+\sin^2\frac{\theta}{2}) = \cos\theta.$$

Les coordonnées des foyers, dans le repère $(O,\vec{\imath},\vec{\jmath})$, sont $(\sqrt{\cos\theta},0)$ et $(-\sqrt{\cos\theta},0)$.

L'excentricité est $e = \dfrac{\sqrt{\cos\theta}}{\cos^2\frac{\theta}{2}}$.

Problème n° 4 — *Durée estimée : 3 heures*

Prérequis :

Transformations dans le plan complexe, fonctions circulaires, fonction exponentielle complexe, cinématique du point et équation polaire d'une courbe (partie III).

ÉNONCÉ

Dans tout le problème, on considère les deux fonctions numériques définies sur $\mathbb{R}_+^*$ par :

$$f : t \mapsto \frac{1}{t}\cos(2t), g : t \mapsto \frac{1}{t}\sin(2t)$$

De plus, $\mathcal{E}$ est le plan affine euclidien orienté rapporté au repère orthonormal $(O, \vec{\imath}, \vec{\jmath})$. Enfin, i désigne le complexe de partie réelle nulle et de partie imaginaire 1.

I : Etude d'une similitude plane

Soit $t \in \mathbb{R}_+^*$ et on considère A_t l'application de $\mathcal{E}$ dans $\mathcal{E}$ qui à $M(x, y)$ associe $M'(x', y')$ avec :

$$x' = f(t)x - g(t)y \text{ et } y' = g(t)x + f(t)y$$

1°) On pose $z = x + iy$ et $z' = x' + iy'$, déterminer une relation entre z, z' et t. Interpréter alors A_t comme une similitude plane directe dont on donnera les éléments caractéristiques (centre, rapport, mesure de l'angle).

2°) Déterminer l'ensemble des réels t tels que A_t soit une rotation puis tels que A_t soit une homothétie.

3°) Existe-t-il $t \in \mathbb{R}_+^*$ tel que $A_{\frac{\pi}{8}} \circ A_t = A_1$?

II : Etude d'une fonction

1°) Soit h la fonction numérique définie sur l'intervalle $I =]0, \pi]$ par

$$h(t) = \cos(2t) + 2t\sin(2t).$$

a) Etudier les variations de h sur I.

b) Montrer que l'équation $h(t) = 0$ admet sur I exactement deux solutions, notées t_0 et t_0', ($t_0 < t_0'$) et vérifier que :

$$\frac{\pi}{4} < t_0 < \frac{\pi}{2} \text{ et } \frac{3\pi}{4} < t_0' < \pi$$

(on ne cherchera pas à calculer numériquement t_0 et t_0')

c) En déduire l'étude du signe de $h(t)$ lorsque t appartient à I.

2°) On s'intéresse ici à la fonction f.

a) Etudier la fonction f sur I (sens de variation, extremums, limites).

b) Vérifier que pour tout $t \in \mathbb{R}_+^*$, $-\frac{1}{t} \leqslant f(t) \leqslant \frac{1}{t}$.

c) Résoudre dans $\mathbb{R}_+^*$ l'équation $f(t) = 0$.

3°) Soient h_1 et h_2 les fonctions numériques définies sur $\mathbb{R}_+^*$ par :

$$h_1 : t \mapsto \frac{1}{t} \text{ et } h_2 : t \mapsto -\frac{1}{t}$$

On appelle $\mathcal{C}, \mathcal{C}_1$ et $\mathcal{C}_2$ les courbes représentatives des fonctions f, h_1 et h_2 dans $\mathcal{E}$.

a) Déterminer les points d'intersection de $\mathcal{C}$ et de $\mathcal{C}_1$ et montrer qu'en ces points les deux courbes ont même tangente.

b) Déterminer les points d'intersection de $\mathcal{C}$ et de $\mathcal{C}_2$ et montrer qu'en ces points les deux courbes ont même tangente.

c) Soient $\mathcal{C}', \mathcal{C}_1'$ et $\mathcal{C}_2'$ les courbes représentatives des restrictions à I des fonctions f, h_1 et h_2. Tracer dans un même repère orthonormé ces trois courbes. En déduire sans justification le tracé des courbes $\mathcal{C}, \mathcal{C}_1$ et $\mathcal{C}_2$.

III : Etude d'une trajectoire

Rappels : soit M un point mobile dont les coordonnées à la date t ($\in I$) sont définies par la fonction vectorielle :

$$t \mapsto \overrightarrow{OM}(t) = x(t)\vec{\imath} + y(t)\vec{\jmath}.$$

On suppose x et y deux fois dérivables sur I. Le vecteur $\dfrac{d\overrightarrow{OM}}{dt}$ est le vecteur vitesse $\vec{V}$ du point M à la date t et le vecteur $\dfrac{d^2\overrightarrow{OM}}{dt^2}$ est le vecteur accélération $\vec{\Gamma}$ du point M à la date t. Si J est un intervalle non vide ouvert inclus dans I, on dit que le mouvement est **accéléré** (resp. **retardé**) sur J si la fonction

$$J \mapsto \mathbb{R}_+, t \mapsto \|\vec{V}\|$$

est strictement croissante (resp. décroissante) sur J.

1°) Démontrer qu'un mouvement est accéléré sur J si et seulement si

$$\forall t \in J, \vec{V}(t) \cdot \vec{\Gamma}(t) > 0.$$

Que peut-on dire si le mouvement est retardé sur J ?

Dans la suite de cette partie, $I = \mathbb{R}_+^*$ et $x(t) = f(t), y(t) = g(t)$.

2°) Déterminer l'affixe de $\overrightarrow{OM}(t)$ pour tout t.

3°) Déterminer les vecteurs $\vec{V}$, vitesse de M, et $\vec{\Gamma}$, accélération de M à la date t. Vérifier que le mouvement est retardé sur $]0, +\infty[$.

4°) Vérifier que l'application $t \mapsto \|\overrightarrow{OM}\|$ est strictement décroissante sur $]0, +\infty[$. Déterminer l'angle $(\vec{\imath}, \overrightarrow{OM})$.

5°) Déterminer l'allure de la trajectoire de M sur $]0, +\infty[$. On pourra auparavant exprimer cette trajectoire par son équation polaire.

Décryptage du sujet :

La première partie repose sur l'étude d'une similitude plane directe c'est-à-dire une application du type $z \mapsto az + b$ dans le plan complexe. Il faut utiliser les techniques habituelles pour répondre aux questions. La partie II est axée essentiellement sur l'étude d'une fonction, là aussi rien de bien surprenant au niveau de la résolution. La partie III est plus originale. On peut arriver à faire les quatre premières questions sans avoir fait le cours sur la cinématique du point. Il suffit de suivre le sens des questions. Par contre, dans la dernière question, une connaissance des équations polaires et en particulier la façon de les tracer parait nécessaire. Il est vrai que le tracé de la trajectoire peut se faire en mettant cette dernière sous forme paramétrée mais c'est plus long.

CORRIGÉ

Partie I

1°) On a :
$z'(t) = i\big(g(t)x + f(t)y\big) + f(t)x - g(t)y = \big(f(t) + ig(t)\big)(x + iy) = \frac{1}{t}\,\mathrm{e}^{2it}z.$
En confondant $\mathcal{E}$ et $\mathbb{C}$, on sait que $A_t : z \mapsto z'$ est la similitude de centre O, de rapport $\frac{1}{t}$ et d'angle ayant pour mesure $2t$.

2°) A_t est une rotation si et seulement si $t = 1$, A_t est une homothétie si et seulement si $2t$ est un multiple de π c'est-à-dire si $t = \frac{k\pi}{2}$, avec $k \in \mathbb{N}^*$.

3°) On a : $A_{\frac{\pi}{8}} \circ A_t(z) = A_{\frac{\pi}{8}}\left(\frac{1}{t}\,\mathrm{e}^{2it}z\right) = \frac{8}{\pi}\,\mathrm{e}^{2i\frac{\pi}{8}} \times \frac{1}{t}\,\mathrm{e}^{2it}z = \frac{8}{t\pi}\mathrm{e}^{i(2t+\frac{\pi}{4})}z$
Ainsi :

$$A_{\frac{\pi}{8}} \circ A_t(z) = A_1 \iff \forall z \in \mathbb{C}, \frac{8}{t\pi}\mathrm{e}^{i(2t+\frac{\pi}{4})}z = \mathrm{e}^{2i}z \iff \frac{8}{t\pi}\mathrm{e}^{i(2t+\frac{\pi}{4})} = \mathrm{e}^{2i}.$$

On devrait donc avoir $t = \frac{8}{\pi}$ et $\exists n \in \mathbb{Z}, 2t + \frac{\pi}{4} = 2 + 2n\pi$, soit :

$$\exists n \in \mathbb{Z}, \frac{16}{\pi} + \frac{\pi}{4} - 2 = 2n\pi$$

Un calcul grossier montre que $\frac{8}{\pi^2} + \frac{1}{8} - \frac{1}{\pi}$ n'est pas un nombre entier et la réponse à la question est donc : non !

Partie II

1°) a) h est dérivable sur $]0,\, \pi]$ et $h'(t) = 4t\cos(2t)$. Le tableau de variation en découle :

t	0		$\pi/4$		$3\pi/4$		π
$h'(t)$		$+$	0	$-$	0	$+$	
h	1	$\nearrow$	2	$\searrow$	$-3\pi/2$	$\nearrow$	1

b) On remarque que $h(\pi/2) = -1$. La fonction h est à valeurs strictement positives sur $]0, \pi/4]$, à valeurs strictement négatives sur $[\pi/2, 3\pi/4]$.

La fonction h est continue et strictement monotone sur chacun des intervalles $I_1 = [\pi/4, \pi/2]$ et $I_2 = [3\pi/4, \pi]$. Comme 0 appartient aux images de chacun de ces intervalles par h, l'équation $h(t) = 0$ admet une solution et une seule sur I_1 et une et une seule sur I_2.

Une calculatrice qui permet le calcul de solutions numériques (par exemple par la méthode de Newton, qui sera vue plus tard dans l'année) fournit

$$t_0 \simeq 1.4 \text{ et } t'_0 \simeq 3.06$$

c) Il apparaît sur le tableau de variation que $h(t)$ est positif pour $t \in]0, t_0[$ et pour $t \in]t'_0, \pi]$ et négatif pour $t \in]t_0, t'_0[$.

2°) a) f est dérivable sur I et, pour tout $t \in I$:

$$f'(t) = -\frac{1}{t^2}\cos(2t) - \frac{2}{t}\sin(2t) = -\frac{1}{t^2}\,h(t).$$

Le signe de $f'(t)$ est donc celui de $-h(t)$ et on obtient le tableau de variations :

t	0		t_0		t'_0		π
$f'(t)$		$-$	0	$+$	0	$-$	
f		$\searrow$		$\nearrow$		$\searrow$	

Clairement :

$\star$ $\lim\limits_{t \to 0^+} f(t) = +\infty$,

$\star$ $f(t_0) = \frac{1}{t_0}\cos(2t_0)$ et comme $f'(t_0) = -\frac{1}{t_0}\left(\frac{1}{t_0}\cos(2t_0) + 2\sin(2t_0)\right) = 0$, il vient $f(t_0) = -2\sin(2t_0)$,

$\star$ de même $f(t'_0) = -2\sin(2t'_0)$, et enfin $f(\pi) = \frac{1}{\pi}$.

b) Pour tout $t > 0$, on a $-1 \leqslant \cos 2t \leqslant 1$, ce qui implique $-\frac{1}{t} \leqslant f(t) \leqslant \frac{1}{t}$.

c) $f(t) = 0 \iff [\cos(2t) = 0 \text{ et } t \neq 0] \iff 2t = \frac{\pi}{2} + k\pi, k \in \mathbb{Z}$.

Comme $t > 0$, il reste : $t = (2k+1)\frac{\pi}{4}, k \in \mathbb{N}$.

3°) a) L'équation $f(t) = h_1(t)$ équivaut à $\cos(2t) = 1$ soit $t = k\pi, k \in \mathbb{N}^*$.
Dans ces conditions, $\sin(2t) = 0$ et $f'(t) = -\frac{1}{t^2} = h'_1(t)$ et les courbes $\mathcal{C}$ et $\mathcal{C}_1$ ont même tangente en ce point.

b) Le raisonnement est analogue au précédent. Cette fois, $\cos(2t) = -1$ et on a encore $\sin(2t) = 0$, ce qui conduit à la même conclusion.

c)

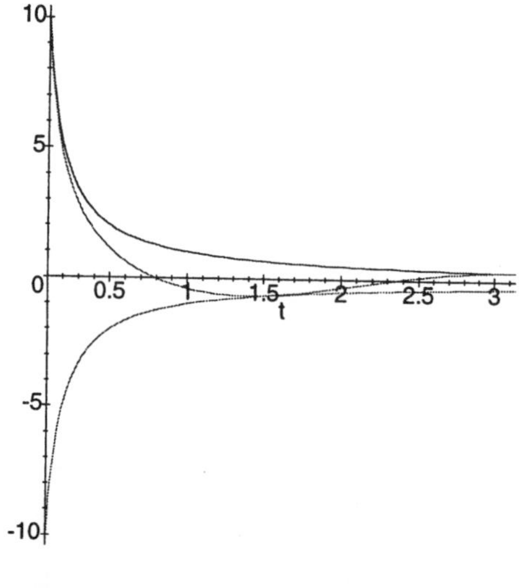

Partie III

1°) Pour toute fonction vectorielle $\vec{f}$ dérivable et non nulle, comme :

$$\|\vec{f}(t)\| = \sqrt{\vec{f}(t) \cdot \vec{f}(t)},$$

il vient : $\frac{d}{dt}(\|\vec{f}(t)\|) = \dfrac{\vec{f}(t) \cdot \vec{f}'(t)}{\|\vec{f}(t)\|}$.

Donc le signe de $\frac{d}{dt}(\|V\|)$ est donné par celui de $\vec{V} \cdot \vec{V}' = \vec{V} \cdot \vec{\Gamma}$.
Ainsi le mouvement est accéléré (respectivement retardé) sur I si et seulement si

$$\forall t \in I, \vec{V}(t) \cdot \vec{\Gamma}(t) > 0 \text{ (resp. } < 0).$$

2°) On a $\overrightarrow{OM}(t) = \frac{1}{t}\cos(2t)\,\vec{\imath} + \frac{1}{t}\sin(2t)\,\vec{\jmath}$, donc l'affixe de $\overrightarrow{OM}(t)$ vaut $\frac{1}{t}\,\mathrm{e}^{2it}$.

3°) On a alors, en confondant vecteur et affixe de ce vecteur :

$$\vec{V}(t) = \mathrm{e}^{2it}\left(\frac{2i}{t} - \frac{1}{t^2}\right),\ \vec{\Gamma}(t) = \mathrm{e}^{2it}\left(-\frac{4}{t} - \frac{4i}{t^2} + \frac{2}{t^3}\right)$$

(on peut aussi calculer classiquement dans le repère $(O, \vec{\imath}, \vec{\jmath})$.)
On peut alors redécomposer dans le repère $(O, \vec{\imath}, \vec{\jmath})$ mais ce n'est pas très utile, car on a immédiatement :

$$\|\vec{V}(t)\|^2 = \frac{4}{t^2} + \frac{1}{t^4}.$$

La fonction $t \mapsto \dfrac{4}{t^2} + \dfrac{1}{t^4}$ est décroissante sur $\mathbb{R}_+^*$, le mouvement est donc retardé.
On peut aussi calculer $\vec{V}(t) \cdot \vec{\Gamma}(t)$ et constater qu'il est strictement négatif.

4°) La relation $OM = \frac{1}{t}$ montre que $t \mapsto OM$ est strictement décroissante.
L'angle $(\vec{\imath}, \overrightarrow{OM})$ a pour mesure $2t$.

5°) Notons $\rho(t)$ et $\theta(t)$ des coordonnées polaires de $M(t)$. On a :

$$x(t) = \frac{1}{t}\cos(2t) = \rho(t)\cos\big(\theta(t)\big), y(t) = \frac{1}{t}\sin(2t) = \rho(t)\sin\big(\theta(t)\big)$$

On peut donc prendre $\theta(t) = 2t$ et on a alors $\rho(t) = \frac{1}{t}$, ce qui permet d'en déduire :

$$\rho = \frac{2}{\theta}, \theta > 0.$$

Ainsi ρ décroît de $+\infty$ à 0 lorsque θ croît de 0 à $+\infty$.

On remarque que $\lim\limits_{t\to 0} x(t) = +\infty$ et $\lim\limits_{t\to 0} y(t) = 2\lim\limits_{t\to 0} \dfrac{\sin(2t)}{2t} = 2$, donc la courbe a pour asymptote la droite d'équation $y = 2$ (et elle reste en dessous). D'autre part O est un point asymptote. On obtient la courbe :

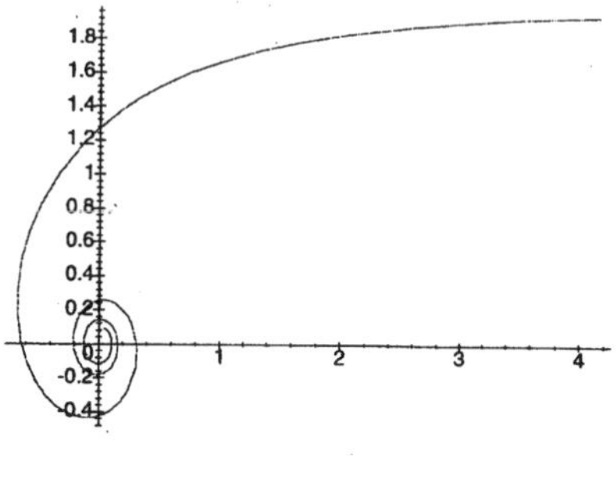

Commentaires

Revenons sur la dernière courbe (Question III. 5), elle porte le nom de **spirale hyperbolique.** *Il y a différents types de spirales bien que se ressemblant vaguement. Ainsi, elles ont souvent un point asymptote ou se déroulent car ρ tend vers l'infini quand θ tend vers l'infini. Par contre, leurs propriétés géométriques ou leurs utilisations restent spécifiques à chaque spirale. Sans faire de cours sur les spirales, citons les plus connues :*

La **spirale d'Archimède** *d'équation polaire $\rho = a\theta$. Archimède définit cette spirale par un angle polaire et un rayon vecteur qui augmentent uniformément, il calcule l'aire délimitée par des rayons vecteurs à l'aide de la méthode dite d'exhaustion (ce qui dans le langage moderne l'amène à sommer une série convergente).*

La **spirale de Cornu** *a été introduite par Alfred Cornu pour ses travaux d'optique. Une spirale de Cornu est une courbe qui, en tout point, vérifie $s = a/R$, où a est une constante, s l'abscisse curviligne et R le rayon de courbure. Vous verrez ces notions d'ici la fin de l'année. Celui qui désire la tracer avec des moyens abordés plus tôt dans l'année tracera*

$$t \mapsto \left(\int_0^t \cos u^2 \, du, \int_0^t \sin u^2 \, du\right)$$

mais il devra quand même faire des approximations d'intégrales, à moins d'utiliser l'outil informatique.

Citons enfin la **spirale logarithmique** *d'équation polaire $\rho = a\,\mathrm{e}^{\theta}$. Cette spirale a été étudiée par Jacques Bernoulli, qui était fasciné par ses propriétés. Ainsi, à une isométrie près, une spirale logarithmique est sa propre développée (vous verrez peut-être cette notion cette année...). De plus, elle se trouve inchangée par similitude. On peut remarquer que l'angle entre l'axe radial et la tangente est toujours $\frac{\pi}{4}$.*

Bernoulli demanda qu'on en grava une sur sa tombe. Hélas le graveur, piètre mathématicien, dessina une spirale d'Archimède !

Problème n° 5 — *Durée estimée : 3 heures*

Prérequis :

Transformation du plan complexe, nombres complexes et géométrie plane, cercles, courbes paramétrées, fonctions circulaires, coniques (questions II-4 et II-6).

ÉNONCÉ

Dans tout le problème, E est le plan affine euclidien orienté.
On se donne $\mathcal{B} = (O, \vec{\imath}, \vec{\jmath})$ un repère orthonormal direct de E. a et R désignent deux réels distincts et strictement positifs, A est le point de coordonnées $(a, 0)$, D est la droite d'équation $x = a$, f est une fonction réelle à valeurs strictement positives de variable t, définie sur $I =]-\pi/2, \pi/2[$, et enfin pour chaque valeur du paramètre t, on note s_t l'application de E dans E qui à tout point M d'affixe z fait correspondre le point $M_t = s_t(M)$ d'affixe z_t tel que :

$$z_t = f(t)(\cos t + i \sin t)z,$$

i désignant le nombre complexe imaginaire pur de partie imaginaire 1.

I : Expression analytique de s_t

1°) Quelle est la nature de s_t ? Quels sont les éléments caractéristiques qui la définissent ?

2°) Déterminer l'image $M_t : (x', y')$ de $M : (x, y)$ par s_t.

3°) Définir de même analytiquement s_t^{-1}. Interpréter cette application.

II : Propriétés de s_t pour un premier choix de fonction f

Dans cette partie $f : t \mapsto \dfrac{1}{\cos t}$.

1°) Montrer que si M est distinct de O alors pour tout t appartenant à I, le triangle (OMM_t) est rectangle en M.

2°) Quel est l'ensemble J_M décrit par le point M_t lorsque t décrit I, le point M restant fixe ?

3°) Montrer que l'image de D par s_t est une droite D_t dont on donnera une équation cartésienne dépendant seulement des paramètres a et $\tan t$.

4°) Montrer que la parabole P de foyer O, dont la tangente au sommet est D, a pour équation $y^2 = 4a(a - x)$.

5°) Montrer que pour tout $t \in I$, l'intersection de D_t et de P est formée par un point unique K_t et que D_t est tangente à P en ce point.
Remarquer que lorsque t décrit I, K_t décrit toute la parabole P.

6°) On désigne par Γ la conique d'équation : $\dfrac{(x-a)^2}{R^2} + \dfrac{y^2}{R^2 - a^2} = 1.$

Indiquer suivant les valeurs de R la nature de la conique Γ. Déterminer son centre et ses foyers.

7°) Soit $\mathcal{C}$ le cercle de centre A et de rayon R, déterminer le centre et le rayon du cercle $\mathcal{C}_t$ image de $\mathcal{C}$ par s_t.
Montrer que $\mathcal{C}_t$ est défini par l'équation :

$$(x-a)^2 + (y - a\tan t)^2 = R^2(1+\tan^2 t)$$

Montrer que lorsque $\mathcal{C}_t$ et Γ se coupent, leur intersection est formée de deux points N_t et N'_t symétriques par rapport à D et dont on calculera l'ordonnée.

III : Propriétés de s_t pour un second choix de fonction f

Dans cette partie $f : t \mapsto \cos t$. On pose toujours $M_t = s_t(M)$.

1°) Montrer que lorsque M est distinct de O, le triangle OMM_t est rectangle en M_t. Quel est l'ensemble décrit par M_t lorsque t décrit I, le point M restant fixe ?

2°) On prend $t \neq 0$, on pose $A_t = s_t(A)$. Donner une mesure de l'angle de droites défini par le couple $\big((AM),(A_tM_t)\big)$. Soit H_t le point d'intersection des droites (AM) et (A_tM_t), montrer que les points O, H_t, A et A_t sont cocycliques. Quelle est la projection orthogonale de O sur la droite (AM) ?

3°) Soit D_t l'image de D par s_t, montrer que lorsque t varie, D_t passe par un point fixe.

Décryptage du sujet :

L'objet du problème est l'étude d'une similitude dont l'expression dépend d'une quantité $f(t)$. Après une présentation générale (partie I), on étudie certaines propriétés géométriques de cette similitude dans deux choix particuliers de $f(t)$. En particulier, on remarquera que le triangle formé de O, d'un point M et de son image est rectangle dans chacun des deux cas (mais pas rectangle au même point). On pourra noter le mélange de résolution analytique, géométrique et utilisant le plan complexe au fil des questions. Dans la partie II, il y a des problèmes d'intersection de courbes ce qui met en jeu plusieurs relations et il faudra se débarasser de la bonne inconnue.

CORRIGÉ

Partie I

1°) On écrit $s_t(z) = [f(t).\mathrm{e}^{it}]z$, donc s_t est la similitude de centre O, de rapport $f(t)$ et d'angle t.

2°) On a $x' + iy' = f(t)(\cos t + i\sin t)(x+iy)$, et en séparant la partie réelle et la partie imaginaire, on trouve :

$$x' = f(t)(x\cos t - y\sin t) \text{ et } y' = f(t)(x\sin t + y\cos t)$$

3°) On inverse le système précédent, aprés avoir remarqué que $f(t) \neq 0$, ce qui donne :

$$x = \frac{1}{f(t)}(x' \cos t + y' \sin t) \text{ et } y = \frac{1}{f(t)}(-x' \sin t + y' \cos t)$$

On peut aussi procéder autrement en remarquant que s_t^{-1} est la similitude de centre O, de rapport $\frac{1}{f(t)}$ et d'angle $-t$. On applique alors le résultat de la question 2.

Partie II

1°) L'affixe du vecteur $\overrightarrow{MM_t}$ est :

$$z_t - z = \frac{1}{\cos t}(\cos t + i \sin t)z - z = (1 + i \tan t)z - z = iz \tan t.$$

On passe donc de l'affixe de $\overrightarrow{OM}$ à celle de $\overrightarrow{MM_t}$, par multiplication par un nombre imaginaire pur. Les vecteurs $\overrightarrow{OM}$ et $\overrightarrow{MM_t}$ sont donc orthogonaux.

On peut remarquer que si $t = 0$ alors $M_t = M$ et (OMM_t) n'est plus un « vrai » triangle.

2°) Lorsque t décrit $]-\pi/2, \pi/2[$, $\tan t$ décrit $\mathbb{R}$ tout entier et $z_t - z$ décrit tout $i\mathbb{R}$. Donc J_M est la perpendiculaire à OM issue de M.

3°) Si on connaît suffisamment les similitudes, (l'étude complète sera faite en fin d'année), on sait que l'image d'une droite affine par une similitude est encore une droite affine et comme une similitude directe conserve les angles, D_t est la perpendiculaire issue de A_t à la droite (OA_t).

On peut y arriver sans utiliser cette considération géométrique.

En utilisant l'équation de $D : x = a$, on peut utiliser la première relation trouvée dans la question I. 3) et donc :

$$a = \cos t(x \cos t + y \sin t) \implies a(1 + \tan^2 t) = x + y \tan t.$$

4°) Une telle parabole a pour directrice $\Delta : x = 2a$. L'égalité des distances de M à O et à Δ se traduit par

$$x^2 + y^2 = (x - 2a)^2$$

On obtient l'équation demandée en développant et en simplifiant le terme en x^2.

5°) Eliminons x entre les équations de D_t et de P :

$$a - x = y \tan t - a \tan^2 t \implies y^2 - 4ay \tan t + 4a^2 \tan^2 t = 0.$$

On résout cette équation du second degré qui a une racine double $y = 2a \tan t$, ce qui montre l'existence et l'unicité de K_t. L'abscisse de ce point est :

$$x = a(1 - \tan^2 t) = a\frac{\cos 2t}{\cos^2 t}.$$

La relation $\overrightarrow{OK}_t = a(1 - \tan^2 t)\vec{\imath} + 2a \tan t\, \vec{\jmath}$ montre que la tangente à P en M_k est dirigée par :

$$-2\frac{\tan t}{\cos^2 t}\vec{\imath} + \frac{2}{\cos^2 t}\vec{\jmath}$$

soit encore par $-\sin t\, \vec{\imath} + \cos t\, \vec{\jmath}$. Cette tangente n'est donc autre que D_t.

Enfin, l'ordonnée de M_t parcourant $\mathbb{R}$, le point M_t décrit P toute entière.

6°) Si $R > a$, alors Γ est une ellipse et si $R < a$, Γ est une hyperbole. Le centre est A. La demi-distance focale est donnée par :

$$c^2 = R^2 + (a^2 - R)^2 = a^2.$$

Les foyers sont O et le point de coordonnées $(2a, 0)$.

7°) Une propriété des similitudes permet d'affirmer que l'image de $\mathcal{C}$ est le cercle de centre A_t et de rayon $\dfrac{R}{\cos t}$ (en effet, dans une similitude, les distances sont multipliées par le rapport de similitude).

On peut aussi faire un raisonnement direct en déterminant l'image du cercle $\mathcal{C}$ par la donnée de son équation.

Le plus simple est de partir d'une expression paramétrée de $\mathcal{C}$, on écrit :

$$x = a + R\cos\theta, y = R\sin\theta$$

et on pose alors $z = a + R.\mathrm{e}^{i\theta}$, où θ décrit $[0, 2\pi[$, ce qui donne :

$$z_t = \frac{1}{\cos t}\,\mathrm{e}^{it}(a + R.\mathrm{e}^{i\theta})$$

et en reprenant des équations paramétriques :

$$x_t = a + \frac{R}{\cos t}\cos(\theta + t) \text{ et } y_t = a\tan t + \frac{R}{\cos t}\sin(\theta + t)$$

c'est une paramétrisation du cercle de centre $(a, a\tan t)$ et de rayon $\dfrac{R}{\cos t}$ (par rapport au paramétrage standard, il y a simplement un déphasage de l'angle, puisque θ est remplacé par $\theta + t$).

Une équation cartésienne est donnée par :

$$(x - a)^2 + (y - a\tan t)^2 = R^2(1 + \tan^2 t)$$

[*Ceux qui sont fachés avec $\mathbb{C}$ peuvent toujours à partir de l'équation cartésienne de $\mathcal{C}$ et retrouver celle de $\mathcal{C}_t$ en utilisant la question 3 de la partie I.*]

Les courbes $\mathcal{C}_t$ et Γ étant symétriques par rapport à D, leur intersection est constituée de points deux à deux symétriques par rapport à D. On peut travailler bien entendu sans que cette remarque soit nécessaire.

Cherchons donc l'intersection entre les cercles $\mathcal{C}_t$ et Γ. Pour cela, cherchons l'équation aux ordonnées des points d'intersection, en éliminant $(x - a)^2$ entre les deux équations, nous obtenons :

$$R^2(1 + \tan^2 t) - (y - a\tan t)^2 + \frac{R^2y^2}{R^2 - a^2} = R^2.$$

Il reste à développer et à ordonner :

$$a^2y^2 + 2a(R^2 - a^2)y\tan t + (R^2 - a^2)^2\tan^2 t = 0,$$

ce qui équivaut à $(ay + (R^2 - a^2)\tan t)^2 = 0$, il y a donc une et une seule solution $y = \dfrac{a^2 - R^2}{a}\tan t$.

Les abscisses des points N_t et N'_t, s'ils existent, sont données par :

$$(x - a)^2 = \frac{R^2}{\cos^2 t} - \frac{R^4}{a^2}\tan^2 t = \frac{R^2(a^2 - R^2\sin^2 t)}{a^2\cos^2 t}.$$

Bilan : si la quantité $a^2 - R^2\sin^2 t$ est strictement positive, il y a effectivement deux points N_t et N'_t, si elle est nulle, les points N_t et N'_t sont confondus et les coniques $\mathcal{C}_t$ et Γ sont tangentes et si elle est strictement négative, les coniques $\mathcal{C}_t$ et Γ ne se coupent pas.

Partie III

1°) L'affixe du vecteur $\overrightarrow{MM_t}$ est :

$$z_t - z = z_t - \frac{1}{\cos t}(\cos t - i \sin t)z_t = i(\tan t)z_t.$$

Les vecteurs $\overrightarrow{OM_t}$ et $\overrightarrow{MM_t}$ sont donc orthogonaux. Ici encore, on doit supposer $t \neq 0$.

Remarque : l'application s_t n'est autre que l'inverse de s_{-t} de la partie I. On retrouve ainsi le résultat précédent sans calcul.

Le triangle (OMM_t) étant rectangle en M_t, le sommet de l'angle droit appartient au cercle de diamètre $[O, M]$.

La relation $z_t = \cos t\, e^{it} z$ peut s'écrire $z_t = \frac{z}{2}(1 + e^{2it})$. Il apparaît ainsi que l'ensemble décrit par M_t est le cercle précédent privé du point O.

2°) Les affixes des vecteurs $\overrightarrow{AM}$ et $\overrightarrow{A_tM_t}$ sont respectivement les nombres complexes $z - a$ et $(z - a)e^{it} \cos t$.

La détermination principale de l'angle de ces vecteurs est donc t. L'angle des droites AM et A_tM_t est l'angle des droites OA et OA_t. C'est aussi l'angle des droites OM et OM_t.

Donc les points O, H_t, A et A_t sont cocycliques ainsi que les points O, H_t, M et M_t. Enfin, le point H_t appartient au cercle de diamètre $[O, A]$, les vecteurs $\overrightarrow{OH_t}$ et $\overrightarrow{H_tA}$ sont orthogonaux. Le point H_t, appartenant à la droite affine (AM), est la projection orthogonale de O sur cette droite affine (faites un dessin !).

3°) En utilisant une équation de $D : x = a$, on utilise la première relation trouvée dans la question I-3 et donc une équation de D_t est :

$$a = \frac{1}{\cos t}(x \cos t + y \sin t), \text{ soit } a = x + y \tan t.$$

En mettant cette équation sous la forme $a - x = y \tan t$, on remarque que le point fixe est $A : (a, 0)$.

Remarque : on peut donner aussi une réponse géométrique à cette question. L'image D_t de D par s_t est une droite passant par A_t. Comme D est perpendiculaire à OA, D_t est perpendiculaire à OA_t. Le point A_t appartenant au cercle de diamètre $[O, A]$, la droite D_t passe par le point fixe A.

Problème n° 6

Durée estimée : 3,5 *heures*

Prérequis :

Produit scalaire, produit vectoriel, déterminant de trois vecteurs, orthogonalité dans l'espace, distances.

ÉNONCÉ

E est l'espace euclidien orienté rapporté à un repère orthonormal $(O, \vec{\imath}, \vec{\jmath}, \vec{k})$.

Rappels

1) L'angle de deux droites D et D' de l'espace est l'angle de leurs vecteurs directeurs respectifs $\overrightarrow{u}$ et $\overrightarrow{u}'$, c'est-à-dire $\text{Arc}\cos \dfrac{\vec{u} \cdot \vec{u}'}{\|\vec{u}\|.\|\vec{u}'\|}$.

2) L'angle de deux plans P et P' est l'angle de leurs normales.

3) Une droite est perpendiculaire à une autre si et seulement si tout vecteur directeur de l'une est orthogonal à tout vecteur directeur de l'autre et si elles sont sécantes.

I : Préliminaires

1°) On se donne une famille de trois vecteurs $(\vec{u}, \vec{v}, \vec{w})$.

a) On suppose que $\vec{u}, \vec{v}$ et $\vec{w}$ ne sont pas tous les trois coplanaires. Interpréter $|\text{Det}(\vec{u}, \vec{v}, \vec{w})|$ comme le volume du parallélépipède construit sur $\vec{u}, \vec{v}$ et $\vec{w}$.

b) Démontrer $\vec{u} \wedge (\vec{v} \wedge \vec{w}) = (\vec{u} \cdot \vec{w})\vec{v} - (\vec{u} \cdot \vec{v})\vec{w}$.

2°) On se donne ici une famille de quatre vecteurs $(\vec{u}, \vec{v}, \vec{w}, \vec{s})$.

a) Montrer que : $(\vec{u} \wedge \vec{v}) \cdot (\vec{w} \wedge \vec{s}) = (\vec{s} \cdot \vec{v}).(\vec{w} \cdot \vec{u}) - (\vec{s} \cdot \vec{u}).(\vec{w} \cdot \vec{v})$.

b) Montrer que $(\vec{u} \wedge \vec{v}) \wedge (\vec{w} \wedge \vec{s}) = \text{Det}(\vec{u}, \vec{v}, \vec{s})\,\vec{w} - \text{Det}(\vec{u}, \vec{v}, \vec{w})\,\vec{s}$.

Dans toute la suite du problème, D et D' désignent deux droites fixes, on note $\vec{u}$ (resp. $\vec{u}'$) un vecteur directeur unitaire de D (resp. de D'). On suppose de plus D et D' **non coplanaires** *c'est-à-dire telles que $\vec{u}$ et $\vec{u}'$ ne soient pas liés et telles que l'intersection de D et D' soit vide. Enfin, A désigne un point de D et A' un point de D'.*

II : Distances et perpendiculaire commune

1°) Si M est un point de E, calculer $d(M, D)$ en fonction de $\overrightarrow{AM}$ et $\vec{u}$.

2°) Démontrer qu'il existe une unique perpendiculaire commune Δ à D et D'. Comment peut-on définir Δ comme l'intersection de deux plans ?

Dans la suite du problème, on désigne par H (resp. par H') l'intersection de Δ et de D (resp. D').

3°) Application : on suppose $A = O, \vec{u} = \vec{\imath} - \vec{\jmath}, \overrightarrow{OA'} = \vec{\imath}$ et $\vec{u}' = \vec{k}$. Déterminer une équation de D, de D', de Δ et les coordonnées de H et H'.

4°) Déterminer les points $M \in D$ et $M' \in D'$ tels que la distance MM' soit minimale. Le minimum est appelé distance des droites D et D' et noté $d(D, D')$.

5°) Démontrer que $d(D, D') = \dfrac{|\operatorname{Det}(\vec{u}, \vec{u}', \overrightarrow{AA'})|}{\|\vec{u} \wedge \vec{u}'\|}$.

6°) Calculer $d(D, D')$ par deux méthodes différentes en utilisant les données de la question II-3.

7°) Une droite variable D'' est perpendiculaire à D en M et rencontre D' en M', on appelle Π le plan contenant D et M' et Π' le plan contenant D' et M.

a) Que peut-on dire du vecteur $\vec{n} = \vec{u} \wedge \overrightarrow{MM'}$ (resp. $\vec{n}' = \vec{u}' \wedge \overrightarrow{MM'}$) par rapport à Π (resp. à Π') ?

b) Calculer $\vec{n} \cdot \vec{n}'$ et $\vec{n} \wedge \vec{n}'$ en utilisant $\vec{u}, \vec{u}'$ et $\overrightarrow{MM'}$.

c) Soit α l'angle des plans Π et Π'. Montrer que :

$$MM' \tan\alpha = \frac{\operatorname{Det}(\vec{u}, \vec{u}', \overrightarrow{HH'})}{\vec{u} \cdot \vec{u}'}.$$

III : Ensemble des points équidistants de deux droites

1°) On suppose dans cette question que l'on a $\vec{u} = \vec{\jmath}, \vec{u}' = \vec{\imath}$ et que $A = O$, $A' = (0, 0, 1)$.

a) Déterminer une équation de l'ensemble X des points équidistants des deux droites.

b) Tracer les intersections de X avec chacun des trois plans de coordonnées.

c) Montrer que par tout point de X, il passe deux droites incluses dans X.

On revient maintenant au cas général.

2°) Montrer que l'on peut choisir un repère orthonormal $\mathcal{R} = (O', \vec{I}, \vec{J}, \vec{K})$ tel que O' soit le milieu de $[H, H']$, le vecteur $\vec{K}$ étant $\dfrac{\overrightarrow{O'H}}{\|O'H\|}$ et tel que :

$$\vec{I} = \frac{\vec{u} + \vec{u}'}{\|\vec{u} + \vec{u}'\|}, \vec{J} = \frac{-\vec{u} + \vec{u}'}{\|\vec{u} - \vec{u}'\|}$$

3°) Démontrer, que dans le repère $\mathcal{R}$, D et D' ont une équation du type

$$y = \varepsilon m x, z = \varepsilon,$$

où $\epsilon = \pm 1$.

4°) Déterminer l'ensemble X des points situés à même distance de D et D'.

5°) Montrer qu'il existe deux familles A et B de droites incluses dans X. Montrer que deux droites distinctes de A ne sont pas coplanaires (de même pour B) et que toute droite de A rencontre toute droite de B.

Décryptage du sujet :

On commence par la mise en place de quelques relations vectorielles utiles pour la suite (partie I), on rappelle au passage que $\operatorname{Det}(\vec{u}, \vec{v}, \vec{w}) = (\vec{u} \wedge \vec{v}) \cdot \vec{w}$.

Une des relations demandée est notamment la célèbre formule du double produit vectoriel qu'il convient de connaître (ou de savoir retrouver) en dehors de ce problème. La partie II est essentiellement concentrée sur la notion de perpendiculaire commune (les premières questions sont du cours). La partie II se termine par une relation un peu originale faisant intervenir l'angle entre deux plans. La partie III s'interesse à la determination analytique de l'ensemble des points équidistants de deux droites non coplanaires. Voir d'ailleurs le commentaire sur cette famille de surface. De plus, on remarquera que cet ensemble a des particularités, comme celle de contenir des familles de droites.
Ainsi, pour la question III-5, on définira A comme la famille des sections de X par les plans d'équations $x = \lambda$, où $\lambda \in \mathbb{R}$ et B comme la famille des sections de X par les plans d'équations $y = \mu$ où $\mu \in \mathbb{R}$.

CORRIGÉ

Partie I

1°) a) On écrit :

$$|\operatorname{Det}(\vec{u}, \vec{v}, \vec{w})| = |(\vec{u} \wedge \vec{v}) \cdot \vec{w}| = \|\vec{u} \wedge \vec{v}\| . \|\vec{w}\| . |\cos(\vec{u} \wedge \vec{v}, \vec{w})|.$$

Or $\vec{u} \wedge \vec{v}$ est orthogonal au plan $(O, \vec{u}, \vec{v})$ et $\|\vec{w}\|.|\cos(\vec{u} \wedge \vec{v}, \vec{w})|$ n'est autre que la longueur de la projection orthogonale de $\vec{w}$ sur la droite $(O, \vec{u} \wedge \vec{v})$, c'est-à-dire est la hauteur h relative au plan $(O, \vec{u}, \vec{v})$ du parallélépipède construit sur $\vec{u}, \vec{v}$ et $\vec{w}$.

Comme $\|\vec{u} \wedge \vec{v}\|$ est l'aire du parallélogramme de côtés $\vec{u}$ et $\vec{v}$, $|\operatorname{Det}(\vec{u}, \vec{v}, \vec{w})|$ représente bien le volume du dit parallélépipède.

b) Il existe plusieurs démonstrations possibles. La plus efficace est de donner des coordonnées aux trois vecteurs $\vec{u}, \vec{v}$ et $\vec{w}$.
On peut limiter la lourdeur des calculs en se plaçant dans une base orthonormale directe dans laquelle le premier vecteur est proportionnel à $\vec{u}$ et le second est dans un plan contenant $\vec{u}$ et $\vec{v}$.
On a alors :

$$\vec{u} = (a, 0, 0), \vec{v} = (b, c, 0) \text{ et } \vec{w} = (d, e, f)$$

où a, b, c, d, e et f sont six réels. Ainsi :

$$\vec{u} \wedge \vec{v} = (0,\ 0,\ ac),\ (\vec{u} \wedge \vec{v}) \wedge \vec{w} = (-ace,\ acd,\ 0),$$

tandis que :

$(\vec{u} \cdot \vec{w})\, \vec{v} - (\vec{v} \cdot \vec{w})\, \vec{u} = (-ace,\ acd,\ 0)$. C'est bien le même résultat.

2°) a) On utilise la définition et les propriétés du déterminant et la formule du double produit vectoriel (question 1) :

$$\begin{aligned}(\vec{u} \wedge \vec{v}) \cdot (\vec{w} \wedge \vec{s}) &= \operatorname{Det}(\vec{u} \wedge \vec{v}, , \vec{w}, \vec{s}) = \operatorname{Det}(\vec{w}, \vec{s}, \vec{u} \wedge \vec{v}) = \vec{w} \cdot \big(\vec{s} \wedge (\vec{u} \wedge \vec{v})\big) \\ &= \vec{w} \cdot \big((\vec{s} \cdot \vec{v})\vec{u} - (\vec{s} \cdot \vec{u})\vec{v}\big)\end{aligned}$$

Soit :

$$(\vec{u} \wedge \vec{v}) \cdot (\vec{w} \wedge \vec{s}) = (\vec{s} \cdot \vec{v})(\vec{w} \cdot \vec{u}) - (\vec{s} \cdot \vec{u})(\vec{w} \cdot \vec{v})$$

b) En usant encore de la formule du double produit vectoriel, il vient :

$(\vec{u} \wedge \vec{v}) \wedge (\vec{w} \wedge \vec{s}) = \big((\vec{u} \wedge \vec{v}) \cdot \vec{s}\big)\vec{w} - \big((\vec{u} \wedge \vec{v}) \cdot \vec{w}\big)\vec{s}$

et en revenant à la définition du déterminant de trois vecteurs, on a le résultat :

$$(\vec{u} \wedge \vec{v}) \wedge (\vec{w} \wedge \vec{s}) = \text{Det}(\vec{u}, \vec{v}, \vec{s})\, \vec{w} - \text{Det}(\vec{u}, \vec{v}, \vec{w})\, \vec{s}$$

Partie II

1°) Soit M un point quelconque de E et P le projeté orthogonal de M sur D, on écrit, puisque $\overrightarrow{AP}$ est colinéaire à $\vec{u}$:

$$\overrightarrow{AM} = \overrightarrow{AP} + \overrightarrow{PM} \implies \overrightarrow{AM} \wedge \vec{u} = \overrightarrow{PM} \wedge \vec{u},$$

donc, en passant aux normes, comme $\overrightarrow{AP}$ est orthogonal à $\vec{u}$:

$$\|\overrightarrow{AM} \wedge \vec{u}\| = PM.\|\vec{u}\|, \text{ soit : } d(M, D) = PM = \frac{\|\overrightarrow{AM} \wedge \vec{u}\|}{\|\vec{u}\|}$$

2°) Il existe une unique direction de droite orthogonale à D et D', c'est la direction portée par $\vec{u} \wedge \vec{u}'$. La réunion des droites de direction $\vec{u} \wedge \vec{u}'$ rencontrant D est un plan qui est sécant à D'. Il existe donc une unique droite Δ de direction $\vec{u} \wedge \vec{u}'$ rencontrant D (en un point H) et D' (en un point H').

[Il est conseillé de faire un dessin].

On peut aussi interpréter Δ comme l'intersection du plan Π de direction $(\vec{u},\ \vec{u} \wedge \vec{u}')$ et contenant A (déjà introduit plus haut) et du plan Π' de direction $(\vec{u}',\ \vec{u} \wedge \vec{u}')$ et contenant A' car le raisonnement précédent, où on a privilégié la droite D au départ peut se faire en privilégiant la droite D' au départ.

Ainsi une équation de Δ est donnée par l'intersection des plans Π et Π', soit :

$$\text{Det}(\overrightarrow{MA}, \vec{u}, \vec{u} \wedge \vec{u}') = 0 \text{ et } \text{Det}(\overrightarrow{MA'}, \vec{u}', \vec{u} \wedge \vec{u}') = 0.$$

3°) Ici $\vec{u} \wedge \vec{u}' = -\vec{\imath} - \vec{\jmath}$. On obtient alors, pour $M : (x, y, z)$:

$$\text{Det}(\overrightarrow{AM}, \vec{u}, \vec{u} \wedge \vec{u}') = -2z \text{ et } \text{Det}(\overrightarrow{MA'}, \vec{u}', \vec{u} \wedge \vec{u}') = -x + 1 + y$$

ce qui donne pour équation de Δ :

$$z = 0, x - y = 1.$$

et $H : \left(\frac{1}{2}, -\frac{1}{2}, 0\right)$. Quant à H', il est confondu avec A'.

4°) Quels que soient les points M et M' appartenant respectivement à D et à D', on a :

$$MM'^2 = (\overrightarrow{MH} + \overrightarrow{HH'} + \overrightarrow{H'M})^2 = HH'^2 + (\overrightarrow{MH} + \overrightarrow{H'M})^2 \geqslant HH'^2.$$

Le minimum de la distance MM' est donc atteint pour $M = H$ et $M' = H'$.

5°) On utilise la linéarité du déterminant par rapport à la dernière variable, ainsi $\text{Det}(\vec{u},\ \vec{u}',\ \overrightarrow{AA'})$ se transforme, en utilisant :

$$\overrightarrow{AA'} = \overrightarrow{AH} + \overrightarrow{HH'} + \overrightarrow{H'A'},$$

en $\text{Det}(\vec{u},\ \vec{u}',\ \overrightarrow{HH'})$ car $\overrightarrow{AH}$ est colinéaire à $\vec{u}$ et $\overrightarrow{H'A'}$ est colinéaire à $\vec{u}'$. Or :

$$\text{Det}(\vec{u},\ \vec{u}',\ \overrightarrow{HH'}) = (\vec{u} \wedge \vec{u}') \cdot \overrightarrow{HH'},$$

et comme les vecteurs $\vec{u} \wedge \vec{u}'$ et $\overrightarrow{HH'}$ sont colinéaires, on a :

$$\left|\text{Det}(\vec{u},\ \vec{u}',\ \overrightarrow{HH'})\right| = \|\vec{u} \wedge \vec{u}'\|.HH',$$

ce qui permet d'écrire :

$$HH' = \frac{\left|\text{Det}(\vec{u},\ \vec{u}',\ \overrightarrow{HH'})\right|}{\|\vec{u} \wedge \vec{u}'\|} = \frac{\left|\text{Det}(\vec{u},\ \vec{u}',\ \overrightarrow{AA'})\right|}{\|\vec{u} \wedge \vec{u}'\|}$$

6°) Ici $\text{Det}(\vec{u}, \vec{u}', \overrightarrow{AA'}) = -1$, $\|\vec{u} \wedge \vec{u}'\|^2 = 2$ et $d(D, D') = \dfrac{1}{\sqrt{2}}$, on peut aussi calculer HH' qui donne la même valeur.

7°) a) Les vecteurs

$$\vec{n} = \vec{u} \wedge \overrightarrow{MM'} \text{ et } \vec{n}' = \vec{u}' \wedge \overrightarrow{MM'}$$

sont orthogonaux respectivement au plan $\mathcal{P}$ passant par M' et contenant D et au plan $\mathcal{P}'$ passant par M et contenant D'.

b) Le préliminaire permet d'écrire :

$$\vec{n} \cdot \vec{n}' = MM'^2(\vec{u} \cdot \vec{u}') \text{ et } \vec{n} \wedge \vec{n}' = \text{Det}(\vec{u}, \vec{u}', \overrightarrow{MM'})\overrightarrow{MM'}.$$

c) On en déduit la relation :

$$MM' \tan \alpha = \frac{\text{Det}(\vec{u}, \vec{u}', \overrightarrow{MM'})}{\vec{u} \cdot \vec{u}'}.$$

Il reste à introduire la perpendiculaire commune à D et D', qui coupe D en H et D' en H' :

$$\text{Det}(\vec{u}, \vec{u}', \overrightarrow{MM'}) = \text{Det}(\vec{u}, \vec{u}', \overrightarrow{MH} + \overrightarrow{HH'} + \overrightarrow{H'M'})$$

et d'aprés la linéarité du déterminant par rapport à la dernière variable, il reste :

$$\text{Det}(\vec{u}, \vec{u}', \overrightarrow{MM'}) = \text{Det}(\vec{u}, \vec{u}', \overrightarrow{HH'}).$$

On en déduit $MM' \tan \alpha = \dfrac{\text{Det}(\vec{u}, \vec{u}', \overrightarrow{HH'})}{\vec{u} \cdot \vec{u}'}$, et le résultat demandé.

Partie III

1°) a) Ici $A = O, \vec{u} = \vec{j}, \vec{u}' = \vec{i}$ et $A' = (0, 0, 1)$, et :

$$M \in X \iff d(M, D) = d(M', D') \iff \frac{\|\overrightarrow{AM} \wedge \vec{u}\|}{\|\vec{u}\|} = \frac{\|\overrightarrow{A'M} \wedge \vec{u}'\|}{\|\vec{u}'\|}.$$

On élève au carré et on développe, ce qui donne :

$$M \in X \iff x^2 + z^2 = y^2 + (z-1)^2 \iff x^2 - y^2 + 2z = 1.$$

Il est hors de question d'étudier directement cette surface. Nous verrons dans les commentaires de quoi il s'agit.

b) L'intersection de X avec le plan $z = 0$ est l'hyperbole équilatère d'équation $x^2 - y^2 = 1$, l'intersection de X avec le plan d'équation $y = 0$ est la courbe d'équation $2z = 1 - x^2$, c'est une parabole et enfin l'intersection de X avec le plan d'équation $x = 0$ est la courbe d'équation $2z = 1 + y^2$. C'est encore une parabole. On laisse le soin au lecteur de tracer ces trois courbes séparement car elles ne sont pas dans le même plan.

c) Soit $M_0 : (x_0, y_0, z_0)$ un point de X, on cherche un vecteur $\vec{v} = (\alpha, \beta, \gamma)$ tel que pour tout réel λ, $M_0 + \lambda\vec{v}$ appartienne à X c'est-à-dire tel que :

$$\forall \lambda \in \mathbb{R}, (x_0 + \lambda\alpha)^2 - (y_0 + \lambda\beta)^2 + 2(z_0 + \lambda\gamma) = 1.$$

On développe et on trouve :

$$\forall \lambda \in \mathbb{R}, \lambda^2(\alpha^2 - \beta^2) + \lambda(2\alpha x_0 - 2\beta y_0 + 2\gamma) + x_0^2 - y_0^2 + 2z_0 - 1 = 0.$$

Ceci n'a lieu que si tous les coefficients sont nuls, et :

- $x_0^2 - y_0^2 + 2z_0 - 1 = 0$ est vérifiée, car $M_0 \in X$;

• il reste donc : $\begin{cases} \alpha^2 - \beta^2 = 0 \\ \alpha x_0 - \beta y_0 + \gamma = 0 \end{cases}$.

Si $\alpha = \beta$, on a $\gamma = \alpha(y_0 - x_0)$, cela donne à un facteur multiplicatif près :

$$\vec{v} = (1, 1, y_0 - x_0).$$

Si $\alpha = -\beta$, on a $\gamma = -\alpha(x_0 + y_0)$, cela donne à un facteur multiplicatif près :

$$\vec{v} = (-1, 1, y_0 + x_0).$$

Ainsi, par tout point M_0 de X, il passe deux droites incluses dans la surface X.

2°) On introduit la perpendiculaire commune Δ à D et D' rencontrant D et D' respectivement en H et H' (faites un petit dessin).

Le vecteur $\overrightarrow{O'H}$ est un vecteur directeur de la perpendiculaire commune et est orthogonal à $\vec{u}$ et $\vec{u}'$, donc à $\vec{I}$ et $\vec{J}$.

Les vecteurs $\vec{I}$ et $\vec{J}$ sont orthogonaux, car :

$$\vec{I} \cdot \vec{J} = \frac{(\vec{u} + \vec{u}') \cdot (\vec{u} - \vec{u}')}{\|\vec{u} + \vec{u}'\| . \|\vec{u} - \vec{u}'\|} = \frac{\|\vec{u}\|^2 - \|\vec{u}'\|^2}{\|\vec{u} + \vec{u}'\| . \|\vec{u} - \vec{u}'\|} = 0$$

Si on pose $\vec{K} = \dfrac{\overrightarrow{O'H}}{O'H}$, le repère $(O', \vec{I}, \vec{J}, \vec{K})$ est orthonormal.

Enfin, pour simplifier les écritures, on supposera $O'H = 1$, ce qui donne $\vec{K} = \overrightarrow{O'H}$.

3°) Il est clair que D est dans le plan $z = 1$ et D' est dans le plan $z = -1$. Enfin D et D' sont aussi dans deux plans orthogonaux aux précédents et passant par O', ils ont pour équations respectives $y = mx$ et $y = -mx$ où $m \in \mathbb{R}^*$, une équation de D est $[y = mx,\ z = 1]$ et une équation de D' est $[y = -mx,\ z = -1]$.

4°) Les plans $y = \varepsilon mx$ et $z = \varepsilon$ étant orthogonaux, pour tout point $M : (x, y, z)$ de l'espace :

$$d(M, D)^2 = \frac{(y - mx)^2}{1 + m^2} + (z - 1)^2 \text{ et } d(M, D')^2 = \frac{(y + mx)^2}{1 + m^2} + (z + 1)^2$$

Une équation de X est donc $0 = \dfrac{mxy}{m^2 + 1} + z$, ou encore :

$$xy = az, \text{ en posant } a = -\frac{m^2 + 1}{m}.$$

5°) Définissons A comme la famille des sections de X par les plans d'équations $x = \lambda$, où $\lambda \in \mathbb{R}$. Il s'agit bien de droites, deux à deux non coplanaires, d'équation $[x = \lambda, \lambda y = az]$, de vecteur directeur $(0, a, \lambda)$ 2 à 2 indépendants.

De même, on peut définir la famille B en coupant X par les plans d'équation $y = \mu$, $\mu \in \mathbb{R}$, ces droites ont pour équation $[y = \mu, \mu x = az]$.

Deux droites respectivement de A et B ont toujours exactement un point commun, à savoir le point de coordonnées $\left(\lambda, \mu, \dfrac{\lambda\mu}{a}\right)$.

Réciproquement, démontrons que toute droite D incluse dans X est dans $A \cup B$.

En effet, si une telle droite de vecteur directeur (α, β, γ) passe par le point de X de coordonnées$\left(\lambda, \mu, \dfrac{\lambda\mu}{a}\right)$ on doit avoir, pour tout $r \in \mathbb{R}$:

$$(\lambda + r\alpha)(\mu + r\beta) - a\left(\frac{\lambda\mu}{a} + r\gamma\right) = 0, \text{ soit : } \alpha\beta r^2 + (\mu\alpha + \lambda\beta - a\gamma)r = 0,$$

d'où $\alpha\beta = \mu\alpha + \lambda\beta - a\gamma = 0$.

Si $\beta = 0$, on trouve $\mu\alpha = a\gamma$ et D est une droite de B. Le cas $\alpha = 0$ donne de même une droite de la famille A.

Commentaires

1°) *La valeur absolue du produit mixte est utile dans beaucoup de formules de calcul de distances ou de volumes. En dehors de celles vues ou revues dans ce problème, citons la distance d'un point M à un plan $\mathcal{P}$ défini par trois points non alignés :*

$$d(M, \mathcal{P}) = \frac{|\operatorname{Det}(\overrightarrow{MA}, \overrightarrow{MB}, \overrightarrow{MC})|}{\|\overrightarrow{AB} \wedge \overrightarrow{AC}\|}$$

et le volume du tétraèdre de sommets M, A, B, C :

$$\mathcal{V} = \frac{1}{6}|\operatorname{Det}(\overrightarrow{MA}, \overrightarrow{MB}, \overrightarrow{MC})|.$$

Le lecteur pourra essayer de démontrer ces deux formules. D'ailleurs, on peut obtenir la première comme conséquence de la deuxième.

2°) *Les surfaces de la partie III :*

$$\mathcal{C}_1 : x^2 - y^2 + 2z = 1 \text{ et } \mathcal{C}_2 : xy = az$$

sont appelées des **quadriques** *et plus précisément des* **paraboloïdes hyperboliques**. *Beaucoup de surfaces de $\mathbb{R}^3$ qui seront étudiées l'année prochaine sont en fait des quadriques, citons parmi les plus connues l'ellipsoïde (genre de ballon de rugby), la sphère qui est un cas particulier du précédent (genre de ballon de football), le cône, le cylindre et même des réunions de plans. D'ailleurs, leurs intersections (si elles sont non vides) par des plans peuvent donner des droites ou des coniques ce qui peut permettre de visualiser leur tracé. Nous allons juste dessiner les deux surfaces $\mathcal{C}_1$ et $\mathcal{C}_2$ à l'aide de Maple, par exemple pour $a = 1$.*

Problème n° 7

Durée estimée : 2 heures

Prérequis :

Etude de fonctions, fonctions hyperboliques, fonctions hyperboliques réciproques.

ÉNONCÉ

Pour tout réel $m > 0$, on définit l'application f_m de $\mathbb{R}$ dans $\mathbb{R}$:

$$x \mapsto f_m(x) = \ln(\mathrm{e}^x + m.\mathrm{e}^{-x}).$$

On notera $\mathcal{C}_m$ la courbe représentative de f_m dans le plan rapporté au repère orthonormé $(O, \vec{\imath}, \vec{\jmath})$.

I : Etude de f_1

1°) Exprimer $f_1(x)$, ainsi que sa dérivée, quand elle existe, en fonction de ln et des fonctions hyperboliques.

2°) Démontrer que les restrictions de f_1 à, d'une part, $\mathbb{R}_-$ et, d'autre part, $\mathbb{R}_+$ admettent chacune une fonction réciproque dont on déterminera le domaine de définition puis une expression en utilisant la fonction argument cosinus hyperbolique.

3°) Etudier f_1, tracer $\mathcal{C}_1$ et en déduire les représentations graphiques des deux fonctions réciproques de la question **2°**).

II : Etude du cas général

1°) Vérifier que le domaine de définition de f_m est $\mathbb{R}$.

2°) Etudier les variations de f_m puis montrer que $\mathcal{C}_m$ admet deux asymptotes dont l'une est indépendante de m.

3°) Construire $\mathcal{C}_{\frac{1}{16}}$ et placer $\mathcal{C}_1$ déjà étudié dans la partie **I** sur le même dessin.

4°) Dans quelle transformation simple $\mathcal{C}_1$ a-t-elle pour image $\mathcal{C}_m$?

5°) Discuter et résoudre dans $\mathbb{R}$ l'équation $f_m(x) = 0$.

Décryptage du sujet :

Le problème est basé sur l'étude d'une famille de fonctions dépendant d'un paramètre m. La partie I est l'étude du cas particulier $m = 1$. Dans la partie II, on étudie le cas général mais on met l'accent sur le fait que le graphe de la fonction dans le cas général peut se déduire de celui de la fonction pour $m = 1$. Pour la question II-5, on pourra utiliser l'inconnue auxilliaire $t = \mathrm{e}^x$.

CORRIGÉ

Partie I

1°) On remarque que $f_1 : x \mapsto \ln(2\,\mathrm{ch}\,x)$. De plus son domaine de définition est $\mathbb{R}$ et elle est clairement dérivable sur cet intervalle, avec :

$$f_1'(x) = \frac{\mathrm{e}^x - \mathrm{e}^{-x}}{\mathrm{e}^x + \mathrm{e}^{-x}} = \mathrm{th}\,x$$

2°) $f_1'(x) > 0 \iff \mathrm{e}^x > \mathrm{e}^{-x} \iff x > -x \iff x > 0$ et $f_1'(x) < 0 \iff x < 0$.
La fonction f_1 est strictement décroissante sur $\mathbb{R}^-$ et strictement croissante sur $\mathbb{R}^+$ et on a le tableau de variations :

x	$-\infty$		0		$+\infty$
$f_1'(x)$		$-$	0	$+$	
f_1	$+\infty$	$\searrow$	$\ln 2$	$\nearrow$	$+\infty$

$\star$ La restriction de f_1 à $\mathbb{R}^+$ réalise une bijection strictement croissante de $\mathbb{R}^+$ sur $[\ln 2, +\infty[$, donc admet une bijection réciproque h définie sur $[\ln 2, +\infty[$ et à valeurs dans $\mathbb{R}^+$.
Or : $y = \ln(2\,\mathrm{ch}\,x) \iff \mathrm{e}^y = 2\,\mathrm{ch}\,x \iff \mathrm{ch}\,x = \frac{\mathrm{e}^y}{2} \iff x = \pm\,\mathrm{Arg\,ch}\left(\frac{\mathrm{e}^y}{2}\right)$.
Ainsi, en choisissant la solution positive :

$$\forall y \geqslant \ln 2, h(y) = \mathrm{Arg\,ch}\left(\frac{\mathrm{e}^y}{2}\right).$$

$\star$ De même la restriction de f_1 à $\mathbb{R}^-$ réalise une bijection strictement décroissante de $\mathbb{R}^-$ sur $[\ln 2, +\infty[$, donc admet une bijection réciproque g définie sur $[\ln 2, +\infty[$ et à valeurs dans $\mathbb{R}^-$. En choisissant la solution négative, on a donc :

$$\forall y \geqslant \ln 2, g(y) = -\,\mathrm{Arg\,ch}\left(\frac{\mathrm{e}^y}{2}\right).$$

3°) On complète l'étude de f_1 en remarquant que f_1 est paire et que :

$$\forall x \geqslant 0, f_1(x) = \ln(\mathrm{e}^x + \mathrm{e}^{-x}) = \ln[\mathrm{e}^x(1 + \mathrm{e}^{-2x})] = x + \ln(1 + \mathrm{e}^{-2x})$$

Les représentations graphiques de h et g s'obtiennent à partir de celles de $f_{1|\mathbb{R}^+}$ et $f_{1|\mathbb{R}^-}$, par symétrie par rapport à la première bissectrice du repère.

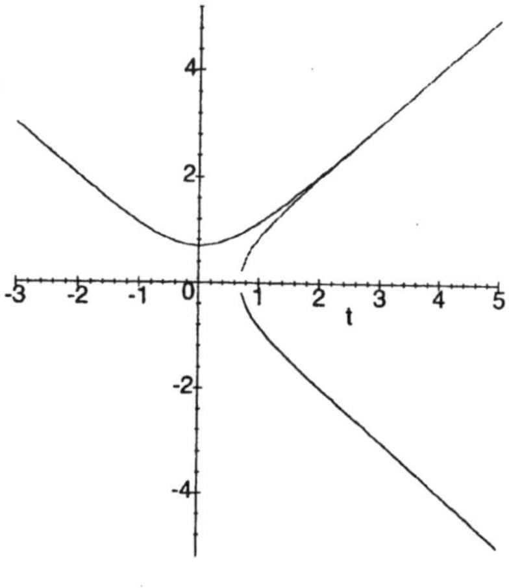

Partie II

1°) m étant strictement positif, la fonction $x \mapsto \mathrm{e}^x + m.\mathrm{e}^{-x}$ est à valeurs strictement positives. L'ensemble de définition de f_m est $\mathbb{R}$.

2°) f_m est dérivable sur $\mathbb{R}$, comme composée de la fonction ln et d'une fonction dérivable à valeurs dans $\mathbb{R}_+^*$. La dérivée de f_m est :

$$f'_m(x) = \frac{\mathrm{e}^x - m.\mathrm{e}^{-x}}{\mathrm{e}^x + m\,\mathrm{e}^{-x}} = \frac{\mathrm{e}^{-x}(\mathrm{e}^{2x} - m)}{\mathrm{e}^x + m\,\mathrm{e}^{-x}}.$$

Cette dérivée s'annule pour $x = \dfrac{1}{2}\ln m$ et on obtient le tableau de variations :

x	$-\infty$		$\frac{1}{2}\ln m$		$+\infty$
$f'_m(x)$		$-$	0	$+$	
f_m	$+\infty$	$\searrow$	$\ln(2\sqrt{m})$	$\nearrow$	$+\infty$

Explication des limites :
On remarque que pour tout $x \in \mathbb{R}$, on peut écrire :

$$f_m(x) = \ln\left(\mathrm{e}^x(1 + m.\mathrm{e}^{-2x}\right) = x + \ln(1 + m\,\mathrm{e}^{-2x})$$

ou bien :

$$f_m(x) = \ln\left(m\mathrm{e}^{-x}(1 + \frac{1}{m}\,\mathrm{e}^{2x}\right) = -x + \ln m + \ln\left(1 + \frac{1}{m}\,\mathrm{e}^{2x}\right)$$

La première forme montre que $\lim\limits_{x \to +\infty}[f(x) - x] = 0$ et la seconde que $\lim\limits_{x \to -\infty}[f(x) + x - \ln m] = 0$.
On en déduit que $\lim\limits_{x \to +\infty} f_m(x) = \lim\limits_{x \to -\infty} f_m(x) = +\infty$, et même plus précisément que la droite d'équation $y = x$ est asymptote à $\mathcal{C}_m$ au voisinage de $+\infty$ et que la droite d'équation $y = -x + \ln\, m$ est asymptote à $\mathcal{C}_m$ au voisinage de $-\infty$.

3°) On trace les deux courbes sans difficulté (ne pas oublier les trois asymptotes obliques).

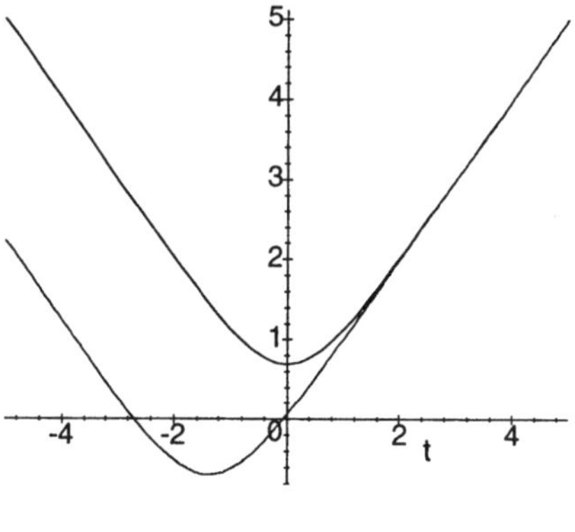

4°) On a, pour tout réel x :

$$\begin{aligned}\mathrm{e}^x + m\,\mathrm{e}^{-x} &= \sqrt{m}\Big(\frac{1}{\sqrt{m}}\,\mathrm{e}^x + \sqrt{m}\,\mathrm{e}^{-x}\Big)\\ &= \sqrt{m}\Big(\exp(x - \frac{\ln m}{2}) + \exp(-x + \frac{\ln m}{2})\Big).\end{aligned}$$

Ce qui nous permet d'écrire : $f_m(x) = \frac{1}{2}\ln m + f_1\big(x - \frac{1}{2}\ln m\big)$.

On passe donc de C_1 à C_m par la translation de vecteur $\frac{1}{2}\ln m(\vec{\imath} + \vec{\jmath})$.

5°) La fonction logarithme étant injective, l'équation $f_m(x) = 0$ équivaut à :

$$\mathrm{e}^x + m\,\mathrm{e}^{-x} = 1.$$

Introduisons l'inconnue auxilliaire $t = \mathrm{e}^x$. Nous sommes ramenés à l'équation du second degré : $t^2 - t + m = 0, t > 0$.

Le discriminant est $\Delta = 1 - 4m$.

• Si $m > \frac{1}{4}$, cette équation n'a pas de racines réelles, donc l'équation $f_m(x) = 0$ n'a pas de solution.

• Si $m = \frac{1}{4}$, alors $t^2 - t + m = 0 \Longleftrightarrow \big(t - \frac{1}{2}\big)^2 = 0 \Longleftrightarrow t = \frac{1}{2}$ et l'équation $f_{1/4}(x) = 0$ admet une solution, $x = \ln\frac{1}{2} = -\ln 2$.

• Si $m < \frac{1}{4}$, alors l'équation $t^2 - t + m = 0$ admet les deux solutions $t_1 = \dfrac{1 + \sqrt{1 - 4m}}{2}$ et $t_2 = \dfrac{1 - \sqrt{1 - 4m}}{2}$.

Comme $t_1 + t_2 = 1 > 0$ et $t_1 t_2 = m > 0$, t_1 et t_2 sont strictement positifs. Ainsi l'équation $f_m(x) = 0$ admet pour solutions les nombres $\ln\Big(\dfrac{1 + \sqrt{1 - 4m}}{2}\Big)$ et $\ln\Big(\dfrac{1 - \sqrt{1 - 4m}}{2}\Big)$.

Notons que $m \leqslant \frac{1}{4} \Longleftrightarrow \ln(2\sqrt{m}) \leqslant 0$ et le résultat de la discussion est bien conforme à ce qu'indique le tableau de variations de la question **II 2°)**.

Problème n° 8

Durée estimée : 1,5 *heures*

Prérequis :

Continuité, dérivabilité de fonctions, fonctions réciproques des fonctions circulaires.

ÉNONCÉ

Chaque question comporte quatre propositions. Trois possibilités sont réalisables : aucune des quatre propositions n'est vraie, une seule est vraie ou deux parmi les quatre sont vraies.

On considère la fonction numérique définie par :

$$f : t \mapsto \operatorname{Arc}\sin\left(\sin(t+\frac{\pi}{4})\right).$$

Question n°01

Nous avons l'égalité $\operatorname{Arc}\sin(\sin\theta) = \theta$ si et seulement si :

a) $\theta \in [0, \pi]$; **b)** $\theta \in \left[0, \frac{\pi}{2}\right]$

de plus, on a les égalités :

c) $\operatorname{Arc}\sin(\sin\theta) + \operatorname{Arc}\cos(\cos\theta) = \frac{\pi}{2}$, si $\theta \in \left[0, \frac{\pi}{2}\right]$;

d) $\operatorname{Arc}\sin(\sin\theta) = \pi - \theta$, si $\theta \in \left[\frac{\pi}{2}, \frac{3\pi}{2}\right]$.

Question n°02

a) f est une fonction π-périodique ; **b)** f est impaire ;

c) f n'est pas définie sur $\mathbb{R}$ tout entier ; **d)** Nous avons $f(\mathbb{R}) \subset [-1, 1]$.

Question n°03

Pour $t \in \left[0, \frac{\pi}{4}\right]$, on a :

a) $f(t) = \frac{3\pi}{4} - t$; **b)** $f(t) = t + \frac{\pi}{4}$;

Pour $t \in \left[\frac{\pi}{4}, \frac{\pi}{2}\right]$, on a :

c) $f(t) = t + \frac{\pi}{4}$; **d)** $f(t) = t + \frac{5\pi}{4}$.

Question n°04

a) f est une fonction en escalier ; **b)** f est affine par morceaux.

c) f est dérivable sur $\mathbb{R}$; **d)** f est dérivable et pour tout t, $|f'(t)| = 1$.

Dans la suite, on pose :

$$g : x \mapsto \operatorname{Arc}\sin\left(\frac{1}{\sqrt{2}} \cdot \frac{x}{\sqrt{(x-1)^2+1}}\right).$$

On note D_g le domaine de définition de g.

Question n°05

Le domaine D_g est :

a) $[-1,1]$; **b)** $\left[-\frac{\pi}{2}, \frac{\pi}{2}\right]$; **c)** $\mathbb{R}$; **d)** $[0,2]$.

Pour tout x de D_g, on pose dans la suite : $z(x) = \operatorname{Arc}\tan(x-1)$.

Question n°06

L'ensemble des valeurs prises par z est

a) l'intervalle $\left[-\frac{\pi}{2}, \frac{\pi}{2}\right]$; **b)** $\mathbb{R}$;

La fonction z est :

c) croissante sur $\left[-\frac{\pi}{2}, \frac{\pi}{2}\right]$; **d)** est bijective de $\mathbb{R}$ sur $\mathbb{R}$.

Question n°07

a) nous avons $g(z(x)) = f(x)$; **b)** $g(x) = f(z(x))$;

On déduit de ce qui précède que la fonction g

c) est croissante car la fonction z l'est ; **d)** a même limite que z en $+\infty$.

Question n°08

$\forall x \in D_g \cap [0,2]$,

a) $g(x) = x + \frac{\pi}{4}$; **b)** $g(x) = \frac{3\pi}{4} - z(x)$;

$\forall x \in D_g \cap [2, +\infty[$,

c) $g(x) = \frac{3\pi}{4} - z(x)$; **d)** $g(x) = \frac{5\pi}{4} + z(x)$.

Question n°09

On en déduit que g est sur D_g :

a) une fonction affine par morceaux ; **b)** continue sauf en 2 ;

c) dérivable ; **d)** impaire et dérivable sur $D_g \setminus \{-2, 2\}$.

Décryptage du sujet :

Cet énoncé est largement inspiré des épreuves de la forme Q.C.M. de l'ENAC. Attention, certaines propositions (vraies ou fausses) permettent d'orienter une méthode de calcul ou de raisonnement utile pour la suite. Il est donc bon de traiter les questions de façon chronologique. De plus, sachez que dans le cadre des concours de l'ENAC, une réponse erronée de votre part donne des points de pénalité. Ceci n'est pas important pour celui qui travaille ce livre de problèmes mais si vous avez l'intention d'être candidat au concours des pilotes ou des ICNA (les concours de l'ENAC), un bon conseil : il vaut mieux s'abstenir que de répondre n'importe quoi.

CORRIGÉ

Question n°01.

Arc sin est à valeurs dans $\left[-\frac{\pi}{2}, \frac{\pi}{2}\right]$. La proposition **a** est ***fausse*** et la proposition **b** est ***fausse***, à cause du « si et seulement si ». La proposition **c** est ***fausse*** car la vraie formule est, rappelons le :

$$\text{pour tout } x \in [-1,1], \text{ on a } \operatorname{Arc}\sin x + \operatorname{Arc}\cos x = \frac{\pi}{2}.$$

De plus, si $\theta \in \left[\frac{\pi}{2}, \frac{3\pi}{2}\right]$, $\pi - \theta \in \left[-\frac{\pi}{2}, \frac{\pi}{2}\right]$ et $\sin(\pi - \theta) = \sin\theta$, donc la proposition **d** est ***vraie***.

Question n°02.

La fonction Arc sin est impaire et $\sin(t + \pi + \frac{\pi}{4}) = -\sin(t + \frac{\pi}{4})$. Ainsi $f(t+\pi) = -f(t)$ et comme f n'est pas la fonction nulle, f n'est pas π–périodique (en revanche elle est 2π–périodique), elle n'est ni paire ni impaire, elle est définie sur $\mathbb{R}$ et enfin, $f(\frac{\pi}{4}) = \operatorname{Arc}\sin 1 = \frac{\pi}{2}$, qui n'est pas compris entre -1 et 1. Ici, en conclusion, toutes les propositions sont ***fausses.***

Question n°03.

Nous avons :

$$t \in \left[0, \frac{\pi}{4}\right] \Longrightarrow t + \frac{\pi}{4} \in \left[\frac{\pi}{4}, \frac{\pi}{2}\right] \subset \left[-\frac{\pi}{2}, \frac{\pi}{2}\right] \Longrightarrow f(t) = t + \frac{\pi}{4}.$$

Ainsi, la proposition **a** est ***fausse*** et la proposition **b** est ***vraie***.

Si $t \in \left[\frac{\pi}{4}, \frac{\pi}{2}\right]$, alors $t+\frac{\pi}{4} \in \left[\frac{\pi}{2}, \frac{3\pi}{4}\right]$ et comme $\operatorname{Arc}\sin(\sin u)$ est l'angle compris entre $-\frac{\pi}{2}$ et $\frac{\pi}{2}$ qui a même sinus que u, on a ici $f(t) = \pi - (t+\frac{\pi}{4})$. Les propositions **c** et **d** sont ***fausses***.

Question n°04.

On commence par compléter le raisonnement abordé à la question précédente. Nous avons :

$$t \in \left[0, \frac{\pi}{4}\right] \Longrightarrow f(t) = t + \frac{\pi}{4}\,;$$
$$t \in \left[\frac{\pi}{4}, \frac{5\pi}{4}\right] \Longrightarrow t + \frac{\pi}{4} \in \left[\frac{\pi}{2}, \frac{3\pi}{2}\right] \Longrightarrow f(t) = -t + \frac{3\pi}{4}$$
$$t \in \left[\frac{5\pi}{4}, 2\pi\right] \Longrightarrow t + \frac{\pi}{4} \in \left[\frac{3\pi}{2}, \frac{9\pi}{4}\right] \Longrightarrow f(t) = t - \frac{7\pi}{4}$$

f n'est pas en escalier, mais est affine par morceaux. La représentation graphique de f présente des points anguleux aux points de raccordements des différentes facettes, donc : les propositions **a**, **c** et **d** sont ***fausses*** et la proposition **b** est ***vraie***.

Question n°05.

On a : $\left[\dfrac{1}{\sqrt{2}}\dfrac{x}{\sqrt{(x-1)^2+1}}\right]^2 = \dfrac{x^2}{2\big((x-1)^2+1\big)}$ et

$$2\big((x-1)^2+1\big) - x^2 = x^2 - 4x + 4 = (x-2)^2 \geqslant 0$$

Ainsi, on a toujours $\dfrac{x^2}{2\big((x-1)^2+1\big)} \leqslant 1$, soit $\left|\dfrac{1}{\sqrt{2}}\dfrac{x}{\sqrt{(x-1)^2+1}}\right| \leqslant 1$ et g est définie sur $\mathbb{R}$. Les propositions **a**, **b** et **d** sont ***fausses*** et la proposition **c** est ***vraie***.

Question n°06.

$z(x) = \operatorname{Arc}\tan(x-1) \in \left]-\frac{\pi}{2}, \frac{\pi}{2}\right[$, de plus, z étant la composée de deux fonctions croissantes, est croissante sur son domaine de définition $\mathbb{R}$, et donc *a fortiori* sur $\left[-\frac{\pi}{2}, \frac{\pi}{2}\right]$. Les propositions **a**, **b** et **d** sont ***fausses*** et la proposition **c** est ***vraie***.

Question n°07.

$\star$ Pour abréger, notons $z = z(x) = \text{Arc}\tan(x-1) \in \left]-\frac{\pi}{2}, \frac{\pi}{2}\right[$. On a :

$$\sin(z + \tfrac{\pi}{4}) = \frac{\sqrt{2}}{2}(\sin z + \cos z) = \frac{\sqrt{2}}{2}(1 + \tan z)\cos z$$

Or $\tan z = x - 1$ et $\cos z = \dfrac{1}{\sqrt{\tan^2 z + 1}} = \dfrac{1}{\sqrt{(x-1)^2+1}}$ (sur l'intervalle utile le cosinus est positif).

Ainsi : $\sin(z + \frac{\pi}{4}) = \dfrac{1}{\sqrt{2}} \dfrac{x}{\sqrt{(x-1)^2+1}}$ et $f\big(z(x)\big) = g(x)$, donc la proposition **b** est ***vraie***

$\star$ $f(0) = \frac{\pi}{4}$, $z(0) = -\frac{\pi}{4}$ et $g\big(z(0)\big) = \text{Arc}\sin(-\frac{\pi}{4}) \neq \frac{\pi}{4}$, donc la proposition **a** est ***fausse***.

$\star$ $\lim\limits_{x\to+\infty} z(x) = \frac{\pi}{2}$, $\lim\limits_{x\to+\infty} g(x) = \text{Arc}\sin\dfrac{1}{\sqrt{2}} = \frac{\pi}{4}$, donc la proposition **d** est ***fausse***.

$\star$ Enfin, $g(2) = \text{Arc}\sin 1 = \frac{\pi}{2}$, alors que $\lim\limits_{x\to+\infty} g(x) = \frac{\pi}{4}$, donc la proposition **c** est ***fausse***.

Question n°08.

On a $g(x) = f\big(z(x)\big)$, donc :

Si $x \in [0,2], z(x) \in [-\frac{\pi}{4}, \frac{\pi}{4}]$ et, d'après les résultats de la question 03, $g(x) = z(x) + \frac{\pi}{4} = \text{Arc}\tan(x-1) + \frac{\pi}{4}$.

Si $x > 2$, $z(x) \in [\frac{\pi}{4}, \frac{\pi}{2}[$ et $g(x) = \frac{3\pi}{4} - z(x) = \frac{3\pi}{4} - \text{Arc}\tan(x-1)$.

Les propositions **a**, **b** et **d** sont ***fausses*** et la proposition **c** est ***vraie***.

Question n°09.

g n'est bien entendu pas affine par morceaux. Elle est continue pour tout $x > 0$ (les formules obtenues à la question précédente se « recollent » en 2). Elle n'est pas dérivable au point 2, car elle admet en ce point deux demi-dérivées différentes. Enfin g n'est pas impaire. Les quatre propositions sont ***fausses***.

Problème nº 9

Durée estimée : 5 heures

Prérequis :

Distances dans le plan, courbes en polaires, équations différentielles, cinématique du point, coniques, fonctions circulaires et hyperboliques, produit vectoriel.

ÉNONCÉ

On rapporte $\mathcal{E}$ l'espace au repère orthonormal direct $(O, \vec{\imath}, \vec{\jmath}, \vec{k})$ et on appelle $\mathcal{P}$ le plan euclidien orienté par le repère orthonormal $(O, \vec{\imath}, \vec{\jmath})$. On rappelle qu'une courbe paramétrée Γ de $\mathcal{P}$ peut être représentée par des coordonnées polaires $(\rho(t), \theta(t))$, fonctions du paramètre réel t avec :

$$\overrightarrow{OM}(t) = f(t) = \rho(t)\,\vec{u}(\theta(t)),$$

où $\vec{u}(\theta(t)) = \cos(\theta(t))\vec{\imath} + \sin(\theta(t))\vec{\jmath}$.

Si on pose $\vec{v}(\theta(t)) = -\sin(\theta(t))\vec{\imath} + \cos(\theta(t))\vec{\jmath}$, alors $(O, \vec{u}(\theta(t)), \vec{v}(\theta(t)))$ s'appelle le repère polaire d'angle $\theta(t)$.

I : Calculs dans le repère polaire

On suppose dans cette partie que $M(t)$ décrit une courbe plane Γ comme définie plus haut et que $t \mapsto \rho(t)$ et $t \mapsto \theta(t)$ sont deux fois dérivable sur $\mathbb{R}$.

1°) Calculer $f'(t)$ et $f''(t)$ dans le repère polaire.

Dans la suite de cette partie, on se place dans le cas particulier où $\theta(t) = t$ pour tout t et on écrira par commodité $\overrightarrow{OM}(\theta) = \rho(\theta)\vec{u}(\theta)$, la fonction $\theta \mapsto \rho(\theta)$ étant deux fois dérivable.

2°) Déterminer dans le repère polaire la dérivée première et la dérivée seconde de $\overrightarrow{OM}$ par rapport à θ.

3°) Soit θ_0 tel que $\rho'(\theta_0) \neq 0$, on appelle α l'angle entre l'axe radial $(O, \vec{u}(\theta_0))$ et la tangente en $M(\theta_0)$ à Γ. Démontrer la relation :

$$\tan\alpha = \frac{\rho(\theta_0)}{\rho'(\theta_0)}$$

Si ρ s'annule en θ_0, préciser la tangente en O à Γ.

II : Etude des branches infinies d'une courbe polaire

Le but de cette partie est l'étude des branches infinies de Γ, on suppose que Γ, courbe plane dans $\mathcal{P}$, est définie par l'équation polaire $\theta \mapsto \rho(\theta)$, où θ appartient à J intervalle de $\mathbb{R}$.

1°) On suppose ici que J a pour borne droite $+\infty$ et que si θ tend vers $+\infty$, alors $\rho(\theta)$ tend vers le réel a. Qu'en déduit-on pour Γ? On distinguera les cas $a \neq 0$ et $a = 0$. Donner un exemple d'équation polaire vérifiant cette condition dans chacun des deux cas.

2°) On suppose toujours que J a pour borne droite $+\infty$ et que si θ tend vers $+\infty$, alors $\rho(\theta)$ tend vers $+\infty$. Qu'en déduit-on pour Γ ? Donner un exemple d'équation polaire vérifiant cette condition.

3°) On suppose ici que θ_0 est une borne de J et que si θ tend vers θ_0 alors $|\rho(\theta)|$ tend vers $+\infty$. Les coordonnées de $M(\theta)$ dans le repère polaire $(O, \vec{u}(\theta_0), \vec{v}(\theta_0))$ sont :

$$X(\theta) = \rho(\theta)\cos(\theta - \theta_0), Y(\theta) = \rho(\theta)\sin(\theta - \theta_0)$$

a) Que peut on dire de $X(\theta)$ quand θ tend vers θ_0 ?

b) On suppose que $\lim_{\theta \to \theta_0} Y(\theta) = \ell \in \mathbb{R}$, qu'en déduit-on pour Γ ?

c) On suppose que $\lim_{\theta \to \theta_0} Y(\theta) = +\infty$, qu'en déduit-on pour Γ ?

4°) Etudier les branches infinies de chacune des courbes définies par :

$$\rho(\theta) = \frac{1}{\theta}; \theta > 0 \text{ et } \rho(\theta) = \frac{1}{1 + \sin\theta}$$

III : Equation polaire des coniques

Dans le plan $\mathcal{P}$, on considère un point F, $\mathcal{D}$ une droite ne passant pas par F, et $e \in \mathbb{R}_+^*$. On rappelle que l'ensemble $\mathcal{C}$ des points M du plan vérifiant

$$MF = e.d(M, \mathcal{D})$$

est la conique de foyer F, de directrice $\mathcal{D}$ et d'excentricité e.
Dans toute cette partie, $\mathcal{C}$ désigne une telle conique.

1°) On pose $h = d(F, \mathcal{D})$, écrire une équation cartésienne de $\mathcal{C}$ dans le repère orthonormal direct $(F, \vec{I}, \vec{J})$ de $\mathcal{P}$, choisi tel que $\mathcal{D}$ ait pour équation $x = h$ dans ce repère.

2°) Déterminer une équation polaire de $\mathcal{C}$, le pôle étant F et l'axe polaire $(F, \vec{I})$. Déterminer aussi une équation polaire de la directrice.

3°) Toujours en ramenant le pôle en F et l'axe polaire à $(F, \vec{I})$, on considère la courbe d'équation polaire :

$$\rho = \frac{p}{1 + e\cos(\theta - \varphi)},$$

où $p \in \mathbb{R}_+^*$ et φ est un réel fixé de $\left[-\frac{\pi}{2}, \frac{3\pi}{2} \right[$. De quelle courbe s'agit-il ?

4°) De façon générale, soit Γ une courbe d'équation polaire,

$$\frac{1}{\rho} = a\cos\theta + b\sin\theta + c,$$

où $(a, b, c) \in \mathbb{R}^3$. Quelles conditions doivent vérifier a, b et c pour que Γ soit une conique ayant pour foyer le pôle du repère polaire ? Discuter la nature de Γ selon les valeurs de a, b et c.

5°) Application : Etudier dans les deux cas suivants la courbe définie par l'équation polaire dans $(O, \vec{i}, \vec{j})$,

$$\frac{1}{\rho} = \cos\theta + \sin\theta \text{ et } \frac{1}{\rho} = 1 + \sin\theta.$$

IV : Etude d'équations différentielles particulières

Ici, I désigne un intervalle réel, éventuellement $\mathbb{R}$ entier et A appartient à $\mathbb{R}$.
On dit que u, fonction deux fois dérivable en θ sur I, vérifie l'équation différentielle $E_{1,A}$ si et seulement si :

$$\forall \theta \in I, u''(\theta) + u(\theta) = A.$$

De même, on dit que u, fonction deux fois dérivable en θ sur I, vérifie l'équation différentielle $E_{2,A}$ si et seulement si :

$$\forall \theta \in I, u''(\theta) - Au(\theta) = 0.$$

1°) u peut-elle vérifier à la fois $E_{1,A}$ et $E_{2,A}$?

2°) On s'intéresse ici aux équations différentielles du type $E_{1,A}$.

a) Déterminer une solution particulière de $E_{1,A}$.

b) Déterminer l'ensemble des solutions de $E_{1,A}$.

c) Existe-t-il une solution vérifiant $u(0) = 1$ et $u'(0) = 0$?

3°) On s'intéresse ici aux équations différentielles du type $E_{2,A}$.

a) Déterminer toutes les solutions de $E_{2,A}$ qui s'écrivent sous forme d'un polynôme en θ.

b) Déterminer l'ensemble des solutions de $E_{2,A}$.

c) Existe-t-il une solution vérifiant $u(0) = 1$ et $u'(0) = 0$?

V : Mouvements à accélération centrale

On dit qu'un point M est animé d'un **mouvement à accélération centrale** (de centre A) dans $\mathcal{E}$ lorsqu'il existe un point fixe A et une application continue h de I, intervalle de $\mathbb{R}$, dans $\mathbb{R}$ telle que

$$\forall t \in I, \overrightarrow{\Gamma}(t) = h(t)\overrightarrow{AM}(t),$$

où $\overrightarrow{\Gamma}(t) = f''(t)$.

1°) a) On considère deux fonctions vectorielles f et g dérivables de I dans $\mathcal{E}$, montrer que

$$\frac{d}{dt}(f(t) \wedge g(t)) = \frac{d}{dt}f(t) \wedge g(t) + f(t) \wedge \frac{d}{dt}g(t).$$

b) Démontrer que si M est animé d'un mouvement à accélération centrale de centre O, il existe $\vec{c}$ indépendant de t tel que

$$\forall t \in I, \overrightarrow{OM}(t) \wedge \vec{V}(t) = \vec{c}.$$

On dit que $\vec{c}$ est **le moment cinétique** de M par rapport à O et $\|\vec{c}\|$ est **la constante des aires**. En déduire que si le vecteur $\vec{c}$ est non nul, la trajectoire est contenue dans un plan.

2°) On considère dans cette question un mouvement dont la trajectoire est contenue dans $\mathcal{P}$ et peut être définie par $\overrightarrow{OM}(t) = \rho(t)\vec{u}(\theta(t))$. De plus les dérivées première et seconde de $\overrightarrow{OM}(t)$ existent.
Montrer que si $\overrightarrow{V}$ est le vecteur vitesse du mouvement :

$$\overrightarrow{OM}(t) \wedge \vec{V}(t) = \rho^2(t)\frac{d\theta}{dt}\vec{k}.$$

Déduire de ce qui précéde que si le mouvement est à accélération centrale de centre O, alors $\rho^2 \dfrac{d\theta}{dt}$ est une constante.

3°) On suppose ici que le mouvement, dans le plan $\mathcal{P}$, est à accélération centrale de centre O et que le mobile ne vient jamais en O, donc $\rho(t) \neq 0$ pour tout t.

a) Déterminer les composantes de la vitesse et de l'accélération dans le repère polaire en fonction des dérivées de ρ et de θ par rapport à t.

b) En posant $c = \rho^2 \dfrac{d\theta}{dt}$, déterminer, toujours dans le repère polaire, les composantes de la vitesse et de l'accélération en fonction de c et de $U = \dfrac{1}{\rho}$ et de ses dérivées successives par rapport à θ (on appelle **formules de Binet** ces relations).

Un point matériel M de masse m est soumis à une force centrale $\vec{F}$ de centre de forces O lorsque la direction de la force passe constamment par le point fixe O. On pose alors : $\vec{F} = \dfrac{F}{OM}\overrightarrow{OM}$.
F est strictement positif (resp. négatif) dans le cas d'une force répulsive (resp. attractive). De plus, d'après la relation fondamentale de la dynamique,

$$\vec{F} = m\vec{\Gamma},$$

où $\vec{\Gamma}$ est l'accélération du mouvement. On peut remarquer que d'après les questions précédentes, comme l'accélération est clairement centrale de centre O, la trajectoire est plane (le vecteur moment cinétique est supposé non nul) et on repère dans le plan de la trajectoire la position du point par un système de coordonnées polaires de pôle O.

4°) 1ère application : on considère une planète P (assimilée ici à un point matériel de masse m) soumise à l'attraction du soleil (assimilé à un point fixe O de masse M, centre d'un repère galiléen). Si G est la constante de gravitation universelle, la force centrale de centre O, appliquée à la planète P est

$$\vec{F} = -\frac{GMm}{\rho^2}\vec{u},$$

où $\vec{u}$ est le vecteur radial. Déterminer une équation différentielle en $U = \dfrac{1}{\rho}$, par rapport à la variable θ, vérifiée par le mouvement de P.
Vérifier que cette équation différentielle est du type $E_{1,A}$, où A est à déterminer.
Résoudre enfin cette équation différentielle et reconnaître la trajectoire.

5°) 2ème application : on considère un point matériel M
(de masse m) soumis de la part de l'origine O d'un repère galiléen à la force centrale :

$$\vec{F} = \frac{Km}{\rho^3}\vec{u},$$

où $\vec{u}$ est le vecteur radial. On admettra qu'à l'origine $t = 0$, on a :

$$\theta(0) = 0, \rho(0) = a, \frac{d\rho}{dt}(0) = 0 \text{ et } \vec{V} = V_0\vec{v}.$$

a) Vérifier qu'ici la constante des aires c vaut aV_0.

b) Déterminer une équation différentielle en $U = \frac{1}{\rho}$ par rapport à la variable θ vérifiée par le mouvement de M. Remarquer qu'elle est du type $E_{2,A}$, où A est à déterminer.

Résoudre enfin cette équation différentielle dans tous les cas possibles. On illustrera par le tracé des trajectoires dans les exemples suivants :

Exemple 1 : $K = c = a = 1$.

Exemple 2 : $K = -0.99, c = a = 1$.

Exemple 3 : $K = -3, c = a = 1$.

Décryptage du sujet :

Ce long problème est une bonne révision de la technique des courbes définies par une équation polaire (partie I et II) avec la détermination d'éventuelles asymptotes obliques, de l'expression polaire des coniques (partie III) et des équations différentielles linéaires du second ordre à coefficients constants (partie IV).
Le problème débouche sur de la cinématique du point. Elle est abordée dans le cours par la définition des vecteurs vitesse et accélération. L'expression de ces vecteurs dans le repère polaire permet de déterminer les formules de Binet (partie V) que vous reverrez en physique. On fait ensuite le lien entre les mouvements à accélération centrale et à force centrale. L'application à un mobile dans un champ newtonien (champ de force en $\frac{1}{\rho^2}$) fait parti du cours de physique (question V-4).

Plus originale est l'application à un champ de force en $\frac{1}{\rho^3}$ et le lecteur qui ira jusqu'au bout du problème en traçant les courbes demandées (question V-5) pourra se dire qu'il est heureux que la Terre ne soit pas soumise à un tel champ de la part du Soleil.
Pour finir, une petite indication : dans la question II-4, pour la seconde courbe, on pourra utiliser :

$$\lim_{u\to 0} \frac{1-\cos u}{u^2} = \frac{1}{2}$$

CORRIGÉ

Partie I

1°) Comme $\vec{u}(\theta) = \cos\theta\,\vec{\imath} + \sin\theta\,\vec{\jmath}$, on a :

$$\frac{d\vec{u}}{d\theta} = -\sin\theta\,\vec{\imath} + \cos\theta\,\vec{\jmath} = \vec{v}(\theta), \text{ puis } \frac{d\vec{v}}{d\theta} = -\vec{u}$$

Par dérivation d'une composée, on a donc immédiatement :

$$\begin{cases} f'(t) = \dfrac{d\rho}{dt}\,\vec{u} + \rho\dfrac{d\theta}{dt}\,\vec{v} \\ f''(t) = \left(\dfrac{d^2\rho}{dt^2} - \rho\left(\dfrac{d\theta}{dt}\right)^2\right)\vec{u} + \left(2\dfrac{d\rho}{dt}\dfrac{d\theta}{dt} + \rho\dfrac{d^2\theta}{dt^2}\right)\vec{v} \end{cases}$$

2°) Comme $\overrightarrow{OM}(\theta) = \rho(\theta)\vec{u}(\theta)$, on a :

$$\frac{d\overrightarrow{OM}}{d\theta} = \frac{d\rho}{d\theta}(\theta)\vec{u}(\theta) + \rho(\theta)\frac{d\vec{u}}{d\theta}(\theta) = \rho'(\theta)\vec{u}(\theta) + \rho(\theta)\vec{v}(\theta)$$

et de même :

$$\frac{d^2\overrightarrow{OM}}{d\theta^2}(\theta) = \big(\rho''(\theta) - \rho(\theta)\big)\vec{u}(\theta) + 2\rho'(\theta)\vec{v}(\theta).$$

3°) En tout point $M(\theta)$ de Γ autre que O, la tangente à Γ est dirigée par

$$\rho'(\theta)\vec{u}(\theta) + \rho(\theta)\vec{v}(\theta).$$

En notant α l'angle entre $\overrightarrow{OM}(\theta)$ et la tangente en M à Γ, on a $\tan\alpha = \dfrac{\rho(\theta)}{\rho'(\theta)}$.
Si ρ s'annule en θ_0, la tangente en O à Γ est la droite d'équation $\theta = \theta_0$.

Partie II

1°) Si $a \neq 0$, le cercle de centre O et de rayon $|a|$ est un cercle asymptote à Γ. Si $a = 0$, le point O est un point asymptote à Γ. Par exemple, la spirale $\rho = \dfrac{1}{\theta}$ a le point O pour point asymptote et $\rho = \mathrm{e}^{-\theta} - 1$ a le cercle de centre O et de rayon 1 pour cercle asymptote. Le lecteur pourra trouver plein d'autres exemples.

2°) La courbe présente ce que l'on appelle une branche spiralée. Par exemple la spirale $\rho = \mathrm{e}^{\theta}$ possède cette caractéristique.

3°) a) Comme $\cos(\theta - \theta_0)$ tend vers 1, nécessairement $X(\theta)$ tend vers l'infini.

b) On a $\lim\limits_{\theta\to\theta_0} X = \pm\infty$ et $\lim\limits_{\theta\to\theta_0} Y = \ell$, donc la droite d'équation $Y = \ell$ [dans le repère $(O, \vec{u}(\theta_0), \vec{v}(\theta_0))$] est asymptote à la courbe Γ.

c) On a $\lim X = \pm\infty$, $\lim Y = +\infty$ et dans le repère local d'angle θ_0 on a : $\lim\limits_{\theta\to\theta_0} \dfrac{Y}{X} = \lim\limits_{\theta\to\theta_0} \tan(\theta - \theta_0) = 0$, donc la courbe Γ présente une branche parabolique dans la direction d'angle $\theta = \theta_0$. Voir l'exemple n°2 de la question suivante pour un exemple.

4°) Exemple 1. On a $\rho = \dfrac{1}{\theta}$, donc $\lim\limits_{\theta\to\pm\infty} \rho = 0$ et l'origine est point asymptote.
On a $\lim\limits_{\theta\to 0} \rho = \infty$ et en revenant au repère cartésien associé au repère polaire (ici il n'y a pas à faire de changement de repère), on a : $y = \rho\sin\theta = \dfrac{\sin\theta}{\theta} \underset{\theta\to 0}{\longrightarrow} 1$. La droite horizontale d'ordonnée 1 est donc asymptote à la courbe Γ.

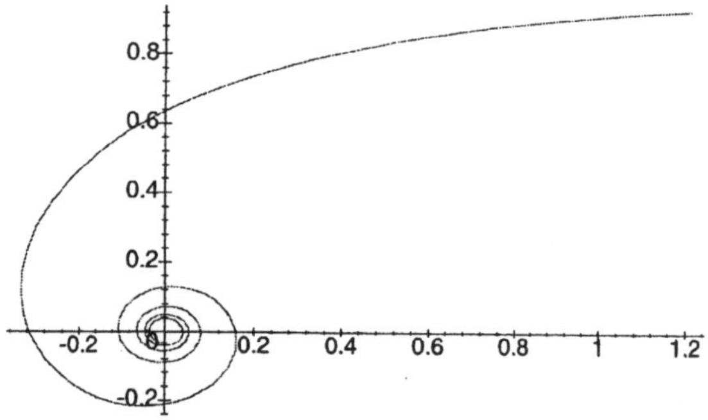

Exemple 2. La courbe est 2π-périodique et le problème est clairement en $\dfrac{3\pi}{2}$. Il reste à utiliser la question 3 et l'indication (décryptage du sujet), on a :

$$\lim_{\theta\to\frac{3\pi}{2}} \rho\sin\left(\theta-\frac{3\pi}{2}\right) = \lim_{h\to 0}\frac{\sin h}{1-\cos h} = \lim_{h\to 0}\frac{h^2}{1-\cos h}\times\frac{\sin h}{h}\times\frac{1}{h} = \pm\infty.$$

On a donc une branche parabolique. Inutile d'en dire plus pour l'instant car la courbe sera mieux étudiée tout à l'heure.

Partie III

1°) Prenons donc un repère orthonormal $(F, \vec{I}, \vec{J})$, le vecteur $\vec{I}$ étant orthogonal à $\mathcal{D}$, $x = h$ est alors une équation de $\mathcal{D}$ et on peut supposer $h > 0$.

$$M \in \mathcal{C} \Longleftrightarrow MF^2 = e^2(d(M, \mathcal{D}))^2.$$

Une équation cartésienne est alors $x^2 + y^2 = e^2(x - h)^2$, soit en développant :

$$x^2(1-e^2) + y^2 + 2xe^2h - e^2h^2 = 0.$$

2°) En posant $x = \rho\cos\theta$ et $y = \rho\sin\theta$ et en remplaçant dans l'équation cartésienne, il vient : $\rho^2 = e^2(\rho\cos\theta - h)^2$, soit :

$$\rho = e(\rho\cos\theta - h) \text{ ou } \rho = -e(\rho\cos\theta - h)$$

On a donc deux équations polaires possibles :

$$\rho_1(\theta) = \frac{-eh}{1-e\cos\theta} \text{ et } \rho_2(\theta) = \frac{eh}{1+e\cos\theta}$$

Notons que l'on a $\rho_2(\theta) = -\rho_1(\theta+\pi)$ et donc les deux équations définissent bien la même courbe ! Il est d'usage de poser $p = eh$ et de considérer la deuxième forme :

$$\text{Une équation polaire de } \mathcal{C} \text{ est : } \rho(\theta) = \frac{p}{1+e\cos\theta}.$$

Une équation polaire de la directrice $\mathcal{D}$ est $\rho = \dfrac{h}{\cos\theta} = \dfrac{p}{e\cos\theta}$.

3°) Il s'agit toujours d'une conique, l'axe focal ayant simplement tourné de φ dans une rotation de centre F. En effet, si on prend pour axe polaire $(F, \vec{u}(\varphi))$ alors l'équation est $\rho = \dfrac{p}{1+e\cos\theta}$ et on est ramené à la question précédente.

4°) Si on développe $\rho = \dfrac{p}{1+e\cos(\theta-\varphi)}$, on obtient :

$$\frac{1}{\rho} = \frac{1}{p} + \frac{e}{p}(\cos\theta\cos\varphi + \sin\theta\sin\varphi)$$

et c'est une équation du type $\dfrac{1}{\rho} = a\cos\theta + b\sin\theta + c$, avec :

$$a = \frac{e}{p}\cos\varphi, b = \frac{e}{p}\sin\varphi, c = \frac{1}{p} \text{ et donc } a^2 + b^2 = \frac{e^2}{p^2}.$$

Réciproquement, si on se donne une équation polaire du type de l'énoncé avec $c \neq 0$ et a, b non simultanément nuls, on peut l'écrire :

$$\frac{1}{\rho} = \sqrt{a^2+b^2}\left(\frac{a}{\sqrt{a^2+b^2}}\cos\theta + \frac{b}{\sqrt{a^2+b^2}}\sin\theta\right) + c$$

et trouver ainsi p, φ et e vérifiant les relations précédentes. Il vient :

$$p = \frac{1}{c}, e = \sqrt{\frac{a^2+b^2}{c^2}}$$

et φ est l'unique angle appartenant à $[0, 2\pi[$ (par exemple) tel que :

$$\cos\varphi = \frac{a}{\sqrt{a^2+b^2}} \text{ et } \sin\varphi = \frac{b}{\sqrt{a^2+b^2}}.$$

Il reste à étudier les cas particuliers :

$\star$ Si $c = 0$ et $a \neq 0$ ou $b \neq 0$, l'équation $\dfrac{1}{\rho} = a\cos\theta + b\sin\theta$ s'écrit $ax + by = 1$, c'est l'équation d'une droite ne passant pas par l'origine.

$\star$ Si $a = 0, b = 0$ et $c \neq 0$, l'équation $\dfrac{1}{\rho} = c$ est l'équation du cercle de centre le pôle et de rayon $\dfrac{1}{|c|}$.

$\star$ Evidemment, si $a = b = c = 0$, il s'agit d'une équation de l'ensemble vide !

5°) $\star$ Dans le premier exemple, il s'agit tout simplement de la droite d'équation $x + y = 1$.

$\star$ Dans le deuxième exemple, le passage en cartésiennes est moins évident mais tout aussi efficace :

$$\frac{1}{\rho} = 1 + \sin\theta \iff 1 = \rho + \rho\sin\theta \iff 1 = \sqrt{x^2 + y^2} + y \quad \text{[car ici } \rho \geqslant 0]$$

$$\implies x^2 + y^2 = (1 - y)^2 \implies y = -\frac{1}{2}(x^2 - 1)$$

Réciproquement :

$$y = -\frac{1}{2}(x^2 - 1) \implies x^2 + y^2 = (1 - y)^2 \implies \sqrt{x^2 + y^2} = \pm(1 - y)$$

ce qui conduit aux deux équations polaires $\rho = 1 - \rho\sin\theta$ et $\rho = \rho\sin\theta - 1$; la première s'écrit $\rho_1 = \dfrac{1}{1 + \sin\theta}$ et la seconde $\rho_2 = \dfrac{1}{\sin\theta - 1}$: il s'agit de la même courbe, puisque $\rho_1(\theta) = -\rho_2(\theta + \pi)$.

On reconnaît donc une parabole (qui est une conique entre parenthèse). Pour ceux qui ont décidé d'étudier directement l'équation polaire, on commence par remarquer que ρ est 2π-périodique, qu'elle présente une branche parabolique (!) pour $\theta = \dfrac{3\pi}{2}$ (voir question II-4) et que :

$$\forall\, \theta \in [0, 2\pi[\setminus \left\{\frac{3\pi}{2}\right\}, \rho'(\theta) = \frac{-\cos\theta}{(1 + \sin\theta)^2}.$$

Les variations s'en déduisent sans peine :

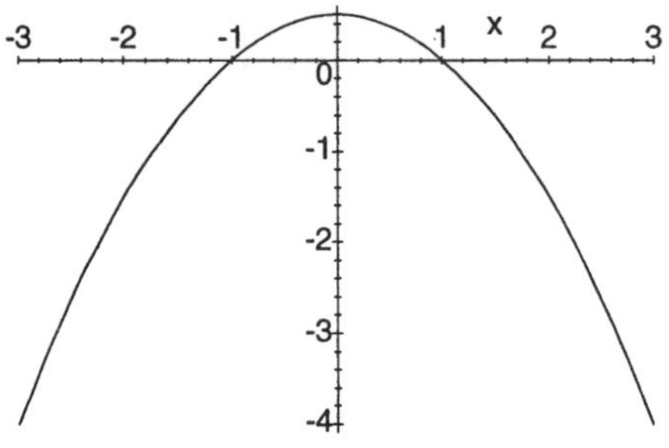

Partie IV

1°) Si u vérifie à la fois $E_{1,A}$ et $E_{2,A}$, pour tout $\theta \in I$, on a $u''(\theta) + u(\theta) = A$ et $u''(\theta) - Au(\theta) = 0$, d'où :

$$(1 + A)u(\theta) = A.$$

$\star$ Si $A = -1$, il n'y a pas de solution commune ;

$\star$ si $A \neq -1$, la seule solution commune possible est $u(\theta) = \dfrac{A}{1+A}$. Si on remplace alors dans chacune des deux équations, nécessairement $A = 0$ et u est la fonction nulle.

En conclusion, si $A \neq 0$, il n'y a pas de solution commune et si $A = 0$, seule la fonction nulle sur I est solution commune.

2°) a) La fonction constante $u : \theta \mapsto A$ est une solution particulière de $E_{1,A}$.

b) $\star$ L'équation homogène associée $u''(\theta) + u(\theta) = 0$ a pour équation caractéristique $X^2 + 1 = 0$, de solutions i et $-i$.

Ses solutions sur $I = \mathbb{R}$ sont de la forme $\theta \mapsto \lambda.\mathrm{e}^{i\theta} + \mu.\mathrm{e}^{-i\theta}$, ou mieux $\theta \mapsto \alpha\cos\theta + \beta\sin\theta$.

$\star$ Ainsi l'ensemble des solutions de $E_{1,A}$ est l'ensemble des applications de la forme :

$$\theta \mapsto \alpha\cos\theta + \beta\sin\theta + A,$$

où $(\alpha, \beta) \in \mathbb{R}^2$.

c) $u(0) = 1 \iff \alpha + A = 1$ et $u'(0) = 0 \iff \beta = 0$. La seule solution est

$$\theta \mapsto (1 - A)\cos\theta + A.$$

3°) a) $\star$ Si $A = 0$, on a à résoudre $u''(\theta) = 0$, dont toutes les solutions sont de la forme $\theta \mapsto \alpha\theta + \beta$, où $(\alpha, \beta) \in \mathbb{R}^2$. Les solutions sont toutes polynomiales.

$\star$ Si $A \neq 0$, pour des raisons de degré, seule la solution nulle est une solution polynomiale.

b) $E_{2,A}$ est linéaire et homogène, d'équation caractéristique$X^2 - A = 0$.

- Si $A > 0$, ses racines sont $\sqrt{A}$ et $-\sqrt{A}$ et les solutions sont de la forme :

$$\theta \mapsto \alpha\,\mathrm{ch}(\theta\sqrt{A}) + \beta\,\mathrm{sh}(\theta\sqrt{A}),\ (\alpha, \beta) \in \mathbb{R}^2.$$

- Si $A < 0$, ses racines sont $i\sqrt{-A}$ et $-i\sqrt{-A}$ et les solutions sont de la forme :

$$\theta \mapsto \alpha\cos(\theta\sqrt{-A}) + \beta\sin(\theta\sqrt{-A}),\ (\alpha, \beta) \in \mathbb{R}^2.$$

- Enfin, si $A = 0$, on retrouve le résultat de la question précédente.

c) $\star$ Si A est un réel strictement positif, déterminons α et β réels tels que :

$$U(\theta) = \alpha\,\mathrm{ch}(\theta\sqrt{A}) + \beta\,\mathrm{sh}(\theta\sqrt{A})$$

soit solution avec les conditions initiales posées. Ces dernières entraînent

$$\alpha = 1 \text{ et } \beta\sqrt{A} = 0.$$

Il reste $U : \theta \mapsto \mathrm{ch}(\theta\sqrt{A})$.

$\star$ Si A est un réel strictement négatifi, déterminons α et β réels tels que :

$$U(\theta) = \alpha\cos(\theta\sqrt{-A}) + \beta\sin(\theta\sqrt{-A})$$

soit solution avec les conditions initiales posées. Ces dernières entraînent

$$\alpha = 1 \text{ et } \beta\sqrt{-A} = 0.$$

Il reste $U : \theta \mapsto \cos(\theta\sqrt{-A})$.

$\star$ Enfin si $A = 0$, la solution est $U : \theta \mapsto 1$.

Partie V

1°) a) On procède analytiquement en posant :

$$f(t) = x(t)\vec{\imath} + y(t)\vec{\jmath} + z(t)\vec{k}\,;\, g(t) = X(t)\vec{\imath} + Y(t)\vec{\jmath} + Z(t)\vec{k}.$$

On calcule $h(t) = f(t) \wedge g(t)$ qui vaut :

$$\big(y(t)Z(t) - Y(t)z(t)\big)\vec{\imath} + \big(z(t)X(t) - x(t)Z(t)\big)\vec{\jmath} + \big(x(t)Y(t) - y(t)X(t)\big)\vec{k}$$

On dérive cette expression par rapport à t, composante par composante : la coordonnée sur $\vec{\imath}$ de $\frac{dh}{dt}(t)$ vaut :

$$[y'(t)Z(t) - Y(t)z'(t)] + [y(t)Z'(t) - Y'(t)z(t)]$$

qui n'est autre que la coordonnée sur $\vec{\imath}$ de

$$f'(t) \wedge g(t) + f(t) \wedge g'(t)$$

Ainsi, par égalités des coordonnées, on a bien :

$$\frac{d}{dt}(f(t) \wedge g(t)) = \left[\frac{d}{dt}f(t)\right] \wedge g(t) + f(t) \wedge \left[\frac{d}{dt}g(t)\right].$$

b) Le mouvement est à accélération centrale de centre O, donc $\vec{\Gamma}(t)$ est colinéaire à $\overrightarrow{OM}(t)$ et :

$$\overrightarrow{OM}(t) \wedge \vec{\Gamma}(t) = \vec{0}.$$

D'autre part, d'après la question précédente :

$$\frac{d}{dt}\big(\overrightarrow{OM}(t) \wedge \vec{V}(t)\big) = \vec{V}(t) \wedge \vec{V}(t) + \overrightarrow{OM} \wedge \vec{\Gamma}(t) = \overrightarrow{OM} \wedge \vec{\Gamma}(t).$$

Ainsi $\frac{d}{dt}\big(\overrightarrow{OM}(t) \wedge \vec{V}(t)\big) = \vec{0}$ et le vecteur $\overrightarrow{OM}(t) \wedge \vec{V}(t)$ est indépendant de t, on le note $\vec{c}$.

Si $\vec{c} \neq \vec{0}$, la relation $\overrightarrow{OM}(t) \wedge \vec{V}(t) = \vec{c}$ montre que le vecteur $\overrightarrow{OM}(t)$ est toujours orthogonal à $\vec{c}$, donc le mouvement a lieu dans le plan passant par O et orthogonal à $\vec{c}$.

2°) En allégeant les notations, on a : $\overrightarrow{OM} = \rho\vec{u}$ et $\vec{V} = \rho'\vec{u} + \rho\theta'\vec{v}$ (cf. I-1), et donc :

$$\overrightarrow{OM}(t) \wedge \vec{V}(t) = \rho^2(t)\frac{d\theta}{dt}(t)[\vec{u}(\theta(t)) \wedge \vec{v}(\theta(t))] = \rho^2(t)\frac{d\theta}{dt}(t)\vec{k}.$$

Ainsi, si le mouvement est à accélération centrale, $\rho^2(t)\frac{d\theta}{dt}(t)$ est constant.

On peut remarquer d'ailleurs que comme alors $\frac{d\theta}{dt}$ a un signe constant, un tel mouvement a toujours lieu dans le même sens.

3°) a) $\star$ On a $\overrightarrow{OM}(t) = \rho(t)\vec{u}\big(\theta(t)\big)$, donc en utilisant à nouveau des notations allégées (les dérivées s'entendent par rapport à t) et en appliquant I-1 :

$$\begin{cases} \vec{V} = \rho'\vec{u} + \rho\theta'\vec{v} \\ \vec{\Gamma} = (\rho'' - \rho\theta'^2)\vec{u} + (2\rho'\theta' + \rho\theta'')\vec{v} \end{cases}$$

Or, il est logique d'aboutir à une composante nulle sur $\vec{v}$ pour $\vec{\Gamma}$. Pour le vérifier, on remarque que $\rho^2\theta'$ est constant, ce qui donne en dérivant :

$$0 = 2\rho\rho'\theta' + \rho^2\theta'' = \rho(2\rho'\theta' + \rho\theta'')$$

et comme $\rho(t) \neq 0$ pour tout t, la composante de $\vec{\Gamma}$ sur $\vec{v}$ est bien nulle. Il reste donc :

$$\vec{\Gamma} = (\rho'' - \rho\theta'^2)\vec{u}$$

b) Donnons maintenant des équations qui ne font pas intervenir le paramètre temps et qui peuvent permettre la détermination d'une courbe portant la trajectoire. On utilise bien sûr $c = \rho^2 \frac{d\theta}{dt}$ pour donner les composantes de $\vec{V}$ et de $\vec{\Gamma}$ en fonction de ρ et de θ, c'est-à-dire pour éliminer la variable t.

$$\rho' = \frac{d\rho}{dt} = \frac{d\rho}{d\theta} \times \frac{d\theta}{dt} = \frac{c}{\rho^2}\frac{d\rho}{d\theta}.$$

Comme $-\frac{1}{\rho^2}\frac{d\rho}{d\theta}$ est la dérivée par rapport à θ de $\frac{1}{\rho}$, il est naturel de poser $U = \frac{1}{\rho}$.
D'où, avec $\overrightarrow{OM} = \rho(\theta)\vec{u}(\theta)$:

$$\vec{V} = \frac{d(\overrightarrow{OM})}{d\theta}\frac{d\theta}{dt} = \left(\frac{d\rho}{d\theta}\vec{u} + \rho(\theta)\vec{v}\right)\frac{d\theta}{dt} = -c\,\frac{dU}{d\theta}\vec{u} + cU\,\vec{v}$$

et $\vec{\Gamma} = \frac{d\vec{V}}{d\theta}\frac{d\theta}{dt} = -c\left(U + \frac{d^2U}{d\theta^2}\right)\frac{d\theta}{dt}\,\vec{u}$, soit :

$$\vec{\Gamma} = -c^2U^2\left(U + \frac{d^2U}{d\theta^2}\right)\vec{u}.$$

4°) $-GMmU^2\,\vec{u} = -mc^2U^2\left(U + \frac{d^2U}{d\theta^2}\right)\vec{u} \implies U + \frac{d^2U}{d\theta^2} = \frac{GM}{c^2} = A.$

Cette dernière équation a pour solution $U = \frac{1}{\rho} = A + B\cos(\theta - \delta)$, où B et δ sont deux constantes.
Une rotation convenable des axes permet de choisir $\delta = 0$. C'est l'équation générale d'une conique de paramètre $p = \frac{1}{A}$ et d'excentricité $e = \frac{B}{A}$.

5°) a) A l'origine $\rho(0) = a$ et $\frac{d\rho}{dt}(0) = 0$. Le vecteur initial $\vec{V}(0)$ de module V_0, est orthoradial. Le mouvement est bien entendu plan et s'effectue selon la loi des aires, la constante des aires c se détermine grâce aux conditions initiales : $\vec{V}(0) = V_0\vec{v}$ et $V_0 = cU(0) = \frac{c}{a}$, soit : $c = aV_0$.

b) La seconde formule de Binet conduit à l'équation différentielle :

$$\frac{K}{\rho^3} = -c^2\frac{1}{\rho^2}\left(\frac{1}{\rho} + \frac{d^2}{d\theta^2}\left(\frac{1}{\rho}\right)\right),$$

qui s'écrit aussi : $(K + c^2)\frac{1}{\rho} = -c^2\frac{d^2}{d\theta^2}\left(\frac{1}{\rho}\right).$

La forme de la solution dépend du signe de $K + c^2$.

• Si $K + c^2 > 0$, la solution générale est :

$$\frac{1}{\rho} = \alpha\cos\left(\theta\sqrt{1 + \frac{K}{c^2}}\right) + \beta\sin\left(\theta\sqrt{1 + \frac{K}{c^2}}\right)$$

α et β étant deux constantes d'intégrations.

En choisissant l'origine des angles polaires dans la direction du rayon vecteur initial, on a pour $t = 0$, $\rho = a$ et $\theta = 0$. On en déduit $\alpha = \frac{1}{a}$.
En dérivant par rapport au temps la solution trouvée, on obtient :

$$\frac{-1}{\rho^2}\frac{d\rho}{dt} = \frac{d\theta}{dt}\left(-\frac{1}{a}\sqrt{1+\frac{K}{c^2}}\sin(\theta\sqrt{1+\frac{K}{c^2}}) + \beta\sqrt{1+\frac{K}{c^2}}\cos(\theta\sqrt{1+\frac{K}{c^2}})\right)$$

Dans les conditions initiales, $\frac{d\rho}{dt}(0) = 0$ et $\theta(0) = 0$. Comme $\frac{d\theta}{dt} \neq 0$ pour $t = 0$ (car $\overrightarrow{V}$ a sa composante selon $\vec{v}$ non nulle) et nous en déduisons $\beta = 0$. Finalement :

$$\rho = \frac{a}{\cos(\theta\sqrt{1+\frac{K}{c^2}})}.$$

$\star$ Exemple 1 : $K = c = a = 1$, la trajectoire est définie par :

$$\rho = \frac{1}{\cos(\theta\sqrt{2})}.$$

On étudie sur $\left[0, \frac{\sqrt{2}\pi}{4}\right[$, puis on prolongera sur $\left]-\frac{\sqrt{2}\pi}{4}, 0\right[$ en effectuant une symétrie par rapport à Ox.

Sur $\left[0, \frac{\sqrt{2}\pi}{4}\right[$, la fonction ρ est dérivable de dérivée positive, donc ρ croît de 1 a $+\infty$. On étudie la branche infinie :

$$\lim_{\theta \to \frac{\sqrt{2}\pi}{4}} \rho(\theta)\sin(\theta - \frac{\sqrt{2}\pi}{4}) = \lim_{X\to 0} \frac{\sin X}{-\sin(\sqrt{2}X)} = -\frac{1}{\sqrt{2}}$$

(en posant $X = \theta - \frac{\sqrt{2}\pi}{4}$).

La droite dont une équation est $Y = -\frac{1}{\sqrt{2}}$ dans le repère XOY obtenu par rotation de xOy d'un angle $\frac{\sqrt{2}\pi}{4}$, est asymptote à la trajectoire (on n'étudie ici que la branche de la courbe pouvant être décrite continument à partir de la position initiale).

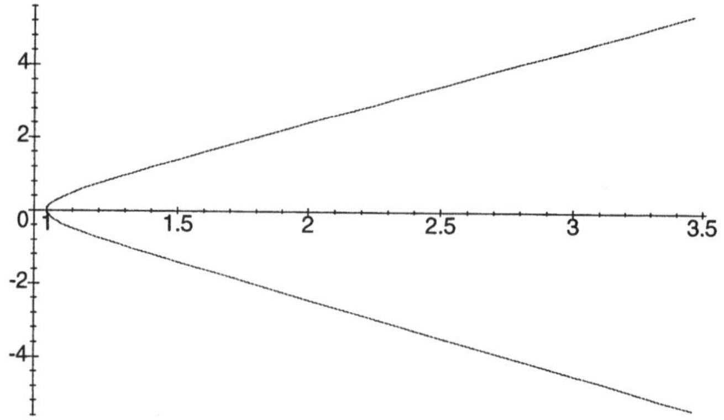

$\star$ Exemple 2 : $K = -0.99, c = a = 1$.

Ici, la trajectoire est définie par l'équation polaire $\rho = \frac{1}{\cos(\frac{1}{10}\theta)}$.

On étudie la trajectoire sur $[0, 5\pi]$. Sur cet intervalle ρ est croissante. La trajectoire présente une branche infinie et : $\lim_{\theta\to 5\pi^-} \rho(\theta)\sin(\theta - 5\pi) = -10$, la courbe présente une asymptote d'équation $Y = -10$ dans le repère XOY obtenu par rotation de

centre O et d'angle 5π du repère initial (ce qui correspond en fait à $y = +10$ dans le repère initial).
Ici la force est attractive (contrairement au premier exemple) mais le mobile tourne un certain nombre de fois autour de O avant de s'éloigner à l'infini.

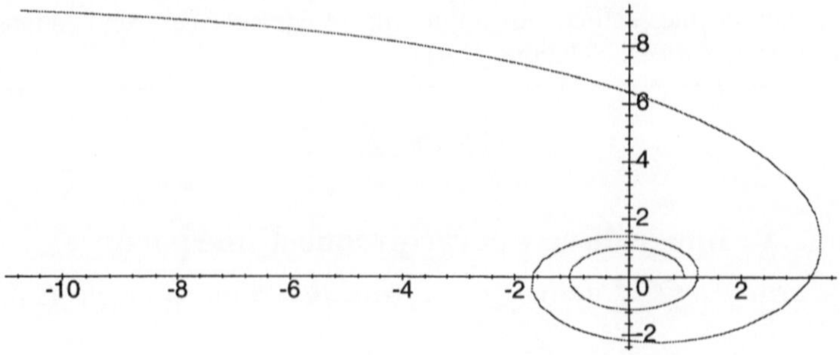

• Si $K + c^2 = 0$, alors $\dfrac{1}{\rho} = \alpha\theta + \beta$ et les conditions initiales montrent que $\alpha = 0$ et $\beta = \dfrac{1}{a}$: la trajectoire est le cercle de centre O et de rayon a.
• Si $K + c^2 < 0$, la solution générale de l'équation différentielle est de la forme :

$$\frac{1}{\rho} = \alpha\,\mathrm{ch}\big(\theta\sqrt{-1 + \frac{|K|}{c^2}}\big) + \beta\,\mathrm{sh}\big(\theta\sqrt{-1 + \frac{|K|}{c^2}}\big)$$

où α et β sont deux constantes d'intégrations. Compte tenu des conditions initiales, on trouve pour trajectoire :

$$\rho = \frac{a}{\mathrm{ch}(\theta\sqrt{-1 + \frac{|K|}{c^2}})}.$$

⋆ Exemple 3 : $K = -3, c = 1$ et $a = 1$. Ici la trajectoire est :

$$\rho = \frac{1}{\mathrm{ch}(\sqrt{2}\,\theta)}.$$

L'étude se fait sans problème. Ici, la force est très attractive et le mobile tend vers O en tournant indéfiniment autour de ce point.

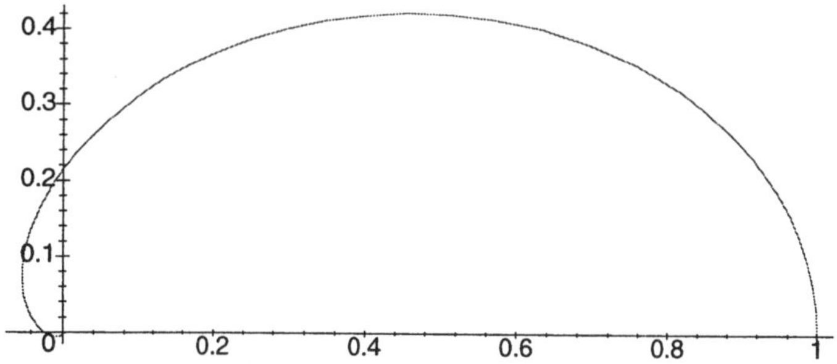

Problème n° 10

Durée estimée : 3 heures

Prérequis :

Ensembles, réunion, intersection, relations d'ordre, d'équivalences. Applications injectives, surjectives, bijectives. Notations $f(A)$ et $f^{-1}(A)$.

ÉNONCÉ

I : Image directe et réciproque d'une partie

Dans toute cette partie, f désigne une application d'un ensemble E dans un ensemble F.

1°) On étudie ici des propriétés sur les images directes et réciproques valables pour toute application.

a) Montrer que f conserve les symboles $\subset$ et $\cup$ entre parties de E et leurs images, c'est-à-dire que l'on a les implications, pour toutes parties A_1 et A_2 de E :

$$A_1 \subset A_2 \Longrightarrow f(A_1) \subset f(A_2) \text{ et } f(A_1 \cup A_2) = f(A_1) \cup f(A_2).$$

b) A-t-on le même résultat pour l'intersection ? Donner un contre-exemple.

c) A-t-on un résultat pour la complémentation ?

d) On considère B_1 et B_2, deux parties de F, montrer que :

$$B_1 \subset B_2 \Longrightarrow f^{-1}(B_1) \subset f^{-1}(B_2).$$

e) On considère encore B_1 et B_2, deux parties de F, comparer successivement, $f^{-1}(B_1 \cup B_2)$ et $f^{-1}(B_1) \cup f^{-1}(B_2)$, $f^{-1}(B_1 \cap B_2)$ et $f^{-1}(B_1) \cap f^{-1}(B_2)$

$$f^{-1}(\overline{B}_1) \text{ et } \overline{f^{-1}(B_1)},$$

où $\overline{B}_1$ désigne le complémentaire de B_1 dans F et $\overline{f^{-1}(B)}$ désigne le complémentaire de $f^{-1}(B)$ dans E.

f) Si A désigne une partie de E, comparer $f^{-1}(f(A))$ et A. Donner un exemple où il n'y a pas égalité.

g) Si B désigne une partie de F, comparer $f(f^{-1}(B))$ et B. Donner un exemple où il n'y a pas égalité.

2°) On désire caractériser l'injectivité, démontrer les équivalences :

a) f injective $\Longleftrightarrow \left[\forall A \in \mathcal{P}(E), f^{-1}\big(f(A)\big) = A\right]$

b) f injective $\Longleftrightarrow \left[\forall (A_1, A_2) \in (\mathcal{P}(E))^2, f(A_1 \cap A_2) = f(A_1) \cap f(A_2)\right]$

3°) On désire caractériser la surjectivité, démontrer l'équivalence :

$$f \text{ est surjective} \Longleftrightarrow \left[\forall B \in \mathcal{P}(F), f\big(f^{-1}(B)\big) = B\right]$$

4°) On désire caractériser la bijectivité, démontrer l'équivalence :

$$\forall A \in \mathcal{P}(E), f(\overline{A}) = \overline{f(A)} \Longleftrightarrow f \text{ est bijective.}$$

II : Compositions d'applications

Dans cette partie, on suppose que f, g et h sont trois applications dont on précisera les ensembles de départ et d'arrivée selon la question.

1°) Ici, on suppose que E, F, G sont trois ensembles et que f est une application de E dans F, g est une application de F dans G. Montrer les implications :

$$g \circ f \text{ est injective } \Longrightarrow f \text{ est injective.}$$
$$g \circ f \text{ est surjective } \Longrightarrow g \text{ est surjective.}$$

2°) Ici, on suppose que E, F, G, H sont quatre ensembles et que f est une application de E dans F, g est une application de F dans G et enfin h est une application de G dans H. Montrer que $g \circ f$ et $h \circ g$ sont bijectives si et seulement si f, g et h le sont.

3°) Ici, on suppose que E, F, G sont trois ensembles et que f est une application de E dans F, g est une application de F dans G et enfin h est une application de G dans E.

a) Montrer que si parmi les trois applications $f \circ h \circ g$, $h \circ g \circ f$ et $g \circ f \circ h$, deux sont injectives, la troisième étant surjective, f, g et h sont bijectives.

b) Montrer que si parmi les trois applications $f \circ h \circ g$, $h \circ g \circ f$ et $g \circ f \circ h$, deux sont surjectives, la troisième étant injective, f, g et h sont bijectives.

4°) Ici, E et F sont deux ensembles, f est une application de E dans F.

a) Montrer que f est injective si et seulement s'il existe une application g de F dans E telle que $g \circ f = Id_E$.

b) Montrer que f est surjective si et seulement s'il existe une application g de F dans E telle que $f \circ g = Id_F$.

5°) Ici E et F sont deux ensembles, f est une application de E dans F.

a) Montrer que f est surjective si et seulement si, pour tout ensemble G et pour tout couple g, h d'applications de F dans G, on a l'implication :

$$g \circ f = h \circ f \Longrightarrow g = h.$$

b) Montrer que f est injective si et seulement si, pour tout ensemble G et pour tout couple g, h d'applications de G dans E, on a l'implication :

$$f \circ g = f \circ h \Longrightarrow g = h.$$

6°) Soit f une application d'un ensemble E dans lui-même. On définit f^n par récurrence en posant $f^0 = Id_E$ et $f^n = f \circ f^{n-1}$ pour n entier $\geqslant 1$.

a) Montrer que la suite des ensembles $f^n(E)$ est décroissante (vis-à-vis de l'inclusion) et que si pour un entier i, on a $f^{i+1}(E) = f^i(E)$, on a aussi $f^n(E) = f^i(E)$ pour tout $n \geqslant i$.

b) L'application f est dite involutive si $f^2 = Id_E$. Montrer que f est involutive si et seulement si elle est bijective et telle que $f = f^{-1}$.

Décryptage du sujet :

Le but du problème est d'énumérer des conditions nécessaires et suffisantes d'une part sur les images directes et réciproques d'une partie, d'autre part sur la composition d'applications pour caractériser l'injectivité, la surjectivité et enfin la bijectivité. Ce sujet est dans l'ensemble une application directe du cours et permet d'établir des résultats très classiques qu'il faut connaître. Dans la partie II, les questions 2 à 5 découlent de la question 1. Pour les questions 5-a) et 5-b), on pourra penser au passage à la contraposée.

CORRIGÉ

Partie I

1°) a) • Soit $y \in f(A_1)$, il existe au moins un élément x de A_1 tel que $y = f(x)$. Comme $A_1 \subset A_2$, on a $x \in A_2$ et $y \in f(A_2)$. Nous venons de montrer que $y \in f(A_1) \implies y \in f(A_2)$, ce qui traduit $f(A_1) \subset f(A_2)$.

• De même, en utilisant les écritures formalisées :

$$\begin{aligned} y \in f(A_1 \cup A_2) &\iff \exists x \in A_1 \cup A_2, f(x) = y \\ &\iff [\exists x \in A_1, f(x) = y] \text{ ou } [\exists x \in A_1, f(x) = y] \\ &\iff [y \in f(A_1)] \text{ ou } [y \in f(A_2)] \iff y \in f(A_1) \cup f(A_2) \end{aligned}$$

b) D'après a) : $A_1 \cap A_2 \subset A_1 \implies f(A_1 \cap A_2) \subset f(A_1)$ et, de la même façon $f(A_1 \cap A_2) \subset f(A_2)$. Ainsi : $f(A_1 \cap A_2) \subset f(A_1) \cap f(A_2)$.
L'inclusion est en général stricte. Par exemple, considérons une application f non injective et x_1, x_2 deux éléments distincts de E tels que $f(x_1) = f(x_2)$. On a $\{x_1\} \cap \{x_2\} = \emptyset$ et $f(\{x_1\}) \cap f(\{x_2\}) = f(\{x_1\}) \neq \emptyset$.

c) Si A est une partie d'un ensemble, on note $\overline{A}$ son complémentaire dans cet ensemble

• Supposons f non injective et soient x_1, x_2 deux éléments distincts de E tels que $f(x_1) = f(x_2)$. Posons $A = \{x_1\}$, on a $x_2 \in \overline{A}$ et $f(x_2) = f(x_1) \in f(A)$. Donc $f(\overline{A}) \cap f(A) \neq \emptyset$.

• Supposons f non surjective, pour toute partie A de E, $f(A)$ et $f(\overline{A})$ sont inclus dans $f(E)$, donc $f(A) \cup f(\overline{A}) \neq F$.
Ces deux cas montrent qu'il n'y a pas en général de relation entre $f(\overline{A})$ et $\overline{f(A)}$.

d) On a :

$$x \in f^{-1}(B_1) \implies f(x) \in B_1 \implies f(x) \in B_2 \implies x \in f^{-1}(B_2).$$

Ce qui prouve l'inclusion demandée.

e) Il y a égalité à chaque fois entre les ensembles à comparer :

• $x \in f^{-1}(B_1 \cup B_2) \iff f(x) \in B_1 \cup B_2 \iff [f(x) \in B_1 \text{ ou } f(x) \in B_2]$
$\iff [x \in f^{-1}(B_1) \text{ ou } x \in f^{-1}(B_2)] \iff x \in f^{-1}(B_1) \cup f^{-1}(B_2)$.

• $x \in f^{-1}(B_1 \cap B_2) \iff f(x) \in B_1 \cap B_2 \iff [f(x) \in B_1 \text{ et } f(x) \in B_2]$
$\iff [x \in f^{-1}(B_1) \text{ et } x \in f^{-1}(B_2)] \iff x \in f^{-1}(B_1) \cap f^{-1}(B_2)$.

• $x \in f^{-1}(\overline{B_1}) \iff f(x) \in \overline{B_1} \iff f(x) \notin B_1 \iff x \notin f^{-1}(B_1)$
$\iff x \in \overline{f^{-1}(B_1)}$.

f) Par définition, $f^{-1}\big(f(A)\big) = \{x \in E, f(x) \in f(A)\}$. Or si $x \in A$, alors $f(x) \in f(A)$! Donc $A \subset f^{-1}\big(f(A)\big)$.
Nous n'avons pas, en général, l'égalité : il suffit de considérer une application f non injective et $x_1, x_2 \in E$, tels que $f(x_1) = f(x_2)$. Alors $x_2 \in f^{-1}\big(f(\{x_1\})\big)$ et donc $\{x_1, x_2\} \subset f^{-1}\big(f(\{x_1\})\big)$, soit $f^{-1}\big(f(\{x_1\})\big) \neq \{x_1\}$.

g) $f^{-1}(B)$ est l'ensemble des $x \in E$ tels que $f(x) \in B$. Par suite, $f\big(f^{-1}(B)\big)$ est l'ensemble des éléments de F de la forme $f(x)$ avec $f(x) \in B$. On a donc en fait $f\big(f^{-1}(B)\big) = B \cap f(E) \subset B$.
Nous n'avons pas, en général, l'égalité : il suffit de considérer une application f non surjective et une partie B de F non incluse dans $f(E)$.

2°) a) • Pour toute partie A de E, l'inclusion $A \subset f^{-1}\big(f(A)\big)$ est vraie [cf. 1) f)]. Si $x \in f^{-1}\big(f(A)\big)$, alors $f(x) \in f(A)$ et donc il existe $t \in A$ tel que $f(t) = f(x)$. L'injectivité de f entraîne $x = t$ et $x \in A$, soit $A = f^{-1}\big(f(A)\big)$.
• La réciproque a été vue également en 1) f), par contraposée, puisque si f n'est pas injective, on peut trouver au moins une partie A de E telle que $A \neq f^{-1}\big(f(A)\big)$.

b) • Supposons f injective et soient A_1, A_2 des parties de E. On sait depuis la question 1) b) que $f(A_1 \cap A_2) \subset f(A_1) \cap f(A_2)$.
Soit $y \in f(A_1) \cap f(A_2)$, on a $y \in f(A_1)$ et $\exists\, x_1 \in A_1, f(x_1) = y$. De la même façon $\exists\, x_2 \in A_2, f(x_2) = y$. On a donc $f(x_1) = f(x_2)$ et, par injectivité $x_1 = x_2 \in A_1 \cap A_2$ et $y \in f(A_1 \cap A_2)$. Ceci prouve l'inclusion contraire et donne l'égalité demandée.
• La réciproque a été vue en 1) b), par contraposée.

3°) On a vu en 1) g) que, pour toute partie B de F : $f\big(f^{-1}(B)\big) = B \cap f(E)$. On a donc $f\big(f^{-1}(B)\big) = B \iff B \subset f(E)$. Cette inclusion est vraie pour toute partie B si et seulement si $f(E) = F$, *i.e.* si et seulement si f est surjective.

4°) Démontrons le sens direct : Nous avons l'implication

$$E = A \cup \overline{A} \Rightarrow f(E) = f(A) \cup f(\overline{A}) = f(A) \cup \overline{f(A)} = F.$$

Il en résulte que f est surjective. Elle est aussi injective : pour tout $x \neq y$, c'est à dire pour tout $y \in \overline{\{x\}}$, $f(y)$ appartient au complémentaire de $f(x)$ dans F, d'où $f(x) \neq f(y)$. Réciproquement, si f est injective, $x \in f(\overline{A})$ et donc il existe $y \in \overline{A}$ tel que $f(y) = x$ ce qui signifie qu'il existe y n'appartenant pas à A tel que $y = f^{-1}(x)$. Ceci correspond bien à x n'appartenant pas à $f(A)$.

Partie II

1°) • Supposons $g \circ f$ injective et soient x' et x'' deux éléments de E tels que $f(x') = f(x'')$, nous en déduisons $g\big(f(x')\big) = g\big(f(x'')\big)$ c'est-à-dire $g \circ f(x') = g \circ f(x'')$ et $x' = x''$. Ainsi f est aussi injective.
• Supposons $g \circ f$ surjective. On a : $f(E) \subset F$, et donc :

$$G = g \circ f(E) = g\big(f(E)\big) \subset g(F) \subset G.$$

D'où $g(F) = G$ et g est surjective.

2°) Il est clair que si f, g et h sont bijectives, $g \circ f$ et $h \circ g$ le sont (composées d'applications bijectives). Réciproquement, si $g \circ f$ est bijective, alors $g \circ f$ est surjective, ce qui entraîne, d'après la question 1), g surjective et si $h \circ g$ est bijective, elle est en particulier injective, ce qui entraîne g injective, il en résulte que g est bijective. Alors $f = g^{-1} \circ (g \circ f)$ est bijective par composition d'applications bijectives. *idem* pour h

3°) a) Supposons par exemple que $f \circ h \circ g$ et que $h \circ g \circ f$ soient injectives et que $g \circ f \circ h$ soit surjective (ceci ne restreint pas la généralité du propos, car il suffit d'effectuer une permutation circulaire sur les ensembles et les applications en présence).
Comme $h \circ (g \circ f)$ est injective, $g \circ f$ est injective, comme $(g \circ f) \circ h$ est surjective, $g \circ f$ est surjective. Il en résulte que $g \circ f$ est bijective et donc g est surjective et f injective.
Mais $(f \circ h) \circ g$ est injective et donc g est injective. On en conclut que g est bijective et comme $g \circ f$ est bijective, la bijectivité de f en résulte.
Enfin, $h = (h \circ g \circ f) \circ (g \circ f)^{-1}$ est injective, car composée d'applications injectives et $h = (g \circ f)^{-1} \circ (g \circ f \circ h)$ est surjective, car composée d'applications surjectives. En conclusion f, g, h sont bijectives.

b) La démarche est identique à celle de la question précédente, nous vous laissons le soin de rédiger le détail ...

4°) a) S'il existe g de F dans E telle que $g \circ f = Id_E$, f est injective, d'après la question 1), car Id_E est injective.

Réciproquement, supposons que f soit injective.

Tout $y \in f(E)$ est image d'un $x \in E$ et d'un seul. On pose $g(y) = x$.

Pour tout $y \in F \setminus f(E)$, on choisit arbitrairement $g(y)$, par exemple $g(y) = x_0$, où x_0 est un élément déterminé de E.
L'application g de F dans E ainsi obtenue est telle que $g \circ f = Id_E$ (car, pour tout x de E, $y = f(x) \in f(E)$ et $g \circ f(x) = g(y) = x$).

b) S'il existe g de F dans E telle que $f \circ g = Id_F$, f est surjective, d'après la question 1), car Id_F est surjective.
Réciproquement, supposons que f soit surjective.
Pour tout $y \in F$, il existe au moins un $x \in E$ tel que $y = f(x)$. Pour chaque y, on choisit un de ces x et on le note $g(y)$. On construit ainsi une application g de F dans E telle que $f \circ g = Id_F$ (car, pour tout $y \in F$, $f \circ g(y) = f(x) = y$).

Remarque : cette question semble bien innocente, mais elle cache en fait un écueil redoutable. En effet, nous avons dit par deux fois « on choisit » et il s'agit là d'un axiome de la théorie des ensembles justement appelé « ***axiome du choix*** *». Nous admettrons dans toute la suite de nos aventures (pensez par exemple au théorème de Rolle) que, lorsqu'un problème a des solutions, on peut toujours en choisir une et lui donner un nom ...*

5°) a) Supposons f surjective et soient g et h deux applications de F dans un ensemble G, telles que $g \circ f = h \circ f$. D'après le résultat de la question 4) b), il existe f_1, application de F dans E telle que $f \circ f_1 = Id_F$. On a alors :

$$g \circ f \circ f_1 = h \circ f \circ f_1, \text{ i.e. } g \circ Id_F = h \circ Id_F$$

ou encore $g = h$.

Pour la réciproque, raisonnons par contraposée et supposons que f ne soit pas surjective. On affirme donc par hypothèse l'existence de $z \in F$ tel que $z \notin f(E)$. On prend alors $G = F$ et on construit les applications suivantes de F dans F :

g : pour tout x de F, on pose $g(x) = z$.

h : pour tout x différent de z, on pose $h(x) = z$ et on prend $h(z) = f(z)$ (ou tout autre élément de $f(E)$, l'important étant de choisir, pour $h(z)$, une valeur différente de z).

$g \circ f$ est l'application de E dans F, constante et égale à z, $h \circ f$ également puisque f ne prend jamais la valeur z.

Comme $g(z) = z \neq h(z)$, on a $g \neq h$. Ainsi, si f n'est pas surjective, on peut construire deux applications g et h différentes et telles que $g \circ f = h \circ f$. Ce qui prouve le résultat demandé.

b) Supposons f injective et soient g et h deux applications de G dans E telles que $f \circ g = f \circ h$. D'après 4) a), il existe f_1 de F dans E telle que $f_1 \circ f = Id_E$. On a alors $f_1 \circ f \circ g = f_1 \circ f \circ h$, *i.e.* $Id_E \circ g = Id_E \circ h$, c'est-à-dire $g = h$.

Pour la réciproque, raisonnons par contraposée et supposons f non injective :

$$\exists (z, z') \in E^2, z \neq z' \text{ et } f(z) = f(z').$$

Choisissons un tel couple (z, z') et notons $\alpha = f(z) = f(z')$. Prenons alors $G = F$ et construisons les applications g et h de F dans E suivantes :

g : pour tout x de F, on pose $g(x) = z$.

h : pour tout x différent de α, on pose $h(x) = z$ et on pose $h(\alpha) = z'$.

Pour tout x de F, on a : $f \circ g(x) = f(z) = \alpha$. Pour tout x de F, différent de α, on a : $f \circ h(x) = f(z) = \alpha$, et $f \circ h(\alpha) = f(z') = \alpha$. Ainsi $f \circ g = f \circ h$, bien que $g \neq h$, ce qui prouve le résultat demandé.

6°) a) Soit $f(E)$ l'image de E par f, nous avons l'inclusion $f(E) \subset E = f^0(E)$. D'après le résultat de la question I 1) a), on a donc :

$$f\big(f(E)\big) \subset f(E), \text{ soit } f^2(E) \subset f(E) \subset E$$

De même, pour tout indice k :

$$f^k(E) \subset f^{k-1}(E) \implies f^{k+1}(E) = f\big(f^k(E)\big) \subset f\big(f^{k-1}(E)\big) = f^k(E)$$

On conclut alors par récurrence : la suite $\big(f^n(E)\big)_{n\in\mathbb{N}}$ est une suite décroissante d'ensembles.

Si l'on suppose, pour un certain i, $f^{i+1}(E) = f^i(E)$, nous en déduisons :

$$f^{i+2}(E) = f\big(f^{i+1}(E)\big) = f\big(f^i(E)\big) = f^{i+1}(E) = f^i(E),$$

et, par une récurrence élémentaire : $\forall n \geqslant i, f^n(E) = f^i(E)$.

b) Supposons $f \circ f = Id_E$, l'injectivité et la surjectivité de f découlent de la question II 1) en considérant successivement l'injectivité et la surjectivité de Id_E. Ainsi f est bijective, donc inversible, et la relation $f \circ f = Id_E$ montre que $f^{-1} = f$. La réciproque est immédiate.

Problème n° 11 — *Durée estimée : 2,5 heures*

Prérequis :

Cardinal d'un ensemble fini. Coefficients binomiaux. Analyse combinatoire.

ÉNONCÉ

I : La formule de Poincaré

1°) On considère deux ensembles finis A et B. En utilisant une partition de $A \cup B$, démontrer la formule

$$\operatorname{card}(A \cup B) = \operatorname{card} A + \operatorname{card} B - \operatorname{card}(A \cap B).$$

2°) Etablir alors la formule analogue pour trois ensembles A, B et C finis :

$$\operatorname{card}(A \cup B \cup C) = \operatorname{card} A + \operatorname{card} B + \operatorname{card} C - \operatorname{card}(A \cap B) - \operatorname{card}(B \cap C) - \operatorname{card}(A \cap C) + \operatorname{card}(A \cap B \cap C).$$

3°) Dans cette question, n est un entier supérieur ou égal à 3, et on considère n ensembles finis $A_1, \ldots, A_n$. On pose $I = \{1, \ldots, n\}$, montrer que :

$$\operatorname{card}\Big(\bigcup_{i \in I} A_i\Big) = \sum_{i \in I} \operatorname{card} A_i - \sum_{\substack{(i,j) \in I^2 \\ i<j}} \operatorname{card}(A_i \cap A_j) + \sum_{\substack{(i,j,k) \in I^3 \\ i<j<k}} \operatorname{card}(A_i \cap A_j \cap A_k) + \cdots + (-1)^{n-1} \operatorname{card}\Big(\bigcap_{i \in I} A_i\Big)$$

Préciser le nombre de termes de chaque sommation dans la formule précédente.

II : Un premier exemple d'utilisation

On considère A, B, C trois ensembles finis tels que

$$\operatorname{card} A = 10, \operatorname{card} B = 15, \operatorname{card} C = 20,$$
$$\operatorname{card}(A \cap B) = 7, \operatorname{card}(B \cap C) = 8, \operatorname{card}(A \cap C) = 9.$$

1°) Calculer les cardinaux des différences

$$A \setminus B, A \setminus C, B \setminus C, B \setminus A, C \setminus A, C \setminus B.$$

(on rappelle que la notation $A \setminus B$ désigne l'ensemble des éléments qui appartiennent à A, mais qui n'appartiennent pas à B)

2°) En utilisant $\operatorname{card}(A \setminus C)$, montrer que $n = \operatorname{card}(A \cap B \cap C)$ ne peut prendre que deux valeurs à préciser.

3°) En déduire les valeurs possibles de $\operatorname{card}(A \cup B \cup C)$.

III : Un second exemple d'utilisation

n est un entier naturel, n_1, n_2 et p sont trois entiers tels que $n_1 + n_2 \leqslant n$, soit E un ensemble de cardinal n, A une partie de E de cardinal n_1, B une partie de E de cardinal n_2, on suppose de plus que $A \cap B$ est vide.

1°) Déterminer le nombre α de parties de E, ayant p éléments dont un et un seul commun avec A et un et un seul commun avec B.

2°) Calculer le nombre de parties de E à p éléments dont les intersections avec A **et** avec B comportent au moins un élément.

IV : Nombres de dérangements

Dans cette partie, on considère les bijections de $E = \{1, \ldots, n\}$ sur lui-même telles qu'aucun entier ne soit sa propre image. On appelle **dérangement** une telle bijection. On note $\mathcal{D}_n$ l'ensemble des dérangements et $\mathcal{S}_n$ l'ensemble des bijections de E sur lui-même. De plus, on suppose connue la formule :

$$\frac{1}{\mathrm{e}} = \lim_{n\to\infty} \sum_{k=0}^{n} \frac{(-1)^k}{k!}$$

1°) Définir l'ensemble complémentaire de $\mathcal{D}_n$ dans $\mathcal{S}_n$. Montrer qu'il est la réunion de la famille des n parties $\mathcal{A}_i = \{s \in \mathcal{S}_n,\ s(i) = i\}$, $1 \leqslant i \leqslant n$.

2°) Calculer $\operatorname{card} \mathcal{A}_i, \operatorname{card}(\mathcal{A}_i \cap \mathcal{A}_j)$ (avec $i \neq j$), et plus généralement, $\operatorname{card}(\mathcal{A}_{i_1} \cap \ldots \cap \mathcal{A}_{i_p})$, où $i_1, \ldots, i_p$ sont p entiers distincts de E. En déduire :

$$\operatorname{card}(\mathcal{S}_n \setminus \mathcal{D}_n) = \sum_{k=1}^{n} (-1)^{k-1} \frac{n!}{k!}$$

3°) En déduire le nombre $\operatorname{card}(\mathcal{D}_n)$ de dérangements.

4°) Déterminer la limite de $\dfrac{\operatorname{card}(\mathcal{D}_n)}{n!}$ quand n tend vers l'infini.

Décryptage du sujet :

Le probléme est basé sur la démonstration, puis l'utilisation, de la formule de Poincaré. Dans la partie I, on établira la question 2 à partir de la question 1. Puis on en déduira la formule de la question 3 (question assez technique). Dans la partie II, on utilise la formule pour trois ensembles (question 2). Dans la partie III, on utilise la formule pour deux ensembles. Dans la partie IV, on compare le nombre de permutations et de dérangements pour n très grand en utilisant la formule au rang n à la question 3.

CORRIGÉ

Partie I

1°) Nous partons des deux formules ci-dessous :

$$A \cup B = A \cup (B \setminus A) \text{ et } B = (B \setminus A) \cup (B \cap A),$$

où les réunions des seconds membres sont des réunions de parties disjointes. Le cardinal d'une réunion disjointe étant la somme des cardinaux, il vient :

$$\operatorname{card}(A \cup B) = \operatorname{card} A + \operatorname{card}(B \setminus A),$$
$$\operatorname{card} B = \operatorname{card}(B \setminus A) + \operatorname{card}(B \cap A).$$

Nous en déduisons le résultat voulu, en éliminant $\mathrm{card}(B \setminus A)$.

2°) Utilisons l'associativité de la réunion et la formule précédente :

$$\begin{aligned}\mathrm{card}\,\big((A\cup B)\cup C\big) &= \mathrm{card}\,(A\cup B)+\mathrm{card}\,C-\mathrm{card}\,\big((A\cup B)\cap C\big)\\ &= \mathrm{card}\,A+\mathrm{card}\,B+\mathrm{card}\,C-\mathrm{card}(A\cap B)-\mathrm{card}\,\big((A\cup B)\cap C\big).\end{aligned}$$

Nous transformons le dernier ensemble en une réunion, par distributivité de l'intersection sur la réunion, et on réapplique la formule de la question 1) :

$$\begin{aligned}\mathrm{card}\,\big((A\cup B)\cap C\big) &= \mathrm{card}\,((A\cap C)\cup(B\cap C))\\ &= \mathrm{card}(A\cap C)+\mathrm{card}(B\cap C)-\mathrm{card}\,(A\cap C)\cap(B\cap C))\\ &= \mathrm{card}(A\cap C)+\mathrm{card}(B\cap C)-\mathrm{card}(A\cap B\cap C))\end{aligned}$$

Il suffit de remplacer plus haut et l'on obtient la formule demandée.

3°) Il s'agit bien sûr d'appliquer un raisonnement par récurrence. Nous supposerons vraie la formule pour n ensembles A_i et l'on ajoute A_{n+1}, on pose $J = I\cup\{n+1\}$. La méthode est la même que dans la question précédente et pour éviter des longueurs insoutenables dans le déroulement de l'action, appelons S le second membre de l'égalité de Poincaré au rang n.

$$\begin{aligned}\mathrm{card}\,\Big(\bigcup_{i\in J}A_i\Big) &= \mathrm{card}\,\Big(\bigcup_{i\in I}A_i)\cup A_{n+1}\Big) = S+\mathrm{card}\,A_{n+1}-\mathrm{card}\,\Big((\bigcup_{i\in I}A_i)\cap A_{n+1}\Big)\\ &= S+\mathrm{card}\ A_{n+1}-\mathrm{card}\,\Big((\bigcup_{i\in I}(A_i\cap A_{n+1})\Big)\end{aligned}$$

Il reste à appliquer l'hypothèse de récurrence au dernier terme :

$$\begin{aligned}\mathrm{card}\,\Big(\bigcup_{i\in I}(A_i\cap A_{n+1})\Big) &= \sum_{i\in I}\mathrm{card}(A_i\cap A_{n+1}) - \sum_{\substack{(i,j)\in I^2\\ i<j}}\mathrm{card}(A_i\cap A_j\cap A_{n+1})\\ &\quad+\cdots+(-1)^{n-1}\,\mathrm{card}(\bigcap_{i\in J}A_i).\end{aligned}$$

En reportant, les termes obtenus complètent S de façon à étendre à l'ensemble J toutes les sommations sur les différents indices. En effet :

$$\sum_{i\in I}\mathrm{card}\,A_i+\mathrm{card}\,A_{n+1} = \sum_{i\in J}\mathrm{card}\,A_i\ ;$$

$$\sum_{\substack{(i,j)\in I^2\\ i<j}}\mathrm{card}(A_i\cap A_j)+\sum_{i\in I}\mathrm{card}(A_i\cap A_{n+1}) = \sum_{\substack{(i,j)\in J^2\\ i<j}}\mathrm{card}(A_i\cap A_j)\ ;$$

$$\begin{aligned}\sum_{\substack{(i,j,k)\in I^3\\ i<j<k}}\mathrm{card}(A_i\cap A_j\cap A_k)+\sum_{\substack{(i,j)\in I^2\\ i<j}}\mathrm{card}(A_i\cap A_j\cap A_{n+1})\\ = \sum_{\substack{(i,j,k)\in J^3\\ i<j<k}}\mathrm{card}(A_i\cap A_j\cap A_k)\end{aligned}$$

et ainsi de suite ...

Dans la formule, la somme $\displaystyle\sum_{(i,j)\in I^2,i<j}$ est étendue à toutes les parties à deux éléments de I, le nombre de termes de cette somme est donc C_n^2, la somme suivante comporte C_n^3 termes, etc.

Partie II

1°) Nous avons successivement les implications :

$$A = (A \cap B) \cup (A \setminus B) \implies \text{card}(A \setminus B) = 10 - 7 = 3\,;$$
$$A = (A \cap C) \cup (A \setminus C) \implies \text{card}(A \setminus C) = 10 - 9 = 1.$$

(en effet, les réunions précédentes sont disjointes)
et on obtient de même : $\text{card}(B \setminus C) = 7, \text{card}(B \setminus A) = 8, \text{card}(C \setminus A) = 11$ et $\text{card}(C \setminus B) = 12$.

2°) Nous avons l'implication :

$$A \cap B = (A \cap B \cap C) \cup \big((A \setminus C) \cap B\big) \implies 7 = n + \text{card}\big((A \setminus C) \cap B\big).$$

Comme $\big((A \setminus C) \cap B\big) \subset A \setminus C$, le dernier cardinal est inférieur ou égal à celui de $A \setminus C$, donc vaut soit 1 soit 0. D'où $n = 6$ ou 7.
(C'est le résultat le plus fin que l'on puisse obtenir. Le recours aux cardinaux des autres différences donne une plus grande amplitude à n.)

3°) En utilisant la formule de la question 2) de la partie I, la réunion $A \cup B \cup C$ a un cardinal égal à 27 ou 28.

Partie III

1°) Nous avons $n_1 n_2 C_{n-n_1-n_2}^{p-2}$ parties de E ayant p éléments dont un et un seul commun avec A et un et un seul commun avec B : on choisit d'abord l'élément de A de n_1 façons puis, à chaque fois, celui de B de n_2 façons, ce qui donne $n_1.n_2$ façons de choisir ces deux éléments, et on complète à chaque fois en prenant une partie à $p-2$ éléments dans $E \setminus (A \cup B)$ qui est de cardinal $n - n_1 - n_2$ (se convaincre que l'on a compté ainsi tous les cas possibles, chaque cas n'étant compté qu'une fois, la convention $C_n^p = 0$ si $p > n$ permettant de ne pas distinguer plusieurs cas).

2°) Soit $\mathcal{P}_p$ l'ensemble des parties de E à p éléments et notons :

$$P_1 = \{X \in \mathcal{P}_p \mid \text{card}(X \cap A) \geqslant 1, \text{card}(X \cap B) \geqslant 1\}\,, \overline{P}_1 = \mathcal{P}_p \setminus P_1,$$

puis posons :

$$P_{1A} = \{X \in \mathcal{P}_p \mid X \cap A = \emptyset\} \text{ et } P_{1B} = \{X \in \mathcal{P}_p \mid X \cap B = \emptyset\}\,,$$

Nous cherchons le cardinal de P_1. Nous avons :

$$\text{card}\, P_{1A} = C_{n-n_1}^p, \text{card } P_{1B} = C_{n-n_2}^p \text{ et card } (P_{1A} \cap P_{1B}) = C_{n-n_1-n_2}^p.$$

Or, $\overline{P}_1 = P_{1A} \cup P_{1B}$, mais cette réunion n'est pas disjointe, d'où en utilisant la question 1) de la partie I :

$$\begin{aligned}\text{card}\, \overline{P}_1 &= \text{card}\, P_{1A} + \text{card}\, P_{1B} - \text{card}(P_{1A} \cap P_{1B}) \\ &= C_{n-n_1}^p + C_{n-n_2}^p - C_{n-n_1-n_2}^p\end{aligned}$$

et enfin : $\text{card}\, P_1 = \text{card}\, \mathcal{P}_p - \text{card}\, \overline{P}_1 = C_n^p - \text{card}\, \overline{\mathcal{P}}_1$
$= C_n^p - C_{n-n_1}^p - C_{n-n_2}^p + C_{n-n_1-n_2}^p.$

Partie IV

1°) Notons $\mathcal{S}_n$ l'ensemble des bijections de $E = \{1, \ldots, n\}$ sur lui-même. Nous avons :

$$\mathcal{S}_n \setminus \mathcal{D}_n = \{s \in \mathcal{S}_n \mid \exists i \in E, s(i) = i\}\,.$$

Pour i variant de 1 à n, considérons la partie $\mathcal{A}_i = \{s \in \mathcal{S}_n \mid s(i) = i\}$, nous obtenons bien n parties dont la réunion est $\mathcal{S}_n \setminus \mathcal{D}_n$.

2°) Un élément de $\mathcal{A}_i$ est en fait une bijection de $E \setminus \{i\}$ sur lui-même (que l'on complète en associant i à i, pour obtenir une permutation de E) et donc le cardinal de $\mathcal{A}_i$ vaut $(n-1)!$.
De même, un élément de $\mathcal{A}_i \cap \mathcal{A}_j$ (avec $i \neq j$) est en fait une bijection de $E \setminus \{i, j\}$ sur lui-même (que l'on complète en associant i à i et j à j) et donc le cardinal de $\mathcal{A}_i \cap \mathcal{A}_j$ vaut $(n-2)!$.
Plus généralement, si $i_1, \ldots, i_k$ sont deux à deux distincts :

$$\operatorname{card}(\mathcal{A}_{i_1} \cap \ldots \cap \mathcal{A}_{i_k}) = (n-k)!$$

Cette valeurs est indépendante des entiers $i_1, i_2, \ldots, i_k$ que l'on choisit et on en déduit en appliquant la formule de la partie I et en se souvenant qu'il existe C_n^k termes correspondant aux intersections de k parties :

$$\operatorname{card}(\mathcal{S}_n \setminus \mathcal{D}_n) = \sum_{k=1}^{n} (-1)^{k-1} C_n^k (n-k)! = \sum_{k=1}^{n} (-1)^{k-1} \frac{n!}{k!}$$

3°) On a alors :

$$\operatorname{card}(\mathcal{D}_n) = \operatorname{card} \mathcal{S}_n - \operatorname{card}(\mathcal{S}_n \setminus \mathcal{D}_n) = n! - \sum_{k=1}^{n} (-1)^{k-1} \frac{n!}{k!}$$

Ce que l'on peut écrire :

$$\operatorname{card} \mathcal{D}_n = n! \sum_{k=0}^{n} \frac{(-1)^k}{k!}$$

4°) En utilisant l'indication, nous avons : $\displaystyle\lim_{n \to \infty} \frac{\operatorname{card} \mathcal{D}_n}{n!} = \frac{1}{\mathrm{e}}$

Problème n° 12

Durée estimée : 4 heures

Prérequis :

Coefficients binomiaux. Formule du binôme de Newton. Raisonnement combinatoire. Nombres d'applications entre ensembles finis. Partitions.

ÉNONCÉ

Dans tout le problème, sauf précision supplémentaire, n est un entier positif ou nul, k est un entier naturel inférieur ou égal à n, p est un entier positif ou nul. C_n^k désigne la quantité $\dfrac{n!}{k!(n-k)!}$. E est un ensemble fini de cardinal n et F est un ensemble fini de cardinal p.

I : Une formule d'inversion

On considère deux suites de nombres (f_n) et (g_n) liées par la relation suivante :

$$\forall n \geqslant 0, f_n = \sum_{k=0}^{n} C_n^k g_k.$$

1°) En utilisant la formule du binôme de Newton, calculer le terme général de la suite $(f_n)_{n\in\mathbb{N}}$, si on prend successivement pour terme général de la suite $(g_n)_{n\in\mathbb{N}}$, les quantités 1, 2^n, $(-1)^n$, e^{na}, où a est un réel fixé.

2°) Démontrer par récurrence la relation réciproque suivante :

$$\forall n \geqslant 0, g_n = \sum_{k=0}^{n} (-1)^{n-k} C_n^k f_k.$$

II : Les dérangements

*On appelle **dérangement** d'un ensemble E, une permutation des éléments de E, sans point fixe, c'est-à-dire où **tous** les éléments changent de place. On note $d(n)$ le nombre de dérangements de E et on convient que $d(0) = 1$.*

Pour le bal des débutantes, n jeunes filles de la (très) bonne société viennent chacune avec leur cavalier. Faisant fi des conventions chaque cavalier invite à danser l'une quelconque des jeunes filles. Soit A_k un groupe donné de k de ces jeunes filles, on note S_{A_k} l'ensemble de toutes les distributions des couples telles que seules les jeunes filles du groupe A_k se retrouvent à danser avec leur cavalier.

1°) Montrer que le cardinal de S_{A_k} est $d(n-k)$.

2°) Montrer que l'ensemble $\mathcal{R}$ des distributions possibles des couples est la réunion des ensembles S_{A_k} obtenus en prenant pour A_k tous les groupes possibles de jeunes filles, pour toutes les valeurs de k (y compris le groupe vide).

3°) Calculer le nombre α_k de groupes A_k possibles lorsque k est fixé.

4°) Démontrer que $\operatorname{card}\mathcal{R} = \sum_{k=0}^{n} C_n^k.d(n-k)$.

5°) Vérifier que $C_n^k = C_n^{n-k}$, puis justifier l'égalité : $n! = \sum_{j=0}^{n} C_n^j d(j)$. En déduire, en utilisant le résultat de la partie I, le nombre de distributions possibles en couples tels que personne ne danse avec son cavalier initial.

III : Nombre de surjections entre deux ensembles finis

*On note $s(n,p)$ le nombre de **surjections** d'un ensemble E de n éléments dans un ensemble F de p éléments (bien entendu, si $p > n$, $s(n,p) = 0$).*

1°) Calculer $s(2,1)$, $s(n,n)$, $s(n,1)$, pour $n \geqslant 1$.

2°) Montrer (par un raisonnement combinatoire) :

$$\forall n \geqslant 2, \forall p \geqslant 1, s(n,p) = p\big(s(n-1,p) + s(n-1,p-1)\big).$$

(On pourra enlever un élément à E, soit E' l'ensemble ainsi obtenu, et classer les surjections de E vers F selon que leur restriction à E' est ou n'est pas surjective vers F.)

3°) Montrer (par un raisonnement combinatoire) :

$$\forall n \geqslant 1, \forall p \geqslant 1, \sum_{k=1}^{p} s(n,k).C_p^k = p^n.$$

(on remarquera que p^n est le nombre d'applications de E vers F et qu'il s'agit de compter autrement ces applications)

4°) On veut en déduire, en utilisant les questions 2) et 3) de cette partie :

$$\forall n \geqslant 1, \forall p \geqslant 1, \sum_{k=0}^{p} (-1)^k C_p^{p-k}(p-k)^n = s(n,p).$$

a) Traiter le cas $n = 1$.

b) Traiter le cas où $p = 1$ et $n \geqslant 1$.

c) Traiter par récurrence sur n le cas où $p > 1$ et $n \geqslant 1$ (on pourra utiliser la formule valable pour $p \geqslant 1$ et $0 \leqslant k \leqslant p$; $C_{p-1}^{p-k} = \frac{k}{p} C_p^{p-k}$).

5°) Retrouver la dernière formule en utilisant la formule d'inversion vue dans la partie I.

6°) ***Application*** : Dans un (in)certain pays, chaque fois que l'on implante une grande surface de chez LARNAK, les dirigeants doivent verser un dessous de table à l'un des quatre partis de la coalition au pouvoir. Chaque parti de cette coalition touche au moins un dessous de table (sinon il dénoncerait le système). LARNAK a décidé d'implanter 10 grandes surfaces dans ce merveilleux pays. Combien y a-t-il de répartitions possibles des 10 pots de vins ?

IV : Nombres de Stirling de seconde espèce

Dans cette partie, n et k sont non nuls. Une partition stricte de E étant composée de sous-ensembles non vides, on note $p(n,k)$ le nombre de partitions strictes de E en k sous-ensembles.

1°) Déterminer toutes les partitions strictes de $E = \{a_1, \dots, a_n\}$ pour $n = 1, 2$ ou 3. En déduire les valeurs de $p(n, k)$ pour $n = 1, 2$ ou 3.

2°) Montrer que $p(n, 1) = p(n, n) = 1$.

3°) Si $n \geqslant 2$, calculer $p(n, 2)$ en remarquant qu'une partition stricte de E en 2 sous-ensembles est de la forme $\{X, \overline{X}\}$, où $\overline{X}$ est le complémentaire de la partie X de E.

4°) Si $n \geqslant 2$, montrer que $p(n, n-1) = C_n^2$.

Dans la question suivante, on pose $E_n = \{1, \dots, n\}$ et on note E_n^k l'ensemble des partitions strictes de E_n en k sous-ensembles. Donc card $E_n^k = p(n, k)$.

5°) On considère la partition de E_n^k en deux sous-ensembles

$$A_n^k = \{X \in E_n^k, \{n\} \in X\} \text{ et } B_n^k = E_n^k \setminus A_n^k.$$

(A_n^k est donc formée des k-partitions pour lesquelles le singleton $\{n\}$ est un élément de la partition).

a) Déterminer ces deux sous-ensembles si $n = 3$ et $k = 2$.

b) Etablir une bijection entre A_n^k et E_{n-1}^{k-1}.

c) On suppose $k \geqslant 2$. Etablir une surjection de B_n^k sur E_{n-1}^k. Déterminer le nombre d'antécédents d'un élément de E_{n-1}^k.
En déduire que card $B_n^k = k.$ card E_{n-1}^k.

d) En déduire, pour $k \geqslant 2$:

$$p(n, k) = p(n-1, k-1) + k.p(n-1, k).$$

6°) Démontrer que $s(n, k) = k!.p(n, k)$.

7°) On note $B(n)$ le cardinal de $\bigcup\limits_{k=1}^{n} E_n^k$.

a) Déterminer $B(1), B(2)$ et $B(3)$.

b) Justifier la relation $B(n) = \sum\limits_{k=1}^{n} p(n, k)$.

c) Calculer $B(7)$.

Décryptage du sujet :

La partie I fournit la forme générale d'une formule, que l'on spécialise de deux façons, l'une en partie II, l'autre en partie III. Les quatre parties sont liées souvent sur une à deux questions. Deux types de démonstrations se discernent dans ce genre de sujet :

• Les raisonnements combinatoires qui utilisent notamment le fait que C_n^k est le nombre de parties à k éléments d'un ensemble à n éléments.

• Les raisonnements par récurrence utilisant des égalités entre C_n^k du genre formule de Pascal . . . Quelques questions sont ainsi assez techniques, par exemple, la question 2) de la partie I et la question 4) de la partie III où la méthode est imposée, puisque l'on retrouve le résultat d'une autre façon à la question suivante.

CORRIGÉ

Partie I

1°) Il s'agit d'applications immédiates de la formule du binôme de Newton. On obtient successivement :

$\star\ f_n = \sum_{k=0}^{n} C_n^k = (1+1)^n = 2^n$;

$\star\ f_n = \sum_{k=0}^{n} C_n^k 2^k = (1+2)^n = 3^n$;

$\star\ f_n = \sum_{k=0}^{n} C_n^k (-1)^k = (1-1)^n = \begin{cases} 1 & \text{, si } n = 0 \\ 0 & \text{, si } n > 0 \end{cases}$;

$\star\ f_n = \sum_{k=0}^{n} C_n^k (\mathrm{e}^a)^k = (1+\mathrm{e}^a)^n$.

2°) On a $f_0 = g_0$, d'où $g_0 = f_0$! ! la propriété est vraie pour $n = 0$.
Soit alors $n \in \mathbb{N}^*$ et supposons que la formule demandée soit vraie pour tous les entiers strictement inférieurs à n (une récurrence faible, où la propriété ne serait supposée vraie qu'au rang $n-1$ ne suffit pas). On a :

$$f_n = \sum_{k=0}^{n} C_n^k g_k = g_n + \sum_{k=0}^{n-1} C_n^k g_k.$$

D'où, par l'hypothèse de récurrence :

$$g_n = f_n - \sum_{k=0}^{n-1} C_n^k g_k = f_n - \sum_{k=0}^{n-1} C_n^k \Big(\sum_{i=0}^{k} (-1)^{k-i} C_k^i f_i \Big).$$

Comme $i \leqslant k \iff k \geqslant i$, il vient par retournement des sommations :

$$g_n = f_n - \sum_{i=0}^{n-1} \Big(\sum_{k=i}^{n-1} (-1)^{k-i} C_n^k C_k^i \Big) f_i = f_n + \sum_{i=0}^{n-1} \alpha_i f_i$$

Un recours aux factorielles (ou un raisonnement ensembliste direct) donne :

$$C_n^k C_k^i = \frac{n!}{k!(n-k)!} \times \frac{k!}{i!(k-i)!} = \frac{n!}{i!(n-i)!} \times \frac{(n-i)!}{(n-k)!(k-i)!} = C_n^i C_{n-i}^{k-i}$$

et donc :

$$\alpha_i = -\sum_{k=i}^{n-1} (-1)^{k-i} C_n^k C_k^i = -C_n^i \sum_{k=i}^{n-1} (-1)^{k-i} C_{n-i}^{k-i} = -C_n^i \sum_{\ell=0}^{n-i-1} (-1)^{\ell} C_{n-i}^{\ell}$$

Or, comme $i < n$, on a : $0 = (1-1)^{n-i} = \sum_{\ell=0}^{n-i} (-1)^{\ell} C_{n-i}^{\ell}$ et donc :

$$\sum_{\ell=0}^{n-i-1} (-1)^{\ell} C_{n-i}^{\ell} = -(-1)^{n-i} C_{n-i}^{n-i} = -(-1)^{n-i}$$

Soit : $\alpha_i = (-1)^{n-i} C_n^i$ et, le terme f_n réintégrant la cohue :

$$g_n = \sum_{i=0}^{n} (-1)^{n-i} C_n^i f_i$$

Ce qui est le résultat attendu au rang n et achève la preuve par le principe de récurrence.

Partie II

1°) Numérotons les jeunes filles $1, 2, \ldots, n$ et notons de la même façon $1, 2, \ldots, n$ leur chevalier servant. Une distribution des couples pour la valse d'ouverture est donc une bijection de $[\![1, n]\!]$ sur lui-même.

Quitte à renuméroter, pour $0 < k < n$, on peut supposer que les jeunes filles du groupe A_k sont les jeunes filles $n - k + 1, \dots, n$.

$\star$ Une distribution telle que seules les jeunes filles du groupe A_k dansent avec le garçon de même numéro est donc une bijection de $[\![1, n]\!]$ sur lui-même telle que sa restriction à $[\![n - k + 1, n]\!]$ soit l'identité, ce qui oblige à envoyer globalement $[\![1, n - k]\!]$ sur lui-même, la restriction à $[\![1, n - k]\!]$ n'ayant aucun point fixe.

$\star$ Réciproquement un dérangement de $[\![1, n - k]\!]$ donne naissance à une distribution convenable et une seule, obtenue en prolongeant cette application par l'identité sur $[\![n - k + 1, n]\!]$.
Le cardinal de S_{A_k} est donc le cardinal de l'ensemble des dérangements de $[\![1, n - k]\!]$, c'est-à-dire $d(n - k)$.

$\star$ La convention $d(0) = 1$ fait que le résultat est valable pour $k = n$, puisque S_{A_n} se réduit à l'identité.
Le résultat est également valable pour $k = 0$, puisque $S_\emptyset$ est exactement l'ensemble des dérangements de $[\![1, n]\!]$.

2°) Si $\mathcal{R}$ est l'ensemble des distributions possibles des couples, on peut effectuer une ***partition*** de $\mathcal{R}$, selon le nombre k de jeunes filles dansant avec leur chevalier servant, k variant de 0 jusqu'à n. Ainsi $\mathcal{R} = \bigcup\limits_{k=0}^{n} \Big(\bigcup\limits_{A_k \in \mathcal{P}_k} S_{A_k} \Big)$, où $\mathcal{P}_k$ désigne l'ensemble des parties à k éléments de $[\![1, n]\!]$.

3°) Pour k fixé, le nombre de groupes A_k possible est égal au nombre de parties à k éléments de $[\![1, n]\!]$. Ainsi $\alpha_k = C_n^k$.

4°) On peut donc écrire, les réunions étant disjointes :

$$\operatorname{card} \mathcal{R} = \sum_{k=0}^{n} \sum_{A_k \in \mathcal{P}_k} \operatorname{card} S_{A_k} = \sum_{k=0}^{n} \sum_{A_k \in \mathcal{P}_k} d(n-k) = \sum_{k=0}^{n} C_n^k . d(n-k)$$

5°) Pour commencer, $\mathcal{R}$ est l'ensemble des permutations de $[\![1, n]\!]$, d'où :

$$\operatorname{card} \mathcal{R} = n!.$$

Ainsi, en utilisant le résultat de la question 4 et l'égalité $C_n^k = C_n^{n-k}$, pour homogénéiser les indices :

$$n! = \sum_{k=0}^{n} C_n^{n-k} . d(n-k) = \sum_{k=0}^{n} C_n^k d(k).$$

Le résultat étant aussi valable pour $n = 0$.

Il n'y a plus qu'à utiliser le résultat de la partie I, avec $f_n = n!$ et $g_n = d(n)$, ce qui donne :

$$d(n) = \sum_{j=0}^{n} (-1)^{n-j} C_n^j . j! = n! \sum_{j=0}^{n} (-1)^{n-j} \frac{1}{(n-j)!} = n! \sum_{k=0}^{n} (-1)^k \frac{1}{k!}$$

Remarque : On a donc, pour ceux qui connaissent déjà : $\lim\limits_{n \to \infty} \dfrac{d(n)}{n!} = \mathrm{e}^{-1}$, ce qui signifie que si n est grand, et si chacun choisit sa cavalière au hasard, la probabilité que personne ne danse avec son chevalier servant vaut approximativement 0,37.

Partie III

1°) ⋆ Pour $n \geqslant 1$, il n'existe qu'une application d'un ensemble de cardinal n vers un ensemble de cardinal 1, et cette application est évidemment surjective, donc $s(n,1) = 1$.

⋆ $s(n,n)$ est le nombre de surjections d'un ensemble de cardinal n sur un ensemble de cardinal n, c'est en fait le nombre de bijections entre ces deux ensembles et $s(n,n) = n!$.

2°) Soit E un ensemble à n éléments, a un élément fixé de E, $E' = E \setminus \{a\}$ et F un ensemble à p éléments. Les surjections φ de E sur F se répartissent en deux classes :

A) L'ensemble A de celles pour lesquelles la restriction de φ à E' est une surjection de E' sur F.
Pour toute surjection ψ de E' sur F, il existe exactement p éléments différents dans A dont la restriction à E' est ψ (on peut choisir l'image de a de p façons). On peut donc classer les applications φ de ce type selon la valeur de $\varphi(a)$ et il existe p fois plus d'éléments dans A qu'il y a de surjections de E' vers F. Donc le cardinal de A vaut $p.s(n-1,p)$.

B) L'ensemble B de celles pour lesquelles la restriction de φ à E' n'est pas surjective de E' sur F.
Ceci ne peut avoir lieu que si $p \geqslant 2$ et pour une telle application φ, on peut choisir l'image de a de p façons et la restriction de φ à E' ne prend plus la valeur $\varphi(a)$ et réalise donc une surjection de E' sur $F \setminus \{\varphi(a)\}$. On peut donc classer les surjections φ de ce type, selon la valeur de $\varphi(a)$ et il existe p fois plus d'éléments dans B que de surjections d'un ensemble à $n-1$ éléments sur un ensemble à $p-1$ éléments. Donc le cardinal de B vaut $p.s(n-1,p-1)$.
(Avec la convention : $\forall\, n \geqslant 1, s(n,0) = 0$, ce résultat reste vrai pour $p = 1$).

L'ensemble des surjections de E sur F étant la réunion disjointe de A et B, il vient donc :

$$\forall\, n \geqslant 2, s(n,p) = p.s(n-1,p) + p.s(n-1,p-1).$$

3°) On sait qu'il y a p^n applications d'un ensemble E à n éléments vers un ensemble F à p éléments. On les classe selon le cardinal k de leur image puis on les « sous-classe » selon leur image :
Pour k compris entre 1 et p, il existe C_p^k façons de choisir une partie de F de cardinal p et il existe $s(n,k)$ applications de E **sur** cette partie choisie. Il existe donc $C_p^k.s(n,k)$ applications de E vers F dont l'image a pour cardinal k.
Puisque personne n'est oublié et que personne n'est compté deux fois :

$$p^n = \sum_{k=1}^{n} C_n^k.s(n,k)$$

4°) a) Si $n = 1$, alors il existe **une** surjection pour $p = 1$ et aucune pour $p > 1$.
Or :

$$\sum_{k=0}^{p} (-1)^k C_p^{p-k}(p-k)^1 = \sum_{k=0}^{p-1} (-1)^k C_p^{p-k}(p-k) = p\sum_{k=0}^{p-1} (-1)^k C_{p-1}^k$$
$$= p.(1-1)^{p-1}$$

On obtient bien, dans les deux cas, $p = 1$ et $p > 1$, le résultat voulu :

$$s(1,p) = \sum_{k=0}^{p} (-1)^k C_p^{p-k}(p-k).$$

b) Si $p = 1$ et n quelconque supérieur ou égal à 1, il n'y a qu'une seule application de E vers F et elle est surjective. Or :

$$\sum_{k=0}^{1} (-1)^k C_1^{1-k}(1-k)^n = C_1^1 - 0 = 1$$

et la formule annoncée est valide.

c) La méthode est imposée : la propriété est montrée pour $n = 1$. Elle est aussi montrée pour tout $n \geqslant 1$, pour $p = 1$. Supposons maintenant $p > 1$ et la propriété vraie pour un certain rang n et démontrons qu'elle est vraie au rang $n + 1$. La question 2) nous fournit la relation :

$$s(n+1,p) = p\big(s(n,p) + s(n,p-1)\big).$$

Ce qui donne, en utilisant l'hypothèse de récurrence :

$$s(n+1,p) = p\Big(\sum_{k=0}^{p} (-1)^k C_p^{p-k}(p-k)^n + \sum_{k=0}^{p-1} (-1)^k C_{p-1}^{p-k-1}(p-k-1)^n\Big).$$

Effectuons le changement d'indice $i = k + 1$ dans la seconde somme :

$$\sum_{k=0}^{p-1} (-1)^k C_{p-1}^{p-k-1}(p-k-1)^n = -\sum_{i=1}^{p} (-1)^i C_{p-1}^{p-i}(p-i)^n.$$

Ce qui donne, en regroupant :

$$s(n+1,p) = p\Big(p^n + \sum_{k=1}^{p} (-1)^k \big(C_p^{p-k} - C_{p-1}^{p-k}\big)(p-k)^n\Big).$$

Il reste à utiliser la formule $C_{p-1}^{p-k} = \dfrac{k}{p} C_p^{p-k}$, ce qui permet de simplifier par p, de faire apparaître un facteur $p - k$ supplémentaire et enfin de réintégrer le terme p^n à la sommation :

$$s(n+1,p) = \sum_{k=0}^{p} (-1)^k C_p^{p-k}(p-k)^{n+1}.$$

Ce qui est le résultat voulu au rang $n+1$. On conclut par le principe de récurrence.

5°) On utilise (enfin !) la formule d'inversion de la question 2) de la partie I, grâce au résultat de la question 3) avec, ici, $f_k = k^n$ et $g_k = s(n,k)$ (n est une constante et on fait la convention $s(n,0) = 0$ pour $n \geqslant 1$). On retrouve bien le résultat de la question 4).

6°) On a reconnu le nombre de surjections d'un ensemble de 10 éléments (les hypermarchés LARNAK) sur un ensemble de 4 éléments (les partis de la coalition). Il nous faut donc calculer $s(10,4)$ avec la formule de la question 4) :

$$s(10,4) = \sum_{k=0}^{4} (-1)^k C_4^{4-k}(4-k)^{10} = 818\,520.$$

Partie IV

1°) Pour $n = 1$, il y a une seule partition $\big\{\{a_1\}\big\}$. Pour $n = 2$, il y a deux partitions $\big\{\{a_1\},\{a_2\}\big\}$ et $\big\{\{a_1,a_2\}\big\}$ et enfin pour $n = 3$ il y en a 5 :

$$\big\{\{a_1,a_2,a_3\}\big\}, \big\{\{a_i\},\{a_j,a_k\}\big\}, \big\{\{a_1\},\{a_2\},\{a_3\}\big\},$$

où i, j et k sont différents dans $\{1, 2, 3\}$. Ainsi :

$$p(1,1) = p(2,1) = p(2,2) = p(3,1) = p(3,3) = 1, p(3,2) = 3.$$

2°) La seule partition de E en un seul sous-ensemble est $\{E\}$. La seule partition de E en n sous-ensembles est $\{\{a_1\}, \ldots, \{a_n\}\}$. Ainsi :

$$p(n,n) = p(n,1) = 1.$$

3°) Toute partition de E en deux sous-ensembles est du type $\{X, \overline{X}\}$, où $\overline{X}$ représente le complémentaire de X. Pour que la partition soit stricte, il faut et il suffit que X soit différent du vide et de E. Définir une telle partition de E, c'est se donner X et lui associer $\{X, \overline{X}\}$. Il y a $2^n - 2$ ensembles X possibles mais attention X et $\overline{X}$ sont deux ensembles distincts qui définissent la même partition (il n'y a pas d'ordre dans une partition !), et donc :

$$p(n,2) = \frac{2^n - 2}{2} = 2^{n-1} - 1.$$

4°) Toute partition en $n - 1$ sous-ensembles est obtenue en prenant une paire d'éléments et $n - 2$ singletons, la donnée de la paire caractérisant la partition car le complémentaire est alors les $n - 2$ éléments restants composant les singletons :

$$p(n, n-1) = C_n^2.$$

5°) a) Il y a trois 2–partitions :

$$\{\{1\},\{2,3\}\}, \{\{2\},\{1,3\}\}, \{\{3\},\{1,2\}\}.$$

Seule la troisième contient $\{3\}$, donc :

$$A_3^2 = \{\{3\},\{1,2\}\}, B_3^2 = \{\{\{1\},\{2,3\}\}, \{\{2\},\{1,3\}\}\}.$$

b) Si on retire à tout élément de A_n^k le singleton $\{n\}$, il reste une partition de E_{n-1} en $k - 1$ sous-ensembles, donc un élément de E_{n-1}^{k-1}.
L'application ainsi définie est bijective de A_n^k sur E_{n-1}^{k-1}, l'application réciproque consistant à rajouter le singleton $\{n\}$ à une partition de E_{n-1}. On en déduit le résultat voulu.

c) Ici, on suppose $k \geqslant 2$, soit $\{X_1, \ldots, X_k\}$ un élément de B_n^k, un et un seul des X_i contient n, notons le X_ℓ. On en déduit une partition de E_{n-1} en k sous-ensembles en prenant pour $i \neq \ell$, $Y_i = X_i$ et $Y_\ell = X_\ell \setminus \{n\}$. Cet « effacement » de n définit ainsi une application surjective de B_n^k sur E_{n-1}^k.
Par cette application, il existe exactement k éléments de B_n^k ayant la même image (pour faire marche arrière, on prend une partition de E_{n-1}^k et on ajoute l'élément n à l'une quelconque des parties constituant cette partition). Par application du lemme des bergers, il vient donc :

$$\text{Card}(B_n^k) = k\,\text{Card}(E_{n-1}^k).$$

d) Les deux ensembles A_n^k et B_n^k constituant une partition de E_n^k, on obtient :

$$p(n,k) = p(n-1, k-1) + k.p(n-1, k).$$

6°) Se donner une surjection f de $E = \{1, \ldots, n\}$ sur $\{1, \ldots, k\}$, c'est se donner k parties non vides de E : $X_1 = f^{-1}(\{1\}), \ldots, X_k = f^{-1}(\{k\})$, dans cet ordre ! Donc une surjection est caractérisée par le k-uplet $(X_1, \ldots, X_k)$ de parties non vides et disjointes de E, de réunion E.

Chaque partition $\{X_1, \ldots, X_k\}$ donne naissance, par permutations, à $k!$ k-uplets distincts et il existe $k!$ fois plus de surjections que de k-partitions :

$$s(n,k) = k!.p(n,k).$$

7°) a) $B(n)$ est donc le nombre de partitions strictes d'un ensemble de cardinal n, le nombre de parties de la partition n'étant pas fixé. On a vu en 1) que :

$$B(1) = 1, B(2) = 2, B(3) = 5.$$

b) Les ensembles E_n^k étant deux à deux disjoints, on en déduit que :

$$B(n) = \sum_{k=1}^{n} p(n,k) = \sum_{k=1}^{n} \frac{1}{k!} s(n,k).$$

c) En utilisant les valeurs de $s(7,k)$, k variant de 1 à 7, on trouve : $B(7) = 877$.

Commentaires

A. *Les coefficients $p(n,k)$ s'appellent* ***nombres de Stirling de seconde espèce****. On peut les définir de plusieurs manières, dans le sujet, on en connaît deux (à partir des partitions en k sous-ensembles d'un ensemble à n éléments et à partir des surjections d'un ensemble de n éléments sur un ensemble de k éléments). Citons en une troisième, que vous pourrez essayer de démontrer quand vous aurez vu les polynômes :*
Si $(Q_k)_{k\in\mathbb{N}}$ est la suite de polynômes définie par :

$$Q_0 = 1 \text{ et } \forall k \geqslant 1, Q_k = \prod_{i=0}^{k-1}(X - i),$$

alors $X^n = \sum_{k=0}^{n} p(n,k) Q_k$.

B. *Les coefficients $B(n)$ s'appellent* ***nombres de Bell****. On peut les définir de plusieurs manières, dans le sujet, on en connaît une (à partir d'une somme de nombres de Stirling de seconde espèce). Quand vous en serez à la dérivation des fonctions, vous pourrez montrer que si $f : x \mapsto e^{e^x - 1}$, alors pour tout $n \in \mathbb{N}^*$ et tout $x \in \mathbb{R}$:*

$$f^{(n)}(x) = f(x) \sum_{k=0}^{n} p(n,k).e^{kx} \text{ et } f^{(n)}(0) = B(n).$$

La seconde relation est bien sûr la conséquence immédiate de la première qui est, entre parenthèse, une nouvelle façon de définir les nombres de Stirling de seconde espèce.

C. *Donnons une autre démonstration de la question 2) de la partie I* ***à ne lire qu'après avoir étudié les matrices inversibles****. On traduit l'hypothèse de récurrence sous forme matricielle,*

$$\begin{pmatrix} f_0 \\ f_1 \\ \vdots \\ f_n \end{pmatrix} = \begin{pmatrix} C_0^0 & 0 & 0 & \cdots & 0 \\ C_1^0 & C_1^1 & 0 & \cdots & 0 \\ \vdots & \vdots & \ddots & & \\ C_n^0 & C_n^1 & \cdots & \cdots & 1 \end{pmatrix} \begin{pmatrix} g_0 \\ g_1 \\ \vdots \\ g_n \end{pmatrix} \iff F = MG.$$

La matrice M est triangulaire inférieure, à coefficients diagonaux non nuls, donc inversible. On reconnait le triangle de Pascal et pour inverser M, on utilise la formule du binôme de Newton :

$$\forall x \in \mathbb{R}, M\begin{pmatrix} 1 \\ x \\ \vdots \\ x^n \end{pmatrix} = \begin{pmatrix} 1 \\ 1+x \\ \vdots \\ (1+x)^n \end{pmatrix} \iff \forall y \in \mathbb{R}, \begin{pmatrix} 1 \\ y-1 \\ \vdots \\ (y-1)^n \end{pmatrix} = M^{-1}\begin{pmatrix} 1 \\ y \\ \vdots \\ y^n \end{pmatrix}.$$

Il reste à développer $(y-1)^k$ et à identifier, pour obtenir la $k^{\text{ème}}$ ligne de M^{-1} et on retrouve bien une matrice triangulaire inférieure dont les coefficients non nuls sont du type $(-1)^{i-j}C_i^j$ et la formule $G = M^{-1}F$ permet de conclure.

D. Un Zeste de Maple *: Dans le package* combinat *de MAPLE, les coefficients $p(n,k)$ existent et s'écrivent* stirling2(n, k) *et les coefficients $B(n)$ s'écrivent* bell(n). *Ainsi :*

```
> with(combinat) : bell(7), 24*stirling2(10, 4) ;
                              877, 818520
```

Problème n° 13 — *Durée estimée :* 3,5 *heures*

Prérequis :

Loi de composition interne. Propriétés d'une loi. Anneau. Relation d'ordre. Commutativité. Applications. Bijectivité.

ÉNONCÉ

Soit $(E, +, .)$ *un anneau, on note* 0 *le neutre pour la loi* $+$ *et* 1 *le neutre pour la loi* « . »

I : Etude d'une loi

On définit la loi de composition interne $*$ dans E par :

$$\forall (a, b) \in E^2, a * b = a + b + ab$$

1°) Etudier la commutativité et l'associativité de la loi $*$.

2°) La loi $*$ est elle distributive par rapport à la loi $+$?

3°) Quel est l'élément neutre de $*$?

Dans toute la suite, l'anneau E *vérifie la propriété :* $\forall a \in E, a^2 = a$. *On dit que* E *est un* ***anneau de Boole.***

II : Diviseurs de 0 d'un anneau de Boole

1°) En calculant $(a + b)(a + b)$, montrer que pour tout $(a, b) \in E^2$, $ab = -ba$.

2°) Montrer que pour tout $a \in E$, $2.a = 0$. En déduire que E est commutatif.

On dit que $a \in E$*, différent de* 0*, est un diviseur de* 0 *(pour la loi* « . »*) dans* E *s'il existe* $b \in E$*, différent de* 0 *tel que* $ab = 0$.

3°) Montrer que tous les éléments de E (à l'exception de 0 et de 1) sont des diviseurs de l'élément 0.

4°) Si $E = \{0, 1\}$, dresser les tables des lois $+$, « . » et $*$.

III : Etude d'une relation d'ordre sur un anneau de Boole

Dans E*, on considère la relation binaire* $\leqslant$ *définie par :* $a \leqslant b \Longleftrightarrow ab = a$

1°) Montrer que $\leqslant$ est une relation d'ordre sur E.

2°) Montrer que 0 est le plus petit élément de E et que 1 est le plus grand élément de E.

3°) Montrer successivement, pour tout $(a, b, c) \in E^3$:

(i) $ab \leqslant a$ et $ab \leqslant b$.

(ii) $(c \leqslant a$ et $c \leqslant b) \implies c \leqslant ab$.

(iii) $a \leqslant (a * b)$ et $b \leqslant (a * b)$.

(iv) $(a \leqslant c$ et $b \leqslant c) \implies (a * b) \leqslant c$.

IV : Etude des atomes

*On dit que $a \in E$, différent de 0 est un **atome** de E si :*

$$\forall x \in E, 0 \leqslant x \leqslant a \implies (x = 0 \text{ ou } x = a).$$

1°) Si a est un atome de E, montrer que pour tout $b \in E$, $ab = a$, ou $ab = 0$.

2°) Si a et a' sont des atomes distincts, montrer que $aa' = 0$.

Dans toute la suite, E est fini, A est l'ensemble des atomes de E et si $x \in E$,

$$S(x) = \{a \in A, a \leqslant x\}.$$

3°) Si $E = \{0, 1\}$, montrer que 1 est le seul atome. Prouver, de façon générale, qu'il existe toujours au moins un atome.

4°) Montrer que $S(x)$ est vide si et seulement si $x = 0$.

5°) Montrer que si $x \leqslant y$ alors $S(x) \subset S(y)$.

6°) Soit $x \in E \setminus \{0\}$ et $a \in S(x)$, montrer alors successivement :

$$ax = a,\ a + x \neq x \text{ et } a + x \leqslant x.$$

Prouver, par double inclusion, que : $S(a + x) = S(x) \setminus \{a\}$.

7°) Montrer que si $S(x) = \{a_1, \ldots, a_m\}$, où m est un entier non nul, alors :

$$x = a_1 + \cdots + a_m.$$

En déduire que : $S(x) = A \iff x = 1$.

8°) Soit $n \in \mathbb{N}$, montrer que si le cardinal de A est n, celui de E est 2^n.

V : Un premier exemple d'anneau de Boole

On suppose ici que $E = \{0, 1\}$ et soit H un ensemble quelconque. On considère l'ensemble des applications de H dans E, que l'on note $\mathcal{F}(H, E)$. L'image d'un élément de H par une telle application est donc 0 ou 1.

1°) Démontrer que si on munit $\mathcal{F}(H, E)$ des lois $+$ et « . » définies classiquement pour les applications, nous avons alors une structure d'anneau.

2°) Montrer que $(\mathcal{F}(H, E), +, .)$ est un anneau de Boole.

3°) On considère l'ensemble des parties de H, noté $\mathcal{P}(H)$ et à tout élément A de $\mathcal{P}(H)$, on associe l'application de $\mathcal{F}(H, E)$, notée χ_A définie par :

$$\chi_A(x) = 1 \text{ si } x \in A \text{ et } \chi_A(x) = 0 \text{ si } x \notin A.$$

*(On l'appelle **fonction caractéristique** ou **indicatrice** de A.)*

a) Soit $(A, B) \in (\mathcal{P}(H))^2$. On note $\overline{A}$ le complémentaire de A dans H, et on pose $A \Delta B = (A \cap \overline{B}) \cup (\overline{A} \cap B)$. Montrer que :

$$\chi_{A \cap B} = \chi_A.\chi_B \text{ et } \chi_{A \Delta B} = \chi_A + \chi_B.$$

b) Démontrer que $\chi : \mathcal{P}(H) \to \mathcal{F}(H, E), A \mapsto \chi_A$ est bijective.

VI : Un second exemple d'anneau de Boole

H est toujours un ensemble et $E = \{0, 1\}$.

1°) Vérifier directement que $(\mathcal{P}(H), \Delta, \cap)$ est un anneau [la loi Δ a été définie en V 3) a)]. Est-il un anneau de Boole ?

2°) Démontrer que χ réalise un isomorphisme entre les anneaux $(\mathcal{P}(H), \Delta, \cap)$ et $(\mathcal{F}(H, E), +, .)$, c'est-à-dire que χ est bijectif et que :
pour tout $(A, B) \in (\mathcal{P}(H))^2$:

$$\chi(A \Delta B) = \chi(A) + \chi(B) \,;\, \chi(A \cap B) = \chi(A).\chi(B) \text{ et } \chi(H) = I,$$

où I est l'application de H dans E telle que pour tout $x \in H, I(x) = 1$.

3°) On suppose ici que $H = \{a, b\}$, avec a et b distincts. On baptise les 4 éléments de $\mathcal{P}(H)$: $0, x, y, 1$, l'élément 0 symbolise l'ensemble vide, x symbolise $\{a\}$, y symbolise $\{b\}$ et 1 l'ensemble H. Ecrire les deux tables des lois de l'anneau $(\mathcal{P}(H), \Delta, \cap)$.

4°) On revient au cas général.

a) Interpréter la relation $\leqslant$ dans l'anneau $(\mathcal{P}(H), \Delta, \cap)$.

b) Interpréter la loi $*$ dans cet anneau.

c) Donner tous les atomes de cet anneau.

CORRIGÉ

Partie I

1°) $\star$ Pour a et b dans E, on a :

$$a * b = a + b + ab \,;\, b * a = b + a + ba$$

Ainsi $a * b = b * a \iff ab = ba$ et la loi $*$ est commutative si et seulement la loi « . » l'est, *i.e.* si et seulement si E est un anneau commutatif.

$\star$ Pour a, b et c dans E :

$$(a * b) * c = (a + b + ab) * c = a + b + c + ab + ac + bc + abc$$
$$a * (b * c) = a * (b + c + bc) = a + b + c + ab + ac + bc + abc$$

Donc $\forall (a, b, c) \in E^3, (a * b) * c = (a * b) * c$ et la loi $*$ est toujours associative.

2°) Pour a, b et c dans E :

$$a * (b + c) = a + b + c + ab + ac$$
$$a * b + a * c = a + b + ab + a + c + ac$$

Il n'y a égalité que pour $a = 0$, et comme dans tout anneau $1 \neq 0$, la loi $*$ n'est jamais distributive (à gauche) par rapport à la loi $+$ (elle n'est d'ailleurs pas non plus distributive à droite).

3°) L'élément neutre e, s'il existe, doit vérifier pour tout $a \in E$, $a * e = e * a = a$ c'est-à-dire $ae = ea = -e$. Pour $a = 0$, il vient nécessairement $e = 0$, qui convient pour tout a.

Partie II

1°) D'une part : $(a + b)(a + b) = (a + b)^2 = a + b$, et d'autre part

$$(a + b)(a + b) = a^2 + ba + ab + b^2 = a + ba + ab + b.$$

En comparant, pour tout $a \in E$ et pour tout $b \in E$: $ab + ba = 0$, *i.e.* $ab = -ba$.

2°) On faisant $b = a$ dans la relation précédente, il vient pour tout $a \in E$:

$a^2 = -a^2$, *i.e.* $a = -a$, ou encore $a + a = 0$, soit par définition des opérations :

$$\forall a \in E, 2.a = 0.$$

Remarque

Attention aux notations : dans un groupe additif, une écriture telle que $2.a$ est seulement un raccourci pour $a + a$.

Ainsi, $\forall a \in E, a = -a$ et le résultat de la question 1) devient :

$$\forall (a, b) \in E^2, ba = -ab = ab$$

et E est un anneau commutatif.

3°) Si $E = \{0, 1\}$, il n'y a rien à démontrer, sinon soit $a \in E \setminus \{0, 1\}$. On a :

$$a(a + 1) = a^2 + a = a + a = 0$$

et comme $a \neq 1$, on a $a \neq -1$, *i.e.* $a + 1 \neq 0$: a est bien un diviseur de 0.

4°) 0 est le neutre de la loi $+$ et $1 + 1 = 0$, ce qui permet de dresser le tableau de la loi $+$; 1 est le neutre de la loi « . » et 0 est absorbant, ce qui permet de dresser le tableau de la loi « . ». Enfin, 0 est le neutre de $*$ et $1 * 1 = 1 + 1 + 1.1 = 1$, ce qui permet de dresser le tableau de la loi $*$:

+	0	1
0	0	1
1	1	0

·	0	1
0	0	0
1	0	1

*	0	1
0	0	1
1	1	1

Partie III

1°) La relation $\leqslant$ est réflexive, car $\forall a \in E, a.a = a$;

elle est antisymétrique, car si a et b vérifient $a \leqslant b$ et $b \leqslant a$, on a alors $ab = a$ et $ba = b$ et comme E est commutatif, $a = b$;

elle est transitive, car si $a \leqslant b$ et $b \leqslant c$, on a $ab = a$ et $bc = b$ et alors : $ac = (ab)c = a(bc) = ab = a$, donc $a \leqslant c$.

Toutes les propriétés requises sont vérifiées : $\leqslant$ est une relation d'ordre (partiel).

2°) Pour tout $a \in E, 0.a = 0$ et donc pour tout $a \in E, 0 \leqslant a$. De même, pour tout $a \in E$, $1.a = a$, donc pour tout $a \in E, a \leqslant 1$ et 0 est le plus petit élément de E, 1 est le plus grand élément de E.

3°) Soient a, b et c trois éléments de E.

(i) $(ab)a = aab = ab \implies ab \leqslant a$ De même, par commutativité et symétrie des rôles : $ab = ba \leqslant b$.

(ii) $c \leqslant a$ et $c \leqslant b \Rightarrow ca = c$ et $cb = c \Rightarrow c(ab) = (ca)b = cb = c$ et $c \leqslant ab$.

(iii) $a(a + b + ab) = a^2 + ab + aab = a + ab + ab = a$. On a donc $a \leqslant a + b + ab = a * b$. Puis, par commutativité et symétrie : $b \leqslant a * b$.

(iv) Enfin, $a \leqslant c$ et $b \leqslant c \implies ac = a$ et $bc = b$. D'où :
$(a + b + ab)c = ac + bc + a(bc) = a + b + ab$, *i.e.* $a * b \leqslant c$.

Partie IV

1°) Soit a un atome de E. On sait que 0 est le plus petit élément de E et que, pour tout b, $ab \leqslant a$. Donc $0 \leqslant ab \leqslant a$. Comme a est un atome, soit $ab = 0$, soit $ab = a$.

2°) Soient a et a' deux atomes distincts et supposons $aa' \neq 0$.
Alors la question 1) indique que $aa' = a$. Mais $a'a = aa' \neq 0$, on a donc aussi $a'a = a'$. Ainsi $a = a'$, ce qui est contraire à l'hypothèse de l'énoncé. Notre hypothèse est absurde et $a = a'$.

3°) $\star$ Par hypothèse 0 n'est jamais un atome et si $E = \{0, 1\}$, l'élément 1 est tel que $0 \leqslant x \leqslant 1 \implies x = 0$ ou $x = 1$, donc 1 est l'unique atome de E.

$\star$ Supposons maintenant que E possède au moins trois éléments et soit x un élément de E, non nul.

Si x est un atome, c'est terminé.

Sinon, par négation de la propriété « être un atome », on peut trouver y tel que $0 < y < x$, où « $<$ » signifie « $\leqslant$ et différent ». Si y est un atome, on a fini. Sinon, de la même manière, il existe y' dans E tel que $0 < y' < y < x$ et en particulier $0, y', y, x$ sont deux à deux différents (la relation $<$ est transitive). Si y' est un atome, c'est terminé, sinon on continue. Comme E est fini, le processus doit s'arrêter et on a alors obtenu un atome.

4°) Le raisonnement fait à la question 3) montre en fait que si $x \in E \setminus \{0\}$, alors il existe au moins un atome a tel que $a \leqslant x$, donc $S(x)$ n'est pas vide. Enfin il est clair que $S(0)$ est vide.

5°) Si $x \leqslant y$ et si $a \in S(x)$, alors $a \leqslant y$ et $a \in A$, donc $a \in S(y)$, d'où :

$$S(x) \subset S(y).$$

6°) $\star$ Comme $a \in S(x)$, on a $a \leqslant x$ et $ax = a$ et comme $a \neq 0, a + x \neq x$. On a alors : $(a+x)x = ax + x^2 = ax + x = a + x$, donc $a + x \leqslant x$.

$\star$ Soit $b \in S(x) \setminus \{a\}$ (si cela est possible), comme a et b sont des atomes distincts on a $ab = 0$ et : $(a+x)b = ab + xb = xb = b$, donc $b \leqslant a + x$ et $b \in S(a+x)$. Ainsi : $S(x) \setminus \{a\} \subset S(a+x)$ (le résultat reste valable si $S(x) = \{a\}$!)

$\star$ On a : $a(a+x) = aa + ax = a + a = 0 \neq a$, donc a n'appartient pas à $S(a+x)$ et comme $a + x \leqslant x$, d'après la question 5), $S(a+x) \subset S(x)$, on a en fait $S(a+x) \subset S(x) \setminus \{a\}$.

Il en résulte que $S(a+x) = S(x) \setminus \{a\}$.

7°) Si $S(x) = \{a_1, a_2, \dots, a_m\}$, alors, d'après la question 6) :

$$S(a_1 + x) = \{a_2, \dots, a_m\}, S(a_1 + a_2 + x) = \{a_3, \dots, a_m\}$$

et, de proche en proche :

$$S(a_1 + \cdots + a_{m-1} + x) = \{a_m\}, S(a_1 + \cdots + a_m + x) = \emptyset$$

D'après la question 4), on en déduit $a_1 + \cdots + a_m + x = 0$, et comme $x = -x$:

$$x = a_1 + \cdots + a_m$$

$\star$ 1 est le plus grand élément de E, donc tous les atomes appartiennent à $S(1)$: $S(1) = A$ et si $A = \{a_1, \dots, a_k\}$: $1 = a_1 + \cdots + a_k$.

Il en résulte que si $S(x) = A$, alors $x = a_1 + \cdots + a_k = 1$.

8°) Soit S l'application de E dans l'ensemble $\mathcal{P}(A)$ des parties de A, qui à tout élément x de E associe la partie $S(x)$ de A (par exemple $S(0) = \emptyset, S(1) = A$).

La question précédente montre que S réalise une bijection de E sur $\mathcal{P}(A)$, la bijection réciproque étant l'application qui à la partie $X = \{a_1, \ldots, a_k\}$ associe l'élément $a_1 + \cdots a_k$ de E (à la partie vide on associe 0).

Il en résulte que le cardinal de E est le même que celui de l'ensemble de toutes les parties de A, c'est donc 2^n.

Partie V

1°) Pour tout $(f,g) \in \left(\mathcal{F}(H,E)\right)^2$, pour tout $x \in H$, on a donc :

$$(f+g)(x) = f(x) + g(x) \text{ et } (f.g)(x) = f(x)g(x).$$

Pour chaque x de H, les opérations ont lieu en fait dans l'anneau $E = \{0, 1\}$.
On vérifie alors facilement (il suffit de commencer les raisonnements par « pour tout x ») que la loi $+$ dans $\mathcal{F}(H,E)$ est bien associative, a pour élément neutre la fonction qui à tout élément de H associe 0, toute fonction f possède une fonction opposée, qui est f elle-même (puisque dans E, $y + y = 0$).
Dans $\mathcal{F}(H,E)$ la loi $\times$ est distributive par rapport à la loi $+$, la loi $\times$ est associative et possède un neutre, qui est la fonction qui à tout élément de H associe 1 de E.

2°) Pour toute fonction f, on a pour tout x : $[f(x)]^2 = f(x)$ (E est un anneau de Boole). Donc $f^2 = f$ et $\mathcal{F}(H,E)$ est encore un anneau de Boole.

3°) Les lois dans E sont celles données en II 4). On a alors :

a) $\star\ \chi_{A\cap B}(x) = 1 \iff x \in A \cap B \iff x \in A \text{ et } x \in B$
$\iff \chi_A(x) = 1 \text{ et } \chi_B(x) = 1 \iff (\chi_A.\chi_B)(x) = 1$

$\star\ \chi_{A\Delta B}(x) = 1 \iff x \in A \Delta B \iff [(x \in A \text{ et } x \notin B) \text{ ou } (x \notin A \text{ et } x \in B)]$
$\iff [(\chi_A(x) = 1 \text{ et } \chi_B(x) = 0) \text{ ou } (\chi_A(x) = 0 \text{ et } \chi_B(x) = 1)]$
$\iff (\chi_A + \chi_B)(x) = 1$

Or deux applications de H dans E sont égales si et seulement si elles prennent en même temps la valeur 1 (pour les autres éléments elles prennent la valeur 0 !). On a donc :

$$\chi_{A\cap B} = \chi_A.\chi_B \text{ et } \chi_{A\Delta B} = \chi_A + \chi_B$$

b) $\chi_A = \chi_B \iff [\chi_A(x) = 1 \iff \chi_B(x) = 1]$
$\iff (x \in A \iff x \in B) \iff A = B$, et χ est injective.

D'autre part, si $f \in \mathcal{F}(H,E)$, posons $A = f^{-1}(\{1\})$. On a :

$f(x) = 1 \iff x \in A \iff \chi_A(x) = 1$ et $f = \chi_A$, donc χ est surjective.

Finalement χ est une bijection de $\mathcal{P}(H)$ sur $\mathcal{F}(H,E)$.

Partie VI

1°) Vérifier que $(\mathcal{P}(H), \Delta, \cap)$ a une structure d'anneau est affaire de routine. La commutativité de Δ est évidente, Δ possède un élément neutre qui est $\emptyset$, le symétrique d'une partie A est A ($A \Delta A = \emptyset$), la loi $\cap$ est associative (et commutative) et H est son élément neutre. Les seuls points délicats sont l'associativité de Δ et la distributivité de $\cap$ sur Δ :

Soit A, B, C trois parties de H :
$\star\ x \in A \Delta (B \Delta C) \iff (x \in A \text{ et } x \notin B \Delta C) \text{ ou } (x \notin A \text{ et } x \in B \Delta C)$
Or $x \in B \Delta C \iff (x \in B \text{ et } x \notin C) \text{ ou } (x \notin B \text{ et } x \in C)$, d'où :

$x \notin B \Delta C \iff (x \notin B \text{ ou } x \in C) \text{ et } (x \in B \text{ ou } x \notin C)$

et, en distribuant :

$x \notin B \Delta C \iff (x \notin B \text{ et } x \notin C) \text{ ou } (x \in B \text{ et } x \in C)$

En revenant à la première ligne, on se rend alors compte que $x \in A \Delta (B \Delta C)$ si et seulement si x appartient aux trois parties ou à une et une seule des trois parties A, B, C. Sous cette forme symétrique, il est alors clair que l'on obtient le même résultat en déterminant $(A \Delta B) \Delta C$.

$\star\ x \in (A \cap B)\Delta(A \cap C)$

$\iff (x \in A \cap B \text{ et } x \notin A \cap C) \text{ ou } (x \notin A \cap B \text{ et } x \in A \cap C)$

$\iff (x \in A, x \in B, x \notin C) \text{ ou } (x \notin B, x \in A, x \in C)$

$\iff x \in A \text{ et } [(x \in B \text{ et } x \notin C) \text{ ou } (x \notin B \text{ et } x \in C)]$

$\iff (x \in A \text{ et } x \in B\Delta C) \iff x \in A \cap (B\Delta C)$

$\star$ Comme pour tout $A \subset H$, $A \cap A = A$, l'anneau est de Boole.

2°) La bijectivité de χ a été vue en V 3) b). Le fait que χ soit un morphisme d'anneaux a été vu en V 3) a) et enfin $\chi(H) = \chi_H = I$ est clair.

Remarque : on sait que $(\mathcal{F}(H, E), +, .)$ est un anneau, χ est une bijection de $\mathcal{P}(H)$ sur $\mathcal{F}(H, E)$, de plus les lois Δ et $\cap$ sur $\mathcal{P}(H)$ sont telles que χ est un morphisme pour les deux lois. Alors χ^{-1} réalise un transport de structure et $\big(\mathcal{P}(H), \Delta, \cap\big)$ est un anneau. On en déduit que Δ est associative et que $\cap$ est distributive sur Δ ! !

3°) Nous construisons les deux tables sans difficulté, en remarquant que $x \Delta y = 1$, $x \Delta x = y \Delta y = 0$, que 0 est absorbant pour $\cap$. Ainsi :

Δ	0	x	y	1
0	0	x	y	1
x	x	0	1	y
y	y	1	0	x
1	1	y	x	0

$\cap$	0	x	y	1
0	0	0	0	0
x	0	x	0	x
y	0	0	y	y
1	0	x	y	1

4°) a) Pour tout couple (A, B) d'éléments de $\mathcal{P}(H)$, $A \leqslant B$ est équivalent à $A \cap B = A$ c'est-à-dire à $A \subset B$. La relation d'ordre $\leqslant$ est ici l'inclusion.

b) Pour tout couple (A, B) d'éléments de $\mathcal{P}(H)$, on a

$$A * B = (A \Delta B) \Delta (A \cap B)$$

en utilisant le fait que la première loi est ici Δ et la seconde loi est ici $\cap$.

On peut alors remarquer que $C = A \Delta B = (\overline{A} \cap B) \cup (A \cap \overline{B})$ et $D = A \cap B$ sont des parties disjointes et que l'on a alors $C \Delta D = C \cup D$. Ainsi :

$$A * B = (\overline{A} \cap B) \cup (A \cap \overline{B}) \cup (A \cap B) = A \cup B$$

(On peut aussi remarquer que l'on a :

$$\chi_{A*B} = \chi_{A\Delta B} + \chi_{A\cap B} = \chi_A + \chi_B + \chi_A\chi_B = \chi_{A\cup B}.$$

[passez quelques instants pour vous convaincre de la dernière égalité]. Par injectivité de l'application χ, on en déduit que $A * B = A \cup B$.)

c) A est un atome si et seulement si pour tout $B \in \mathcal{P}(H)$, on a l'implication :

$$B \subset A \implies (B = \emptyset \text{ ou } B = A)$$

Ceci correspond aux singletons de H.

Commentaires

A. *La question 5) de la partie IV montre que $S : E \to \mathcal{P}(A)$ respecte la relation d'ordre, donc S* **est un isomorphisme d'ensemble ordonné.** *Le produit dans E correspond à l'intersection dans $\mathcal{P}(A)$ et il est facile de voir que l'addition dans E correspond à la différence symétrique Δ dans $\mathcal{P}(A)$. Il est clair que l'opération $*$ dans E correspond à l'union dans $\mathcal{P}(A)$. Cet éclairage permet de comprendre le lien étroit entre les parties V et VI et le reste du problème.*

B. *Un anneau commutatif sans diviseur de 0 est appelé* **anneau intègre.** *Ainsi, dans la partie II, on démontre en fait qu'un anneau de Boole est intègre si et seulement s'il est réduit à $\{0, 1\}$.*

C. *Une algèbre de Boole est un ensemble muni de deux lois de compositions internes «+» et «·» et d'une opération supplémentaire appelée* **complémentation**, *notée $x \mapsto \overline{x}$, telles que :*
i) + et · sont associatives, commutatives, distributives l'une par rapport à l'autre et idempotentes ($x + x = x$ et $x \cdot x = x$)
ii) + admet un élément neutre 0 et · un élément neutre 1.
iii) La complémentation vérifie les lois de **de Morgan** *: $x + \overline{x} = 1$, $\overline{x + y} = \overline{x} \cdot \overline{y}$ et enfin $\overline{x \cdot y} = \overline{x} + \overline{y}$.*
Ainsi $(\mathcal{P}(E), \cap, \cup, \complement)$ est une algèbre de Boole, mais la logique propositionnelle fournit d'autres exemples d'algèbres de Boole.

D. *Au fait George Boole est un mathématicien anglais né en 1815 et mort en 1864. Avec Augustus de Morgan (1806–1871), il définit à la fois les opérations sur les ensembles et la logique des propositions. Ils introduisent la disjonction et la conjonction. Avec le développement des ordinateurs, un siècle après, leurs travaux ont montré toute leur puissance d'application.*

Problème n° 14

Durée estimée : 1,5 *heures*

Prérequis :

Lois de composition interne. Groupes commutatifs. Définition d'un espace vectoriel. Anneau. Applications linéaires. Endomorphisme.

ÉNONCÉ

Dans tout le problème, $\ln a$ *désigne le logarithme népérien du réel strictement positif* a *et la notation* e^b *désigne l'exponentielle du réel* b*.*

On considère les couples $v = (a, b)$ de $\mathbb{R}_+^* \times \mathbb{R}$ et l'on note H l'ensemble de ces couples.

1°) Sur H, on considère l'opération : $(a, b)\top(c, d) = (ac, b + d)$.

a) Montrer que $\top$ est une loi de composition interne sur H.

b) Montrer alors que $(H, \top)$ est un groupe commutatif.

2°) Si k est un réel et $v = (a, b)$ un couple de H, on pose

$$k * v = (a^k, kb).$$

a) Montrer que la loi $*$ est une loi de composition externe de $\mathbb{R} \times H$ dans H.

b) Montrer que pour tout $(\lambda, \mu) \in \mathbb{R}^2$ et pour tout $v \in H$:

$$\lambda * (\mu * v) = (\lambda.\mu) * v.$$

c) Montrer que pour tout $(\lambda, \mu) \in \mathbb{R}^2$ et pour tout $v \in H$:

$$(\lambda + \mu) * v = (\lambda * v)T(\mu * v).$$

d) Montrer que pour tout $v \in H, 1 * v = v$.

e) En déduire que $(H, \top, *)$ est un espace vectoriel sur $\mathbb{R}$.

3°) On considère sur H la loi Δ définie par : $(a, b)\Delta(c, d) = (ac, bc + ad)$.

(H, Δ) est-il un groupe ?

$(H, \top, \Delta)$ est-il un anneau ?

4°) Pour tout réel k, on considère l'application f_k de H dans $\mathbb{R}^2$ définie par

$$\forall (a, b) \in H, f_k\big((a, b)\big) = (k \ln a, b).$$

On munit H de la structure d'espace vectoriel définie précédemment et on munit $\mathbb{R}^2$ de sa structure canonique d'espace vectoriel, c'est-à-dire que pour tous couples de réels (a, b), (c, d) et pour tout réel α, on écrit :

$$(a, b) + (c, d) = (a + c, b + d) \text{ et } \alpha.(a, b) = (\alpha a, \alpha b)$$

Montrer que les applications f_k sont des applications linéaires de H dans $\mathbb{R}^2$. A quelle condition f_k est-elle un isomorphisme d'espaces vectoriels ?

5°) On considère l'application g de H sur lui-même définie par :

$$\forall (a, b) \in H, g((a, b)) = (\mathrm{e}^b, \ln a).$$

a) Montrer que g est un endomorphisme de H.

b) Déterminer $g^2 = g \circ g$.

6°) On considère l'application F de H^2 dans $\mathbb{R}$ définie par :

$$\forall \big((a, b), (c, d)\big) \in H^2, F\big((a, b), (c, d)\big) = \ln a \ln c + bd.$$

a) Montrer que F est symétrique, c'est-à-dire que pour tout $(u, v) \in H^2$,

$$F(u, v) = F(v, u).$$

b) Montrer que l'on a pour tout $(u, v, u_1, u_2, v_1, v_2) \in H^6$ et $k \in \mathbb{R}$:

$$F\big((k * u), v\big) = k.F(u, v)\,;\ F(u, k * v) = k.F(u, v),$$

$$F(u_1 \top u_2, v) = F(u_1, v) + F(u_2, v)\,;\ F(u, v_1 \top v_2) = F(u, v_1) + F(u, v_2).$$

c) Montrer que $F(v, v) \geqslant 0$ pour tout $v \in H$. Quand a-t-on $F(v,\ v) = 0$?

7°) Quelle relation doivent vérifier c et d pour que, a et b étant donnés, $F\big((a, b), (c, d)\big)$ soit nul ? Etudier le cas où $b = 0$.

Décryptage du sujet :

Le but de ce problème est de travailler de façon abstraite sur les structures, on utilise la définition générale d'un groupe (question 1), celle d'un espace vectoriel (question 2) et d'une algèbre (question 3). On construit des morphismes entre deux structures d'espace vectoriel (questions 4 et 5) puis une application plus élaborée (question 6). En conclusion, ce problème assez théorique ne présente pas de difficulté majeure si on connait bien les différentes définitions et si on accepte de raisonner uniquement sur celles-ci sans support visuel.

CORRIGÉ

1°) a) $\top$ est bien une loi de composition interne car :

$$a \in \mathbb{R}_+^*, c \in \mathbb{R}_+^* \implies ac \in \mathbb{R}_+^* \text{ et } b \in \mathbb{R}, d \in \mathbb{R} \implies b + d \in \mathbb{R}.$$

b) La commutativité de la loi T est évidente et, pour tous les éléments de H :

$$(a, b)\top\big((c, d)\top(i, j)\big) = (a, b)\top(ci, d + j) = \big(a(ci), b + (d + j)\big)$$
$$= \big((ac)i, (b + d) + j\big) = \big((a, b)\top(c, d)\big)\top(i, j)$$

Soit, avec $u = (a, b), v = (c, d), w = (i, j)$: $u\top(v\top w) = (u\top v)\top w$ et la loi $\top$ est associative.

On vérifie enfin aisément que le couple $(1, 0)$ est neutre pour la loi $\top$ et que tout couple (a, b) est symétrisable pour la loi $\top$, son symétrique étant le couple $\big(\frac{1}{a}, -b\big)$.

$$(H, \top) \text{ est un groupe abélien.}$$

2°) a) $a^k = \mathrm{e}^{k \ln a} \in \mathbb{R}_+^*$ et donc $k * (a, b) = (a^k, kb)$ appartient à H : la loi $*$ est bien une loi de composition externe de $\mathbb{R} \times H$ dans H.

Les histoires b) c) et d) sont sans paroles, avec $v = (a, b)$:

b) $\lambda * (\mu * v) = \lambda * (a^\mu, \mu b) = (a^{\mu\lambda}, \lambda\mu b) = (\lambda\mu) * v.$

c) $(\lambda + \mu) * v = \big(a^{\lambda+\mu}, (\lambda + \mu)b\big) = (a^\lambda a^\mu, \lambda b + \mu b) = (a^\lambda, \lambda b)\top(a^\mu, \mu b)$
$= (\lambda * v)\top(\mu * v).$

d) $1 * v = (a^1, 1.b) = (a, b) = v.$

e) On sait déjà que $(H, \top)$ est un groupe abélien et les questions 2) a) à 2) c) nous ont permis de voir que la loi externe $*$ vérifie trois des quatre axiomes exigés pour que le tout mérite le nom d'espace vectoriel. Il reste à vérifier le dernier !

Pour $v = (a, b)$, $u = (a', b')$ dans H et λ dans $\mathbb{R}$, on a :

$$\lambda * (u\top v) = \lambda * (a'a, b' + b) = \big((a'a)^\lambda, \lambda(b' + b)\big) = (a'^\lambda, \lambda b')\top(a^\lambda, \lambda b)$$
$$= (\lambda * u)\top(\lambda * v).$$

On a vérifié tous les axiomes permettant d'affirmer que $(H, \top, *)$ est un espace vectoriel sur $\mathbb{R}$.

3°) On vérifie que Δ est bien une loi interne sur H, elle est évidemment commutative et, avec les notations maintenant habituelles :

$$(a, b)\Delta\big((c, d)\Delta(i, j)\big) = (a, b)\Delta(ci, di + cj) = (aci, bci + adi + acj)$$
$$\big((a, b)\Delta(c, d)\big)\Delta(i, j) = (ac, bc + ad)\Delta(i, j) = (aci, bci + adi + acj)$$

La loi Δ est donc associative. On voit aisément que $(1, 0)$ est élément neutre et l'équation $(a, b)\Delta(c, d) = (1, 0)$, d'inconnue (c, d), s'écrit $ac = 1, bc + ad = 0$.

Elle admet pour solution $c = \dfrac{1}{a}$, d'où $d = -\dfrac{b}{a^2}$: tout élément de H est symétrisable pour Δ et le symétrique de (a, b) est le couple $\left(\dfrac{1}{a}, -\dfrac{b}{a^2}\right)$: (H, Δ) est un groupe abélien.

• $(1, 0)$ est à la fois le neutre pour « l'addition » $\top$ et pour la « multiplication » Δ. Mais, dans tout anneau, avec les notations usuelles, on a $1 \neq 0$! ! Il n'y a donc aucune chance que $(H, \top, \Delta)$ soit un anneau !

• Avec les notations usuelles, si $(A, +, .)$ est un anneau, alors $(A, .)$ n'est jamais un groupe (car 0 n'est pas régulier pour la multiplication). Il n'y a donc aucune chance que $(H, \top, \Delta)$ soit un anneau !

Ceux qui trouvent que l'un ou l'autre des arguments précédents ont un côté magique peuvent aussi vérifier, sur un exemple ou de façon formelle, que la loi Δ n'est pas distributive sur la loi $\top$.

4°) Pour $(\lambda, \mu) \in \mathbb{R}^2$ et pour $v = (a, b)$, $w = (c, d)$ dans H :

$$f_k\big((\lambda * v)\top(\mu * w)\big) = f_k(a^\lambda c^\mu, \lambda b + \mu d)$$
$$= \big(k \ln (a^\lambda c^\mu), \lambda b + \mu d\big) = \lambda(k \ln a, b) + \mu(k \ln c, d)$$
$$= \lambda f_k(v) + \mu f_k(w).$$

(à l'arrivée, les opérations sont les opérations usuelles)

f_k est donc linéaire.

f_k est bijective si et seulement si elle est à la fois injective et surjective.

f_k est injective si et seulement si $\operatorname{Ker} f_k$ est réduit au vecteur nul de H, *i.e.* au couple $(1,0)$. Or :

$$[(k \ln a, b) = (0,0) \implies a = 1 \text{ et } b = 0] \iff k \neq 0$$

et donc f_k est injective si et seulement si $k \neq 0$.

f_k est surjective si l'équation $(k \ln a, b) = (\alpha, \beta)$ a au moins une solution, pour tout choix de α, β réels. A nouveau, ceci est réalisé si et seulement si $k \neq 0$.

En conclusion, f_k est bijective si et seulement si $k \neq 0$.

5°) a) Pour $(\lambda, \mu) \in \mathbb{R}^2$ et pour $v = (a, b)$, $w = (c, d)$ dans H :

$$\begin{aligned} g\big((\lambda * v)\top(\mu * w)\big) &= g\big((a^\lambda c^\mu, \lambda b + \mu d)\big) = (\mathrm{e}^{\lambda b}\mathrm{e}^{\mu d}, \lambda \ln a + \mu \ln c) \\ &= (\mathrm{e}^{\lambda b}, \lambda \ln a)\top(\mathrm{e}^{\mu d}, \mu \ln c) = \big(\lambda * g(v)\big)\top\big(\mu * g(w)\big). \end{aligned}$$

L'application g est donc linéaire de $(H, \top, *)$ dans lui-même.

b) Pour tout $v = (a, b) \in H$:

$$g\big(g(v)\big) = g\big((\mathrm{e}^b, \ln a)\big) = \big(\mathrm{e}^{\ln a}, \ln(\mathrm{e}^b)\big) = (a, b) = v \,;\, g^2 = id_H$$

6°) a) Il suffit d'écrire :

$$F\big((a,b),(c,d)\big) = \ln a \ln c + bd = \ln c \ln a + db = F\big((c,d),(a,b)\big).$$

et F est bien symétrique.

b) • Pour la première relation, on écrit, avec $u = (a, b)$ et $v = (c, d)$:

$$F\big((k * u), v\big) = F\big((a^k, kb), (c, d)\big) = k \ln a \ln c + kbd$$

et cette dernière quantité est bien $k.F(u, v)$.

L'égalité suivante est une application directe du fait que F est symétrique.

• Pour la troisième relation, on pose $u_1 = (a_1, b_1)$ et $u_2 = (a_2, b_2)$, et on a :

$$\begin{aligned} F(u_1 \top u_2, v) &= F\big((a_1 a_2, b_1 + b_2), (c, d)\big) \\ &= \ln(a_1 a_2) \ln c + (b_1 + b_2) d \\ &= \ln a_1 \ln c + b_1 d + \ln a_2 \ln c + b_2 d = F(u_1, v) + F(u_2, v) \end{aligned}$$

La quatrième égalité est à nouveau une conséquence de la symétrie de F.

c) Si $v = (c, d), F(v, v) = (\ln c)^2 + d^2 \geqslant 0$ et

$$F(v, v) = 0 \iff \ln c = d = 0 \iff v = (1, 0).$$

Remarque : pour ceux qui connaissent, on vient de montrer que F est une forme bilinéaire symétrique, et la forme quadratique associée est définie positive : il s'agit d'un produit scalaire sur H (ne pas oublier que $(1,0)$ est le « vecteur nul »).

7°) D'après la définition de F : $F\big((a,b),(c,d)\big) = 0 \iff \ln a \ln c + bd = 0$.

• Si $b \neq 0$, c est quelconque (> 0) et $d = -\dfrac{\ln a \ln c}{b}$, les couples convenables sont les couples $\big(c, -\frac{\ln a \ln c}{b}\big) = [\ln c] * \big(\mathrm{e}, -\frac{\ln a}{b}\big)$: il s'agit de la droite engendrée par $\big(\mathrm{e}, -\frac{\ln a}{b}\big)$

• Si $b = 0$,

ou bien $a = 1$ et c et d sont quelconques $[(1,0)$ est le vecteur nul$]$.

ou bien $a \neq 1$ et $c = 1$, d étant quelconque : les solutions sont les couples $(1, d) = d * (1, 1)$: il s'agit de la droite engendrée par $(1, 1)$.

Problème n° 15 — *Durée estimée :* 1,5 *heures*

Prérequis :

Suites monotones, suites bornées, notion de convergence.

ÉNONCÉ

Soit (u_n) une suite de réels non nuls, on lui associe la suite (p_n) définie par :

$$\forall n \in \mathbb{N}^*, p_n = \prod_{k=1}^{n} u_k = u_1.u_2 \ldots u_p.$$

On dit que le produit (p_n) converge si et seulement si la suite (p_n) admet une limite finie ***non nulle****. Sinon, on dit que le produit (p_n) diverge.*

Partie I

1°) En considérant le quotient $\frac{p_{n+1}}{p_n}$, montrer que, pour que le produit (p_n) converge, il est nécessaire que la suite (u_n) converge vers 1.

2°) Soit $p_n = \prod_{k=1}^{n} (1 + \frac{1}{k})$. Montrer que pour tout $n \geqslant 1, p_n = n + 1$. Quelle est la nature du produit (p_n) ?

3°) Soient un réel a différent de $k\pi$ ($k \in \mathbb{Z}$) et $p_n = \prod_{k=1}^{n} \cos \frac{a}{2^k}$. Pour tout entier naturel n non nul, calculer $p_n. \sin \frac{a}{2^n}$ et en déduire que le produit (p_n) converge et donner la limite de la suite (p_n).

Partie II

Soit (p_n) le produit associé à une suite (u_n) qui converge vers 1.

1°) Montrer qu'il existe un entier n_0 tel que

$$\forall n \geqslant n_0, u_n > 0.$$

2°) On pose $S_n = \sum_{k=n_0}^{n} \ln u_k$. Montrer que la convergence de la suite (S_n) équivaut à la convergence du produit (p_n). Lorsque (S_n) converge vers ℓ, donner la limite de la suite (p_n) en fonction de ℓ.

Partie III

1°) Soit $p_n = \prod_{k=1}^{n} (1 + v_k)$, où (v_n) est une suite de réels strictement positifs qui converge vers 0. On pose $S'_n = \sum_{k=1}^{n} v_k$.

a) Montrer que : $\forall x \in \mathbb{R}_+^*, \ln(1 + x) < x$.

b) Montrer que la suite (S'_n) est croissante.

c) Montrer que si la suite (S'_n) converge, alors le produit (p_n) converge.

2°) Déduire de la question I 2) la limite de la suite (S'_n) définie par $S'_n = \sum_{k=1}^{n} \frac{1}{k}$.

3°) Soit ici $p_n = \prod_{k=1}^{n} (1 + \alpha^{2^k})$, où $\alpha \in \mathbb{R}_+^*$.

a) Que dire de la nature du produit (p_n) lorsque $\alpha \geqslant 1$?

b) On suppose $\alpha \in]0, 1[$.

b-1) Montrer que le produit (p_n) converge.

b-2) Pour tout $n \in \mathbb{N}$, calculer $(1 - \alpha^2)p_n$ et en déduire la limite de la suite (p_n).

Décryptage du sujet :

Ce problème est pratiquement la moitié de l'épreuve spécifique de Mathématiques posée au concours des Mines en 1996, concours de première année. Cette épreuve est établie à partir du programme commun aux classes de MPSI, PCSI et PTSI. La durée totale étant de 3 heures, d'où la durée conseillée de ce problème. Sachez de plus que le niveau du problème n'est pas très élevé. A part les réflexes classiques sur les suites, les notions complémentaires à connaitre sont limitées à $\lim_{u \to 0} \frac{\sin u}{u} = 1$ pour traiter la question I 3).

CORRIGÉ

Partie I

1°) Pour tout n non nul, on a : $\frac{p_{n+1}}{p_n} = u_n$. Si (p_n) converge, il existe ℓ réel non nul tel que $\lim_{n \to \infty} p_n = \ell$ et donc $\lim_{n \to \infty} \frac{p_{n+1}}{p_n} = \frac{\ell}{\ell} = 1$.

2°) Démontrons le résultat par récurrence. La formule est vraie pour $n = 1$ puisque $p_1 = 1 + 1$. Supposons cette formule vraie pour le rang n, alors :

$$p_{n+1} = p_n\left(1 + \frac{1}{n+1}\right) = (n+1)\left(1 + \frac{1}{n+1}\right) = n + 2.$$

et la formule est vraie au rang $n + 1$.

Il est clair que (p_n) tend vers $+\infty$.

3°) Pour $n > 1$, on peut écrire :

$$\begin{aligned} p_n \sin\frac{a}{2^n} &= \prod_{k=1}^{n} \cos\frac{a}{2^k} \times \sin\frac{a}{2^n} = \prod_{k=1}^{n-1} \cos\frac{a}{2^k} \times \cos\frac{a}{2^n} \sin\frac{a}{2^n} \\ &= \prod_{k=1}^{n-1} \cos\frac{a}{2^k} \times \frac{1}{2} \sin\frac{a}{2^{n-1}} = \frac{1}{2} p_{n-1} \sin\frac{a}{2^{n-1}} \end{aligned}$$

Ainsi la suite $n \mapsto p_n \sin\frac{a}{2^n}$ est géométrique de raison $\frac{1}{2}$ et donc :

$$\forall n \geqslant 1, p_n \sin\frac{a}{2^n} = \left(\frac{1}{2}\right)^{n-1} p_1 \sin\frac{a}{2} = \left(\frac{1}{2}\right)^{n-1} \cos\frac{a}{2} \sin\frac{a}{2} = \frac{1}{2^n} \sin a$$

Ce que l'on écrit, puisque tous les coefficients sont non nuls :

$$p_n = \frac{\sin a}{a} \times \frac{\frac{a}{2^n}}{\sin \frac{a}{2^n}}$$

et comme $\lim\limits_{n\to\infty} \frac{a}{2^n} = 0$, en appliquant $\lim\limits_{u\to 0} \frac{\sin u}{u} = 1$, il vient :

$$\lim_{n\to\infty} p_n = \frac{\sin a}{a} \neq 0$$

et le produit (p_n) est bien convergent.

Partie II

1°) D'après la définition de la limite :

$$\exists n_0 \in \mathbb{N}, \forall n \geqslant n_0, |u_n - 1| < 1$$

et cet entier n_0 convient car alors $u_n > 0$ pour $n \geqslant n_0$.

2°) Ecrivons $\mathrm{e}^{S_n} = \mathrm{e}^{\sum\limits_{k=n_0}^{n} \ln u_k} = \prod\limits_{k=n_0}^{n} \mathrm{e}^{\ln u_k} = \prod\limits_{k=n_0}^{n} u_k = \frac{p_n}{p_{n_0-1}}$

Or la suite (S_n) converge si et seulement si la suite (e^{S_n}) converge et est de limite non nulle. Donc la suite (S_n) converge si et seulement si le produit (p_n) converge. Si $\lim\limits_{n\to\infty} S_n = \ell$, on a de plus :

$$\lim_{n\to\infty} p_n = p_{n_0-1}\mathrm{e}^{\ell}.$$

Partie III

1°) a) La question est classique, on étudie $\varphi : x \mapsto x - \ln(1+x)$. Sa dérivée pour $x > 0$ est $\varphi'(x) = \frac{x}{1+x} > 0$ et la fonction φ est croissante telle que $\varphi(0) = 0$, donc strictement positive sur $\mathbb{R}_+^*$. On en déduit l'inégalité voulue.

b) Pour tout n strictement positif,

$$S'_{n+1} - S'_n = \sum_{k=1}^{n+1} v_k - \sum_{k=1}^{n} v_k = v_{n+1} > 0.$$

La suite (S'_n) est bien croissante.

c) Pour tout $n > 0$,

$$\ln p_n = \sum_{k=1}^{n} \ln(1+v_k) \leqslant \sum_{k=1}^{n} v_k = S'_n,$$

La même technique de télescopage qu'en b) montre que la suite $(\ln p_n)$ est croissante. Si la suite (S'_n) converge, alors elle est majorée et la suite $(\ln p_n)$ est aussi majorée (par $\lim\limits_{n\to\infty} S'_n$) et est donc convergente.

La suite (p_n) est donc convergente de limite non nulle (continuité de la fonction exponentielle) et le produit (p_n) converge.

2°) Avec les notations de la question III 1), on a ici $v_k = \frac{1}{k}$. D'après I 2), $\lim\limits_{n\to\infty} \prod\limits_{k=1}^{n} (1 + \frac{1}{k}) = +\infty$ et donc, d'après III 1) c) $\lim\limits_{n\to\infty} S'_n = +\infty$.

3°) a) $1 + \alpha^{2^p}$ ne tend pas vers 1 quand p tend vers l'infini, car α est supérieur ou égal à 1 et d'aprés la question I 1) le produit (p_n) diverge.

b-1) Utilisons encore les notations de III 1) et posons $S'_n = \sum_{k=1}^{n} \alpha^{2^k}$.
La suite (S'_n) est évidemment croissante et :

$$S'_n = \sum_{k=1}^{n} \alpha^{2^k} \leqslant \sum_{p=0}^{2^n} \alpha^p = \frac{1-\alpha^{2^n}}{1-\alpha} \leqslant \frac{1}{1-\alpha}$$

Ainsi (S'_n) est majorée, donc converge et d'après la question III 1), le produit (p_n) converge.

b-2) Remarquons que :

$$(1-\alpha^{2^k})(1+\alpha^{2^k}) = 1-(\alpha^{2^k})^2 = 1-\alpha^{2^{k+1}}$$

On peut donc écrire :

$$\begin{aligned}(1-\alpha^2)p_n &= (1-\alpha^2)(1+\alpha^2)(1+\alpha^{2^2})\dots(1+\alpha^{2^n})\\ &= (1-\alpha^{2^2})(1+\alpha^{2^2})(1+\alpha^{2^3})\dots(1+\alpha^{2^n})\\ &= (1-\alpha^{2^3})(1+\alpha^{2^3})\dots(1+\alpha^{2^n})\end{aligned}$$

et, de proche en proche (*i.e.* en fait en mettant en place un argument de récurrence) :

$$(1-\alpha^2)p_n = 1-\alpha^{2^{n+1}}, \textit{ i.e. } p_n = \frac{1-\alpha^{2^{n+1}}}{1-\alpha^2}$$

Comme $\lim_{n\to\infty} 2^{n+1} = +\infty$ et $0 < \alpha < 1$, on a finalement :

$$\lim_{n\to\infty} p_n = \frac{1}{1-\alpha^2}$$

Commentaires

Quand vous aurez vu les intégrales définies

Il manque en fait une question dans ce problème par rapport à l'épreuve des Mines, une question qui se trouve à la fin de la partie II et que vous pourrez traiter en temps utile :

Soit $p_n = \prod_{k=1}^{n} k^{\frac{1}{k}}$ et soit $S_n = \sum_{k=1}^{n} \frac{\ln k}{k}$.

a) Montrer que : $\forall\, k \geqslant 3, \displaystyle\int_k^{k+1} \frac{\ln x}{x}\, dx \leqslant \frac{\ln k}{k}$.

b) En déduire la nature de la suite (S_n) et du produit (p_n).

Problème n° 16

Durée estimée : 1,5 heures

Prérequis :

Suites définies par une relation de récurrence linéaire. Suites arithmético-géométriques.

ÉNONCÉ

Dans tout ce problème, $\min(a,b)$ *désigne le plus petit des deux réels* a *et* b *et* $(u_n)_{n\in\mathbb{N}}$ *désigne une suite à valeurs réelles. De plus, on rappelle que si une suite* $(u_n)_{n\in\mathbb{N}}$ *vérifie une relation de récurrence du type*

$$\forall n, u_{n+2} = m.u_{n+1} + p.u_n$$

avec m *et* p *réels et si le polynôme* $P = X^2 - mX - p$ *admet deux racines réelles distinctes* q_1 *et* q_2*, alors il existe deux réels* λ *et* μ *tels que, pour tout* n *:*

$$u_n = \lambda q_1^n + \mu q_2^n.$$

Dans tout ce problème, α, β, *, puis* a *et* b *désignent des réels que l'on pourra éventuellement préciser.*

1°) On considère les suites $(u_n)_{n\in\mathbb{N}}$ vérifiant la relation :

$$\forall n \in \mathbb{N}, u_{n+1} = \frac{1}{2}\,u_n + \frac{1}{2} \qquad (1)$$

Si on suppose $u_0 = \alpha$, calculer u_n en fonction de n et discuter de la convergence de la suite (u_n).

2°) On considère les suites $(u_n)_{n\in\mathbb{N}}$ vérifiant la relation :

$$\forall n \in \mathbb{N}, u_{n+2} = \frac{1}{2}\,u_{n+1} + \frac{1}{2}\,u_n \qquad (2)$$

Si on suppose $u_0 = \alpha$ et $u_1 = \beta$, calculer u_n en fonction de n et discuter de la convergence de la suite (u_n).

3°) On considère les suites $(u_n)_{n\in\mathbb{N}}$ vérifiant la relation :

$$\forall n \in \mathbb{N}, u_{n+2} = \frac{1}{2}\,u_{n+1} + \frac{1}{2}\min(u_n, 1) \qquad (3)$$

On suppose $u_0 = a$ et $u_1 = b$. On désire calculer u_n en fonction de n et discuter de la convergence de la suite (u_n).

a) On suppose $a \leqslant 1$ et $b \leqslant 1$. Montrer que pour tout $n \in \mathbb{N}, u_n \leqslant 1$. En déduire que (u_n) vérifie (2), écrire u_n en fonction de n et déterminer sa limite éventuelle.

b) On suppose $a > 1$ et $b \leqslant 1$. Montrer que pour tout $n \in \mathbb{N}^*, u_n \leqslant 1$. En déduire que (u_n) vérifie (2) à partir du rang $n = 1$. En écrivant u_1 et u_2, calculer u_n en fonction de n et déterminer sa limite éventuelle.

c) On suppose $a > 1$ et $b > 1$. Montrer que pour tout $n \in \mathbb{N}, u_n > 1$. En déduire que (u_n) vérifie (1), écrire u_n en fonction de n et déterminer sa limite éventuelle.

d) On suppose enfin $a \leqslant 1$ et $b > 1$.

d-1) Calculer u_2 et u_3.

d-2) On suppose $a+b>2$. Démontrer que $u_2>1$ et $u_3>1$. En déduire
$$\forall n \geqslant 2,\ u_n>1.$$
Calculer alors u_n en fonction de n et déterminer la limite de (u_n).

d-3) On suppose $a+b \leqslant 2$. Démontrer que $u_2 \leqslant 1$ et $u_3 \leqslant 1$. En déduire
$$\forall n \geqslant 2, u_n \leqslant 1.$$
Calculer alors u_n en fonction de n et déterminer la limite de (u_n).

Décryptage du sujet :

Les suites arithmético-géométriques et les suites récurrentes linéaires d'ordre 2 sont classiques, leurs études doivent impérativement être connues bien que cela ne soit pas mentionné explicitement au programme officiel. La question 1) traite d'une suite arithmético-géométrique (que l'on résout en se ramenant à une suite géométrique par différence de deux suites vérifiant la même relation). La question 2) traite d'une suite vérifiant une récurrence linéaire d'ordre 2 que l'on résout en déterminant deux suites géométriques vérifiant la relation (leurs raisons sont racines d'une équation dite caractéristique).
La question 3) est plus originale. On se ramène selon les différents cas à une suite vérifiant la récurrence de la question 1) ou la récurrence de la question 2). Mais attention, les changements de conditions initiales transforment les termes généraux fonction de n.

CORRIGÉ

1°) Si $(u_n)_{n\in\mathbb{N}}$ et $(v_n)_{n\in\mathbb{N}}$ sont deux suites vérifiant (1), la suite $(u_n-v_n)_{n\in\mathbb{N}}$ est une suite géométrique de raison $1/2$ et ainsi :
$$\forall n \in \mathbb{N}, u_n - v_n = \left(\tfrac{1}{2}\right)^n(u_0-v_0).$$
L'équation $\lambda = \frac{1}{2}\lambda + \frac{1}{2}$ donne évidemment $\lambda = 1$. Ainsi la suite constante définie par $\forall n \in \mathbb{N}, v_n = 1$ vérifie (1). On en déduit que les suites vérifiant (1) sont de la forme :
$$\forall n \in \mathbb{N}, u_n - 1 = \left(\tfrac{1}{2}\right)^n(u_0-1).$$
Soit, ici :
$$\forall n \in \mathbb{N}, u_n = \left(\tfrac{1}{2}\right)^n(\alpha-1)+1,$$
dont la limite est clairement 1.

Un zeste de Maple

```
> rsolve({ u(n+1) = u(n)/2 + 1/2, u(0) = a }, u) ;
```
$$a\left(\tfrac{1}{2}\right)^n - \left(\tfrac{1}{2}\right)^n + 1$$

2°) L'équation caractéristique est $2x^2-x-1=0$ de solution $\{1,-1/2\}$ et il existe $(\lambda,\mu)\in\mathbb{R}^2$ tel que pour tout $n\in\mathbb{N}$, $u_n = \lambda.1^n + \mu\left(-\frac{1}{2}\right)^n = \lambda + \mu\left(-\frac{1}{2}\right)^n$.

Les conditions initiales $u_0 = \alpha$ et $u_1 = \beta$ conduisent au système :

$$\begin{cases} \lambda + \mu = \alpha \\ \lambda - \frac{1}{2}\mu = \beta \end{cases}, \text{ d'où } \lambda = \frac{1}{3}(\alpha + 2\beta) \text{ et } \mu = \frac{2}{3}(\alpha - \beta)$$

et : $\forall n \in \mathbb{N}, u_n = \frac{1}{3}(\alpha + 2\beta) + \frac{2}{3}(\alpha - \beta)\left(-\frac{1}{2}\right)^n$; cette suite converge vers le nombre $\frac{1}{3}(\alpha + 2\beta)$.

Un zeste de Maple

> \> rsolve({u(n+2) = u(n+1)/2 + u(n)/2, u(0) = a, u(1) = b} , u) ;
>
> $$\frac{1}{2}\left(\frac{4}{3}a - \frac{4}{3}b\right)\left(-\frac{1}{2}\right)^n + \frac{1}{3}a + \frac{2}{3}b$$

3°) a) Montrons par récurrence la proposition $\mathcal{P}_n : u_n \leqslant 1$. Le résultat est vrai pour $n = 0$ et pour $n = 1$. Supposons les propositions $\mathcal{P}_n$ et $\mathcal{P}_{n+1}$ vraies. Nous commençons par remarquer que $\min(u_n, 1) = u_n$ et donc nous avons :

$$u_{n+2} = \frac{1}{2}\,u_{n+1} + \frac{1}{2}\,u_n \leqslant \frac{1}{2} + \frac{1}{2} = 1.$$

Donc $\mathcal{P}_{n+2}$ est vraie et on conclut par le principe de récurrence fort.
On applique alors le résultat de la question 2) et la suite (u_n) vérifie une récurrence du typc (2) :

$$\forall n \in \mathbb{N}, u_n = \frac{1}{3}(a + 2b) + \frac{2}{3}(a - b)\left(-\frac{1}{2}\right)^n \underset{(n\to\infty)}{\longrightarrow} \frac{1}{3}(a + 2b)$$

Un zeste de Maple

> Donnons un exemple :
>
> \> u := 0.5 : v := 0.9 : for k from 2 to 100 do
>
> \> w := v/2 + min(u, 1)/2 : u := v : v := w : od : evalf(v) ;
>
> 0.766666674

b) On montre par récurrence comme dans 3) a) que pour tout $n \geqslant 1, u_n \leqslant 1$. (On commence par vérifier que $u_2 = \frac{1}{2}u_1 + \frac{1}{2}$ est inférieur ou égal à 1). Par conséquent, il existe $(\lambda, \mu) \in \mathbb{R}^2$ tel que pour tout $n \in \mathbb{N}^*$:

$$u_n = \lambda + \mu\left(-\frac{1}{2}\right)^n.$$

Les conditions initiales $u_1 = b$ et $u_2 = \dfrac{b+1}{2}$ fournissent $\lambda = \frac{1}{3}(1 + 2b)$ et $\mu = \frac{2}{3}(1 - b)$. Ainsi, la limite de $(u_n)_{n\in\mathbb{N}}$ est $\frac{1}{3}(1 + 2b)$.

Un zeste de Maple

> Donnons un exemple :
>
> \> u := 5 : v := 0.5 : for k from 2 to 100 do
>
> \> w := v/2 + min(u, 1)/2 : u := v : v := w : od : evalf(v) ;
>
> 0.666666676

c) Montrons par récurrence la proposition $\mathcal{P}_n : u_n > 1$. Le résultat est vrai pour $n = 0$ et pour $n = 1$. Supposons les propositions $\mathcal{P}_n$ et $\mathcal{P}_{n+1}$ vraies. Nous commençons par remarquer que $\min(u_n, 1) = 1$ et donc nous avons :

$$u_{n+2} = \frac{1}{2}u_{n+1} + \frac{1}{2}\,u_n > \frac{1}{2} + \frac{1}{2} = 1.$$

Donc $\mathcal{P}_{n+2}$ est vraie, ce qui donne la conclusion. Finalement, la suite $(u_n)_{n\in\mathbb{N}}$ vérifie la relation (1) et :

$$\forall n \in \mathbb{N}, u_n = 2^{-n}(a-1)+1,$$

et on constate immédiatement que la limite de la suite est 1.

Un zeste de Maple

Donnons un exemple :

```
> u := 10 : v := 8 : for k from 2 to 100 do
> w := v/2 + min(u, 1)/2 : u := v : v := w : od : evalf(v) ;
                    1.00000000
```

d-1) $u_2 = \frac{1}{2}\,u_1 + \frac{1}{2}\min(u_0, 1) = \frac{1}{2}\,b + \frac{1}{2}\,a$, et

$$u_3 = \frac{1}{2}\,u_2 + \frac{1}{2}\min(u_1, 1) = \frac{1}{2}\,u_2 + \frac{1}{2} = \frac{b}{4} + \frac{a}{4} + \frac{1}{2}.$$

d-2) Si $a + b > 2$, on a $u_2 > 1$ et $u_3 = \frac{1}{2}\,u_2 + \frac{1}{2} > 1$. Le même raisonnement qu'en 3) c) montre alors qu'à partir du rang 2, on a $u_n > 1$.
Donc (u_n) vérifie (1) pour $n \geqslant 2$ et par simple décalage :

$$\forall n \geqslant 2, u_n = 2^{-(n-2)}(u_2 - 1) + 1 = 2^{2-n}\left(\frac{a+b}{2} - 1\right) + 1.$$

La limite de cette suite est 1.

Un zeste de Maple

Donnons un exemple :

```
> u := 0.5 : v := 8 : for k from 2 to 100 do
> w := v/2 + min(u, 1)/2 : u := v : v := w : od : evalf(v) ;
                    1.0000000001
```

d-3) Ici $a+b \leqslant 2$ et donc $u_2 \leqslant 1$ et $u_3 = \frac{1}{2}\,u_2 + \frac{1}{2} \leqslant 1$. Le même raisonnement qu'en 3) a) montre que pour tout $n \geqslant 2$, $u_n \leqslant 1$ et la suite (u_n) vérifie la récurrence de type (2) à partir de $n \geqslant 2$.
On écrit donc, à nouveau par décalage :

$$\forall n \geqslant 2, u_n = \lambda + \mu\left(-\tfrac{1}{2}\right)^{n-2} = \lambda + \tfrac{\mu}{4}\left(-\tfrac{1}{2}\right)^n,$$

où λ et μ sont déterminés avec les conditions initiales u_2 et u_3 trouvées en d-1).
Il vient alors $\lim\limits_{n\to\infty} u_n = \lambda = \frac{1}{3}(1 + a + b)$

Un zeste de Maple

Donnons un exemple :

```
> u := 0 : v := 1.2 : for k from 2 to 100 do
> w := v/2 + min(u, 1)/2 : u := v : v := w : od : evalf(v) ;
                    0.733333344
```

(La limite théorique est ici $\dfrac{2{,}2}{3} = 0.7333333333\ldots$)

Problème n° 17 — *Durée estimée : 2,5 heures*

Prérequis :

Nombres complexes. Racines n-ièmes de l'unité. Somme des premiers termes d'une suite géométrique. Suites à valeurs complexes.

ÉNONCÉ

Dans tout le problème, n est un entier ***supérieur ou égal à*** 2.

Partie I

1°) Montrer que la somme S des racines $n^{\text{èmes}}$ de l'unité est nulle.

2°) Application : On considère les racines $7^{\text{èmes}}$ de l'unité et on pose :

$$\varepsilon = \mathrm{e}^{i\frac{2\pi}{7}},\ A = \varepsilon + \varepsilon^2 + \varepsilon^4 \text{ et } B = \varepsilon^3 + \varepsilon^5 + \varepsilon^6.$$

Calculer $A + B$ et AB. En déduire chacun des deux nombres A et B.

3°) Soit $p \in \mathbb{Z}$, calculer la somme S_p des puissances $p^{\text{èmes}}$ des racines $n^{\text{èmes}}$ de l'unité. (S_1 est donc S)

Partie II

Soit $S^{(0)} = (z_0, \ldots, z_{n-1})$ un n–uplet de nombres complexes, on pose $\varepsilon = \mathrm{e}^{i\frac{2\pi}{n}}$, ε est donc une racine $n^{\text{ème}}$ de l'unité, et on associe à $S^{(0)}$ le n–uplet :

$$T^{(0)} = (u_0, \ldots, u_{n-1})$$

tel que pour tout $i \in \{0,\ 1, \ldots, n-1\}$, $u_i = \sum\limits_{j=0}^{n-1} \varepsilon^{ij} z_j$.

On obtient donc un système liant $(u_0, \ldots, u_{n-1})$ à $(z_0, \ldots, z_{n-1})$.

1°) En effectuant la somme de toutes les égalités du système précédent, déterminer z_0.

2°) Démontrer plus généralement que pour tout $j \in \{0, \ldots, n-1\}$:

$$z_j = \frac{1}{n} \sum_{i=0}^{n-1} \varepsilon^{-ij} u_i.$$

(On pourra multiplier chaque équation du système par une puissance de ε choisie de sorte que le coefficient de z_j devienne 1 dans chaque équation et on effectuera la somme de ces équations.)

3°) On définit à partir de $S^{(0)}$, une suite de de n-uplets de complexes, de la façon suivante :

• On convient de poser $z_n = z_0$ et on définit $S^{(1)} = (z_0^{(1)}, z_1^{(1)}, \ldots, z_{n-1}^{(1)})$ par :

$$\text{pour tout } i \in \{0, \ldots, n-1\},\ z_i^{(1)} = \frac{z_i + z_{i+1}}{2}.$$

• Plus généralement, si $S^{(p-1)} = (z_0^{(p-1)}, z_1^{(p-1)}, \dots, z_{n-1}^{(p-1)})$ est construit, on pose $z_n^{(p-1)} = z_0^{(p-1)}$ et on définit $S^{(p)} = (z_0^{(p)}, z_1^{(p)}, \dots, z_{n-1}^{(p)})$ par :

$$\text{pour tout } i \in \{0, \dots, n-1\},\ z_i^{(p)} = \frac{z_i^{(p-1)} + z_{i+1}^{(p-1)}}{2}.$$

Enfin, à chaque n-uplet $S^{(p)}$, on fait correspondre le n-uplet $T^{(p)}$ défini comme dans la question 1°).

a) Calculer les termes de $T^{(1)}$ en fonction de ceux de $T^{(0)}$ (on montrera que pour tout i entre 0 et $n-1$, $u_i^{(1)} = \dfrac{1+\varepsilon^i}{2\varepsilon^i} u_i$).

b) En déduire, pour tout p, ceux de $T^{(p)}$.

c) En définissant la limite d'un n–uplet comme le n–uplet formé des limites de chacune des composantes, déterminer $\lim\limits_{p\to\infty} T^{(p)}$ et en déduire $\lim\limits_{p\to\infty} S^{(p)}$ (on pourra remarquer que le module de $1+\varepsilon^k$ est inférieur à 2 pour k non nul).

Décryptage du sujet :

La partie I est pratiquement une question de cours, le but est de rappeler le calcul des sommes de puissances de racines de l'unité. Dans la question I 2), ne pas oublier qu'il faut passer par une équation du second degré dont on connait la somme et le produit des racines.
Dans la partie II, on introduit une suite à valeurs complexes, on utilise la partie I dans les questions II 1) et II 2) et le but de la question II 3) est la limite de cette suite. Les questions 2) et 3) a) de la partie II sont assez techniques et il ne faut pas hésiter à bien étaler ses calculs.

CORRIGÉ

Partie I

1°) Si on pose $\varepsilon = e^{i\frac{2\pi}{n}}$, les racines $n^{\text{èmes}}$ de 1 sont : $1 = \varepsilon^0, \varepsilon, \varepsilon^2, \dots, \varepsilon^{n-1}$ et la somme de ces racines est :

$$S = \varepsilon^0 + \varepsilon^1 + \cdots + \varepsilon^{n-1} = \frac{1-\varepsilon^n}{1-\varepsilon}$$

à condition que $\varepsilon \neq 1$, ce qui est vérifié, puisque $n \geqslant 2$. Comme $\varepsilon^n = e^{2i\pi} = 1$, on a finalement $S = 0$.

2°) • $A + B = \sum\limits_{k=1}^{6} \varepsilon^k = -\varepsilon^0 = -1$;

• En développant et en remplaçant ε^7 par 1, ε^8 par ε, … on obtient $AB = 2$.

On est ramené au calcul de deux nombres connaissant leur somme et leur produit : ils sont solutions de l'équation $x^2 + x - 2 = 0$: $\{A, B\} = \{\frac{-1+i\sqrt{7}}{2}, \frac{-1-i\sqrt{7}}{2}\}$ et il reste à faire le bon choix.

On a :

$$\operatorname{Im} A = \sin\frac{2\pi}{7} + \sin\frac{4\pi}{7} + \sin\frac{8\pi}{7} = \sin\frac{2\pi}{7} + \sin\frac{4\pi}{7} - \sin\frac{\pi}{7} > \sin\frac{4\pi}{7} > 0$$

et donc : $A = \dfrac{-1+i\sqrt{7}}{2}$ et $B = \dfrac{-1-i\sqrt{7}}{2}$.

3°) En reprenant la notation de la question 1),

$$S_p = (\varepsilon^0)^p + (\varepsilon^1)^p + \cdots + (\varepsilon^{n-1})^p = \sum_{k=0}^{n-1} (\varepsilon^p)^k$$

Et il apparaît nécessaire de distinguer deux cas, selon que ε^p vaut 1 ou non :

- si p est multiple de n, $\varepsilon^p = 1$ et $S_p = n$;
- sinon, $\varepsilon^p \neq 1$ et $S_p = \dfrac{1-(\varepsilon^p)^n}{1-\varepsilon^p} = \dfrac{1-(\varepsilon^n)^p}{1-\varepsilon^p} = \dfrac{1-1}{1-\varepsilon^p} = 0.$

Partie II

1°) Le système est :

$$\begin{cases} u_0 = \varepsilon^0 z_0 + \varepsilon^0 z_1 + \cdots + \varepsilon^0 z_j + \cdots + \varepsilon^0 z_{n-1} \\ u_1 = \varepsilon^0 z_0 + \varepsilon^1 z_1 + \cdots + \varepsilon^j z_j + \cdots + \varepsilon^{(n-1)} z_{n-1} \\ \qquad \cdots \\ u_i = \varepsilon^0 z_0 + \varepsilon^i z_1 + \cdots + \varepsilon^{ij} z_j + \cdots + \varepsilon^{i(n-1)} z_{n-1} \\ \qquad \cdots \\ u_{n-1} = \varepsilon^0 z_0 + \varepsilon^{n-1} z_1 + \cdots + \varepsilon^{(n-1)j} z_j + \cdots + \varepsilon^{(n-1)(n-1)} z_{n-1} \end{cases}$$

En effectuant la somme de toutes ces égalités, le coefficient de z_0 vaut n, tandis que pour $j \in \{1, \ldots, n-1\}$ le coefficient de z_j vaut S_j, c'est-à-dire, vaut 0.
D'où :

$$z_0 = \frac{1}{n} \sum_{i=0}^{n-1} u_i.$$

2°) Fixons j dans $\{1, \ldots, n-1\}$.

- Si on multiplie la première équation du système par 1, la deuxième par ε^{-j}, la troisième par ε^{-2j}, ..., la dernière par $\varepsilon^{-(n-1)j}$, puis si on fait la somme des égalités obtenues, on remarque que le coefficient devant z_j est n.
- A l'issue de ces manipulations, le coefficient devant z^k, pour $k \neq j$ est alors

$$\alpha_k = \varepsilon^0 + \varepsilon^k \varepsilon^{-j} + \varepsilon^{2k} \varepsilon^{-2j} + \cdots + \varepsilon^{(n-1)k} \varepsilon^{-(n-1)j} = \sum_{i=0}^{n-1} (\varepsilon^{k-j})^i = S_{k-j}.$$

D'après le résultat de la question I 3), on a donc $\alpha_k = 0$ ($k - j$ n'est pas un multiple de n !)

Bref, à l'issue de ces manipulations, on a isolé l'inconnue recherchée et :

$$z_j = \frac{1}{n} \sum_{i=0}^{n-1} \varepsilon^{-ij} u_i$$

(On note que la formule est donc valable aussi pour $j = 0$).

3°) a) Avec la convention $z_n = z_0$, on peut écrire :

$$u_i^{(1)} = \sum_{j=0}^{n-1} \varepsilon^{ij} z_j^{(1)} = \sum_{j=0}^{n-1} \varepsilon^{ij} \times \frac{z_j + z_{j+1}}{2} = \frac{1}{2} \sum_{j=0}^{n-1} \varepsilon^{ij} z_j + \frac{1}{2} \sum_{j=0}^{n-1} \varepsilon^{ij} z_{j+1}$$

$$= \frac{1}{2} \sum_{j=0}^{n-1} \varepsilon^{ij} z_j + \frac{1}{2} \varepsilon^{-i} \sum_{j=1}^{n} \varepsilon^{ij} z_j$$

(on a fait un décalage d'indice dans la seconde somme)

Dans la première somme, on reconnaît u_i et dans la seconde aussi, puisque $\varepsilon^{in} z_n = z_n = z_0 = \varepsilon^{i.0} z_0$.

Ainsi, pour tout indice i :

$$u_i^{(1)} = \frac{1}{2} u_i + \frac{1}{2}\,\varepsilon^{-i} u_i = \frac{1+\varepsilon^i}{2.\varepsilon^i}\,u_i$$

b) On a donc, de même $u_i^{(2)} = \dfrac{1+\varepsilon^i}{2.\varepsilon^i}\,u_i^{(1)} = \left[\dfrac{1+\varepsilon^i}{2.\varepsilon^i}\right]^2 u_i$ et, plus généralement et par récurrence :

$$u_i^{(p)} = \left[\frac{1+\varepsilon^i}{2.\varepsilon^i}\right]^p u_i$$

c) • On a : $u_0^{(p)} = 1^p.u_0 = u_0$.

• Pour $i \in \{1, \dots, n-1\}$, le nombre complexe ε^i est de module 1 et est différent de 1. Par conséquent $|1+\varepsilon^i| < 2$ et $\left|\dfrac{1+\varepsilon^i}{2.\varepsilon^i}\right| < 1$, d'où l'on déduit :

$$\forall i \in \{1, \dots, n-1\},\ \lim_{p\to\infty} u_i^{(p)} = 0$$

Comme $z_j^{(p)} = \dfrac{1}{n}\sum\limits_{i=0}^{n-1} \varepsilon^{-ij} u_i^{(p)} = \dfrac{1}{n}(u_0 + \sum\limits_{i=1}^{n-1} \varepsilon^{-ij} u_i^{(p)})$ et $|\varepsilon^{-ij}| = 1$, on a :

$$\lim_{p\to\infty} z_i^{(p)} = \frac{1}{n} u_0 = \frac{1}{n}(z_0 + z_1 + \cdots + z_{n-1}).$$

Commentaires

Géométriquement, on peut interpréter la partie II de la façon suivante : si on considère n points

$$Z_0, Z_1, \dots, Z_{n-1}$$

(distincts ou non) du plan et que l'on prend les milieux des segments $[Z_i, Z_{i+1}]$ (en posant $Z_n = Z_0$), on construit une nouvelle suite de n points. En poursuivant de la même façon indéfiniment, tous les points des suites obtenues ont un même point limite dont l'affixe est la moyenne des affixes des points initiaux. C'est ***le centre des moyennes distances*** *de ces n points de départ.*

Problème n° 18 — *Durée estimée : 4 heures*

Prérequis :

Fonctions polynomiales, racines d'un polynôme. Suites réelles. Convergence d'une suite réelle et définition de la limite.

ÉNONCÉ

Le but du problème est la détermination d'approximations rationnelles de zéros non rationnels de polynômes du second degré à coefficients entiers. On note $\mathcal{F}$ l'ensemble des fonctions polynômes de degré inférieur ou égal à 2 et à coefficients réels. a étant un nombre réel et f une fonction de $\mathcal{F}$, définie sur $\mathbb{R}$ par $f(x) = Ax^2 + Bx + C$, A, B et C étant trois constantes, on note $\Phi_a(f)$ la fonction définie sur $\mathbb{R}$ par :

$$\Phi_a(f)(x) = \begin{cases} -x^2 f(a + \frac{1}{x}) & , \text{ si } x \in \mathbb{R}^* \\ -A & , \text{ si } x = 0 \end{cases}$$

$\mathcal{P}$ désigne la partie de $\mathcal{F}$ formée des fonctions polynômes
$P : x \mapsto Ax^2 + Bx + C$ vérifiant les conditions :

$$A, B, C \in \mathbb{Z}, A > 0, C < 0 \text{ et } \forall\, r \in \mathbb{Q}, P(r) \neq 0$$

où $\mathbb{Z}$ désigne l'ensemble des entiers relatifs, $\mathbb{Q}$ l'ensemble des nombres rationnels et $\mathbb{R}$ l'ensemble des nombres réels. Enfin, dans tout le problème, la fonction Q qui illustrera la méthode employée est la fonction définie par :

$$\forall\, x \in \mathbb{R}, Q(x) = 3x^2 - 2x - 7 \quad (I)$$

Partie I : Etude de Φ_a

1°) f étant une fonction de $\mathcal{F}$, montrer que $\Phi_a(f)$ est une fonction polynôme et exprimer ses coefficients à l'aide de $f(a)$, $f'(a)$ et $f''(a)$.

2°) Soit P une fonction polynôme de $\mathcal{P}$.

a) Montrer que P admet une unique racine strictement positive.

b) Si a est la partie entière de cette racine, montrer que

$$P(a) < 0 < P(a+1).$$

c) En déduire que $\Phi_a(P) \in \mathcal{P}$.

d) Soit Q la fonction polynôme définie par la relation (I). Déterminer la partie entière a de la racine strictement positive de Q. Montrer que Q est un élément de $\mathcal{P}$ et vérifier que $\Phi_a(Q)$ appartient à $\mathcal{P}$.

Partie II : Construction d'un algorithme

Dans ce qui suit, P_0 est une fonction polynôme donnée de $\mathcal{P}$. On note α sa racine strictement positive, a_0 la partie entière de α et on pose $r_0 = a_0$.

1°) Soit $P_1 = \Phi_{a_0}(P_0)$. D'après la question I 2), on sait que :

$$P_0(a_0) < 0 < P_0(a_0+1) \text{ et } P_1 \in \mathcal{P}.$$

a) Soit α_1 la racine strictement positive de P_1 et a_1 sa partie entière, montrer que $\alpha = a_0 + \dfrac{1}{\alpha_1}$ et en déduire que $1 \leqslant a_1$.

b) On pose $r_1 = a_0 + \dfrac{1}{a_1}$. Montrer que $\alpha < r_1$.

2°) On définit une suite de fonctions polynômes (P_n) de $\mathcal{P}$ et une suite d'entiers (a_n) en itérant ce procédé.
Le premier terme est P_0, le deuxième terme est $P_1 = \Phi_{a_0}(P_0)$ étudié dans la question précédente et pour $1 \leqslant n$, le polynôme P_{n+1} est l'élément de $\mathcal{P}$ défini par $P_{n+1} = \Phi_{a_n}(P_n)$, où a_n est la partie entière de la racine strictement positive α_n de P_n.

a) Exprimer les coefficients A_{n+1}, B_{n+1} et C_{n+1} de P_{n+1} en fonction des coefficients A_n, B_n et C_n de P_n et de a_n.

b) Soit α_{n+1} la racine strictement positive de P_{n+1} et a_{n+1} sa partie entière. Exprimer α_{n+1} en fonction de α_n et de a_n et montrer que $1 \leqslant a_{n+1}$.

c) On pose $r_2 = a_0 + \dfrac{1}{a_1 + \frac{1}{a_2}}$, $r_3 = a_0 + \dfrac{1}{a_1 + \dfrac{1}{a_2 + \frac{1}{a_3}}}$ et plus généralement :

$$r_n = a_0 + \cfrac{1}{a_1 + \cfrac{1}{\ddots \; a_{n-1} + \frac{1}{a_n}}}$$

Etudier la position de r_n par rapport à α suivant la parité de n.

3°) Ecrire un algorithme permettant de calculer A_n, B_n, C_n et a_n, la fonction polynôme P_0 et l'entier naturel non nul n étant donnés.

4°) Soit Q la fonction polynôme définie par la relation (I), déterminer les dix premiers termes de la suite (a_n) associée à ce polynôme Q.

Partie III : Approximations rationnelles du zéro α

Cette partie utilise les suites (a_n) et (r_n) définies dans la partie précédente. On définit les suites (p_n) et (q_n) par :

$$p_0 = a_0, q_0 = 1, p_1 = a_0 a_1 + 1, q_1 = a_1,$$
$$\forall k \in \mathbb{N}, p_{k+2} = a_{k+2}p_{k+1} + p_k \text{ et } q_{k+2} = a_{k+2}q_{k+1} + q_k$$

1°) Démontrer que :

a) $\forall k \in \mathbb{N}, p_{k+1}q_k - p_k q_{k+1} = (-1)^k$.

b) $\forall k \in \mathbb{N}, p_{k+2}q_k - p_k q_{k+2} = (-1)^k a_{k+2}$.

c) $\forall k \in \mathbb{N}, k \leqslant q_k$.

2°) On veut montrer que pour tout $n \in \mathbb{N}, r_n = \dfrac{p_n}{q_n}$.

a) Vérifier que la propriété est vraie pour $n = 0, n = 1$ et $n = 2$.

On suppose la propriété démontrée jusqu'à un certain ordre $N, 2 \leqslant N$, et on se propose de la démontrer à l'ordre $N+1$. Pour cela, N étant fixé dans ce qui suit, on note f la fonction numérique définie sur $\mathbb{R}_+$ par :

$$f(x) = a_0 + \cfrac{1}{a_1 + \cfrac{1}{\ddots \, a_{N-2} + \cfrac{1}{a_{N-1} + x}}}$$

b) Montrer que $f(x)$ peut se mettre sous la forme $f(x) = \dfrac{\alpha x + \beta}{\gamma x + \delta}$, où les coefficients α, β, γ et δ sont des entiers naturels définis à un coefficient multiplicatif près.

c) Après avoir calculé $f(0), \lim\limits_{+\infty} f$ et $f(\dfrac{1}{a_N})$ en fonction d'éléments de la suite (r_n), montrer que :

$$f(x) = \frac{p_{N-2}x + p_{N-1}}{q_{N-2}x + q_{N-1}}.$$

d) Conclure en considérant : $f(\dfrac{1}{a_N + \frac{1}{a_{N+1}}})$.

3°) On veut montrer que la suite (r_n) converge vers α.

a) Prouver que pour tout $n \in \mathbb{N}^*$, $|r_{n+1} - r_n| \leqslant \dfrac{1}{q_n^2}$.

b) En déduire que pour tout $n \in \mathbb{N}^*$, $|\alpha - r_n| < \dfrac{1}{q_n^2}$.

c) Déduire de ce qui précède que la suite (r_n) converge vers α.

Décryptage du sujet :

Ce problème a été posé aux ENSI (concours communs polytechniques) en 1992 (il manque quelques questions de programmation). Le thème mathématique abordé ici est très classique. Nous le développerons dans les commentaires. Il vous faut bien suivre les différentes questions du problème et utiliser les techniques de récurrence aussi souvent que possible. Le niveau du problème est en fait moyen en difficulté mais la question III 2) est très technique. Ce sujet illustre le fait qu'une épreuve de concours peut très bien porter sur la première partie du programme de première année.

CORRIGÉ

Partie I

1°) On a : $f(x) = Ax^2 + Bx + C$. Ainsi, si $x \neq 0$,

$f(a + \frac{1}{x}) = A(a + \frac{1}{x})^2 + B(a + \frac{1}{x}) + C$ et après développements :

$$\Phi_a(f)(x) = -x^2 f(a + \frac{1}{x}) = x^2(-Aa^2 - Ba - C) + x(-2aA - B) - A$$

On constate que le résultat reste valable pour $x = 0$, et on peut écrire :

$$\forall x \in \mathbb{R}, \Phi_a(f)(x) = -x^2 f(a) - x f'(a) - \frac{f''(a)}{2}.$$

2°) a) $P(x) = Ax^2 + Bx + C$, $\Delta = B^2 - 4AC > 0$ et il y a deux racines réelles distinctes. D'autre part, $\frac{C}{A} < 0$ et le produit des racines est négatif. Il existe donc une racine $y_0 < 0$ et une racine $x_0 > 0$.

b) Si on pose $a = E(x_0)$ on a $a \neq x_0$, car P n'a pas de racine rationnelle, donc *a fortiori* pas de racine entière, donc $a < x_0 < a + 1$.
Par conséquent $y_0 < 0 \leqslant a < x_0 < a + 1$ et a est compris entre les racines de P tandis que $a+1$ est à l'extérieur du segment $[y_0, x_0]$. Comme $A > 0$, on a $P(a) < 0$ et $P(a + 1) > 0$.

c) Comme $A, B, C \in \mathbb{Z}$, $a \in \mathbb{N}$, il est clair que $A, 2aA + B, Aa^2 + Ba + C \in \mathbb{Z}$ et $\Phi_a(P)$ est un polynôme à coefficients entiers.
D'autre part, $-(Aa^2 + Ba + C) > 0$, car $P(a) < 0$, puis $-A < 0$. Pour achever de montrer que $\Phi_a(P) \in \mathcal{P}$, il reste à prouver que $\Phi_a(P)$ n'a pas de racine rationnelle. Raisonnons par l'absurde et supposons qu'il existe $r \in \mathbb{Q}$ tel que $\Phi_a(P)(r) = 0$. Comme $\Phi_a(P)(0) = -A \neq 0$, on a $r \neq 0$ et on en déduit $P(a + \frac{1}{r}) = 0$. Or $a + \frac{1}{r} \in \mathbb{Q}$ car $\frac{1}{r} \in \mathbb{Q}$ et $a \in \mathbb{Q}$, ce qui est impossible car P n'a pas de racine rationnelle.

$$P \in \mathcal{P} \implies \Phi_a(P) \in \mathcal{P}$$

d) Utilisons le logiciel de calcul formel MAPLE (on peut aussi faire les calculs mentalement).

```
> Q := x->3*x∧2 - 2*x - 7 : solve(Q(x), x) ;
```

$$\frac{1}{3} + \frac{1}{3}\sqrt{22}, \frac{1}{3} - \frac{1}{3}\sqrt{22}.$$

Il est clair que $A > 0, C < 0$ et que les racines sont irrationnelles ($\sqrt{22} \notin \mathbb{Q}$)

```
> a := trunc(evalf(1/3 + 1/3*sqrt(22))) ;
```

$$a := 1$$

```
> Phi[a](Q) := expand(- x∧2*Q(1 + 1/x)), solve(Phi[1](Q), x) ;
```

$$\Phi_1(Q) := 6x^2 - 4x - 3, \frac{1}{3} + \frac{1}{6}\sqrt{22}, \frac{1}{3} - \frac{1}{6}\sqrt{22}.$$

On remarque qu'ici aussi $A > 0$, $C < 0$ et les racines sont irrationnelles.
Remarque : pour ceux qui ont un doute, si $\sqrt{22} \in \mathbb{Q}$, alors $\sqrt{22} = \frac{p}{q}$, avec p et q dans $\mathbb{N}^*$, que l'on peut choisir premiers entre-eux. D'où : $p^2 = 22.q^2$ et p est pair, soit $p = 2p'$. Ce qui permet de réécrire : $2p'^2 = 11.q^2$ et q est pair, d'où la contradiction.

Partie II

1°) a)
On a $P_1(\alpha_1) = 0$ et $\alpha_1 > 0$, donc $-\alpha_1^2 P_0(a_0 + \frac{1}{\alpha_1}) = 0$ et $P_0(a_0 + \frac{1}{\alpha_1}) = 0$.
D'autre part, $a_0 \geqslant 0$ et $\alpha_1 > 0$, donc $a_0 + \frac{1}{\alpha_1}$ est la racine positive de P_0, *i.e.*

$$\alpha = a_0 + \frac{1}{\alpha_1}$$

Enfin, comme $a_0 < \alpha < a_0 + 1$, on a $\alpha - a_0 < 1$ et $\alpha_1 > 1$, donc $a_1 = \lfloor \alpha_1 \rfloor \geqslant 1$.

b) N'oublions pas que α_0 est irrationnel et a_0 entier, donc α_1 est aussi irrationnel et $a_1 = \lfloor \alpha_1 \rfloor < \alpha_1$, d'où $r_1 = a_0 + \dfrac{1}{a_1} > a_0 + \dfrac{1}{\alpha_1} = \alpha$.

2°) a) On a fait le calcul en I 1) :

$$A_{n+1} = -(a_n^2 A_n + a_n B_n + C_n),\ B_{n+1} = -(2a_n A_n + B_n),\ C_{n+1} = -A_n$$

b) La seule chose à dire c'est que $P_n \in \mathcal{P} \implies P_{n+1} \in \mathcal{P}$ et le processus est donc sans fin. Puis le rang $n+1$ est au rang n ce que le rang 1 est au rang 0 ! En clair :

$$\alpha_n = a_n + \frac{1}{\alpha_{n+1}},\ \text{donc}\ \alpha_{n+1} = \frac{1}{\alpha_n - a_n}\ \text{et}\ a_{n+1} \geqslant 1.$$

c) La racine positive α_n de P_n étant irrationnelle et a_n étant sa partie entière, on a : $a_n < \alpha_n$, c'est-à-dire :

$$a_{n-1} + \frac{1}{a_n} > a_{n-1} + \frac{1}{\alpha_n} = \alpha_{n-1}$$

puis :

$$a_{n-2} + \frac{1}{a_{n-1} + \frac{1}{a_n}} < a_{n-2} + \frac{1}{\alpha_{n-1}} = \alpha_{n-2}$$

et ainsi de suite ... Si on suppose :

$$a_{n-2k} + \cfrac{1}{a_{n-2k+1} + \cfrac{1}{\ddots\ a_{n-1} + \frac{1}{a_n}}} < \alpha_{n-2k}$$

alors

$$a_{n-2k-1} + \cfrac{1}{a_{n-2k} + \cfrac{1}{\ddots\ a_{n-1} + \frac{1}{a_n}}} > a_{n-2k-1} + \frac{1}{\alpha_{n-2k}} = \alpha_{n-2k-1}$$

et inversement pour la parité contraire.
Selon la parité de n, on peut donc conclure
$\star$ Si n est pair :

$$r_n = a_0 + \cfrac{1}{a_1 + \cfrac{1}{\ddots\ a_{n-1} + \frac{1}{a_n}}} < \alpha_0 = \alpha$$

$\star$ et si n est impair :

$$r_n = a_0 + \cfrac{1}{a_1 + \cfrac{1}{\ddots\ a_{n-1} + \frac{1}{a_n}}} > \alpha_0 = \alpha$$

3°) On doit déterminer α_0, puis $a_0 = \lfloor \alpha_0 \rfloor$ et $\alpha_1 = \dfrac{1}{\alpha_0 - a_0}$, puis $a_1 = \lfloor \alpha_1 \rfloor$ et $\alpha_2 = \dfrac{1}{\alpha_1 - a_1}$, et ainsi de suite jusqu'à a_n et enfin on calcule au fur et à mesure les coefficients A_k, B_k et C_k, à l'aide des formules 2) a).

Ce qui donne l'algorithme suivant :

$$\left\{\begin{array}{l} A_0 \leftarrow A, B_0 \leftarrow B, C_0 \leftarrow C, \\ \alpha_0 \leftarrow (-B + \sqrt{B^2 - 4AC})/(2A), a_0 \leftarrow E(\alpha_0) \\ \quad \text{Pour } i = 1..n \\ \alpha_n \leftarrow 1/(\alpha_{n-1} - a_{n-1}), a_n \leftarrow E(\alpha_n) \\ A_n \leftarrow -A_{n-1}a_n^2 - C_{n-1} - a_{n-1}B_{n-1} \\ B_n \leftarrow -2a_{n-1}A_{n-1} - B_{n-1} \\ C_n \leftarrow -A_{n-1} \\ \quad i \leftarrow i+1 \\ \text{Ecrire } (A_n, B_n, C_n, a_n) \end{array}\right.$$

4°) Illustrons en langage MAPLE :

```
> A[0] := 3 : B[0] := -2 : , C[0] :=-7 :
> alpha[0] := (-B[0] + sqrt(B[0]∧2 - 4∗A[0]∗C[0]))/(2∗A[0]) :
> a[0] := floor(evalf(alpha[0])) : for i to 10 do
> alpha[i] := 1/(alpha[i - 1] - a[i - 1]) : a[i] := floor(evalf(alpha[i])) ;
> od : for i to 10 do
> A[i] := - A[i - 1]∗(a[i]∧2) - C[i - 1] - a[i - 1]∗B[i - 1] ;
> B[i] := - 2∗a[i - 1]∗A[i - 1] - B[i - 1] ; C[i] := - A[i - 1] ; od :
> A[10], B[10], C[10] ;
                    −4914871929, −4086013060, −306218007.
> seq(a[i], i = 1 .. 10) ;
                    1, 8, 1, 2, 4, 2, 1, 8, 1, 2.
```

Partie III

1°) a) On a : $p_1q_0 - p_0q_1 = a_0a_1 + 1 - a_0a_1 = 1 = (-1)^0$, donc la relation est vraie au rang 0. Supposons la relation vraie pour un certain rang k, on peut écrire :

$$\begin{aligned} p_{k+2}q_{k+1} - p_{k+1}q_{k+2} &= (a_{k+2}p_{k+1} + p_k)q_{k+1} - p_{k+1}(a_{k+2}q_{k+1} + q_k) \\ &= p_kq_{k+1} - p_{k+1}q_k = -(-1)^k = (-1)^{k+1}. \end{aligned}$$

Ainsi la propriété est vraie au rang $k+1$ et on conclut par le principe de récurrence.

b) On procède de façon analogue. Pour $k = 0$ nous pouvons déjà écrire :

$$\begin{aligned} p_2q_0 - p_0q_2 &= (a_2p_1 + p_0)q_0 - p_0(a_2q_1 + q_0) \\ &= a_2(a_0a_1 + 1) + a_0 - a_0a_1a_2 - a_0 = a_2 = a_2(-1)^2 \end{aligned}$$

Supposons la relation vraie pour un certain rang k, on a :

$$\begin{aligned} p_{k+3}q_{k+1} - p_{k+1}q_{k+3} &= (a_{k+3}p_{k+2} + p_{k+1})q_{k+1} - p_{k+1}(a_{k+3}q_{k+2} + q_{k+1}) \\ &= a_{k+3}(p_{k+2}q_{k+1} - p_{k+1}q_{k+2}) = a_{k+3}(-1)^{k+1} \end{aligned}$$

Ainsi la propriété est vraie au rang $k+1$ et on conclut par le principe de récurrence.

c) On a $q_0 = 1 \geqslant 0$, $q_1 = a_1 \geqslant 1$, $q_2 = a_2q_1 + q_0 \geqslant q_1 + 1 \geqslant 2$.
Supposons l'inégalité vraie jusqu'à un rang $k \geqslant 2$, on a :

$$q_{k+1} = a_{k+1}q_k + q_{k-1} \geqslant q_k + q_{k-1} \geqslant q_k + k - 1 \geqslant q_k + 1 \geqslant k + 1$$

Ainsi l'inégalité est vraie au rang $k+1$ et on conclut par le principe de récurrence.

Notons que l'on a prouvé au passage : $q_{k+1} \geqslant q_k + 1$ et $(q_k)_{k\geqslant 1}$ est une suite strictement croissante d'entiers (on peut avoir $q_0 = q_1$).

2°) a) $\dfrac{p_0}{q_0} = a_0 = r_0$, $\dfrac{p_1}{q_1} = \dfrac{a_0a_1+1}{a_1} = a_0 + \dfrac{1}{a_1} = r_1$,

$$\frac{p_2}{q_2} = \frac{a_2p_1+p_0}{a_2q_1+q_0} = \frac{a_2(a_0a_1+1)+a_0}{a_2a_1+1} = a_0 + \frac{a_2}{a_1a_2+1} = a_0 + \frac{1}{a_1+\frac{1}{a_2}}$$

b) On a :

$$a_{N-2} + \frac{1}{a_{N-1}+x} = \frac{a_{N-2}x + a_{N-2}a_{N-1}+1}{x+a_{N-1}}\text{, de la forme } \frac{\alpha_1 x+\beta_1}{\gamma_1 x+\delta_1}$$

où $\alpha_1, \beta_1, \gamma_1, \delta_1$ sont des entiers strictement positifs.

puis :

$$\frac{1}{a_{N-3}+\dfrac{1}{a_{N-2}+\frac{1}{a_{N-1}+x}}} = \frac{1}{a_{N-3}+\dfrac{\gamma_1x+\delta_1}{\alpha_1x+\beta_1}} = \frac{\alpha_1x+\beta_1}{\gamma_2x+\delta_2}$$

où $\alpha_1, \beta_1, \gamma_2, \delta_2$ sont encore des entiers strictement positifs.

On remonte ainsi jusqu'à $\dfrac{1}{a_1+\dfrac{1}{\ddots\, a_{N-2}+\dfrac{1}{a_{N-1}+x}}}$, de la forme $\dfrac{\alpha_1x+\beta_1}{\gamma x+\delta}$

et l'ajout final de a_0, après réduction au même dénominateur, ne change pas la forme de l'expression et se contente de modifier les coefficients du numérateur. On obtient finalement $f(x) = \dfrac{\alpha x+\beta}{\gamma x+\delta}$, avec $\alpha, \beta, \gamma, \delta \in \mathbb{N}^*$.

Enfin, si on multiplie tous les coefficients α, β, γ et δ par un même nombre a non nul, l'expression de f ne change pas.

c) Par définition même de f :

$$f(0) = r_{N-1} = \frac{p_{N-1}}{q_{N-1}},\ \lim_{x\to+\infty} f(x) = r_{N-2} = \frac{p_{N-2}}{q_{N-2}},\ f(\frac{1}{a_N}) = r_N = \frac{p_N}{q_N}.$$

et, en utilisant la forme homographique de f :

$$r_{N-1} = \frac{\beta}{\delta}\ ;\ r_{N-2} = \frac{\alpha}{\gamma}\ ;\ r_N = \frac{\frac{\alpha}{a_N}+\beta}{\frac{\gamma}{a_N}+\delta} = \frac{\alpha+\beta a_N}{\gamma+\delta a_N}$$

Comme $\alpha, \beta, \gamma, \delta$ sont définis à un coefficient multiplicatif près, la première condition montre que l'on peut prendre : $\beta = p_{N-1}$ et $\delta = q_{N-1}$ et la seconde que l'on a alors : $\alpha = k.p_{N-2}$ et $\gamma = k.q_{N-2}$, où k est un réel pour l'instant arbitraire.

Soit : $f(x) = \dfrac{k.p_{N-2}x + p_{N-1}}{k.q_{N-2}x+q_{N-1}}$.

La dernière condition s'écrit alors : $\dfrac{p_N}{q_N} = \dfrac{k.p_{N-2}+p_{N-1}a_N}{k.q_{N-2}+q_{N-1}a_N}$, ce qui est évidemment vérifié pour $k = 1$, qui est donc LA solution et :

$$f(x) = \frac{p_{N-2}x+p_{N-1}}{q_{N-2}x+q_{N-1}}.$$

d) En remplaçant dans la formule de l'énoncé : $f\Big(\dfrac{1}{a_N+\frac{1}{a_{N+1}}}\Big) = r_{N+1}$.

D'autre part, en utilisant la question précédente,

$$f\Big(\frac{1}{a_N+\frac{1}{a_{N+1}}}\Big) = f\Big(\frac{a_{N+1}}{a_Na_{N+1}+1}\Big) = \frac{a_{N+1}p_{N-2}+p_{N-1}(a_Na_{N+1}+1)}{a_{N+1}q_{N-2}+q_{N-1}(a_Na_{N+1}+1)}.$$

Or, nous avons :

$$p_{N+1} = a_{N+1}p_N + p_{N-1} = a_{N+1}(a_N p_{N-1} + p_{N-2}) + p_{N-1}$$
$$= a_{N+1}a_N p_{N-1} + a_{N+1}p_{N-2} + p_{N-1}.$$

Et, de même :

$$q_{N+1} = a_{N+1}q_{N-2} + q_{N-1}(a_N a_{N+1} + 1),$$

d'où : $r_{N+1} = \frac{p_{N+1}}{q_{N+1}}$. La preuve par récurrence est ainsi terminée.

3°) a) D'après le résultat 1) a) :

$$|r_{n+1} - r_n| = \left|\frac{p_{n+1}}{q_{n+1}} - \frac{p_n}{q_n}\right| = \frac{|(-1)^n|}{q_n q_{n+1}} = \frac{1}{q_n q_{n+1}} \leqslant \frac{1}{q_n^2}$$

La dernière majoration provenant de la croissance de la suite (q_n).

b) On a vu, en II 2) c) que selon la parité de n :

$$r_n < \alpha < r_{n+1} \text{ ou } r_{n+1} < \alpha < r_n,$$

Dans les deux cas, on en déduit : $|\alpha - r_n| < |r_{n+1} - r_n| \leqslant \frac{1}{q_n^2}$

c) Comme on sait que $q_n \geqslant n$, on a donc : $\forall n \in \mathbb{N}^*, 0 < |\alpha - r_n| < \frac{1}{n^2}$

La suite $(\frac{1}{n^2})_{n\geqslant 1}$ convergeant vers 0, il en est de même *a fortiori* de la suite $(|\alpha - r_n])_{n\geqslant 0}$ et la suite $(r_n)_{n\geqslant 0}$ converge vers α.

Commentaires

A. Un peu de vocabulaire

On dit que la suite (a_n) qui est associée à α dans ce problème est le ***développement en fraction continuée*** *de α. Les termes de la suite (r_n) étant les réduites successives de α. On note :*

$$\alpha = [a_0, a_1, \ldots, a_n, \ldots].$$

Plus généralement, tout nombre irrationnel x admet un développement en fraction continuée défini par :

on pose $a_0 = \lfloor x \rfloor$, puis on calcule $x_1 = \frac{1}{x - a_0}$ et on pose $a_1 = \lfloor x_1 \rfloor$, on calcule $x_2 = \frac{1}{x_1 - a_1}$, $a_2 = \lfloor x_2 \rfloor$, ... et on définit la suite (r_n) comme dans le texte.

La suite (a_n) (dite développement en farction continuée de x) est l'unique suite d'entiers naturels non nuls pour laquelle la suite (r_n) associée converge vers x.

Exemple n°01.

Trouvons le développement en fraction continuée de $x = \sqrt{a^2+1}$, où a est un entier fixé. On écrit :

$$x = \sqrt{a^2+1} = a + (\sqrt{a^2+1} - a) = a + \frac{1}{\sqrt{a^2+1}+a},$$

La partie entière a_0 de x est donc a et $x_1 = \frac{1}{x-a} = \sqrt{a^2+1} + a$

On a alors : $x_1 = 2a + (\sqrt{a^2+1} - a) = 2a + \frac{1}{\sqrt{a^2+1}+a}$, de partie entière $a_1 = 2a$ et $x_2 = \frac{1}{x_1 - 2a} = x_1$. A partir de maintenant les opérations seront *toutes identiques et la suite* (a_n) *est constante égale à* $2a$ *à partir du terme* a_1. *D'où :*

$$\sqrt{a^2+1} = [a, 2a, 2a, \ldots, 2a, \ldots].$$

Exemple n°02.

Le développement en fraction continuée de $\sqrt{a^2+2}$, *où* a *est un entier fixé, (même principe de calcul) est :*

$$\sqrt{a^2+2} = [a, a, 2a, a, 2a, \ldots, a, 2a, \ldots].$$

(On montre qu'ici $x_1 = x_3$*)*

Remarque

On démontre que si on veut appliquer l'algorithme précédent en partant d'un nombre rationnel $x = \frac{p}{q}$, p *et* q *entiers premiers entre-eux, alors le processus s'achève au bout d'un nombre fini d'opérations, un des* x_k *étant entier, d'où* $a_k = x_k$, *ce qui interdit de définir* x_{k+1}. *On peut alors convenir d'écrire* $x = [a_0, a_1, \ldots, a_k, 0, 0, \ldots]$ *ou* $x = [a_0, a_1, \ldots, a_k]$.
La détermination des nombres a_i *est alors liée à l'algorithme d'Euclide et nous allons simplement l'illustrer sur un exemple :*

Exemple n°03.

Soit $x = \frac{355}{113}$. *On peut écrire :* $355 = 113 \times 3 + 16$, *donc* $a_0 = \lfloor x \rfloor = 3$, $x_1 = \frac{113}{16}$
Puis : $113 = 16 \times 7 + 1$ *:* $a_1 = 7$ *et* $x_2 = 16$, *d'où* $a_2 = 16$ *et le processus s'arrête.*
En suivant la chronologie, on a montré que l'on a :

$$\frac{355}{113} = 3 + \cfrac{1}{7 + \frac{1}{16}} = [3, 7, 16]$$

On remarque sur les deux ou même trois exemples précédents que la suite (a_n) *est périodique à partir d'un certain rang (voire stationnaire, voire stationnaire en* 0*). On démontre que* (a_n) *est périodique à partir d'un certain rang si et seulement si* x *est racine d'une équation du second degré à coefficients entiers.*
Dans l'exemple 01, x *est racine de* $x^2 - a^2 - 1$, *dans l'exemple 02,* x *est racine de* $x^2 - a^2 - 2$ *et dans l'exemple 03 il est racine de* $113^2 x^2 - 355^2 = 0$ *! Dans le problème,* α *est racine d'un tel polynôme, par exemple* $3x^2 - 2x - 7$.

B. *L'intérêt de cette décomposition est de donner d'excellentes valeurs approchées d'un réel, en particulier d'un nombre irrationnel. Les fractions* $\frac{p_n}{q_n}$ *qui correspondent aux valeurs* r_n *sont les «meilleures» fractions possibles approchant* x, *c'est-à-dire que :*

$$\forall (n, p, q) \in \mathbb{N}^3, \left|\frac{p}{q} - x\right| < \left|\frac{p_n}{q_n} - x\right| \implies p > p_n \text{ et } q > q_n.$$

Exemple n°04.

Prenons $x = \pi$, *on trouve :* $\pi = 3 + \cfrac{1}{7 + \cfrac{1}{15 + \frac{1}{1 + \cdots}}}$ *et les premières réduites de* π *sont :* 3, $\frac{22}{7}$, $\frac{333}{106}$, $\frac{355}{113}$, … *Les numérateurs et dénominateurs suivants deviennent très grands,* $\frac{355}{113}$ *est donc une approximation de* π*, l'erreur commise étant inférieure à* $\frac{1}{q_3 q_4}$ *(voir partie III question 3) a) du problème) c'est-à-dire ici environ* 3×10^{-7}.

C. Un zeste de MAPLE

Les développements en fraction continuée sont connus de Maple (et parfois cachés), ce qui va nous permettre d'illustrer ce que l'on a fait plus haut.

```
> convert(evalf(Pi), rational) ;
```

$$\frac{104348}{33215}$$

La commande retourne une approximation rationnelle, la meilleure possible, du nombre x *choisi. A cause de «evalf», on prend ce qui correspond ici à* r_4*, donc à* 5 *étapes (voir exemple n°04). Si on désire une réduite de précision donnée, on tape :*

```
> convert(evalf(Pi), rational, 3) ;
```

$$\frac{22}{7}$$

On retrouve r_2 *de l'exemple 04.*

Si on veut faire apparaître les éléments de la suite (a_n)*, on tape :*

```
> convert(355/113, confrac) ;
```

$$[3, 7, 16]$$

```
> convert(evalf(sqrt(2)), confrac) ;
```

$$[1, 2, 2, 2, 2, 2, 2, 2, 2, 2, 2, 2, 1, 1, 14]$$

Le vrai développement n'est composé que de 2 *après le* 1*, la présence des trois derniers termes venant de «evalf», une machine restant une machine.*

L'argument «cvgts» permet de retrouver les réduites successives de x*. Ainsi :*

```
> convert(evalf(Pi), confrac, cvgts) : cvgts ;
```

$$\left[3, \frac{22}{7}, \frac{333}{106}, \frac{355}{113}, \frac{104348}{33215}, \frac{1148183}{365478}\right]$$

Problème n° 19 — *Durée estimée : 3 heures*

Prérequis :

Partie entière d'un réel. Limite d'une fonction en un point et à l'infini. Inégalité triangulaire. Récurrence.

ÉNONCÉ

Soit a un réel positif et f une fonction numérique définie et continue sur $\mathbb{R}_+$ telle que :

$$\forall (u,v) \in \mathbb{R}_+^2, |f(u+v) - f(u) - f(v)| \leqslant a.$$

1°) Etablir par récurrence la relation :

$$\forall u \in \mathbb{R}_+, \forall n \in \mathbb{N}^*, |f(nu) - nf(u)| \leqslant (n-1)a \qquad (1)$$

2°) On désire obtenir une majoration de $|f(x)|$ sur $\mathbb{R}_+$.

a) Démontrer que, pour tout réel $x \geqslant 1$, il existe un réel u de $[1,2]$ et un entier $n \geqslant 1$ tels que $x = nu$.

b) Dans cette question, on associe à chaque $x \geqslant 1$ un des réels u et un des entiers n déterminés dans la question 2) a). En appliquant (1) avec $n = \frac{x}{u}$, montrer que :

$$\forall x \geqslant 1, |f(x)| \leqslant \frac{x}{u}\big(|f(u)| + a\big) \leqslant \big(\sup_{u\in[1,2]} |f(u)| + a\big)x.$$

c) En utilisant le fait que $\mathbb{R}_+ = [0,1] \cup [1, +\infty[$, montrer que :

$$\forall x \in \mathbb{R}_+, |f(x)| \leqslant \big(\sup_{u\in[1,2]} |f(u)| + a\big)x + \sup_{u\in[0,1]} |f(u)|.$$

3°) Soient u et x deux réels tels que $1 \leqslant u \leqslant x$.

a) Démontrer qu'il existe un unique entier $m \geqslant 1$ tel que :

$$mu \leqslant x < (m+1)u.$$

Dans la suite de cette question m prend cette valeur.

b) Démontrer successivement

$$|f(x) - f(mu) - f(x-mu)| \leqslant a \text{ et } |f(x) - mf(u) - f(x-mu)| \leqslant ma.$$

c) On pose dans la suite $y = -m + \frac{x}{u}$. Vérifier que $y \in [0,1[$, puis que :

$$\frac{1}{x}f(x) - \frac{1}{u}f(u) = \frac{1}{x}\big(f(x) - mf(u) - yf(u)\big).$$

d) Montrer [en utilisant la question 3) b)] l'inégalité :

$$\Big|\frac{1}{x}f(x) - \frac{1}{u}f(u)\Big| \leqslant \frac{ma}{x} + \frac{1}{x}|f(uy) - yf(u)|.$$

e) Montrer que :

$$\Big|\frac{1}{x}f(x) - \frac{1}{u}f(u)\Big| \leqslant \frac{ma}{x} + \frac{1}{x}\big(2uy(\sup_{t\in[1,2]} |f(t)| + a) + \sup_{t\in[0,1]} |f(t)|\big).$$

(On majorera $|f(uy)|$ et $|f(u)|$ séparément.)

f) En remarquant que $\frac{m}{x} \leqslant \frac{1}{u}$, montrer enfin qu'il existe un réel positif ou nul c_0 indépendant de x et de u tel que :

$$\left|\frac{1}{x}f(x) - \frac{1}{u}f(u)\right| \leqslant \frac{c_0 u}{x} + \frac{a}{u}.$$

4°) On suppose dans cette question que x et u sont deux réels tels que $1 \leqslant u \leqslant \sqrt{x}$. Montrer qu'il existe un réel positif c indépendant de x et de u tel que l'on ait l'inégalité :

$$\left|\frac{1}{x}f(x) - \frac{1}{u}f(u)\right| \leqslant \frac{c}{u}.$$

(on appliquera la question 3) f) en remarquant que $1 \leqslant u \leqslant x$)

5°) On se fixe dans cette question et la suivante un des réels c dont on a montré l'existence dans la question 4).

a) Montrer que pour tout couple de réels (u, x) tels que $1 \leqslant u \leqslant \sqrt{x}$:

$$\frac{1}{u}\big(f(u) - c\big) \leqslant \frac{1}{x}f(x) \leqslant \frac{1}{u}\big(f(u) + c\big)$$

et si on note h_1 et h_2 les fonctions définies sur $[1, +\infty[$ respectivement par :

$$h_1(x) = \sup_{u \in [1, \sqrt{x}]} \frac{1}{u}\big(f(u) - c\big) \text{ et } h_2(x) = \inf_{u \in [1, \sqrt{x}]} \frac{1}{u}\big(f(u) + c\big),$$

montrer que l'on a : $h_1(x) \leqslant \frac{1}{x}f(x) \leqslant h_2(x)$.

b) Montrer les inégalités :

$$h_1(x) \geqslant \frac{1}{\sqrt{x}}\big(f(\sqrt{x}) - c\big) \text{ et } h_2(x) \leqslant \frac{1}{\sqrt{x}}\big(f(\sqrt{x}) + c\big).$$

c) Montrer que h_1 est croissante et h_2 décroissante.

d) Montrer ensuite que $h_1(x)$, $\dfrac{f(x)}{x}$ et $h_2(x)$ ont même limite ℓ quand x tend vers $+\infty$ (on pourra utiliser $\left|\frac{1}{x}f(x) - \frac{1}{\sqrt{x}}f(\sqrt{x})\right| \leqslant \frac{c}{\sqrt{x}}$).

6°) On veut montrer que si ℓ est la limite commune de h_1 et de h_2 en $+\infty$, alors

$$\forall x \geqslant 0, f(x) - \ell x \leqslant a.$$

Pour cela, on considère g la fonction définie sur $\mathbb{R}_+$ par $g : x \mapsto f(x) - \ell x$. On suppose alors qu'il existe un réel x_0 tel que $g(x_0) > a$ et le but est d'obtenir une absurdité.

a) Montrer alors que pour tout $x \in \mathbb{R}_+$:

$$g(x + x_0) - g(x) \geqslant g(x_0) - a.$$

En déduire que nécessairement $x_0 \neq 0$.

b) Démontrer que pour tout $x \in \mathbb{R}_+$ et pour tout $n \in \mathbb{N}^*$:

$$g(x + nx_0) - g(x) \geqslant n(g(x_0) - a).$$

c) Appliquer alors la relation précedente avec $x = 0$ puis en déduire enfin que, le produit $\frac{1}{x}g(x)$ tendant vers 0 quand x tend vers $+\infty$, $g(x_0) \leqslant a$. Conclure.

Décryptage du sujet :

Ce sujet est basé sur les notions de borne supérieure et de borne inférieure, sur des techniques de récurrence et sur l'inégalité triangulaire. La notion de limite est introduite à la question 5. Le but est de montrer que sous les hypothèses du début, la fonction f est encadrée par des fonctions affines. Attention, dans ce genre de sujet, il faut bien suivre le fil conducteur des questions pour ne pas se perdre et ne pas se melanger dans les notations.

CORRIGÉ

1°) La propriété est évidemment vraie pour $n = 1$. Supposons-là vérifiée pour un rang $n \geqslant 1$ fixé. Pour tout $u \geqslant 0$, nous avons :
$f\big((n+1)u\big) - (n+1)f(u) = \big[f\big((n+1)u\big) - f(nu) - f(u)\big] + \big[f(nu) - nf(u)\big]$.
D'où :
$|f\big((n+1)u\big) - (n+1)f(u)| \leqslant \big|f\big((n+1)u\big) - f(nu) - f(u)\big| + |f(nu) - nf(u)|$
Pour la première valeur absolue, on applique l'inégalité de l'énoncé avec nu et u et pour la seconde, on utilise l'hypothèse de récurrence :

$$\big|f\big((n+1)u\big) - (n+1)f(u)\big| \leqslant a + (n-1)a = na$$

Ce qui prouve l'inégalité au rang suivant. On conclut par le principe de récurrence.

2°) a) Soit un réel $x \geqslant 1$, il existe un entier $n \geqslant 1$ tel que

$$n \leqslant x \leqslant 2n.$$

Posons $u = \dfrac{x}{n}$, il est clair que $1 \leqslant u \leqslant 2$ et que $x = u.n$.

b) Ecrivons : $f(x) = f(x) - \dfrac{x}{u}f(u) + \dfrac{x}{u}f(u)$, d'où :

$$|f(x)| \leqslant |f(\frac{x}{u}u) - \frac{x}{u}f(u)| + \frac{x}{u}|f(u)|$$

et, grâce au résultat précédent ($\dfrac{x}{u} = n \in \mathbb{N}^*$) :

$$|f(x)| \leqslant (\frac{x}{u} - 1)a + \frac{x}{u}|f(u)| \leqslant \frac{x}{u}(|f(u)| + a)$$

et comme $u \in [1,2]$:

$$|f(x)| \leqslant x\big(\sup_{[1,2]}|f| + a\big)$$

c) Si $x \in [0,1]$, on a : $|f(x)| \leqslant \sup\limits_{[0,1]}|f|$

Si $x \geqslant 1$, on a : $|f(x)| \leqslant x\big(\sup\limits_{[1,2]}|f| + a\big)$

Dans tous les cas $|f(x)| \leqslant \sup\limits_{[0,1]}|f| + x\big(\sup\limits_{[1,2]}|f| + a\big)$!

3°) a) Clairement, m est la partie entière de $\dfrac{x}{u}$.

b) ⋆ La première inégalité à démontrer est tout simplement l'inégalité caractérisant f dans l'énoncé, avec à la place du couple (u,v), le couple $(mu, x - mu)$.
⋆ Pour la seconde inégalité, écrivons :
$f(x) - mf(u) - f(x - mu) = [f(x) - f(mu) - f(x - mu)] + [f(mu) - mf(u)]$
On a : $|f(x) - f(mu) - f(x - mu)| \leqslant a$ (première inégalité)

$$|f(mu) - mf(u)| \leqslant (m-1)a \text{ (question 1))}$$

Par l'inégalité triangulaire, on a donc :

$$|f(x) - mf(u) - f(x - mu)| \leqslant a + (m-1)a = ma.$$

c) Comme m est la partie entière de $\frac{x}{u}$ il est clair que $y = -m + \frac{x}{u} \in [0, 1[$ et on a : $\dfrac{m+y}{x} = \dfrac{1}{u}$.

Ainsi, on a bien : $\frac{1}{x}f(x) - \frac{1}{u}f(u) = \frac{1}{x}\big(f(x) - mf(u) - yf(u)\big)$.

d) Soit $\delta = \left|\frac{1}{x}f(x) - \frac{1}{u}f(u)\right| = \frac{1}{x}|f(x) - mf(u) - yf(u)|$. On a :

$$\delta \leqslant \frac{1}{x}\big(|f(x) - mf(u) - f(x - mu)| + |f(x - mu) - yf(u)|\big)$$

On a $x - mu = uy$ et le résultat b) permet d'écrire :

$$\left|\frac{1}{x}f(x) - \frac{1}{u}f(u)\right| \leqslant \frac{ma}{x} + \frac{1}{x}|f(uy) - yf(u)|$$

e) On a d'après les questions 2) c) et 2) b) :

$$|f(uy)| \leqslant (\sup_{[1,2]}|f| + a)uy + \sup_{[0,1]}|f| \text{ et } |f(u)| \leqslant u(\sup_{[1,2]}|f| + a) \text{ (car } u \geqslant 1)$$

Nous en déduisons alors :

$$\begin{aligned}\left|\frac{1}{x}f(x) - \frac{1}{u}f(u)\right| &\leqslant \frac{ma}{x} + \frac{1}{x}\big(|f(uy)| + y|f(u)]\big)\\ &\leqslant \frac{ma}{x} + \frac{1}{x}\big(2uy(\sup_{[1,2]}|f| + a) + \sup_{[0,1]}|f|\big).\end{aligned}$$

f) De $x = u(m + y)$, il résulte $x \geqslant mu$, c'est-à-dire $\frac{m}{x} \leqslant \frac{1}{u}$. Comme $y < 1$ et $u \geqslant 1$, l'inégalité précédente permet d'écrire :

$$\left|\frac{1}{x}f(x) - \frac{1}{u}f(u)\right| \leqslant \frac{a}{u} + \frac{u}{x}\big[2(\sup_{[1,2]}|f| + a) + \sup_{[0,1]}|f|\big]$$

Il suffit de poser $c_0 = 2(\sup_{[1,2]}|f| + a) + \sup_{[0,1]}|f|$ et nous avons le résultat demandé.

4°) Comme $1 \leqslant \sqrt{x}$, on a : $1 \leqslant u \leqslant \sqrt{x} \leqslant x$ et on peut appliquer les résultats de la question 3), avec en prime $x \geqslant u^2$:

$$\left|\frac{1}{x}f(x) - \frac{1}{u}f(u)\right| \leqslant \frac{c_0 u}{x} + \frac{a}{u} \leqslant \frac{c_0 u}{u^2} + \frac{a}{u}.$$

Il reste à poser $c = c_0 + a$ pour avoir le résultat demandé.

5°) a) Pour tout $u \in [1, \sqrt{x}]$, nous avons en supprimant les valeurs absolues dans le résultat précédent :

$$-\frac{c}{u} \leqslant \frac{1}{x}f(x) - \frac{1}{u}f(u) \leqslant \frac{c}{u}.$$

Soit :

$$\frac{1}{u}\big(f(u) - c\big) \leqslant \frac{1}{x}f(x) \leqslant \frac{1}{u}\big(f(u) + c\big)$$

Or, ceci est vrai pour tout $u \in [1, \sqrt{x}]$. Ainsi le nombre $\frac{1}{x}f(x)$ majore sur $[1, \sqrt{x}]$ la fonction $g_1 : u \mapsto \frac{1}{u}\big(f(u) - c\big)$, ce nombre est donc au moins égal à la borne supérieure de g_1 sur $[1, \sqrt{x}]$, soit : $h_1(x) \leqslant \frac{1}{x}f(x)$. On raisonne de même pour la partie droite de l'encadrement précédent et finalement :

$$h_1(x) \leqslant \frac{1}{x}f(x) \leqslant h_2(x).$$

b) $h_1(x)$ est au moins égal à la valeur de g_1 au point $\sqrt{x}$, et de même, $h_2(x)$ est au plus égal à la valeur de $g_2 : u \mapsto \dfrac{1}{u}\big(f(u)+c\big)$ au point $\sqrt{x}$, donc :

$$h_1(x) \geqslant \frac{1}{\sqrt{x}}\big(f(\sqrt{x})-c\big) \text{ et } h_2(x) \leqslant \frac{1}{\sqrt{x}}\big(f(\sqrt{x})+c\big).$$

c) Considérons deux réels x_1 et x_2 tels que $x_2 > x_1 \geqslant 1$, nous avons :

$$[1, \sqrt{x_1}] \subset [1, \sqrt{x_2}].$$

Il en résulte que $\sup\limits_{[1,\sqrt{x_1}]} g_1 \leqslant \sup\limits_{[1,\sqrt{x_2}]} g_1$ et $\inf\limits_{[1,\sqrt{x_1}]} g_2 \geqslant \inf\limits_{[1,\sqrt{x_2}]} g_2$. Par conséquent : $h_1(x_1) \leqslant h_1(x_2)$ et $h_2(x_2) \leqslant h_2(x_1)$.

Donc h_1 est croissante et h_2 est décroissante (au sens large).

d) En résumé, pour tout $x \geqslant 1$, nous pouvons écrire :

$$\frac{1}{\sqrt{x}}\big(f(\sqrt{x})-c\big) \leqslant h_1(x) \leqslant \frac{1}{x}f(x) \leqslant h_2(x) \leqslant \frac{1}{\sqrt{x}}\big(f(\sqrt{x})+c\big).$$

$\star$ La décroissance de la fonction h_2 donne : pour tout $x \geqslant 1$, $h_1(x) \leqslant h_2(x) \leqslant h_2(1)$. La fonction h_1 est croissante et majorée par $h_2(1)$: elle admet donc une limite ℓ_1 quand x tend vers $+\infty$. De la même façon , h_2 est décroissante et minorée par $h_1(1)$ et admet donc une limite ℓ_2 quand x tend vers $+\infty$.

$\star$ Nous avons :

$$0 \leqslant \frac{1}{x}f(x) - h_1(x) \leqslant \left|\frac{1}{x}f(x) - \frac{1}{\sqrt{x}}f(\sqrt{x})\right| + \frac{c}{\sqrt{x}}.$$

De la question 4), nous en déduisons :

$$0 \leqslant \frac{1}{x}f(x) - h_1(x) \leqslant \frac{c}{\sqrt{x}} + \frac{c}{\sqrt{x}} = \frac{2c}{\sqrt{x}} \text{ et } \lim_{x\to+\infty}\left[\frac{1}{x}f(x) - h_1(x)\right] = 0.$$

Donc $\dfrac{1}{x}f(x)$ a une limite quand x tend vers $+\infty$ et cette limite est égale à ℓ_1.

$\star$ De la même façon :

$$0 \leqslant h_2(x) - \frac{1}{x}f(x) \leqslant \left|\frac{1}{\sqrt{x}}f(\sqrt{x}) - \frac{1}{x}f(x)\right| + \frac{c}{\sqrt{x}} \leqslant \frac{2c}{\sqrt{x}},$$

il en résulte que $\dfrac{1}{x}f(x)$ et $h_2(x)$ ont la même limite ℓ_2, et $\ell_1 = \ell_2$.

6° a) Soit g la fonction définie sur $\mathbb{R}_+$ par $g : x \mapsto f(x) - \ell x$. L'expression $\dfrac{1}{x}g(x)$ tend vers 0 quand x tend vers $+\infty$.

Supposons qu'il existe un réel x_0 tel que $g(x_0) > a$. Nous avons :

$$g(x+x_0) - g(x) - g(x_0) = f(x+x_0) - f(x) - f(x_0)$$

et en appliquant l'inégalité de l'énoncé :

$$\forall x \in \mathbb{R}_+, |g(x+x_0) - g(x) - g(x_0)| \leqslant a.$$

Il en résulte que :

$$g(x+x_0) - g(x) \geqslant g(x_0) - a$$

d'où en particulier $x_0 \neq 0$, car sinon $0 \geqslant g(x_0) - a$.

b) Raisonnons par récurrence. La formule est vraie pour $n = 1$, puisque c'est la question précédente. De plus, en appliquant une technique déjà éprouvée dans ce problème :

$$g(x+(n+1)x_0) - g(x) = g(x+nx_0+x_0) - g(x+nx_0) + g(x+nx_0) - g(x)$$

On applique la formule de récurrence au rang 1 à la première différence (avec ici $x + nx_0$ à la place de x) et la formule de récurrence à l'ordre n à la deuxième différence. On obtient :

$$g(x + (n+1)x_0) - g(x) \geqslant g(x_0) - a + n(g(x_0) - a) = (n+1)(g(x_0) - a).$$

Par le principe de récurrence, on a donc, pour tout $x \in \mathbb{R}_+$ et pour tout $n \in \mathbb{N}^*$:

$$g(x + nx_0) - g(x) \geqslant n(g(x_0) - a).$$

c) En particulier, en prenant $x = 0$:

$$\forall n \in \mathbb{N}^*, \frac{g(nx_0)}{nx_0} \geqslant \frac{g(0)}{nx_0} + \frac{g(x_0) - a}{x_0}$$

et comme on sait que $\dfrac{g(t)}{t}$ tend vers 0 lorsque t tend vers $+\infty$, il vient par prolongement des inégalités, lorsque n tend vers l'infini :

$$0 \geqslant \frac{g(x_0) - a}{x_0}, \text{ d'où } g(x_0) \leqslant a$$

La contradiction recherchée est atteinte et notre hypothèse est fausse, donc :

$$\forall x \geqslant 0, f(x) - \ell x \leqslant a$$

Remarque : on démontre de façon analogue que $\forall x \in \mathbb{R}_+, -a \leqslant f(x) - \ell x$.
et donc, pour tout $x \in \mathbb{R}_+, |f(x) - \ell x| \leqslant a$.

Commentaire

Appelons « quasi-additive » une fonction f vérifiant la condition donnée au début de l'énoncé. Nous venons de montrer que si f est quasi-additive, il existe un nombre ℓ tel que la courbe représentative de f et la droite d'équation $y = \ell x$ restent « à distance finie » l'une de l'autre. Ce nombre ℓ est évidemment unique et est connu en statistique et analyse des données sous le nom de ***trend*** *de la fonction. Ce nombre exprime la tendance générale du phénomène étudié.*

Problème n° 20

Durée estimée : 3,5 heures

Prérequis :

Polynômes et fonctions polynomiales. Formule du binôme de Newton. Formule de de Moivre. Racines d'un polynôme. Décomposition en facteurs irréductibles d'un polynôme. Partie V seulement : arithmétique des polynômes et équation différentielle.

ÉNONCÉ

Dans le problème, n est un entier naturel qui, sauf précision, peut être nul. Le but de ce problème est l'étude des polynômes de Tchébychev de première et de seconde espèce. On pourra confondre polynôme et fonction polynôme associée.

I : Existence des polynômes de Tchébychev

1°) a) En développant $(\cos\theta + i\sin\theta)^n$, par la formule du binôme de Newton, montrer qu'il existe des polynômes T_n et U_n tels que :

$$\forall\, \theta \in \mathbb{R}, T_n(\cos\theta) = \cos(n\theta) \text{ et } (\sin\theta)U_n(\cos\theta) = \sin(n\theta)$$

b) Montrer l'unicité des polynômes T_n et U_n vérifiant la propriété précédente. *(le polynôme T_n, respectivement U_n, est appelé $n^{\text{ème}}$ polynôme de Tchébychev de première, respectivement de seconde, espèce).*

c) Que valent T_0 et T_1 ? Ecrire $\cos(2\theta)$ et $\cos(3\theta)$ en fonction de $\cos\theta$, en déduire T_2 et T_3.

d) Déterminer directement T_4

2°) Que peut-on dire de la parité du polynôme T_n ?

3°) *Formule de récurrence* :

a) Montrer que l'on a :

$$\forall\, n \in \mathbb{N}^*, \forall\, \theta \in \mathbb{R}, \cos[(n+1)\theta] + \cos[(n-1)\theta] = 2\cos\theta\cos(n\theta).$$

En déduire que pour $n \geqslant 1, T_{n+1} = 2XT_n - T_{n-1}$.

b) En utilisant cette formule, calculer T_5 et T_6.

4°) Montrer que T_n est de degré n et calculer son coefficient dominant.

5°) Simplifier, pour tout $n \geqslant 1$, $2XU_n - U_{n-1}$ puis $(1 - X^2)U_n^2 + T_n^2$.

II : Détermination des racines de T_n

On suppose ici $n \geqslant 1$ et on cherche les racines de T_n.

1°) Trouver les racines de T_n, pour $1 \leqslant n \leqslant 3$.

2°) En utilisant la relation de définition, calculer les racines appartenant à $[-1, 1]$ de T_n, n quelconque supérieur ou égal à 1.

Montrer que l'on obtient ainsi toutes les racines dans $\mathbb{C}$ de T_n En déduire la décomposition en facteurs irréductibles de T_n.

3°) Quels sont les extremums de $x \mapsto T_n(x)$ sur $[-1, 1]$? En quels points sont-ils atteints ?

III : Une expression de T_n et U_n

Dans cette partie, on suppose encore $n \geqslant 1$.

1°) T'_n et T''_n désignant la dérivée première et la dérivée seconde du polynôme T_n, montrer que :

$$(X^2 - 1)T''_n + XT'_n = n^2 T_n.$$

2°) Montrer que T_n est de la forme : $T_n = \sum\limits_{p=0}^{E(n/2)} a_p X^{n-2p}$, où E désigne la partie entière d'un réel.

Pour p compris entre 1 et $E(n/2)$, quelle relation lie a_p et a_{p-1} ? Que vaut a_0 ?

3°) En déduire que pour $0 \leqslant p \leqslant E(n/2)$: $a_p = (-1)^p \dfrac{n}{n-p} 2^{n-2p-1} C_{n-p}^p$.

4°) Exprimer U_n.

IV : Une utilisation des polynômes T_n pour un problème d'approximation

Dans cette partie, n est un entier naturel non nul, E désigne l'ensemble des fonctions réelles définies et continues sur le segment $[-1, 1]$, $\mathcal{P}_n$ l'ensemble des polynômes de degré $\leqslant n$, $\mathcal{B}_n$ l'ensemble des polynômes de degré n normalisés, c'est-à-dire dont le coefficient du terme du plus haut degré est 1.

On pose, pour $f \in E : N(f) = \sup\limits_{x \in [-1,1]} |f(x)|$.

1°) On pose $T_n^* = \dfrac{1}{2^{n-1}} T_n$. Calculer $N(T_n^*)$.

2°) Soit Π un élément de $\mathcal{B}_n$. En raisonnant sur le nombre de zéros du polynôme $T_n^* - \Pi$, démontrer qu'il est impossible que $N(\Pi) < N(T_n^*)$.

Nous avons donc : $\forall \Pi \in \mathcal{B}_n, N(\Pi) \geqslant N(T_n^*)$.

3°) Etant donné un élément f de E, s'il existe un élément P de $\mathcal{P}_n$ tel que :

$$\forall Q \in \mathcal{P}_n, N(f - Q) \geqslant N(f - P),$$

on dira que P est **une meilleure approximation polynomiale de degré $\leqslant n$** de f. (On ne se préoccupera pas ici, ni de l'existence, ni de l'unicité d'une telle approximation).

Ecrire le polynôme $X^3 - X^2$ comme combinaison linéaire des polynômes T_i.
En déduire une meilleure approximation polynomiale P de degré $\leqslant 2$ de la fonction g définie sur $[-1, 1]$ par : $g(x) = x^3 - x^2$.

V : Un peu d'arithmétique des polynômes

On cherche ici les couples de polynômes (P, Q) vérifiant

$$(*) \qquad P^2 = 1 + (X^2 - 1)Q^2$$

et tels que $\deg P = n$.

1°) Etudier le cas $n < 1$. Dans la suite, on suppose $n \geqslant 1$.

2°) Quel est le degré de Q ?

3°) Montrer que Q divise PP' dans $\mathbb{C}[X]$ et en déduire alors que Q divise P'. Quel est le quotient de cette division ?

4°) Vérifier la relation $(X^2 - 1)P'' + XP' = n^2 P$.
Si f est la fonction définie sur $\mathbb{R}$ par $f(\theta) = P(\cos\theta)$, en déduire une équation différentielle simple vérifiée par f. En déduire les couples (P, Q) solutions.

Décryptage du sujet :

Il s'agit d'étudier deux suites de polynômes (T_n) et (U_n) qui sont en fait assez liées. Les parties I et II ne présentent pas de difficultés particulières, la partie III est plus technique. Dans la question III.3, on procèdera par récurrence limitée. Dans la question III.4 il s'agit de donner une expression explicite de U_n. La partie IV présente une question de réflexion (question IV-2) où l'on raisonnera par contraposée en remarquant que $T_n^* - \Pi$ est alors un polynôme de degré au plus $n - 1$ qui change de signe entre deux points y_j consécutifs. La partie V fait appel à des notions vues seulement en seconde période. Dans la question V-3, on utilisera le théorème de Bézout et le théorème de Gauss pour les polynômes. Dans la question V-4, on sera amené à résoudre l'équation différentielle $f'' + n^2 f = 0$ et à ne conserver qu'une partie des solutions.

CORRIGÉ

Partie I

1°) a) Pour tout $n \in \mathbb{N}$ et tout $\theta \in \mathbb{R}$, on a grâce à de Moivre et Newton :

$$\cos(n\theta) + i\sin(n\theta) = (\cos\theta + i\sin\theta)^n = \sum_{p=0}^{n} C_n^p (\cos\theta)^{n-p}(i\sin\theta)^p$$

Les termes d'indices pairs de la sommation contribuent à la partie réelle et les termes d'indices impairs contribuent à la partie imaginaire (car $i^{2q} = (-1)^q$ et $i^{2q+1} = (-1)^q i$). Ainsi, en séparant la partie réelle de la partie imaginaire, on obtient, pour $n \geqslant 1$:

$$\cos(n\theta) = \sum_{q=0}^{E(\frac{n}{2})} C_n^{2q}(\cos\theta)^{n-2q}(-1)^q(\sin\theta)^{2q}$$

$$\sin(n\theta) = \sum_{q=0}^{E(\frac{n-1}{2})} C_n^{2q+1}(\cos\theta)^{n-2q-1}(-1)^q(\sin\theta)^{2q+1}$$

Il suffit alors de remarquer que $\sin^2\theta = 1 - \cos^2\theta$, pour obtenir :

$$\cos(n\theta) = \sum_{q=0}^{E(\frac{n}{2})} C_n^{2q}(\cos\theta)^{n-2q}(-1)^q(1-\cos^2\theta)^q$$

$$\sin(n\theta) = \sin(\theta)\cdot \sum_{q=0}^{E(\frac{n-1}{2})} C_k^{2q+1}(\cos\theta)^{k-2q-1}(-1)^q(1-\cos^2\theta)^q$$

On peut donc prendre :

$$T_n(X) = \sum_{q=0}^{E(\frac{n}{2})} (-1)^q C_n^{2q} X^{n-2q}(1-X^2)^q \,;$$

$$U_n(X) = \sum_{q=0}^{E(\frac{n-1}{2})} (-1)^q C_n^{2q+1} X^{n-2q-1}(1-X^2)^q$$

Notons que l'on a directement $T_0 = 1$ et $U_0 = 0$, et la formule donnant T_n reste donc valable pour $n = 0$.

b) Considérons un polynôme P_n tel que : $\forall\,\theta, T_n(\cos\theta) = \cos(n\theta) = P_n(\cos\theta)$. En faisant décrire à θ le segment $[0, \pi]$, on a donc : $\forall\, x \in [-1, 1], (T_n - P_n)(x) = 0$, et le polynôme $T_n - P_n$ admet une infinité de racines, donc est le polynôme nul.

De la même façon, si $\forall\,\theta, \sin(\theta)U_n(\cos\theta) = \sin(n\theta) = \sin(\theta)Q_n(\cos\theta)$, pour un certain polynôme Q_n, alors, en faisant décrire à θ l'intervalle $]0, \pi[$, il vient : $\forall\, x \in]-1, 1[, (U_n - Q_n)(x) = 0$, et $U_n - Q_n$ admet une infinité de racines, donc est le polynôme nul.

On a donc bien prouvé l'unicité, pour chaque valeur de n, du polynôme T_n ou U_n solution.

c) Facilement : $T_0 = 1,\ T_1 = X$ (car $\cos(0.\theta) = 1$ et $\cos(1.\theta) = \cos\theta$!)

Comme $\cos(2\theta) = 2\cos^2\theta - 1$ et $\cos(3\theta) = 4\cos^3\theta - 3\cos\theta$ (partir de la formule donnant $\cos(2\theta + \theta)$ et utiliser $\sin(2\theta) = 2\sin\theta\cos\theta, \ldots$), il vient :

$$T_2 = 2X^2 - 1 \text{ et } T_3 = 4X^3 - 3X$$

d) $T_4 = C_4^0X^4 - C_4^2X^2(1-X^2) + C_4^4(1-X^2)^2 = 8X^4$

Un zeste de Maple.

Maple connaît les polynômes (T_n) qu'il appelle « Chebyshev polynomial of the first kind ». Ainsi $T(n, x)$ fournit $T_n(x)$, mais attention, il faut se placer dans le package orthopoly :

> with(orthopoly) : $T(2,\ x),\ T(3,\ x)$;
>
> $$2x^2 - 1,\ 4x^3 - 3x$$

2°) D'après l'écriture en extension de T_n, on voit que T_n ne possède que des monômes de degré pair si n est pair et la fonction polynomiale associée est alors paire, et que T_n ne posséde que des monômes de degré impair si n est impair et la fonction polynomiale est alors impaire.

3° a) Il suffit d'appliquer la formule de trigonométrie correspondante. On a donc :

$$\forall\, n \in \mathbb{N}^*, \forall\,\theta \in \mathbb{R}, T_{n+1}(\cos\theta) + T_{n-1}(\cos\theta) = 2\cos\theta.T_n(\cos\theta)$$

En faisant varier θ dans $[0, \pi]$, on en déduit que le polynôme $T_{n+1} + T_{n-1} - 2XT_n$ s'annule en tout point de $[-1, 1]$, donc est le polynôme nul, ce qui donne la relation de récurrence annoncée.

b) D'où : $T_5 = 16X^5 - 20X^3 + 5X,\ T_6 = 32X^6 - 48X^4 + 18X^2 - 1.$

4°) Du rang 1, jusqu'au rang 6, le degré de T_n est n et le coefficient dominant est 2^{n-1} (attention au rang 0, le degré vaut 0, mais le coefficient dominant est 1).

Supposons cette propriété vraie jusqu'à un certain rang $n \geqslant 1$, alors $2XT_n - T_{n-1}$ est de degré exactement $n + 1$ et de coefficient dominant $2.2^{n-1} = 2^n$. Ainsi T_{n+1} est de degré $n + 1$ et de coefficient dominnant 2^n. On conclut alors par le principe de récurrence :

pour tout $n \geqslant 1$, T_n est de degré n et de coefficient 2^{n-1}.

5°) Pour tout θ de $]0, \pi[$, on peut écrire :

$$2\cos\theta U_n(\cos\theta) - U_{n-1}(\cos\theta) = \frac{2\cos\theta\sin(n\theta) - \sin[(n-1)\theta]}{\sin\theta}$$
$$= \frac{\sin[(n+1)\theta] + \sin[(n-1)\theta] - \sin[(n-1)\theta]}{\sin\theta} = U_{n+1}(\cos\theta)$$

Ainsi les polynômes $2XU_n - U_{n-1}$ et U_{n+1} sont égaux (puisque les fonctions polynômes associées coïncident en une infinité de points).

De même, pour tout $\theta \in]0, \pi[$:

$$(1 - \cos^2\theta)U_n^2(\cos\theta) + T_n^2(\cos\theta) = \sin^2\theta\,\frac{\sin^2(n\theta)}{\sin^2\theta} + \cos^2(n\theta) = 1$$

Soit, par l'argument maintenant habituel : $(1 - X^2)U_n^2 + T_n^2 = 1$.

Partie II

1°) 0 est la seule racine de T_1, les racines de T_2 sont $\pm\frac{1}{\sqrt{2}}$ et les racines de T_3 sont 0, $\frac{\sqrt{3}}{2}$ et $-\frac{\sqrt{3}}{2}$.

2°) Soit x une éventuelle racine de T_n, comprise entre -1 et 1. Il existe donc θ compris entre 0 et π telle que $x = \cos\theta$. D'où :

$$T_n(x) = 0 \iff T_n(\cos\theta) = 0 \iff \cos(n\theta) = 0.$$

Le nombre $n\theta$ est donc congru à $\frac{\pi}{2}$ modulo π, il existe donc n angles solutions : $\theta_j = \dfrac{(2j+1)\pi}{2n}$, avec $0 \leqslant j \leqslant n - 1$ (θ doit appartenir à $[0, \pi]$).

La fonction cos étant strictement décroissante sur $[0, \pi]$, on obtient ainsi n racines distinctes : $x_j = \cos\dfrac{(2j+1)\pi}{2n}$, avec $0 \leqslant j \leqslant n - 1$.

Or T_n est un polynôme de degré exactement n, il ne peut donc admettre plus de n racines dans $\mathbb{C}$: on vient d'obtenir toutes les racines (complexes) de T_n.

La factorisation en produit de polynômes irréductibles de T_n en découle :

$$T_n = 2^{n-1}\big(X - \cos(\tfrac{\pi}{2n})\big)\big(X - \cos(\tfrac{3\pi}{2n})\big)\cdots\big(X - \cos(\tfrac{(2n-1)\pi}{2n})\big).$$

3°) Puisque $T_n(\cos\theta) = \cos(n\theta)$, il est clair que les extremums de $x \mapsto T_n(x)$ sur $[-1, 1]$ sont -1 et 1, la valeur 1 étant atteinte aux points $\cos(\dfrac{2j\pi}{n})$ et la valeur -1

pour les points $\cos(\frac{(2j+1)\pi}{n})$, ce que l'on peut regrouper en :

$$\forall j \in \{0, 1, \ldots, n\}, T_n(y_j) = (-1)^j, \text{ avec } y_j = \cos(\frac{j\pi}{n})$$

Partie III

1°) Soit $f_n : \theta \mapsto T_n(\cos\theta)$. La fonction f_n est de classe $\mathcal{C}^\infty$ sur $\mathbb{R}$, avec :

$$f_n'(\theta) = -\sin\theta . T_n'(\cos\theta)\ ;\ f_n''(\theta) = -\cos\theta . T_n'(\cos\theta) + (-\sin\theta)^2 T_n''(\cos\theta)$$

Or $f_n(\theta) = \cos(n\theta)$, donc :

$$f_n'(\theta) = -n\sin(n\theta), f_n''(\theta) = -n^2\cos(n\theta) = -n^2 T_n(\cos\theta).$$

Ainsi : $n^2 T_n(\cos\theta) = \cos\theta . T_n'(\cos\theta) + (\cos^2\theta - 1) T_n(\cos\theta)$

On obtient à nouveau deux polynômes prenant une infinité de fois la même valeur, ce qui permet de conclure à leur égalité :

$$n^2 T_n = X.T_n' + (X^2 - 1) T_n''$$

2°) On sait que T_n a la parité de n, on peut donc poser : $T_n = \sum\limits_{p=0}^{E(\frac{n}{2})} a_p X^{n-2p}$,

c'est-à-dire : $T_n = a_0 X^n + a_1 X^{n-2} + a_2 X^{n-4} + \cdots + a_p X^{n-2p} + \cdots$ (la fin dépend de la parité de n).

On a alors :

$$\begin{cases} T_n' = n a_0 X^{n-1} + \cdots + (n-2p) a_p X^{n-2p-1} + \cdots \\ T_n'' = n(n-1) a_0 X^{n-2} + \cdots + (n-2p)(n-2p-1) a_p X^{n-2p-2} + \cdots \end{cases}$$

Pour $p \geqslant 1$, le coefficient du terme en X^{n-2p} de $XT_n' + (X^2-1)T_n''$ vaut donc :

$$(n-2p)a_p + (n-2p)(n-2p-1)a_p - (n-2p+2)(n-2p+1)a_{p-1}$$

(ne pas oublier qu'il existe deux termes en X^{n-2p} dans $(X^2-1)T_n''$: l'un venant du terme en X^{n-2p-2} de T_n'', multiplié par X^2 et l'autre venant du terme en X^{n-2p} de cette dérivée, multiplié par -1)

En comparant avec le terme correspondant de $n^2 T_n$, il vient, même pour $p = E(\frac{n}{2})$ (passez quelques instants à vérifier que la relation est valable pour le dernier terme du polynôme T_n, quelle que soit la parité de n) :

$$n^2 a_p = (n-2p)^2 a_p - (n-2p+2)(n-2p+1) a_{p-1}$$

D'où :

$$a_p = -\frac{(n-2p+2)(n-2p+1)}{4p(n-p)} a_{p-1}$$

Enfin, on sait que a_0 vaut 2^{n-1}.

3°) On a : $a_0 = (-1)^0 2^{n-1} \frac{n}{n} C_n^n$ et la formule annoncée est valable au rang 0.

Si on suppose la formule vraie pour un certain rang $p-1$, tel que a_p soit défini, alors, on peut écrire :

$$a_p = -\frac{(n-2p+2)(n-2p+1)}{4p(n-p)} (-1)^{p-1} 2^{n-2p+1} \frac{n}{n-p+1} C_{n-p+1}^{p-1}$$

et, en revenant aux factorielles :

$$a_p = -\frac{(n-2p+2)(n-2p+1)}{4p(n-p)} (-1)^{p-1} 2^{n-2p+1} \frac{n}{n-p+1} \frac{(n-p+1)!}{(p-1)!(n-2p+2)!}$$

Soit, après simplifications :

$$a_p = (-1)^p 2^{n-2p-1} \frac{n}{n-p} \frac{(n-p)!}{(n-2p)!p!} = (-1)^p 2^{n-2p-1} \frac{n}{n-p} C_{n-p}^p$$

On conclut par le principe de récurrence (limité à l'ordre $E(n/2)$).

4°) On a vu, au début de cette partie, que l'on a, toujours pour $n \geqslant 1$:

$$\sin(n\theta) = \sin(\theta) \frac{1}{n} T_n'(\cos\theta)$$

Par unicité du polynôme U_n, on a donc : $U_n = \frac{1}{n} T_n'$ et, en dérivant le résultat précédent et en utilisant la relation : $\frac{n-2p}{n-p} C_{n-p}^p = C_{n-p-1}^p$:

$$U_n = \sum_{p=0}^{E(\frac{k-1}{2})} (-1)^p 2^{n-2p-1} C_{n-p-1}^p X^{n-2p-1}.$$

Partie IV

1°) Il est clair que $N(T_n) = \sup_{\theta \in [0,\pi]} |\cos(n\theta)| = 1$. D'où $N(T_k^*) = 2^{1-n}$ (noter que $T_n^* \in \mathcal{B}_n$).

2°) Soit Π un élément de $\mathcal{B}_n$, et supposons $N(\Pi) < N(T_n^*) = 2^{1-n}$. On a donc : $\forall x \in [-1, 1], |2^{n-1}.\Pi(x)| < 1$ et, en particulier, avec les notations de II 3) :

$$\forall j \in [\![0, n]\!], |2^{n-1}\Pi(y_j)| < 1$$

Comme $T_n(y_j) = \pm 1$, le signe de $(T_n - 2^{n-1}\Pi)(y_j)$ est celui de $T_n(y_j)$, donc alternativement strictement positif ou strictement négatif.

Ainsi le théorème des valeurs intermédiaires appliqué à chaque intervalle $[y_j, y_{j+1}]$ montre que la fonction continue $x \mapsto (T_n - 2^{n-1}\Pi)(x)$ s'annule en au moins n points distincts (au moins une fois dans chaque intervalle ouvert $]y_j, y_{j+1}[$, pour $0 \leqslant j \leqslant n-1$).

Or le polynôme $T_n - 2^{n-1}\Pi$ est de degré inférieur ou égal à $n-1$, par disparition des termes de degré n. S'il s'annule plus de $n-1$ fois, c'est qu'il s'agit du polynôme nul. On aurait donc $\Pi = T_n^*$, ce qui contredit $N(\Pi) < N(T_n^*)$.

Bref : pour tout polynôme Π de $\mathcal{B}_n$, $N(\Pi) \geqslant N(T_n^*)$.

3°) On écrit, en ajustant à chaque fois le coefficient du terme de plus haut degré et en corrigeant :

$$X^3 - X^2 = \tfrac{1}{4}(4X^3 - 3X) - X^2 + \tfrac{3}{4}X = \tfrac{1}{4}(4X^3 - 3X) - \tfrac{1}{2}(2X^2 - 1) + \tfrac{3}{4}X - \tfrac{1}{2}$$

C'est-à-dire : $X^3 - 3X = \frac{1}{4} T_3 - \frac{1}{2} T_2 + \frac{3}{4} T_1 - \frac{1}{2} T_0$

Considérons alors le polynôme $P = -\frac{1}{2} T_2 + \frac{3}{4} T_1 - \frac{1}{2} T_0$. On a :

$$X^3 - X - P = \tfrac{1}{4} T_3 = T_3^* \in \mathcal{B}_3, \text{ puis : } \forall Q \in P_2, \Pi = X^3 - X - Q \in \mathcal{B}_3$$

Par application du résultat de la question 2), on a donc $N(g - Q) \geqslant N(g - P)$ et P est bien une meilleure approximation polynomiale de degré $\leqslant 2$ de g.

Partie V

1°) Le cas $\deg P < 1$ correspond à P constant. Si on remplace dans la relation $(*)$, $(X^2 - 1)Q^2$ doit être constant, donc $Q = 0$ et $P = 1$ ou $P = -1$.

2°) Si (P, Q) est un éventuel couple solution, on a :

$$2\deg P = \deg(1 + (X^2 - 1)Q^2) = \deg\big((X^2 - 1)Q^2\big) = 2 + 2\deg Q$$

(car Q n'est pas le polynôme nul et $(X^2 - 1)Q^2$ n'est pas un polynôme constant)

D'où : $\deg Q = \deg P - 1$, et on peut noter que les coefficients dominants de P et Q sont égaux ou opposés.

3°) Soit toujours (P, Q) un couple solution, en dérivant $(*)$:

$$2PP' = 2XQ^2 + 2(X^2 - 1)QQ' = 2Q\big(XQ - (X^2 - 1)Q'\big)$$

donc Q divise PP'.

D'autre part, la relation $(*)$ écrite sous la forme : $P.P - [(X^2 - 1)Q].Q = 1$ montre, d'après le théorème de Bézout que P et Q sont premiers entre eux.

Ainsi, d'après le théorème de Gauss, Q divise P'. Or ces deux polynômes ont le même degré donc $P' = \lambda.Q$ avec $\lambda \in \mathbb{R}^*$. Enfin :

$P = a_n X^n + \cdots, P' = n a_n X^{n-1} + \cdots, Q = \pm a_n X^{n-1} + \cdots \implies \lambda = \pm n$

4°) La relation $PP' = (X^2 - 1)QQ' + XQ^2$ devient alors, en remplaçant P' par $\pm nQ$ et en simplifiant par Q :

$$n^2 P = (X^2 - 1)(\pm nQ') + X(\pm nQ) = (X^2 - 1)P'' + XP' \quad (1)$$

Soit, en substituant à X le nombre $\cos\theta$, pour $\theta \in \mathbb{R}$:

$$n^2 P(\cos\theta) = -\sin^2\theta.P''(\cos\theta) + \cos\theta.P'(\cos\theta)$$

Ce qui donne, en posant $f(\theta) = P(\cos\theta)$: $\forall\theta \in \mathbb{R}, n^2 f(\theta) = f''(\theta)$.

Les solutions de cette équation différentielle linéaire sont les fonctions de la forme :

$$f(\theta) = \lambda\cos(n\theta) + \mu\sin(n\theta),\ \lambda, \mu \in \mathbb{R}$$

Or nous ne recherchons que les solutions qui sont des polynômes en $\cos\theta$! On a donc, *a priori*,λ quelconque et $\mu = 0$ ($\theta \mapsto \sin(n\theta)$ ne peut s'exprimer comme polynôme en $\cos\theta$, puisque tout polynôme en $\cos\theta$ est évidemment une fonction paire et que sin est une fonction impaire).

Bilan : si (P, Q) est un couple solution tel que $\deg P = n \geqslant 1$, alors P est de la forme $\lambda.T_n$ et $Q = \pm\frac{1}{n}P' = \pm\lambda\cdot\frac{1}{n}T'_n = \pm\lambda U_n$.

En remplaçant dans $(*)$, le couple $(P, Q) = (\lambda T_n, \pm\lambda U_n)$ est solution si et seulement si :

$$\lambda^2\big(T_n^2 + (1 - X^2)U_n^2\big) = 1$$

Ce qui donne, d'après I 5) : $\lambda^2 = 1$.

En conclusion, il existe quatre solutions au problème :

$$(T_n, U_n), (-T_n, U_n), (-T_n, U_n), (-T_n, -U_n)$$

Variante : une fois obtenue l'équation différentielle (1), on peut rechercher directement les solutions de (1) polynomiales, pour se rendre compte qu'elles sont proportionnelles à T_n, puis conclure comme dans le bilan précédent ...

Commentaires

A. *On a défini le* $n^{\text{ème}}$ *polynôme de Tchébychev de première espèce par*

$$T_n(\cos\theta) = \cos(n\theta),$$

on peut aussi le définir par $T_n(\text{ch}\,\theta) = \text{ch}(n\theta)$.

B. Quand vous aurez vu les espaces vectoriels de dimension finie :

$(T_0, \ldots, T_n)$ est une base de $\mathbb{R}_n[X]$ appelée base des polynômes de Tchébychev. En effet, $(T_0, \ldots, T_n)$ est libre car formée de polynômes de degrés tous différents et comme elle posséde $n+1$ éléments, elle est une base de $\mathbb{R}_n[X]$.

***C.** Les racines de T_n sont plus denses vers les extremités de $[-1, 1]$ que vers 0. Ce sont **les points dits de Tchébychev d'ordre n**.*

A titre d'exercice, on peut construire sur $[-1, 1]$ les polynômes d'interpolation de Lagrange de la fonction $g(t) = \dfrac{1}{1+t^2}$ en prenant d'une part pour support d'interpolation $\{-1, -1/2, 0, 1/2, 1\}$ et d'autre part les racines du polynôme de Tchebycheff d'ordre 5. On verra que l'approximation par Tchébichev est meilleure.

***D.** Pour tout t réel et tout x réel tel que $|x| \leqslant 1$, on démontre (ce sera faisable pour vous l'année prochaine) que $\dfrac{1-xt}{1-2xt+t^2} = \lim\limits_{n\to\infty} \sum\limits_{k=0}^{n} t^k T_k(x)$.*

E. Quand vous aurez vu les produits scalaires :

On démontre (c'est un calcul que vous pouvez déjà faire si vous avez vu le calcul intégral, bien entendu) que $\displaystyle\int_{-1}^{1} \frac{T_m(x)T_n(x)}{\sqrt{1-x^2}}dx$ est nul si $m \neq n$, vaut $\frac{\pi}{2}$ si $m = n \neq 0$ et π si $m = n = 0$. On dit que la famille

$$\left(\frac{1}{\sqrt{\pi}}T_0,\ \sqrt{\frac{2}{\pi}}T_k,\ k \geqslant 1\right)$$

*est **une famille orthonormale** par rapport au produit scalaire défini sur l'ensemble des fonctions continues sur $[-1, 1]$ par : $(f, g) \mapsto \displaystyle\int_{-1}^{1} \frac{f(t)g(t)}{\sqrt{1-t^2}}\, dt$.*

*On comprend pourquoi Maple classe ces polynômes dans le package **orthopoly**.*

Problème n° 21 — *Durée estimée : 2,5 heures*

Prérequis :

Formule du binôme de Newton. Fonction uniformément continue. Dérivation d'un polynôme (partie III seulement).

ÉNONCÉ

Dans tout le problème, n et k sont des entiers tels que $n \geqslant 1$ et $0 \leqslant k \leqslant n$.
On rappelle que $C_n^k = \dfrac{n!}{k!(n-k)!}$.

Partie I

On note $\varphi_{n,k}$ la fonction définie sur $[0, 1]$ par :

$$\varphi_{n,k}(x) = C_n^k x^k (1-x)^{n-k}$$

1°) Expliciter les quatre fonctions $\varphi_{3,k}$ pour $k = 0, 1, 2, 3$.

2°) Vérifier que si $k \geqslant 1$, alors $\frac{k}{n} C_n^k = C_{n-1}^{k-1}$.

3°) Calculer successivement les sommes :

$$\sum_{k=0}^{n} \varphi_{n,k}(x),\ \sum_{k=0}^{n} \frac{k}{n} \varphi_{n,k}(x) \text{ et } \sum_{k=0}^{n} \frac{k^2}{n^2} \varphi_{n,k}(x).$$

4°) Déduire de la question précédente la valeur de $\sum_{k=0}^{n} (k - nx)^2 \varphi_{n,k}(x)$.

Partie II

*Soit f une fonction de la variable x, définie et continue sur $[0, 1]$. On admet qu'une telle fonction est **uniformément continue** sur $[0, 1]$, c'est-à-dire que : pour tout $\frac{\varepsilon}{2} > 0$ donné, il existe $\delta > 0$ tel que, pour tout x_1 et pour tout x_2 appartenant à $[0, 1]$, $|x_1 - x_2| \leqslant \delta$ entraîne $|f(x_1) - f(x_2)| < \frac{\varepsilon}{2}$.*

On se fixe dans la suite de cette partie $\frac{\varepsilon}{2} > 0$ et un réel δ associé, on notera M le maximum de $|f(x)|$ sur $[0, 1]$.

Considérons la fonction polynôme B_n définie sur $[0, 1]$ par :

$$B_n(x) = \sum_{k=0}^{n} C_n^k f\left(\frac{k}{n}\right) x^k (1-x)^{n-k}.$$

1°) Calculer les fonctions polynômes B_n successivement pour les fonctions :

$$f(x) = 1,\ f(x) = x,\ f(x) = x^2 \text{ et } f(x) = \mathrm{e}^x.$$

2°) Montrer que :

$$f(x) - B_n(x) = \sum_{k=0}^{n} C_n^k \left(f(x) - f\left(\frac{k}{n}\right)\right) x^k (1-x)^{n-k}.$$

3°) On considère dans cette question et les suivantes les deux ensembles disjoints W_1 et W_2 définis respectivement par :

W_1 : ensemble des valeurs de $k \in \{0, \ldots, n\}$ telles que $|k - nx| > n\delta$.

W_2 : ensemble des valeurs de $k \in \{0, \ldots, n\}$ telles que $|k - nx| \leqslant n\delta$.

(On notera que W_1 et W_2 dépendent en fait de la valeur de n et de celle de x, ce qui est sous-entendu pour ne pas surcharger les notations)

On pose :

$$S'(x) = \sum_{k \in W_1} C_n^k \left(f(x) - f\left(\frac{k}{n}\right)\right) x^k (1-x)^{n-k},$$

$$S''(x) = \sum_{k \in W_2} C_n^k \left(f(x) - f\left(\frac{k}{n}\right)\right) x^k (1-x)^{n-k}.$$

a) Montrer que pour $k \in W_1$, $\left|f(x) - f\left(\frac{k}{n}\right)\right| < \dfrac{2M(k-nx)^2}{n^2\delta^2}$.

b) Montrer que :

$$|S'(x)| \leqslant \frac{2M}{n^2\delta^2} \sum_{k \in W_1} C_n^k (k - nx)^2 x^k (1-x)^{n-k}.$$

c) En utilisant les résultats obtenus en première partie, montrer que :

$$|S'(x)| \leqslant \frac{2M}{n^2\delta^2} nx(1-x) \leqslant \frac{M}{2n\delta^2}.$$

4°) En utilisant la propriété de continuité uniforme de f, montrer que :

$$|S''(x)| \leqslant \frac{\varepsilon}{2} \sum_{k \in W_2} C_n^k x^k (1-x)^{n-k} \leqslant \frac{\varepsilon}{2}.$$

5°) En déduire que :

$$|f(x) - B_n(x)| \leqslant \frac{\varepsilon}{2} + \frac{M}{2n\delta^2}$$

pour tout x appartenant à $[0, 1]$.

6°) Montrer que l'on peut choisir n de telle sorte que :

$$\max_{x \in [0,1]} |f(x) - B_n(x)| < \varepsilon.$$

Partie III

1°) Montrer que le polynôme dérivé de B_n peut s'écrire sous la forme

$$B_n'(x) = n \sum_{k=0}^{n-1} \left(f\left(\frac{k+1}{n}\right) - f\left(\frac{k}{n}\right)\right) \psi_{n,k}(x),$$

où $\psi_{n,k}(x) = C_{n-1}^k x^k (1-x)^{n-1-k}$.

2°) En déduire que si f est croissante sur $[0, 1]$, alors pour tout n, B_n est croissante sur $[0, 1]$.

Décryptage du sujet :

Pour la question 3) de la partie I, on utilisera plusieurs fois la formule du binôme de Newton et pour les deux dernières sommes, la question 2).

Dans la partie II, l'objectif est de rechercher pour tout $\varepsilon > 0$ donné la possibilité d'approcher uniformément f sur $[0, 1]$ par un polynôme B_n de degré n dépendant de ε, tel que, quel que soit $x \in [0,1]$, on ait $|f(x) - B_n(x)| < \varepsilon$.

Pour la question 1) de la partie II, on utilisera encore la formule du binôme de Newton. Pour la question 1) de la partie III, on utilisera les techniques déjà utilisées dans la question 3) de la partie I.

CORRIGÉ

Partie I

1°) Pour $n = 3$, la définition fournit pour k allant de 0 à 3 :

$\varphi_{3,0}(x) = (1-x)^3, \varphi_{3,1}(x) = 3x(1-x)^2, \varphi_{3,2}(x) = 3x^2(1-x), \varphi_{3,3}(x) = x^3$

2°) Pour $1 \leqslant k \leqslant n$:

$$\frac{k}{n} C_n^k = \frac{k}{n} \frac{n!}{k!(n-k)!} = \frac{(n-1)!}{(k-1)!(n-k)!} = C_{n-1}^{k-1}$$

3°) Nous avons pour tout n non nul :

$\star \sum\limits_{k=0}^{n} \varphi_{n,k}(x) = \sum\limits_{k=0}^{n} C_n^k x^k (1-x)^{n-k} = \big(x + (1-x)\big)^n = 1.$

$$\star \sum_{k=0}^{n} \frac{k}{n} \varphi_{n,k}(x) = \sum_{k=1}^{n} \frac{k}{n} C_n^k x^k (1-x)^{n-k} = \sum_{k=1}^{n} C_{n-1}^{k-1} x^k (1-x)^{n-k}$$

$$= x \sum_{h=0}^{n-1} C_{n-1}^h x^h (1-x)^{n-1-h} = x\big(x + (1-x)\big)^{n-1} = x$$

$\star$ Supposons $n \geqslant 2$ et calculons plutôt : $A_n = \sum\limits_{k=0}^{n} \dfrac{k(k-1)}{n(n-1)} \varphi_{n,k}(x)$.

En appliquant deux fois la formule de la question 2) :

$$A_n = \sum_{k=2}^{n} C_{n-2}^{k-2} x^k (1-x)^{n-k} = x^2 \sum_{h=0}^{n-2} C_{n-2}^h x^h (1-x)^{n-2-h}$$

$$= x^2\big(x + (1-x)\big)^{n-2} = x^2$$

Ainsi : $\sum\limits_{k=0}^{n} k(k-1)\varphi_{n,k}(x) = n(n-1)x^2$ et on constate que le résultat reste valable pour $n = 1$, d'où :

$$\sum_{k=0}^{n} k^2 \varphi_{n,k}(x) = \sum_{k=0}^{n} k(k-1)\varphi_{n,k}(x) + \sum_{k=0}^{n} \varphi_{n,k}(x) = n(n-1)x^2 + nx$$

$$\sum_{k=0}^{n} \frac{k^2}{n^2} \varphi_{n,k}(x) = \frac{n-1}{n} x^2 + \frac{x}{n}$$

4°) Pour $x \in [0,1]$:

$$\sum_{k=0}^{n} (k - nx)^2 \varphi_{n,k}(x) = \sum_{k=0}^{n} k^2 \varphi_{n,k}(x) - 2nx \sum_{k=0}^{n} k\varphi_{n,k}(x) + n^2x^2 \sum_{k=0}^{n} \varphi_{n,k}(x)$$

et, grâce aux résultats de 3), il vient :

$$\sum_{k=0}^{n} (k - nx)^2 \varphi_{n,k}(x) = nx(1-x)$$

Partie II

1°) On applique directement la première partie et la formule du binôme de Newton et pour les valeurs de f données respectivement dans l'énoncé, il vient :

$\star$ Si $f : x \mapsto 1$:

$$B_n(x) = \sum_{k=0}^{n} C_n^k x^k (1-x)^{n-k} = \sum_{k=0}^{n} \varphi_{n,k}(x) = 1.$$

$\star$ Si $f : x \mapsto x$:

$$B_n(x) = \sum_{k=0}^{n} C_n^k \frac{k}{n} x^k (1-x)^{n-k} = \sum_{k=0}^{n} \frac{k}{n} \varphi_{n,k}(x) = x.$$

$\star$ Si $f : x \mapsto x^2$:

$$B_n(x) = \sum_{k=0}^{n} C_n^k \frac{k^2}{n^2} x^k (1-x)^{n-k} = \sum_{k=0}^{n} \frac{k^2}{n^2} \varphi_{n,k}(x) = \frac{n-1}{n} x^2 + \frac{x}{n}$$

$$= \frac{n-1}{n} x^2 + \frac{x}{n}.$$

$\star$ Enfin, dans le cas $f : x \mapsto \mathrm{e}^x$:

$$B_n(x) = \sum_{k=0}^{n} C_n^k (\mathrm{e}^{\frac{1}{n}} x)^k (1-x)^{n-k} = (1 - x + x.\mathrm{e}^{\frac{1}{n}})^n.$$

2°) Partant de $f(x) = f(x) \sum_{k=0}^{n} C_n^k x^k (1-x)^{n-k}$ et en utilisant la définition de $B_n(x)$, il vient de suite :

$$f(x) - B_n(x) = \sum_{k=0}^{n} C_n^k \left(f(x) - f(\tfrac{k}{n})\right) x^k (1-x)^{n-k}$$

3°) a) Pour $k \in W_1$, nous avons $(k - nx)^2 > n^2\delta^2$, c'est-à-dire $\dfrac{(k-nx)^2}{n^2\delta^2} > 1$ et nous pouvons écrire :

$$\left|f(x) - f(\tfrac{k}{n})\right| \leqslant |f(x) + \left|f(\tfrac{k}{n})\right| \leqslant 2M \leqslant \frac{2M(k-nx)^2}{n^2\delta^2}.$$

b) Il en résulte :

$$|S'(x)| \leqslant \sum_{k \in W_1} C_n^k \left|f(x) - f(\tfrac{k}{n})\right| x^k (1-x)^{n-k}$$

$$\leqslant \frac{2M}{n^2\delta^2} \sum_{k \in W_1} C_n^k (k - nx)^2 x^k (1-x)^{n-k}.$$

c) D'où, grâce au résultat de I 4) :

$$|S'(x)| \leqslant \frac{2M}{n^2\delta^2} \sum_{k=0}^{n} C_n^k (k-nx)^2 x^k (1-x)^{n-k} = \frac{2M}{n\delta^2} x(1-x).$$

D'autre part, pour tout $x \in [0, 1]$, $x(1-x) \leqslant \frac{1}{4}$ (vérification aisée) et finalement, on obtient :

$$|S'(x)| \leqslant \frac{M}{2n\delta^2}.$$

4°) Nous avons, pour tout x de $[0, 1]$:

$$|S''(x)| \leqslant \sum_{k \in W_2} C_n^k \left|f(x) - f(\tfrac{k}{n})\right| x^k (1-x)^{n-k},$$

Or, pour x fixé quelconque dans $[0, 1]$, pour tout $k \in W_2$, on a $\left|\frac{k}{n} - x\right| \leqslant \delta$. D'après le résultat admis en introduction à cette partie, il en résulte que :

$$\forall k \in W_2, \left|f(x) - f(\tfrac{k}{n})\right| < \frac{\varepsilon}{2}.$$

Nous en déduisons :

$$|S''(x)| \leqslant \frac{\varepsilon}{2} \sum_{k \in W_2} C_n^k x^k (1-x)^{n-k} \leqslant \frac{\varepsilon}{2} \sum_{k=0}^{n} C_n^k x^k (1-x)^{n-k} = \frac{\varepsilon}{2}.$$

5°) Si on se fixe x, quelconque dans $[0, 1]$, en utilisant les résultats précédents :

$$|f(x) - B_n(x)| = |S'(x) + S''(x)| \leqslant |S'(x)| + |S''(x)| \leqslant \frac{\varepsilon}{2} + \frac{M}{2n\delta^2}.$$

Soit :

$$\forall x \in [0, 1], |f(x) - B_n(x)| \leqslant \frac{\varepsilon}{2} + \frac{M}{2n\delta^2}.$$

6°) Soit $\varepsilon > 0$ quelconque, le réel δ est alors bien déterminé. En choisissant n tel que $n > \dfrac{M}{\varepsilon\delta^2}$:

$$\max_{x \in [0,1]} |f(x) - B_n(x)| \leqslant \frac{\varepsilon}{2} + \frac{M}{2n\delta^2} < \frac{\varepsilon}{2} + \frac{\varepsilon}{2} = \varepsilon.$$

Partie III

1°) Posons un court instant :

$$\begin{aligned} T &= n \sum_{k=0}^{n-1} \left(f(\frac{k+1}{n}) - f(\frac{k}{n})\right)\psi_{n,k}(x) \\ &= n \sum_{k=0}^{n-1} \left(f(\frac{k+1}{n}) - f(\frac{k}{n})\right) C_{n-1}^k x^k (1-x)^{n-k-1} \\ &= n \sum_{k=0}^{n-1} f(\frac{k+1}{n}) C_{n-1}^k x^k (1-x)^{n-k-1} - n \sum_{k=0}^{n-1} f(\frac{k}{n}) C_{n-1}^k x^k (1-x)^{n-k-1} \end{aligned}$$

Par changement d'indice dans la première somme, on écrit :

$$T = n \sum_{k=1}^{n} f(\frac{k}{n}) C_{n-1}^{k-1} x^{k-1} (1-x)^{n-k} - n \sum_{k=0}^{n-1} f(\frac{k}{n}) C_{n-1}^k x^k (1-x)^{n-k-1}$$

c'est-à-dire en utilisant les formules $nC_{n-1}^{k-1} = kC_n^k$ pour la première somme et $nC_{n-1}^k = (n-k)C_n^k$ pour la seconde :

$$T = \sum_{k=1}^{n} f(\frac{k}{n}) k C_n^k x^{k-1} (1-x)^{n-k} - \sum_{k=0}^{n-1} f(\frac{k}{n})(n-k) C_n^k x^k (1-x)^{n-k-1}$$

D'autre part, par une dérivation directe et facile :

$$B_n'(x) = \sum_{k=1}^{n} f(\frac{k}{n}) k C_n^k x^{k-1} (1-x)^{n-k} - \sum_{k=0}^{n-1} f(\frac{k}{n})(n-k) C_n^k x^k (1-x)^{n-k-1}$$

Les deux expressions sont bien identiques.

2°) Si f est croissante, la quantité $f(\frac{k+1}{n}) - f(\frac{k}{n})$ est positive, $\psi_{n,k}(x)$ aussi et $T = B_n'(x)$ l'est donc également. B_n est alors croissante sur $[0, 1]$.

Ainsi, si f croît, chaque B_n est aussi croissante sur $[0, 1]$.

Commentaires

A. *Les fonctions $\varphi_{n,k}$ du problème sont appelées* ***fonctions polynomiales de Bernstein de degré*** *n.*

B. *On dit que la suite (B_n) converge uniformément vers f sur $[0, 1]$. On appelle ce résultat le théorème de Stone-Weierstrass. La* ***convergence uniforme*** *est une notion que vous verrez en seconde année (parfois elle est abordée dès l'année de MPSI), son intérêt réside dans le fait que si une suite (B_n) de fonctions* *continues converge uniformément vers f sur $[0,1]$, alors f est continue sur $[0,1]$ et* $\lim_{n\to\infty}\int_0^1 B_n(t)\,dt = \int_0^1 f(t)\,dt.$

C. Un Zeste de Maple :

```
> readlib(bernstein) : bernstein(3, x —> 1/(x + 1), z) ;
```

$$1-\frac{3}{4}z+\frac{3}{10}z^2-\frac{1}{20}z^3$$

bernstein(n,f,x) *retourne le polynôme de Bernstein B_n de variable x associé la fonction f sur $[0,1]$.*

D. Quand vous aurez traité les fonctions vectorielles et le barycentre : *Donnons une application intéressante de ces polynômes de Bernstein. On considère $n+1$ points $P_0,\dots,P_n$, appelés* ***points de définition.*** *Si O est l'origine du plan, on considère la fonction vectorielle :*

$$\forall t\in[0,1],\ \overrightarrow{OM}(t)=\sum_{k=0}^{n}\varphi_{n,k}(t)\overrightarrow{OP_k}$$

Les masses $\varphi_{n,k}(t)$ étant positives et de somme 1, $M(t)$ est barycentre à masses positives des points P_k et le lieu $\mathcal{C}$ des points $M(t)$ est une courbe qui est située à l'intérieur de l'enveloppe convexe dont les sommets sont les points de définition. On appelle cette courbe ***courbe de Bezier*** *par rapport aux points $P_0,\dots,P_n$.*

Le point $M(t)$ est ainsi indépendant de O (cf. propriétés du barycentre).

On a $\overrightarrow{OM}(0)=\overrightarrow{OP_0}$ et $\overrightarrow{OM}(1)=\overrightarrow{OP_n}$: P_0 et P_n sont des points de $\mathcal{C}$ (ce sont en général les seuls points de définition qui appartiennent à $\mathcal{C}$).

La tangente en $M(t)$ à $\mathcal{C}$ a pour vecteur directeur $\sum_{k=0}^{n}\varphi'_{n,k}(t)\overrightarrow{OP_k}$.

Ainsi $\sum_{k=0}^{n}\varphi'_{n,k}(0)\overrightarrow{OP_k}$ dirige la tangente en $M(0)$. Or, $\varphi'_{n,0}(0)=-n$, $\varphi'_{n,1}(0)=n$ et $\varphi'{}_n,k(0)=0$ pour tout $k\in\{2,\dots,n\}$. La tangente est donc dirigée $n\overrightarrow{P_0P_1}$.

Ainsi, on aboutit à une propriété intéressante : La tangente en P_0 à $\mathcal{C}$ passe par P_1 (si $P_1\neq P_0$) et on montre de même que la courbe arrive en P_n avec une tangente passant par P_{n-1}.

Si on dérive maintenant deux fois $\overrightarrow{OM}(t)$ en $t=0$ et en $t=1$, on obtient :

$\overrightarrow{OM}''(0)=n(n-1)(\overrightarrow{P_1P_2}-\overrightarrow{P_0P_1})$;

$\overrightarrow{OM}''(1)=n(n-1)(\overrightarrow{P_{n-1}P_{n-2}}-\overrightarrow{P_nP_{n-1}})$.

Ces formules permettent de connecter entre-elles deux courbes de Bezier avec un raccordement de classe $\mathcal{C}^2$. Supposons l'arc $\mathcal{C}$ défini par les points $P_0,P_1,\dots,P_n$ et un second arc de Bezier défini par $Q_0,\dots,Q_n$. Un raccordement par continuité implique déjà $P_n=Q_0$ car les deux courbes de Bezier passent par les points extrêmes.

Un raccordement de classe $\mathcal{C}^1$ implique $n\overrightarrow{P_{n-1}P_n}=n\overrightarrow{P_nQ_1}$, et donc P_n est le milieu de $[P_{n-1},Q_1]$. La position de Q_1 est donnée par $\overrightarrow{OQ}_1=\overrightarrow{OP}_n+\overrightarrow{P_{n-1}P_n}$.

Un raccordement de classe $\mathcal{C}^2$ implique, de plus :

$$n(n-1)(\overrightarrow{P_{n-1}P_{n-2}}-\overrightarrow{P_nP_{n-1}})=n(n-1)(\overrightarrow{Q_1Q_2}-\overrightarrow{P_nQ_1})$$

Un zeste de Chasles et on obtient la position de Q_2 par la relation :

$$\overrightarrow{OQ}_2 = \overrightarrow{OP}_{n-2} + 4\overrightarrow{P_{n-1}P_n}.$$

Ainsi, dans le cas $n = 3$, on parle alors de raccordement de courbes de Bezier cubiques, si le raccordement est de classe $\mathcal{C}^2$, on est libre seulement de fixer le dernier point de définition du second arc. L'utilisation de courbes de degrés plus élévés ($n > 3$) laisse davantage de liberté.

On peut définir les ***surfaces de Bezier*** *de façon analogue :*

$$\overrightarrow{OM}(u, v) = \sum_{i=0}^{n} \sum_{j=0}^{m} \varphi_{n,i}(u)\psi_{m,j}(v)\overrightarrow{OP_{i,j}}$$

où $(P_{i,j})$ est une collection de points et les polynômes de Bernstein φ et ψ sont l'un de degré n, l'autre de degré m. On prolonge comme pour les courbes ces mosaïques de surfaces de Bezier avec des contraintes de raccordement le long des frontières.

E. A quoi peuvent servir ces courbes ou surfaces de Bezier ?

Elles constituent un des premiers essais de création d'une définition à la fois souple et intuitive des surfaces pour la conception assistée par ordinateur (CAO) et elles ont été utilisées depuis plusieurs décennies par l'entreprise Renault pour tracer les panneaux externes des carrosseries d'automobiles. L'étude des raccordements que l'on a fait plus haut est une modeste approche de tout ce que l'on peut faire avec ces courbes et surfaces adaptées aux divisions et aux retouches. Le tour du propriétaire serait incomplet si on ne mentionnait pas ***les courbes et surfaces B-splines*** *dont le principe et les propriétés sont très proches de celles des courbes et surface de Bezier.*

Problème n° 22 — *Durée estimée : 2,5 heures*

Prérequis :

Dérivation d'une fonction, fonctions de classe C^n. Théorème des accroissements finis. Développements limités à l'ordre n. Inégalité de Taylor-Lagrange. Formule de Leibniz.

ÉNONCÉ

Dans tout le problème, n désigne un entier naturel, f une fonction numérique d'une variable réelle et on note $f^{(0)}$ la fonction f, $f^{(n)}$ la dérivée d'ordre n de f quand elle existe. Si I désigne une partie de $\mathbb{R}$, f est dite de classe C^0 sur I si elle est continue sur I et de classe C^n sur I si la dérivée d'ordre n existe et est continue sur I. De plus, on rappelle que $\mathbb{R}^* = \mathbb{R} \setminus \{0\}$ et que

$$\forall p \in \{0, \ldots, n\}, C_n^p = \frac{n!}{p!(n-p)!}.$$

Première partie : Un exemple

1°) On considère la fonction h, définie sur $\mathbb{R}$ par :

$$h(x) = \begin{cases} \dfrac{\sin x}{x} & \text{, si } x \neq 0 \\ 1 & \text{, si } x = 0 \end{cases}$$

Montrer que h est de classe C^1 sur $\mathbb{R}$ (on utilisera les développements limités : $\cos x = 1 - \dfrac{x^2}{2} + o(x^2), \sin x = x - \dfrac{x^3}{6} + o(x^3)$).

2°) On pose pour tout n de $\mathbb{N}$, et tout x de $\mathbb{R}$:

$$P_n(x) = \sum_{k=0}^{n} (-1)^k \frac{x^{2k}}{(2k)!}, Q_n(x) = \sum_{k=0}^{n} (-1)^k \frac{x^{2k+1}}{(2k+1)!}.$$

et on pose, par convention, $Q_{-1}(x) = 0$.

a) Comparer P_n' et Q_{n-1} d'une part, Q_n' et P_n d'autre part.

b) Ecrire les quantités $P_n(x) - P_{n-1}(x)$ et $P_{n+1}(x) - P_n(x)$ en fonction de $Q_n(x) - Q_{n-1}(x)$.

c) Montrer que h est indéfiniment dérivable sur $\mathbb{R}^*$ et établir, pour $x \neq 0$, les formules :

$$h^{(2n)}(x) = \frac{(2n)!}{x^{2n+1}} \big(P_n(x) \sin x - Q_{n-1}(x) \cos x\big),$$

$$h^{(2n+1)}(x) = \frac{(2n+1)!}{x^{2n+2}} \big(Q_n(x) \cos x - P_n(x) \sin x\big).$$

d) Ecrire les développements limités à l'ordre $2n+1$ et $2n+2$ de $\sin x$ et de $\cos x$, au voisinage de 0, en utilisant P_n, P_{n+1} et Q_n.

e) Montrer l'existence et donner la valeur de $h^{(2n)}(0)$ et $h^{(2n+1)}(0)$ et en déduire que h est dérivable à tout ordre sur $\mathbb{R}$.

Deuxième partie

Soit f une fonction de classe C^{n+1} sur $\mathbb{R}$ telle que :

$$f(0) = f'(0) = \cdots = f^{(n+1)}(0) = 0.$$

On définit la fonction g sur $\mathbb{R}$ par :

$$g(x) = \begin{cases} \dfrac{f(x)}{x} & \text{, si } x \neq 0 \\ 0 & \text{, si } x = 0 \end{cases}$$

1°) On pose $M_{n+1}(x) = \sup\limits_{t \in [0,x]} |f^{(n+1)}(t)|$.

Montrer que, pour tout $p \in \{0, \ldots, n\}$:

$$\forall x \in \mathbb{R}, |f^{(p)}(x)| \leqslant \frac{x^{n-p+1}}{(n-p+1)!} M_{n+1}(x).$$

(On appliquera l'inégalité de Taylor-Lagrange à $f^{(p)}$ sur $[0, x]$, ou sur $[x, 0]$ si $x < 0$, à un certain ordre.)

2°) Montrer pour tout x non nul, l'égalité :

$$g^{(n)}(x) = \sum_{k=0}^{n} (-1)^k C_n^k k! x^{-k-1} f^{(n-k)}(x).$$

(On appliquera la formule de Leibniz au produit $\frac{1}{x} f(x)$.)

3°) Quelle est la limite de $g^{(n)}(x)$ quand x tend vers 0 ? En déduire que g est de classe C^n sur $\mathbb{R}$.

Troisième partie

On étend le résultat de la seconde partie. Pour cela, on considère m un entier non nul et on suppose que f est de classe C^{m+n} sur $\mathbb{R}$. On pose :

$$g_m(x) = \begin{cases} \dfrac{1}{x^m}\left[f(x) - \sum\limits_{k=0}^{m-1} \dfrac{f^{(k)}(0)}{k!} x^k\right] & \text{, si } x \neq 0 \\ \dfrac{f^{(m)}(0)}{m!} & \text{, si } x = 0 \end{cases}$$

On admet que g_1 est de classe C^{n+m-1} sur $\mathbb{R}$ et que l'on a :

$$\forall p \in \{0, \ldots, n+m-1\}, g_1^{(p)}(0) = \frac{f^{(p+1)}(0)}{p+1}$$

1°) En convenant que $g_0(x) = f(x)$, montrer que

$$\forall x \in \mathbb{R}^*, g_m(x) = \frac{1}{x}\big(g_{m-1}(x) - g_{m-1}(0)\big).$$

2°) Montrer que g_m est de classe C^n sur $\mathbb{R}$ et calculer ses dérivées en 0 jusqu'à l'ordre n inclus.

CORRIGÉ

Partie I

1°) h est de classe $\mathcal{C}^1$ sur $\mathbb{R}^*$, car quotient de deux fonctions de classe $\mathcal{C}^1$, le dénominateur ne s'annulant pas. De plus :

$$\forall x \neq 0, h'(x) = \frac{x\cos x - \sin x}{x^2}$$

On a : $\cos x = 1 - \frac{x^2}{2} + o(x^2)$ et $\sin x = x - \frac{x^3}{6} + o(x^3)$, d'où :

$$h'(x) = \frac{-\frac{1}{3}x^3 + o(x^3)}{x^2} = -\frac{1}{3}x + o(x) \underset{x\to 0}{\longrightarrow} 0$$

Or $\sin x \underset{(0)}{\sim} x$ donne $\lim\limits_{x\to 0} h(x) = 1$ et h est continue sur $\mathbb{R}$.

Toutes les conditions sont réunies pour affirmer que h est dérivable en 0 avec $h'(0) = \lim\limits_{0} h' = 0$ (h est continue sur $\mathbb{R}$, dérivable sur $\mathbb{R}^*$ et h' a une limite en 0) et h est bien de classe $\mathcal{C}^1$ sur $\mathbb{R}$.

2°) a) En faisant attention aux bornes des sommations, on trouve :

$$P_n'(x) = -Q_{n-1}(x) \text{ et } Q_n'(x) = P_n(x).$$

b) D'une part : $Q_n(x) - Q_{n-1}(x) = (-1)^n \frac{x^{2n+1}}{(2n+1)!}$. D'autre part :

$$P_n(x) - P_{n-1}(x) = (-1)^n \frac{x^{2n}}{(2n)!} \text{ et } P_{n+1}(x) - P_n(x) = (-1)^{n+1} \frac{x^{2n+2}}{(2n+2)!}.$$

On en déduit :

$$P_n(x) - P_{n-1}(x) = \frac{2n+1}{x}\big(Q_n(x) - Q_{n-1}(x)\big)$$
$$P_{n+1}(x) - P_n(x) = -\frac{x}{2n+2}\big(Q_n(x) - Q_{n-1}(x)\big)$$

c) La fonction h est indéfiniment dérivable sur $\mathbb{R}^*$, car elle est le quotient de deux fonctions indéfiniment dérivables sur $\mathbb{R}^*$, le dénominateur ne s'annulant pas sur $\mathbb{R}^*$. Etablissons, par récurrence sur n, les égalités demandées.

$\star$ Nous avons : $h(x) = \frac{1}{x}(\sin x - 0)$ et $h'(x) = \frac{1}{x^2}(x\cos x - \sin x)$, ce qui montre le résultat au rang 0, grâce à la convention $Q_{-1} = 0$.

$\star$ Supposons la formule vraie pour un rang $2n$, alors :

$$\begin{aligned} h^{(2n+1)}(x) &= \frac{-(2n)!(2n+1)}{x^{2n+2}}\big(P_n(x)\sin x - Q_{n-1}(x)\cos x\big) \\ &\qquad + \frac{(2n)!}{x^{2n+1}}\big(P_n(x)\cos x - P_{n-1}(x)\cos x\big) \\ &= \frac{(2n+1)!}{x^{2n+2}}\Big(- P_n(x)\sin x + Q_{n-1}(x)\cos x \\ &\qquad + \frac{x}{2n+1}\big(P_n(x) - P_{n-1}(x)\big)\cos x\Big) \\ &= \frac{(2n+1)!}{x^{2n+2}}\left(-P_n(x)\sin x + Q_n(x)\cos x\right). \end{aligned}$$

De même, en dérivant cette expression de $h^{2n+1}(x)$, on voit facilement que

$$h^{(2n+2)}(x) = \frac{(2n+2)!}{x^{2n+3}}\left(P_{n+1}(x)\sin x - Q_n(x)\cos x\right).$$

Par le principe de récurrence, les formules annoncées sont vraies pour tout n.

d) Les développements limités des fonctions sin et cos sont connus. On a :

$$\sin x = Q_n(x) + x^{2n+1}\varepsilon_1(x) = Q_n(x) + x^{2n+2}\varepsilon_3(x),$$
$$\cos x = P_n(x) + x^{2n+1}\varepsilon_2(x) = P_{n+1}(x) + x^{2n+2}\varepsilon_4(x),$$

les fonctions ε_i tendant vers 0 quand x tend vers 0.

e) ⋆ Pour $x \neq 0$, on a :

$$h^{(2n)}(x) = \frac{(2n)!}{x^{2n+1}}\left[P_n(x)\big(Q_n(x) + x^{2n+1}\varepsilon_1(x)\big) - Q_{n-1}(x)\big(P_n(x) + x^{2n+1}\varepsilon_2(x)\big)\right]$$
$$= \frac{(2n)!}{x^{2n+1}}\Big(P_n(x)Q_n(x) - Q_{n-1}(x)P_n(x) + x^{2n+1}\big(P_n(x)\varepsilon_1(x) - Q_{n-1}(x)\varepsilon_2(x)\big)\Big).$$

Or nous avons la relation : $P_n(x)\big(Q_n(x) - Q_{n-1}(x)\big) = P_n(x)\dfrac{(-1)^n x^{2n+1}}{(2n+1)!}$

D'où l'on déduit : $h^{(2n)}(x) = P_n(x)\dfrac{(-1)^n(2n)!}{(2n+1)!} + \mu_1(x)$, avec $\mu_1(x)$ qui tend vers 0 quand x tend vers 0. Ainsi :

$$\lim_{x\to 0} h^{(2n)}(x) = P_n(0)\frac{(2n)!}{(2n+1)!}(-1)^n = \frac{(-1)^n}{2n+1}.$$

⋆ De même, la quantité $h^{(2n+1)}(x)$ vaut, pour $x \neq 0$:

$$\frac{(2n+1)!}{x^{2n+2}}\Big(Q_n(x)P_{n+1}(x) - P_n(x)Q_n(x) + x^{2n+2}\big(Q_n(x)\varepsilon_4(x) - P_n(x)\varepsilon_3(x)\big)\Big)$$

$$h^{(2n+1)}(x) = Q_n(x)\frac{(-1)^n}{2n+2} + \mu_2(x),$$

avec $\mu_2(x)$ qui tend vers 0 quand x tend vers 0. Finalement :

$$\lim_{x\to 0} h^{(2n+1)}(x) = 0.$$

Ainsi h est continue sur $\mathbb{R}$, dérivable à tout ordre sur $\mathbb{R}^*$, et toutes les dérivée de h ont une limite en 0. Par itération du théorème évoqué dans la solution de la question 1), on en déduit que h est dérivable à tout ordre en 0, les dérivées en 0 étant les limites des dérivées (donc h est de classe C^∞ sur $\mathbb{R}$).

Partie II

1°) Rappelons l'inégalité de Taylor-Lagrange appliquée à une fonction φ à l'ordre $n+1$ sur $[0,x]$, $\varphi : \mathbb{R} \to \mathbb{R}$ étant de classe C^{n+1} sur $\mathbb{R}$:

$$\Big|\varphi(x) - \sum_{k=0}^{n}\frac{x^k}{k!}\varphi^{(k)}(0)\Big| \leqslant \frac{x^{n+1}}{(n+1)!}\sup_{t\in[0,x]}|\varphi^{(n+1)}(t)|$$

Ici, on applique l'inégalité de Taylor-Lagrange à $f^{(p)}$ sur $[0,x]$ (même si $x < 0$) à l'ordre $n-p+1$:

$$\Big|f^{(p)}(x) - \sum_{k=0}^{n-p}\frac{x^k}{k!}f^{(p+k)}(0)\Big| \leqslant \frac{x^{n-p+1}}{(n-p+1)!}\sup_{t\in[0,x]}|f^{(n+1)}(t)|$$

La nullité des dérivées successives en 0 donne l'inégalité demandée.

2°) Pour $x \neq 0$, $g(x) = \dfrac{1}{x}f(x)$ et en utilisant la formule de Leibniz donnant la dérivée $n^{\text{ème}}$ d'un produit : $(uv)^{(n)} = \sum\limits_{k=0}^{n} C_n^k u^{(k)}v^{(n-k)}$, il vient :

$$\forall x \neq 0, g^{(n)}(x) = \sum_{k=0}^{n} C_n^k f^{(n-k)}(x)(x^{-1})^{(k)} = \sum_{k=0}^{n}(-1)^k C_n^k k! x^{-k-1} f^{(n-k)}(x).$$

3°) En utilisant les deux dernières questions, $\left|g^{(n)}(x)\right|$ est donc majoré par :

$$\sum_{k=0}^{n} C_n^k k! |x|^{-k-1} \frac{|x|^{n-n+k+1}}{(n-n+k+1)!} M_{n+1}(x) = M_{n+1}(x) \sum_{k=0}^{n} \frac{C_n^k}{k+1}$$

Comme $f^{(n+1)}(0) = 0$ et que $f^{(n+1)}$ est continue, on a $\lim_{x \to 0} M_{n+1}(x) = 0$ et $\lim_{x \to 0} g^{(n)}(x) = 0$.

La fonction g est continue sur $\mathbb{R}$, puisque :

$$\lim_{x \to 0} g(x) = \lim_{x \to 0} \frac{f(x) - f(0)}{x - 0} = f'(0) = 0$$

Le raisonnement qui vient d'être fait au rang n peut se faire *a fortiori* à tout ordre inférieur ou égal à n et toutes les dérivées de g, jusqu'à la dérivée $n^{\text{ème}}$ ont une limite (nulle) en 0. En appliquant toujours le même théorème, on en conclut que g est de classe C^n sur $\mathbb{R}$.

Partie III

0°) Commençons par regarder de plus près le résultat admis :

$$\text{On a } g_1(0) = f'(0) \text{ et pour } x \neq 0,\ g_1(x) = \frac{f(x) - f(0)}{x}.$$

Pour $x \neq 0$, on écrit :

$$g_1(x) = \frac{1}{x}\Big(f(x) - \sum_{k=0}^{n+1} \frac{f^{(k)}(0)}{k!} x^k\Big) + \sum_{k=1}^{n+1} \frac{f^{(k)}(0)}{k!} x^{k-1}$$

Ainsi : $g(x) = \frac{1}{x}\varphi(x) + \sum_{k=1}^{n+1} \frac{f^{(k)}(0)}{k!} x^{k-1}$, où φ vérifie les hypothèses de la deuxième partie (elle est de classe C^{n+1} et les dérivées successives en 0 sont nulles). Une fonction polynôme étant de classe C^∞, on en déduit que g_1 est de classe C^n sur $\mathbb{R}$, les valeurs en 0 des dérivées successives provenant du terme polynomial . . .

1°) On a : $g_m(x) = \frac{1}{x}\left[\frac{1}{x^{m-1}}\Big(f(x) - \sum_{k=0}^{m-2} \frac{f^{(k)}(0)}{k!} x^k\Big) - \frac{f^{(m-1)}(0)}{(m-1)!}\right]$

$$= \frac{1}{x}\big(g_{m-1}(x) - g_{m-1}(0)\big)$$

2°) Pour $m = 2$ et $x \neq 0$, $g_2(x) = \frac{1}{x}\big(g_1(x) - g_1(0)\big)$. La fonction f est de classe C^{m+n} sur $\mathbb{R}$ et, d'après le résultat admis par l'énoncé, g_1 est de classe C^{m+n-1} sur $\mathbb{R}$. En appliquant ce résultat avec g_1 à la place de f, on en déduit que g_2 est de classe C^{m+n-2} sur $\mathbb{R}$ et que pour $0 \leqslant p \leqslant m+n-2$:

$$g_2^{(p)}(0) = \frac{g_1^{(p+1)}(0)}{p+1} = \frac{f^{(p+2)}(0)}{(p+1)(p+2)} = \frac{p!}{(p+2)!} f^{(p+2)}(0).$$

On en déduit, par récurrence limitée au rang m, que, pour $1 \leqslant k \leqslant m$, g_k est de classe C^{n+m-k} sur $\mathbb{R}$ et que :

$$g_k^{(p)}(0) = \frac{p!}{(p+k)!} f^{(k+p)}(0).$$

Donc g_m est de classe C^n sur $\mathbb{R}$, avec : $g_m^{(p)}(0) = \frac{p!}{(p+m)!} f^{(p+m)}(0)$.

Problème n° 23 — *Durée estimée : 2,5 heures*

Prérequis :

Fonctions d'une variable réelle, dérivée d'une fonction. Prolongement d'une fonction par continuité. Fonction définie par une intégrale. Intégration par parties.

ÉNONCÉ

Partie I

Dans cette partie, le plan est rapporté à un repère orthonormé $(O, \vec{\imath}, \vec{\jmath})$.

1°) Pour tout réel λ, on définit la fonction f_λ sur $\mathbb{R}_+^*$ par :

$$f_\lambda : x \mapsto \frac{\ln x + \lambda}{1 + x^2}$$

et on note (C_λ) sa courbe représentative dans $(O, \vec{\imath}, \vec{\jmath})$.

a) Soit $M(\alpha, \beta)$ un point du plan avec $\alpha > 0$. Montrer que par M passe une et une seule courbe (C_λ).

b) Montrer que pour tout réel λ, la fonction f_λ est de classe C^∞ sur $\mathbb{R}_+^*$.

c) Montrer que pour tout $x > 0$, $f'_\lambda(x)$ est du signe de

$$g_\lambda(x) = 1 + x^2 - 2x^2(\ln x + \lambda).$$

d) Etudier les variations de g_λ. On montrera en particulier que l'équation $g_\lambda(x) = 0$ admet une et une seule solution sur $\mathbb{R}_+^*$. Cette solution sera notée m_λ.

e) Dresser le tableau de variations de f_λ. On calculera les limites de f_λ en 0 et en $+\infty$ et on montrera que $f_\lambda(m_\lambda) = \dfrac{1}{2m_\lambda^2}$.

f) Représenter sur un même graphique les courbes (C_{-1}), (C_0) et (C_1). On donnera des valeurs approchées de m_{-1} et m_0 à 10^{-2} prés en précisant la méthode utilisée, ainsi que la valeur exacte de m_1.

2°) Dans cette question, on cherche un équivalent de m_λ lorsque λ tend vers $+\infty$.

a) Montrer que pour λ assez grand, $\dfrac{1}{\lambda} \leqslant m_\lambda \leqslant \dfrac{1}{\sqrt{\lambda}}$.

b) En déduire, à l'aide des questions précédentes, que $m_\lambda \underset{(+\infty)}{\sim} \dfrac{1}{\sqrt{2\lambda}}$.

Partie II

On étudie dans cette partie la fonction F définie par :

$$\forall x > 0, F(x) = \int_1^x f_0(t)\, dt = \int_1^x \frac{\ln t}{1 + t^2} dt.$$

La courbe représentative de F sera notée Γ.

1°) a) Déterminer le signe de F sur $\mathbb{R}_+^*$.

b) Justifier la continuité et la dérivabilité de F sur $\mathbb{R}_+^*$.

c) Calculer $F'(x)$ pour $x > 0$.

d) Ecrire le développement limité de F à l'ordre 3 au voisinage de $x = 1$.

2°) Montrer que pour tout $x > 0, F(x) = F(\frac{1}{x})$.

3°) On note φ la fonction définie sur $\mathbb{R}_+^*$ par : $\varphi(x) = \dfrac{\operatorname{Arc}\tan x}{x}$.

a) Montrer que φ est prolongeable par continuité en 0.

b) Montrer que pour tout $x > 0, F(x) = \operatorname{Arc}\tan x . \ln x - \displaystyle\int_1^x \varphi(t)\, dt$.

c) En déduire que F est prolongeable par continuité en 0. La nouvelle fonction ainsi obtenue sera encore notée F. Que peut-on dire de F au voisinage de $+\infty$?

d) Montrer que F n'est pas dérivable à droite en 0. Que peut-on dire de Γ en son point d'abscisse 0 ?

4°) Dans cette question, on cherche à calculer une valeur approchée de $F(0)$.

a) Pour $k \in \mathbb{N}$, et $x > 0$, calculer $I_k(x) = \displaystyle\int_1^x t^k \ln t\, dt$.

b) Montrer que pour tout $n \in \mathbb{N}$, et pour tout $x > 0$:

$$\frac{1}{1+x^2} = \sum_{k=0}^{n} (-1)^k x^{2k} + (-1)^{n+1} \frac{x^{2n+2}}{1+x^2}.$$

c) En déduire, pour $n \in \mathbb{N}$, et $x \in]0, 1[$, une majoration de :

$$\left|F(x) - \sum_{k=0}^{n} (-1)^k I_{2k}(x)\right|.$$

d) On pose, pour tout $n \in \mathbb{N}$, $u_n = \displaystyle\sum_{k=0}^{n} \frac{(-1)^k}{(2k+1)^2}$. Montrer que :

$$\forall n \in \mathbb{N}, |F(0) - u_n| \leqslant \frac{1}{(2n+3)^2}.$$

e) Donner, en détaillant la méthode utilisée, une valeur approchée à 10^{-2} près de $F(0)$.

5°) Tracer l'allure de la courbe Γ. On précisera le point d'inflexion.

CORRIGÉ

Partie I

1°) a) Pour $\alpha > 0$, l'équation $\dfrac{\ln \alpha + \lambda}{1+\alpha^2} = \beta$, d'inconnue λ a une solution et une seule : $\lambda = (1+\alpha^2)\beta - \ln \alpha$. Ceci équivaut à l'existence et l'unicité d'une courbe (C_λ) passant par M.

b) La fonction ln est de classe $\mathcal{C}^\infty$ sur $\mathbb{R}_+^*$, de même que la fonction $x \mapsto \dfrac{1}{1+x^2}$

(fonction rationnelle dont le dénominateur ne s'annule pas). Nous en déduisons que f_λ est de classe $\mathcal{C}^\infty$ sur $\mathbb{R}_+^*$, comme produit de fonctions qui le sont.

c) Pour $x > 0$ on a :

$$f'_\lambda(x) = \frac{1 + x^2 - 2x^2(\ln x + \lambda)}{x(1 + x^2)}$$

et le dénominateur est positif. On en déduit que $f'_\lambda(x)$ est du signe de $g_\lambda(x)$.

d) La fonction g_λ est de classe $\mathcal{C}^\infty$ sur $\mathbb{R}_+^*$ et :

$$\forall x \in \mathbb{R}_+^*, g'_\lambda(x) = -4x(\ln x + \lambda)$$

On en déduit le tableau des variations de g_λ :

x	0		$e^{-\lambda}$		$+\infty$
$g'_\lambda(x)$	‖	$+$	0	$-$	
$g_\lambda(x)$	‖ 1	$\nearrow$		$\searrow$	$-\infty$

Comme $\lim\limits_{x \to 0^+} x^2 \ln x = 0$, on a : $\lim\limits_{x \to 0^+} g_\lambda(x) = 1$
en écrivant $g_\lambda(x) = 1 + x^2(1 - 2\lambda - \ln x)$, on obtient $\lim\limits_{x \to +\infty} g_\lambda(x) = -\infty$.
Le tableau de variation précédent (c'est-à-dire en fait le théorème des valeurs intermédiaires strict) montre que l'équation $g_\lambda(x) = 0$ admet une unique solution m_λ, supérieure à $e^{-\lambda}$.

e) Ainsi :

x	0		m_λ		$+\infty$
$f'_\lambda(x)$	‖	$+$	0	$-$	
$f_\lambda(x)$	‖ $-\infty$	$\nearrow$	M_λ	$\searrow$	0

Nous avons $\lim\limits_{x \to 0^+} \ln x = -\infty$ et donc $\lim\limits_{x \to 0^+} f_\lambda(x) = -\infty$, et comme $f_\lambda(x)$ est équivalent à $\dfrac{\ln x}{x^2}$ au voisinage de $x = +\infty$, on a $\lim\limits_{x \to +\infty} f_\lambda(x) = 0$.

Enfin : $g_\lambda(m_\lambda) = 0 \implies \ln m_\lambda + \lambda = \dfrac{1 + m_\lambda^2}{2m_\lambda^2} \implies M_\lambda = f_\lambda(m_\lambda) = \dfrac{1}{2m_\lambda^2}$.

f) Nous utilisons le logiciel Maple pour trouver m_{-1}, m_0 et m_1 et pour tracer les courbes :

Un zeste de Maple :

```
> for lambda from -1 by 1 to 1 do
> solve(1 + x∧2 - 2*x∧2*(ln(x) + lambda), x) : m[lambda] := evalf(") ; od :
```

$$m_{-1} := 4.5893538, m_0 = 1.8950254, m_1 = 1.$$

Si on veut le tracé :

```
> with(plots) : for lambda from -1 by 1 to 1 do
> d[lambda] := plot((ln(x) + lambda)/(1 + x∧2),x = 0..5) :
> od : display(d[-1], d[0], d[1]) ;
```

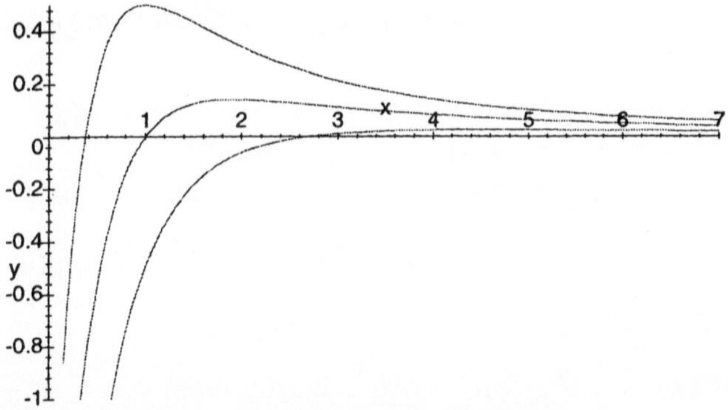

Sur le dessin, la courbe inférieure est (C_{-1}), puis vient (C_0) et enfin (C_1). Bien entendu, le jour du DS ou du concours, vous devrez le faire avec votre calculette ou à la main. Pour m_λ, faites une dichotomie.

2°) a) Soit $\lambda > 0$, alors :

$$g_\lambda\left(\frac{1}{\lambda}\right) = 1 + \frac{1}{\lambda^2} - 2\frac{\lambda - \ln \lambda}{\lambda^2}\ ;\ g_\lambda\left(\frac{1}{\sqrt{\lambda}}\right) = 1 + \frac{1}{\lambda} - \frac{2\lambda - \ln \lambda}{\lambda}$$

donc $\lim\limits_{\lambda \to +\infty} g_\lambda\left(\frac{1}{\lambda}\right) = 1 > 0$ et $\lim\limits_{\lambda \to +\infty} g_\lambda\left(\frac{1}{\sqrt{\lambda}}\right) = -1 < 0$.

On en déduit que pour λ assez grand, $g_\lambda\left(\frac{1}{\lambda}\right) > 0$ et $g_\lambda\left(\frac{1}{\sqrt{\lambda}}\right) < 0$, donc :

$$\frac{1}{\lambda} \leqslant m_\lambda \leqslant \frac{1}{\sqrt{\lambda}}$$

b) La question précédente assure que $\lim\limits_{\lambda \to +\infty} m_\lambda = 0$ et même plus précisément que :

$$-\ln \lambda \leqslant \ln m_\lambda \leqslant -\frac{1}{2} \ln \lambda.$$

D'où : $\ln m_\lambda = o(\lambda)$ au voisinage de $+\infty$. Or, $g_\lambda(m_\lambda) = 0$ s'écrit :

$$\ln m_\lambda + \lambda = \frac{1}{2m_\lambda^2} + \frac{1}{2}$$

Le membre de gauche est équivalent à λ et celui de droite à $\frac{1}{2m_\lambda^2}$, donc $\lambda \underset{(+\infty)}{\sim} \frac{1}{2m_\lambda^2}$ et :

$$m_\lambda \underset{(+\infty)}{\sim} \frac{1}{\sqrt{2\lambda}}, \text{ car } m_\lambda > 0.$$

Partie II

1°) a) ⋆ Si $x > 1$, les bornes de l'intégrale sont dans le sens croissant et la fonction à intégrer est continue, strictement positive sur $]1, x]$: on a donc $F(x) > 0$.

⋆ Si $0 < x < 1$, les bornes sont dans le sens décroissant et la fonction à intégrer est continue, strictement négative sur $[x, 1[$: on a encore $F(x) > 0$.

⋆ Enfin, $F(1) = 0$.

b) F est la primitive sur $\mathbb{R}_+^*$ de la fonction continue f_0, donc F est de classe $\mathcal{C}^1$ sur $\mathbb{R}_+^*$ ...

c) ... avec : $\forall x > 0, F'(x) = f_0(x) = \dfrac{\ln x}{1 + x^2}$.

d) F est de classe $\mathcal{C}^\infty$ au voisinage de 1, donc elle admet un développement limité à tout ordre. On peut l'obtenir en intégrant terme à terme le développement limité de $F' = f_0$.

Pour ce faire, posons $x = 1 + h$, afin de revenir au voisinage de 0 :

$$\begin{aligned} f_0(x) &= f_0(1+h) = \ln(1+h) \times (2 + 2h + h^2)^{-1} \\ &= \big(h - \tfrac{1}{2}h^2 + o(h^2)\big)\tfrac{1}{2}\big(1 + h + \tfrac{1}{2}h^2 + o(h^2)\big)^{-1} \\ &= \tfrac{h}{2}\big(1 - \tfrac{1}{2}h + o(h)\big)\big(1 - h + o(h)\big) = \tfrac{h}{2}\big(1 - \tfrac{3}{2}h + o(h)\big) \end{aligned}$$

Donc $f_0(1+h) = \frac{1}{2}h - \frac{3}{4}h^2 + o(h^2)$ et en intégrant :

$F_0(1+h) - F(1) = \frac{1}{4}h^2 - \frac{1}{4}h^3 + o(h^3)$, c'est-à-dire :

$$F(x) = \frac{1}{4}(x-1)^2 - \frac{1}{4}(x-1)^3 + o\big((x-1)^3\big)$$

2°) Soit $x > 0$, alors $F(\frac{1}{x}) = \displaystyle\int_1^{1/x} \frac{\ln t}{1+t^2}\,dt$. On effectue le changement de variable de classe $\mathcal{C}^1$, $u = \dfrac{1}{t}$ et :

$$F(\tfrac{1}{x}) = \int_1^x \frac{-\ln u}{1+(1/u)^2}\Big(-\frac{du}{u^2}\Big) = \int_1^x \frac{\ln u}{1+u^2}\,du = F(x)$$

3°) a) Nous avons :

$$\lim_{x\to 0} \frac{\operatorname{Arc\,tan} x}{x} = \lim_{x\to 0} \frac{\operatorname{Arc\,tan} x - \operatorname{Arc\,tan} 0}{x - 0} = \operatorname{Arc\,tan}'(0) = \frac{1}{1+0^2} = 1.$$

Donc φ est prolongeable par continuité en 0 en posant $\varphi(0) = 1$.

b) Procédons évidemment à une intégration par parties :

$$u(t) = \ln t \Longrightarrow u'(t) = \frac{1}{t}\ ;\ v'(t) = \frac{1}{1+t^2} \Longleftarrow v(t) = \operatorname{Arc\,tan} t$$

Les fonctions u et v sont de classe $\mathcal{C}^1$ sur $[1, x]$ et donc :

$$F(x) = \big[\operatorname{Arc\,tan} t \ln t\big]_1^x - \int_1^x \frac{\operatorname{Arc\,tan} t}{t}\,dt = \operatorname{Arc\,tan} x.\ln x - \int_1^x \varphi(t)\,dt$$

c) $\operatorname{Arc\,tan} x.\ln x \underset{(0+)}{\sim} x.\ln x$, donc $\displaystyle\lim_{x\to 0+} \operatorname{Arc\,tan} x.\ln x = 0$. De plus, φ étant prolongeable en une fonction continue sur $\mathbb{R}_+$, la fonction intégrale $x \mapsto \displaystyle\int_1^x \varphi(t)\,dt$ est continue et tend vers $-\displaystyle\int_0^1 \varphi(t)\,dt$ (qui est bien définie) lorsque x tend vers 0.

Nous en déduisons que F admet une limite finie en 0, égale à $\displaystyle\int_0^1 \varphi(t)\,dt$, donc que F est prolongeable par continuité en 0.

De plus, d'aprés la question 2), F admet une limite finie en $+\infty$, avec :

$$\lim_{x\to+\infty} F(x) = \lim_{x\to 0} F(x).$$

d) En supposant implicitement F prolongée par continuité en 0, on peut appliquer le théorème des accroissements finis à F sur un segment $[0, x]$ avec $x > 0$ (la fonction F est continue sur le segment et dérivable sur l'intervalle ouvert associé).

Il existe $c_x \in [0, x]$ tel que $\dfrac{F(x) - F(0)}{x - 0} = f_0(c_x)$.
Or, quand x tend vers 0, ler nombre c_x aussi. Comme $\lim\limits_{x \to 0^+} f_0(x) = -\infty$, le rapport $\dfrac{F(x) - F(0)}{x}$ tend vers $-\infty$ quand x tend vers 0 par valeurs supérieures. Ainsi F n'est donc pas dérivable en 0 et Γ admet une demi-tangente verticale en son point d'abscisse 0.

4°) a) A l'aide d'une intégration par parties, en dérivant le terme en logarithme, nous obtenons :

$$I_k(x) = \left[\frac{t^{k+1}}{k+1} \ln t\right]_1^x - \int_1^x \frac{t^k}{k+1}\, dt,$$

d'où : $I_k(x) = \dfrac{(k+1)x^{k+1} \ln x + 1 - x^{k+1}}{(k+1)^2}$.

b) $\sum\limits_{k=0}^{n} (-1)^k x^{2k}$ est la somme des $n+1$ premiers termes de la suite géométrique de premier terme 1 et de raison $-x^2 \neq 1$, donc est égale à $\dfrac{1 - (-x^2)^{n+1}}{1 + x^2}$.
En distribuant, il vient bien :

$$\frac{1}{1+x^2} = \sum_{k=0}^{n} (-1)^k x^{2k} + (-1)^{n+1} \frac{x^{2n+2}}{1+x^2}.$$

c) En remplaçant x par t dans chaque membre de l'égalité précédente, en multipliant par $\ln t$ puis en intégrant entre 1 et x, on obtient :

$$\int_1^x \frac{\ln t\, dt}{1+t^2} = \sum_{k=0}^{n} (-1)^k \int_1^x t^{2k} \ln t\, dt + (-1)^{n+1} \int_1^x \frac{t^{2n+2} \ln t}{1+t^2} dt.$$

C'est-à-dire :

$$F(x) = \sum_{k=0}^{n} (-1)^k I_{2k}(x) + (-1)^{n+1} \int_1^x \frac{t^{2n+2} \ln t}{1+t^2} dt.$$

Si $x \in]0, 1[$, nous avons : $0 \leqslant \dfrac{1}{1+t^2} \leqslant 1$ et :

$$\left|(-1)^{n+1} \int_1^x \frac{t^{2n+2} \ln t}{1+t^2} dt\right| = \int_x^1 \frac{t^{2n+2}(-\ln t)}{1+t^2} dt$$
$$\leqslant \int_x^1 t^{2n+2}(-\ln t)\, dt = I_{2n+2}(x).$$

Donc : $$\left|F(x) - \sum_{k=0}^{n} (-1)^k I_{2k}(x)\right| \leqslant I_{2n+2}(x).$$

d) Nous remarquons que pour tout entier k, l'intégrale I_k a une limite finie en 0, égale à $\dfrac{1}{(k+1)^2}$. En convenant toujours que F a été prolongée par continuité en 0, on fait donc tendre x vers 0 dans l'inégalité obtenue en c). Par prolongement des inégalités, on obtient :

$$|F(0) - u_n| \leqslant \frac{1}{(2n+3)^2}.$$

e) Pour avoir une valeur approchée à 10^{-2} près de $F(0)$, il ***suffit*** d'après la question 4) d) d'avoir $(2n+3)^2 \geqslant 10^2$, soit $n \geqslant 4$.

Nous trouvons $u_4 \simeq 0{,}92$ et donc $F(0) \simeq 0{,}92$.

5°) Le point de coordonnées $(m_0, F(m_0))$ est un point d'inflexion, puisque $F''(x) = f_0'(x)$.
On a $m_0 \simeq 1{,}9$ et, à la machine, $F(m_0) \simeq 0{,}09$.

Un Zeste de Maple :

```
| > F := x -> int(ln(t)/(1 + t∧2),t = 1..x) : plot(F, 0.1..5) ;
```

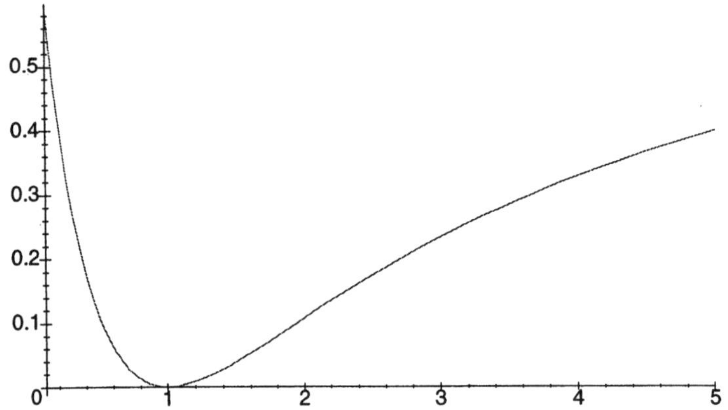

Commentaires

Ce sujet est pratiquement l'énoncé du premier problème posé aux concours communs des écoles des Mines, concours de première année, en 1998. Il ne manque que la première question, où l'on demandait de résoudre

$$(1 + x^2)y' + 2xy = \frac{1}{x}.$$

Comme vous avez vu la résolution de telles équations différentielles (programme de début d'année), vous pouvez constater que f_λ parcourt l'ensemble des solutions. On a alors un traitement plus rapide de la réponse à la question 1) c) du problème.

Problème n° 24

Durée estimée : 4 heures

Prérequis :

Polynômes, racines d'un polynôme. Intégration par parties. Fonctions de classe $\mathcal{C}^n$. Changement de variable dans les intégrales.

ÉNONCÉ

Dans le problème, on confondra polynôme et fonction polynomiale associée sur le segment $[0, 1]$. *On définit les polynômes de Bernoulli par les relations :*

$$P_1 = X - \frac{1}{2} \textit{ et pour tout } n \geqslant 2 : P_n' = P_{n-1}, \textit{ et } P_n(1) = P_n(0).$$

I : Propriétés des polynômes de Bernoulli

1°) On fait ici la connaissance des premiers polynômes de Bernoulli.

a) Calculer P_k pour k variant de 2 à 6. Montrer que la suite $(P_n)_{n\geqslant 1}$ est parfaitement définie.
(On fera attention au fait que la détermination de ces polynômes ne peut se faire qu'au prix d'un décalage : pour connaître P_2, il est nécessaire d'écrire $P_3, \dots$)

b) Vérifier que la fonction $Q_1 : t \mapsto P_1(t + \frac{1}{2})$ est impaire, la fonction $Q_2 : t \mapsto P_2(t + \frac{1}{2})$ est paire et la fonction $Q_3 : t \mapsto P_3(t + \frac{1}{2})$ est impaire.

c) Montrer que P_2 a deux zéros distincts dans $]0, 1[$ et que P_3 s'annule en $0, \frac{1}{2}$ et 1.

2°) a) Plus généralement, soit $Q_k : t \mapsto P_k(t + \frac{1}{2})$. Montrer que, pour tout $p \geqslant 1$, la fonction Q_{2p} est paire et que la fonction Q_{2p-1} est impaire.
(Considérer la suite de polynômes $(R_n)_{n\geqslant 1}$ définie par :
$R_n(X) = (-1)^n P_n(1 - X)$).

b) Montrer, par récurrence, que pour $p \geqslant 1$, P_{2p+1} s'annule aux points $0, 1/2$ et 1 et seulement en ces points de $[0, 1]$, que P_{2p} s'annule en deux points de $]0, 1[$ et seulement en deux points, et préciser le signe de $P_{2p+1}(x)$ sur $[0, 1]$ ainsi que celui de $P_{2p}(x)$.

c) Montrer que si $p \geqslant 1$, $P_{2p}(x) - P_{2p}(0)$ garde un signe constant sur $]0, 1[$.

II : La formule d'Euler-MacLaurin

On pose pour tout $n \geqslant 1$, $B_n = n!P_n(0)$ et ici p désigne un entier $\geqslant 2$.

1°) Calculer B_k pour $k = 1, \dots, 6$. Que peut-on dire de B_{2k+1} si $k \geqslant 1$?

2°) Dans cette question et les suivantes, soit $f \in \mathcal{C}^{2p}([0, 1], \mathbb{R})$.

On pose pour tout entier k tel que $1 \leqslant k \leqslant 2p$: $R_k = \displaystyle\int_0^1 P_k(x) f^{(k)}(x)\, dx$.

a) En effectuant deux intégrations par parties, montrer que, pour $k > 1$:

$$R_{2k} = \frac{B_{2k}}{(2k)!}\left(f^{(2k-1)}(1) - f^{(2k-1)}(0)\right) + R_{2k-2}$$

b) Prouver les égalités :

$$R_2 = \frac{B_2}{2}\left(f'(1) - f'(0)\right) - \int_0^1 P_1(x)f'(x)\,dx\,;$$

$$R_1 = \frac{1}{2}\left(f(1) + f(0)\right) - \int_0^1 f(x)\,dx.$$

c) En déduire la formule d'Euler MacLaurin avec reste intégral :

$$\int_0^1 f(x)\,dx = \frac{1}{2}\left(f(0) + f(1)\right) - \sum_{k=1}^{p} \frac{B_{2k}}{(2k)!}\left(f^{(2k-1)}(1) - f^{(2k-1)}(0)\right) + \int_0^1 P_{2p}(x)f^{(2p)}(x)\,dx$$

d) On admet la formule de la moyenne que l'on pourra utiliser :

Si u et v sont deux fonctions définies et continues sur un intervalle $[a, b]$ et si v est de signe constant sur $[a, b]$, alors il existe $\alpha \in [a, b]$ tel que

$$\int_a^b u(x)v(x)\,dx = u(\alpha)\int_a^b v(x)\,dx.$$

d-1) Montrer, en appliquant la question I 2 c), qu'il existe $\alpha \in [0, 1]$ tel que :

$$\int_0^1 f^{(2p)}(x)\left(P_{2p}(x) - P_{2p}(0)\right)dx = f^{(2p)}(\alpha)\int_0^1 \left(P_{2p}(x) - P_{2p}(0)\right)dx.$$

d-2) Montrer que $\int_0^1 P_{2p}(x)\,dx = 0$.

d-3) En déduire la formule d'Euler MacLaurin :

$$\int_0^1 f(x)\,dx = \frac{1}{2}\left(f(0) + f(1)\right) - \sum_{k=1}^{p-1} \frac{B_{2k}}{(2k)!}\left(f^{(2k-1)}(1) - f^{(2k-1)}(0)\right) - \frac{B_{2p}}{(2p)!}f^{(2p)}(\alpha)$$

e) Dans cette question, a et b sont deux réels avec $a < b$, et on définit la fonction g sur $[a, b]$ par : $g(t) = f\left(\frac{t-a}{b-a}\right)$.

e-1) Montrer que $g \in \mathcal{C}^{2p}([a,\, b],\, \mathbb{R})$.

e-2) Montrer qu'il existe $\beta \in [a, b]$ tel que :

$$\int_a^b g(t)\,dt = \frac{b-a}{2}\left(g(b) + g(a)\right) - \frac{(b-a)^2 B_2}{2}\left(g'(b) - g'(a)\right) - \cdots$$

$$\cdots - \frac{(b-a)^{2p-2}B_{2p-2}}{(2p-2)!}\left(g^{(2p-3)}(b) - g^{(2p-3)}(a)\right) - \frac{(b-a)^{2p+1}B_{2p}}{(2p)!}g^{(2p)}(\beta)$$

III : Application à l'intégration numérique

Soient $n \geqslant 1$, $p \geqslant 2$, a et b deux réels avec $a < b$, g une fonction de classe $\mathcal{C}^{2p}$ sur $[a, b]$ et $h = \dfrac{b-a}{n}$.

On considère la subdivision $(x_0, x_1, \ldots, x_{n-1}, x_n)$ de $[a, b]$ telle que :

$$\forall k \in \{0, \ldots, n\}, x_k = a + kh$$

et on pose pour tout k, $y_k = g(x_k)$.

1°) En appliquant la formule d'Euler MacLaurin à g sur chacun des sous-intervalles de $[a, b]$ dont les extrémités sont les valeurs x_k, établir que la quantité :

$$\Delta_{n,p} = \frac{h}{2}\sum_{k=1}^{n}(y_k+y_{k-1}) - \sum_{k=1}^{n}\left[\sum_{i=1}^{p-1}\frac{h^{2i}}{(2i)!}B_{2i}\big(g^{(2i-1)}(x_k)-g^{(2i-1)}(x_{k-1})\big)\right]$$

est égale à :

$$\frac{h}{2}\sum_{k=1}^{n}(y_k + y_{k-1}) - \sum_{i=1}^{p-1}\frac{h^{2i}}{(2i)!}B_{2i}\big(g^{(2i-1)}(b) - g^{(2i-1)}(a)\big)$$

et approche l'intégrale $\displaystyle\int_a^b g(t)\,dt$, l'erreur commise étant majorée par :

$$\frac{B_{2p}}{(2p)!}nh^{2p+1}M_{2p}, \text{ où } M_{2p} = \sup_{x\in[a,b]}|g^{(2p)}(x)|.$$

2°) Application numérique : utiliser la formule d'approximation précédente pour évaluer $I = \displaystyle\int_1^2 \frac{dt}{t}$, puis déterminer une majoration de l'erreur dans les deux cas suivants :

$$n = 10 \text{ et } p = 2,\ n = 10 \text{ et } p = 4.$$

Décryptage du sujet :

Il s'agit ici essentiellement d'établir une formule efficace d'approximation d'intégrale. Pour cela, on commence par étudier une suite de polynômes dont les termes sont les dérivées les uns des autres, on les appele polynômes de Bernoulli (partie I), puis on introduit les nombres de Bernoulli (partie II) qui se déduisent simplement des polynômes du meñe nom. Le but de la partie II est l'élaboration de la formule d'Euler-MacLaurin. Les techniques utilisées sont l'intégration par parties et un changement de variable. On utilise une formule de la moyenne qui est admise. La démonstration peut se faire en exercice. La partie III débouche sur des exemples.

CORRIGÉ

Partie I

1°) a) $\star$ En partant de $P_1 = X - \frac{1}{2}$, nous avons $P_2 = \dfrac{X^2}{2} - \dfrac{X}{2} + \lambda$, où λ est un réel à déterminer. L'indication $P_2(1) = P_2(0)$ entraîne $\lambda = \lambda$ et il n'y a plus qu'une chose à faire, continuer ! En intégrant, on arrive à :

$$P_3 = \frac{X^3}{6} - \frac{X^2}{4} + \lambda X + \mu,$$

où μ est une nouvelle constante à déterminer.

Ici, l'indication $P_3(1) = P_3(0)$ entraîne :

$$\mu = \frac{1}{6} - \frac{1}{4} + \lambda + \mu \text{ et } \lambda = \frac{1}{12}.$$

Sur notre lancée, on continue : il existe une constante τ, à déterminer, telle que l'on puisse écrire :

$$P_4 = \frac{X^4}{24} - \frac{X^3}{12} + \frac{X^2}{24} + \mu X + \tau.$$

L'information $P_4(1) = P_4(0)$ entraîne $\tau = \mu + \tau$, et $\mu = 0$. On intégre de nouveau :

$$P_5 = \frac{X^5}{120} - \frac{X^4}{48} + \frac{X^3}{72} + \tau X + \alpha,$$

où α est une nouvelle constante. $P_5(0) = P_5(1)$ entraîne $\tau = -\frac{1}{720}$. Puis :

$$P_6 = \frac{X^6}{720} - \frac{X^5}{240} + \frac{X^4}{288} - \frac{X^2}{1440} + \alpha X + \beta,$$

où β est une constante. $P_6(0) = P_6(1)$ nous donne $\alpha = 0$ et il reste à intégrer une fois de plus :

$$P_7 = \frac{X^7}{5040} - \frac{X^6}{1440} + \frac{X^5}{1440} - \frac{X^3}{4320} + \beta X + \gamma,$$

γ est une constante que l'on n'a pas besoin de déterminer car $P_7(0) = P_7(1)$ donne $\beta = \frac{1}{30240}$. On a donc parfaitement déterminé P_2, P_3, P_4, P_5 et P_6 et il n'y a plus qu'à recopier.

$\star$ Supposons la suite (P_n) parfaitement définie jusqu'à un rang n, alors $P'_{n+1} = P_n$ définit P_{n+1} à une constante additive près : $P_{n+1} = r(X) + \alpha$ et P_{n+2} est défini à un polynôme de degré inférieur ou égal à 1 près : $P_{n+2} = R(X) + \alpha X + \beta$, où R est la primitive nulle en 0 de la fonction polynôme r.
La condition $P_{n+2}(0) = P_{n+2}(1)$ définit parfaitement α et P_{n+1} est parfaitement défini. Il existe donc une suite (P_n) et une seule vérifiant les conditions imposées. (Notez la fuite en avant qu'impose le raisonnement : il faut aller jusqu'au rang $n+2$ pour définir parfaitement P_{n+1}).

b) On calcule et : $Q_1(t) = t$, $Q_2(t) = \frac{t^2}{2} - \frac{1}{24}$ et $Q_3(t) = \frac{t^3}{6} - \frac{t}{24}$. Donc Q_1 et Q_3 sont impaires, tandis que Q_2 est paire.

c) Le polynôme $P_2 = \frac{X^2}{2} - \frac{X}{2} + \frac{1}{12}$ a pour racines $\frac{1}{2} \pm \frac{\sqrt{3}}{6}$ qui appartiennent à $]0,1[$. Quant au polynôme P_3, on peut l'écrire :

$$P_3 = \frac{X^3}{6} - \frac{X^2}{4} + \frac{X}{12} = \frac{1}{6}X(X - \tfrac{1}{2})(X - 1)$$

et ses racines sont bien 0, 1/2 et 1.

2°) a) $\star$ Pour $n \geqslant 1$, posons $R_n(X) = (-1)^n P_n(1 - X)$. On a :

$R_1(X) = -P_1(1 - X) = -(1 - X - \frac{1}{2}) = X - \frac{1}{2} = P_1(X)$

$R_n(1) = (-1)^n P_n(0) = (-1)^n P_n(1) = R_n(0)$ et

$R'_n(X) = -(-1)^n P'_n(1 - X) = (-1)^{n-1} P_{n-1}(1 - X) = R_{n-1}(X)$.

Donc la suite (R_n) vérifie les conditions du préambule, et par unicité de la suite solution, on a :

$$\forall n \geqslant 1, P_n(X) = (-1)^n P_n(1 - X)$$

Soit, en remplaçant X par $t+\frac{1}{2}$: $Q_n(t)=(-1)^n P_n(\frac{1}{2}-t)=(-1)^n Q_n(-t)$. Donc la fonction polynôme Q_n est paire pour n pair et impaire pour n impair.

b) $\star$ Notons déjà que, pour $p \geqslant 1$, on a :

Par imparité de Q_{2p+1} : $P_{2p+1}(\frac{1}{2})=0$.

Encore par imparité de Q_{2p+1} : $P_{2p+1}(1)=-P_{2p+1}(0)$, et comme, par hypothèse, ces nombres sont égaux on a : $P_{2p+1}(1)=P_{2p+1}(0)=0$.

Ainsi, P_{2p+1} s'annule au moins trois fois sur $[0,1]$ et, en appliquant le théorème de Rolle sur $[0,1/2]$, puis sur $[1/2,1]$, $P_{2p}=P'_{2p+1}$ s'annule au moins une fois sur $]0,1/2[$ et sur $]1/2,1]$, donc s'annule au moins deux fois sur $]0,1[$.

$\star$ Comme chaque fonction polynôme P_n a pour dérivée la fonction polynôme P_{n-1}, les tableaux de variations sur $[0,1]$ se déduisent les uns des autres ...

$P'_4(x)=P_3(x)=x(x-\frac{1}{2})(x-1)$, donc P_4 croît sur $[0,1/2]$ et décroît sur $[1/2,1]$. Comme on sait que P_4 s'annule au moins deux fois, le tableau de variations est :

x	0		α_4		$1/2$		β_4		1
$P_4(x)$		$\nearrow$	0	$\nearrow$		$\searrow$	0	$\searrow$	

$P'_5=P_4$, donc P_5 décroît sur $[-1,\alpha_4]$ et sur $[\beta_4,1]$ et croît sur $[\alpha_4,\beta_4]$. Comme on sait qu'il s'annule en $0,1/2$ et 1, son tableau de variations est :

x	0		α_4		$1/2$		β_4		1
$P_5(x)$	0	$\searrow$		$\nearrow$	0	$\nearrow$		$\searrow$	0

$P'_6=P_5$ et P'_6 s'annule au moins deux fois, le tableau de variations est donc :

x	0		α_6		$1/2$		β_6		1
$P_6(x)$		$\searrow$	0	$\searrow$		$\nearrow$	0	$\nearrow$	

Le tableau de variations de P_6 est tout à fait semblable à celui de P_4, au sens des flèches près et aux valeurs numériques près, par conséquent, on obtient :

x	0		α_6		$1/2$		β_6		1
$P_7(x)$	0	$\nearrow$		$\searrow$	0	$\searrow$		$\nearrow$	0

puis P_8 est croissante sur $[0,1/2]$ et décroissante sur $[1/2,1]$ en s'annulant au moins deux fois :

x	0		α_8		$1/2$		β_8		1
$P_8(x)$		$\nearrow$	0	$\nearrow$		$\searrow$	0	$\searrow$	

La boucle est bouclée ! Pour tout k le tableau de variations de P_{n+4k} est celui de P_n aux valeurs numériques extrémales près, mais les racines de P_{2p+1} sont, elles, inchangées. En particulier $P_{2p+1}(x)$ est du signe de $(-1)^p$ sur $]1/2,1[$ et du signe contraire sur $]0,1/2[$, tandis que $P_{2p}(x)$ est du signe de $(-1)^p$ entres ses deux racines et du signe contraire à l'extérieur.

c) N'oublions pas que, par hypothèse, $P_{2p}(1)=P_{2p}(0)$. Il suffit alors de regarder les tableaux de variations précédents pour voir que $P_{2p}(0)$ est valeur extrémale de

P_{2p} sur $[0,1]$, donc $P_{2p}(x) - P_{2p}(0)$ est de signe constant sur $]0,1[$ (positif si p est pair et négatif si p est impair).

Partie II

1°) En utilisant la question 1) a) de la première partie, on a :

$$B_1 = -\frac{1}{2}, B_2 = \frac{1}{6}, B_3 = 0, B_4 = -\frac{1}{30}, B_5 = 0, B_6 = \frac{1}{42}$$

Pour $k \geqslant 1$, P_{2k+1} s'annule en 0 (et en 1), donc $B_{2k+1} = 0$.

2°) a) On fait deux intégrations par parties successives, en dérivant le polynôme de Bernoulli et en intégrant la dérivée de f (et on choisit comme primitive de $f^{(m)}$, avec $m \geqslant 1$, la fonction $f^{(m-1)}$).

$$R_{2k} = \Big[P_{2k}(x) f^{(2k-1)}(x)\Big]_0^1 - \int_0^1 P'_{2k}(x) f^{(2k-1)}(x)\,dx$$

Et comme $P_{2k}(0) = P_{2k}(1) = \dfrac{B_{2k}}{(2k)!}$ et $P'_{2k} = P_{2k-1}$:

$$R_{2k} = \frac{B_{2k}}{(2k)!}\big(f^{(2k-1)}(1) - f^{(2k-1)}(0)\big) - R_{2k-1}.$$

De la même façon :

$$R_{2k-1} = \frac{B_{2k-1}}{(2k-1)!}\big(f^{(2k-2)}(1) - f^{(2k-2)}(0)\big) - R_{2k-2} = -R_{2k-2}$$

Car, pour $k > 1$, $B_{2k-1} = 0$. Il reste donc :

$$R_{2k} = \frac{B_{2k}}{(2k)!}\big(f^{(2k-1)}(1) - f^{(2k-1)}(0)\big) + R_{2k-2}$$

b) On fait la même chose, mais ici il faut faire attention à la deuxième intégration par parties : $P_1(1) = -B_1 = \frac{1}{2}$ et $P_1(0) = -\frac{1}{2} = -P_1(1)$, le « crochet » de la dernière intégration par parties est particulier :

$$R_2 = \int_0^1 P_2(x) f''(x)\,dx = \frac{B_2}{2}\big(f'(1) - f'(0)\big) - \int_0^1 P_1(x) f'(x)\,dx$$

$$R_1 = \int_0^1 P_1(x) f'(x)\,dx = \frac{1}{2}\big(f(1) + f(0)\big) - \int_0^1 f(x)\,dx$$

c) On combine 2) a) et 2) b) en partant de R_{2p} :

$$R_{2p} = \frac{B_{2p}}{(2p)!}\big(f^{(2p-1)}(1) - f^{(2p-1)}(0)\big) + \frac{B_{2p-2}}{(2p-2)!}\big(f^{(2p-3)}(1) - f^{(2p-3)}(0)\big) + \cdots$$

$$\cdots + \frac{B_2}{2}\big(f'(1) - f'(0)\big) - \frac{1}{2}\big(f(1) + f(0)\big) + \int_0^1 f(x)\,dx.$$

Il n'y a plus qu'à remplacer R_{2p} par son expression intégrale, et mettre les différents termes du bon côté.

d-1) Comme $P_{2p}(x) - P_{2p}(0)$ est de signe constant sur $[0,1]$, on peut utiliser la formule de la moyenne et écrire qu'il existe α dans $[0,1]$ tel que :

$$\int_0^1 f^{(2p)}(x)\big(P_{2p}(x) - P_{2p}(0)\big)dx = f^{(2p)}(\alpha)\int_0^1 \big(P_{2p}(x) - P_{2p}(0)\big)dx.$$

d-2) P_{2p+1} est une primitive de P_{2p}, d'où :

$$\int_0^1 P_{2p}(x)\,dx = P_{2p+1}(1) - P_{2p+1}(0) = 0.$$

d-3) On écrit alors :

$$\int_0^1 P_{2p}(x)f^{(2p)}(x)\,dx = \int_0^1 f^{(2p)}(x)\big(P_{2p}(x) - P_{2p}(0)\big)\,dx + P_{2p}(0)\int_0^1 f^{(2p)}(x)\,dx$$

• L'intégrale finale vaut : $\dfrac{B_{2p}}{(2p)!}\big(f^{(2p-1)}(1) - f^{(2p-1)}(0)\big)$

• D'après les questions d-1) et d-2), on a :

$$\int_0^1 f^{(2p)}(x)\big(P_{2p}(x) - P_{2p}(0)\big)\,dx = -f^{(2p)}(\alpha)\int_0^1 P_{2p}(0)\,dx = -f^{(2p)}(\alpha)\frac{B_{2p}}{(2p)!}$$

Ainsi :

$$-\frac{B_{2p}}{(2p)!}\big(f^{(2p-1)}(1) - f^{(2p-1)}(0)\big) + \int_0^1 P_{2p}(x)f^{(2p)}(x)\,dx = -\frac{B_{2p}}{(2p)!}f^{(2p)}(\alpha)$$

Dans la formule 2) c) on regroupe alors les deux derniers termes et on a la formule demandée.

e-1) $t \mapsto \dfrac{t-a}{b-a}$ réalise une bijection de classe $\mathcal{C}^\infty$ de $[a,b]$ sur $[0,1]$, comme f est de classe $\mathcal{C}^{2p}$ sur $[0,1]$, on en déduit que g est de classe $\mathcal{C}^{2p}$ sur $[a,b]$.

e-2) On fait le changement de variable $x = \dfrac{t-a}{b-a}$ dans la formule établie à la question d-3). On a $f(x) = g\big(a + t(b-a)\big)$, d'où :

• $\displaystyle\int_0^1 f(x)\,dx = \frac{1}{b-a}\int_a^b g(t)\,dt$

• $f^{(k)}(0) = (b-a)^k g^{(k)}(a)$; $f^{(k)}(1) = (b-a)^k g^{(k)}(b)$.

et, par conséquent, nous avons bien :

$$\int_a^b g(t)\,dt = \frac{b-a}{2}(g(b) + g(a)) - \frac{(b-a)^2 B_2}{2}(g'(b) - g'(a)) - \cdots$$

$$\cdots - \frac{(b-a)^{2p-2}B_{2p-2}}{(2p-2)!}(g^{(2p-3)}(b) - g^{(2p-3)}(a)) - \frac{(b-a)^{2p+1}B_{2p}}{(2p)!}g^{(2p)}(\beta)$$

où $\beta = a + \alpha(b-a) \in [a,b]$.

Partie III

1°) $\star$ On a : $\displaystyle\sum_{k=1}^{n}\sum_{i=1}^{p-1}\cdots = \sum_{i=1}^{p-1}\sum_{k=1}^{n}\cdots$: si on somme d'abord sur k, il reste dans la parenthèse $g^{(2i-1)}(b) - g^{(2i-1)}(a)$, ce qui donne l'égalité voulue.

$\star$ On applique la formule précédente sur le segment $[x_{k-1}, x_k]$, en remarquant que $x_k - x_{k-1} = h$:

$$\int_{x_{k-1}}^{x_k} g(t)\,dt = \frac{h}{2}\big(g(x_k) + g(x_{k-1})\big) - \frac{h^2 B_2}{2}(g'(x_k) - g'(x_{k-1})) - \cdots$$

$$\cdots - \frac{h^{2p-2}B_{2p-2}}{(2p-2)!}(g^{(2p-3)}(x_k) - g^{(2p-3)}(x_{k-1})) - \frac{h^{2p+1}B_{2p}}{(2p)!}g^{(2p)}(\beta_k)$$

avec β_k un réel de $]x_{k-1}, x_k[$.

On somme depuis $k = 1$ jusqu'à $k = n$, on en déduit :

$$\int_a^b g(t)\,dt = \Delta_{n,p} - \frac{h^{2p+1}B_{2p}}{(2p)!}\sum_{k=1}^{n} g^{(2p)}(\beta_k)$$

L'erreur commise en approchant l'intégrale par $\Delta_{n,p}$ est donc majorée (en valeur absolue) par :

$$\frac{h^{2p+1}B_{2p}}{(2p)!}\,n.M_{2p} = \frac{(b-a)^{2p+1}B_{2p}}{n^{2p}(2p)!}\,M_{2p}$$

2°) ⋆ Pour $n = 10$ et $p = 2$, on a la formule approchée :

$$\int_1^2 g(t)\,dt \simeq \frac{1}{20}\sum_{k=1}^{10}(y_k + y_{k-1}) - \frac{1}{200}\,\frac{1}{6}(g'(2) - g'(1))$$

et en remplacant : $\displaystyle\int_1^2 g(t)\,dt \simeq 0.69377 - 6.25\times 10^{-4} \simeq 0.69314.$

⋆ Pour $n = 10$ et $p = 4$, on ajoute à la formule de quadrature précédente les deux termes :

$$-\frac{10^{-4}}{4!}\left(-\frac{1}{30}\right)(g^{(3)}(2) - g^{(3)}(1)) - \frac{10^{-6}}{6!}\left(\frac{1}{42}\right)(g^{(5)}(2) - g^{(5)}(1))$$
$$\simeq 7.8125\times 10^{-7} - 3.9\times 10^{-9}$$

On trouve : $\displaystyle\int_1^2 g(t)\,dt \simeq 0.6931471804$. Ce que l'on peut comparer à la valeur exacte : $\ln 2 = 0.6931471806\ldots$

Commentaires

A. La formule de la partie II s'appelle ***formule d'Euler-MacLaurin****. Si on applique la formule donnée en fin de partie II avec $p = 1$, on reconnaît la* ***formule des trapèzes*** *; si on l'applique avec $p = 2$, on obtient la* ***formule de Simpson*** *; pour $p = 3$, la formule porte le nom de* ***formule de Villarceau****.*

B*. Attention, on appelle parfois aussi polynômes de Bernoulli, les polynômes $Z_n = n!P_n$. La définition des B_n est alors $B_n = Z_n(0)$. C'est cette définition que choisit Maple (voir plus bas).*

C*. Les nombres B_n sont les* ***nombres de Bernoulli****. (Il s'agit ici de Jakob Bernoulli, qui bien qu'originaire d'Anvers à vécu à Bâle). Ces nombres sont étroitement liés aux polynômes du même nom comme on le voit en début de partie II. Ces nombres interviennent assez régulièrement dans des formules d'analyse. Citons la plus célèbre :*

$$\forall p \in \mathbb{N}^*,\ \sum_{n=1}^{\infty}\frac{1}{n^{2p}} = \frac{2^{2p-1}\pi^{2p}}{(2p)!}(-1)^{p-1}B_{2p}.$$

Ces égalités sont dues (encore !) à Euler.

On peut calculer les nombres de Bernoulli de proche en proche par la formule :

$$C_{2n+2}^{2n}B_{2n} = \sum_{k=1}^{n-1}(-1)^{n-k-1}C_{2n+2}^{2k}B_{2k} + (-1)^{n-1}n.$$

D. Un Zeste de Maple*. On sait calculer avec ce logiciel les polynômes de Bernoulli et les nombres du même nom, ainsi :*

```
> bernoulli(4), bernoulli(4, x) ;
```

$$-\frac{1}{30},\ -\frac{1}{30} + x^2 + x^4 - 2x^3.$$

On obtient ici respectivement B_4 (c'est le quatrième nombre de Bernoulli) et $4!P_4$ défini dans la partie I.

Problème n° 25 — *Durée estimée :* 3,5 *heures*

Prérequis :

Taux d'accroissement d'une fonction. Notion de dérivée. Fonctions convexes. Intégration sur un segment d'une fonction continue sur ce segment.

ÉNONCÉ

I : Parties convexes de $\mathbb{R}^p$

*p désigne soit l'entier 1, soit l'entier 2 et A une partie de $\mathbb{R}^p$. On dit que A est **convexe** si et seulement si :*

$$\forall (u,v) \in A^2, \forall \lambda \in [0,1], (1-\lambda)u + \lambda v \in A.$$

(en particulier, les intervalles de $\mathbb{R}$ sont les parties convexes de $\mathbb{R}$.)

1°) Démontrer que toute intersection de parties convexes de $\mathbb{R}^p$ est une partie convexe de $\mathbb{R}^p$.

2°) Démontrer que pour qu'une partie A de $\mathbb{R}^p$ soit convexe, il faut et il suffit que pour tout entier $n \geqslant 2$ et pour tous $u_1, \dots, u_n$ éléments de A et tout $(\lambda_1, \dots, \lambda_n) \in (\mathbb{R}_+)^n$ tel que $\sum_{i=1}^{n} \lambda_i = 1$, on ait : $\sum_{i=1}^{n} \lambda_i u_i \in A$.

II : Généralités sur les fonctions convexes

*Soit I un intervalle non trivial de $\mathbb{R}$, une fonction $f : I \to \mathbb{R}$ est dite **convexe** si et seulement si pour tout couple $(x,y) \in I^2$, pour tout réel $\lambda \in [0,1]$,*

$$f((1-\lambda)x + \lambda y) \leqslant (1-\lambda)f(x) + \lambda f(y).$$

*f est dite **strictement convexe** si f est convexe et si la dernière inégalité est stricte si $0 < \lambda < 1$ et $x \neq y$. f est dite **concave** (resp. **strictement concave**) si et seulement si $-f$ est convexe (resp. strictement convexe).*

Dans toute la suite, f désigne une fonction définie sur I et à valeurs dans $\mathbb{R}$, on note Γ_f le graphe de f et de plus, on note :

$$\Gamma_f^+ = \{(x,y) \in I \times \mathbb{R}, y \geqslant f(x)\} \text{ et } \Gamma_f^- = \{(x,y) \in I \times \mathbb{R}, y \leqslant f(x)\}.$$

1°) On veut démontrer que f est convexe si et seulement si Γ_f^+ est une partie convexe de $\mathbb{R}^2$.

a) Si f est convexe et si $\big((x,y),(x',y')\big) \in (\Gamma_f^+)^2$ et $\lambda \in [0,1]$, montrer que $(1-\lambda)(x,y) + \lambda(x',y')$ appartient à Γ_f^+.

b) On suppose que Γ_f^+ est convexe. En remarquant que les couples $\big(x, f(x)\big)$ et $\big(x', f(x')\big)$, où $(x,x') \in I^2$, sont des couples de Γ_f^+, montrer que si $\lambda \in [0,1]$ alors

$$f\big((1-\lambda)x + \lambda x'\big) \leqslant (1-\lambda)f(x) + \lambda f(x').$$

2°) Démontrer que pour que f soit convexe, il faut et il suffit que pour tout entier $n \geqslant 2$, pour tout choix de $(\lambda_1, \ldots, \lambda_n) \in (\mathbb{R}_+)^n$, avec $\sum_{i=1}^{n} \lambda_i = 1$ et tout choix de $(x_1, \ldots, x_n) \in I^n$, on ait $f\big(\sum_{i=1}^{n} \lambda_i x_i\big) \leqslant \sum_{i=1}^{n} \lambda_i f(x_i)$.
(On pourra utiliser les résultats des questions II-1 et I-2)

3°) On suppose dans cette question que f est continue et vérifie pour tout couple $(x, y) \in I^2$, l'inégalité :

$$f\Big(\frac{x+y}{2}\Big) \leqslant \frac{1}{2}\big(f(x) + f(y)\big) \quad (1)$$

a) Démontrer que pour tout entier $k \geqslant 1$ et pour tout $(x_1, x_2, \ldots, x_{2^k}) \in I^{2^k}$:

$$f\Big(\frac{1}{2^k} \sum_{i=1}^{2^k} x_i\Big) \leqslant \frac{1}{2^k} \sum_{i=1}^{2^k} f(x_i).$$

b) On se fixe $n \in \mathbb{N}^*$ et $k \in \mathbb{N}^*$ tel que $n < 2^k$, soit $(x_1, \ldots, x_n) \in I^n$ et posons $y = \frac{1}{n} \sum_{i=1}^{n} x_i$. Démontrer, en appliquant II 3) a) :

$$f(y) \leqslant \frac{1}{2^k}\Big(\sum_{i=1}^{n} f(x_i) + (2^k - n) f(y)\Big)$$

c) Démontrer alors que :

$$\forall n \geqslant 1, \forall (x_1, \ldots, x_n) \in I^n, f\Big(\frac{1}{n} \sum_{i=1}^{n} x_i\Big) \leqslant \frac{1}{n} \sum_{i=1}^{n} f(x_i).$$

d) Ici, $n \in \mathbb{N}^*$ et $\ell \in \mathbb{N}^*$, soient $p_1, p_2, \ldots, p_\ell$ des entiers positifs tels que $\sum_{k=1}^{\ell} p_k = n$, on définit une collection de p_ℓ réels $(x_1, \ldots, x_{p_\ell}) \in I^{p_l}$ et une collection de ℓ réels $(y_1, \ldots, y_\ell)$ tels que :

$$x_1 = x_2 = \cdots = x_{p_1} = y_1, x_{p_1+1} = \cdots = x_{p_1+p_2} = y_2, \ldots$$
$$x_{p_1+\cdots+p_{\ell-1}+1} = \cdots = x_{p_1+\cdots+p_\ell} = y_\ell.$$

Démontrer que $f\Big(\sum_{k=1}^{\ell} \frac{p_k}{n} y_k\Big) \leqslant \sum_{k=1}^{\ell} \frac{p_k}{n} f(y_k)$.

e) En utilisant la continuité de f, conclure que f est convexe sur I (on utilisera le fait que l'ensemble des rationnels positifs est dense dans $\mathbb{R}_+$).

4°) Ici f est une fonction admettant une dérivée seconde continue sur I.

a) Si y est fixé dans I, on pose $u_y : x \mapsto f(x) - 2f\big(\frac{x+y}{2}\big) + f(y)$. Montrer que si $f'' \geqslant 0$ sur I, et donc si la dérivée de f est croissante (au sens large) sur I, alors u_y est positive sur I.

b) On suppose dans cette question que f est convexe sur I et on considère trois réels de I notés x, y et z tels que $x < y < z$. On pose

$$\lambda = \frac{z-y}{z-x} \text{ et } \mu = \frac{y-x}{z-x}.$$

Simplifier $\lambda + \mu$ et $\lambda x + \mu z$. Majorer $f(\lambda x + \mu z)$ et démontrer que f' est croissante sur I.

c) En déduire qu'une condition nécessaire et suffisante pour que f soit convexe sur I est que pour tout $x \in I$, $f''(x) \geqslant 0$. [On pourra utiliser le résultat de la question II 3)]

III : Inégalités classiques

Dans cette partie, n désigne un entier non nul.

1°) a) Montrer que la fonction $f : x \mapsto x^p$ (p réel tel que $p > 1$) est convexe sur $\mathbb{R}^+$. En déduire pour tout $(\lambda_1, \ldots, \lambda_n) \in (\mathbb{R}_+)^n$ tel que $\sum\limits_{i=1}^{n} \lambda_i = 1$:

$$\Big(\sum_{i=1}^{n} \lambda_i x_i\Big)^p \leqslant \sum_{i=1}^{n} \lambda_i x_i^p.$$

b) Montrer alors que :

$$\sum_{i=1}^{n} a_i b_i \leqslant \Big(\sum_{i=1}^{n} a_i^p\Big)^{\frac{1}{p}} \Big(\sum_{i=1}^{n} b_i^q\Big)^{\frac{1}{q}},$$

où p et q sont des nombres supérieurs à 1, liés par la relation $\dfrac{1}{p} + \dfrac{1}{q} = 1$ et où les nombres $a_1, \ldots, a_n, b_1, \ldots, b_n$ sont positifs.

Indication : on sera amené à poser $x_i = a_i b_i^{1-q}$ et $\lambda_i = \dfrac{b_i^q}{\sum\limits_{i=1}^{n} b_i^q}$.

*Cette inégalité est appelée **inégalité de Hölder** pour les suites finies.*

2°) Dans les mêmes conditions que la question 1), démontrer que :

$$\Big(\sum_{i=1}^{n} (a_i + b_i)^p\Big)^{\frac{1}{p}} \leqslant \Big(\sum_{i=1}^{n} a_i^p\Big)^{\frac{1}{p}} + \Big(\sum_{i=1}^{n} b_i^p\Big)^{\frac{1}{p}},$$

*inégalité appelée **inégalité de Minkowski***, en remarquant que

$$\sum_{i=1}^{n} (a_i + b_i)^p = \sum_{i=1}^{n} (a_i + b_i)^{p-1} a_i + \sum_{i=1}^{n} (a_i + b_i)^{p-1} b_i$$

et en appliquant l'inégalité précédente à chacun des deux termes du second membre.

3°) On suppose que φ et ψ sont deux fonctions continues sur $[a, b]$, à valeurs strictement positives et toujours en utilisant les notations de la question 1), on désire montrer que l'on a :

$$\int_a^b \varphi\psi \leqslant \Big(\int_a^b \varphi^p\Big)^{\frac{1}{p}} \Big(\int_a^b \psi^q\Big)^{\frac{1}{q}}.$$

*Cette inégalité porte le nom d'**inégalité de Hölder** pour les intégrales.*

a) Montrer que pour tout $(x, y) \in (\mathbb{R}_+^*)^2$ et pour tout $(\lambda, \mu) \in (\mathbb{R}_+^*)^2$:

$$\lambda + \mu = 1 \implies x^\lambda y^\mu \leqslant \lambda x + \mu y.$$

b) Justifier pour tout couple de réels positifs (α, β) :

$$\alpha\beta \leqslant \frac{\alpha^p}{p} + \frac{\beta^q}{q}.$$

c) On pose $A = \left(\int_a^b [\varphi(x)]^p dx\right)^{\frac{1}{p}}$ et $B = \left(\int_a^b [\psi(x)]^q dx\right)^{\frac{1}{q}}$.
Justifier que l'on a :

$$\forall x \in [a,b], \frac{\varphi(x)}{A}.\frac{\psi(x)}{B} \leqslant \frac{[\varphi(x)]^p}{pA^p} + \frac{[\psi(x)]^q}{qB^q}$$

d) En déduire l'inégalité de Hölder pour les intégrales.

Décryptage du sujet :

Les parties I et II sont très proches du cours sur la convexité (en dehors de la question II 3). Plus précisement, dans la partie II, les questions 1), 2) et 4) établissent des conditions nécessaires et suffisantes classiques sur la convexité d'une fonction et la question 3) traite d'une condition suffisante de convexité pour une fonction continue. Attention, dans les parties I et II, beaucoup de questions sont liées. La partie III est essentiellement consacrée à l'établissement de l'inégalité de Hölder. L'ensemble du problème reste donc très classique et constitue une bonne révision du cours sur la convexité.

CORRIGÉ

Partie I

1°) Soit $(A_k)_{k\in K}$ une famille de parties convexes de $\mathbb{R}^p$, où K est un ensemble d'indices quelconque. On pose $A = \bigcap_{k\in K} A_k$.
Si $(u,v) \in A^2$, pour tout $k \in K$, $(u,v) \in A_k^2$ et donc pour tout $\lambda \in [0,1]$, $(1-\lambda)u + \lambda v \in A_k$ et ainsi $(1-\lambda)u + \lambda v \in A$. Il en résulte que A est une partie convexe de $\mathbb{R}^p$.

2°) En prenant $n = 2$, il est clair que la condition énoncée impose à A d'être convexe.
Réciproquement, si A est convexe et si nous notons $(\mathcal{C}_n)$ la condition énoncée à l'ordre n, alors $(\mathcal{C}_2)$ est vraie par définition. Supposons prouvée $(\mathcal{C}_{n-1})$ avec $n \geqslant 3$ et soit $(\lambda_1, \dots, \lambda_n) \in (\mathbb{R}_+)^n$ tel que $\sum\limits_{i=1}^{n} \lambda_i = 1$. Posons $S = \sum\limits_{i=1}^{n-1} \lambda_i$ et prenons $(u_1, \dots, u_n) \in A^n$.
Si $S = 0$, il n'y a rien à prouver et si $S > 0$, soit $\mu_i = \frac{\lambda_i}{S}$, pour $1 \leqslant i \leqslant n-1$. Les coefficients μ_i sont positifs et de somme 1, donc l'hypothèse de récurrence assure que $v = \sum\limits_{i=1}^{n-1} \mu_i u_i \in A$. Mais alors, puisque $\lambda_n = 1 - S$:

$$\sum_{i=1}^{n} \lambda_i u_i = Sv + (1-S)u_n \in A$$

d'après la définition de la convexité (car $1 - S \geqslant 0$ et $S \geqslant 0$). Donc $(\mathcal{C}_n)$ est vraie et on conclut par le principe de récurrence.

Partie II

1°) a) Supposons f convexe et soient $(x,y) \in \Gamma_f^+$ et $(x',y') \in \Gamma_f^+$. On a, pour $\lambda \in [0,1]$:

$$(1-\lambda)(x,y)+\lambda(x',y') = \big((1-\lambda)x+\lambda x', (1-\lambda)y+\lambda y'\big),$$

Or $y \geqslant f(x)$, $y' \geqslant f(x')$ et $\lambda \geqslant 0, 1-\lambda \geqslant 0$, ce qui entraîne que :

$$(1-\lambda)y+\lambda y' \geqslant (1-\lambda)f(x)+\lambda f(x').$$

Puis on utilise la convexité de f et :

$$f\big((1-\lambda)x+\lambda x'\big) \leqslant (1-\lambda)f(x)+\lambda f(x') \leqslant (1-\lambda)y+\lambda y'$$

ce qui permet de dire que $(1-\lambda)(x,y)+\lambda(x',y')$ appartient à Γ_f^+.

b) On a $f(x) \geqslant f(x)$! ! Donc $\big(x, f(x)\big) \in \Gamma_f^+$ et de même $\big(x', f(x')\big) \in \Gamma_f^+$. Γ_f^+ est convexe et donc si $\lambda \in [0,1]$, $\big((1-\lambda)x+\lambda x', (1-\lambda)f(x)+\lambda f(x')\big)$ appartient à Γ_f^+ et par conséquent :

$$f\big((1-\lambda)x+\lambda x'\big) \leqslant (1-\lambda)f(x)+\lambda f(x').$$

et f est bien convexe.

2°) Observons d'abord que l'énoncé a bien un sens car I étant convexe, on a $\sum_{i=1}^{n} \lambda_i x_i \in I$. Il est clair que la condition énoncée est suffisante pour que f soit convexe (prendre $n=2$).

Si maintenant, f est convexe, Γ_f^+ est une partie convexe de $\mathbb{R}^2$ (question précédente) et on peut appliquer le résultat de la question I 2), où $u_i = \big(x_i, f(x_i)\big)$ est un élément de Γ_f^+ pour tout i de 1 à n :

Si $(\lambda_1, \ldots, \lambda_n) \in (\mathbb{R}_+)^n$ avec $\sum_{i=1}^{n} \lambda_i = 1$, la quantité

$$\sum_{i=1}^{n} \lambda_i u_i = \Big(\sum_{i=1}^{n} \lambda_i x_i, \sum_{i=1}^{n} \lambda_i f(x_i)\Big)$$

appartient donc à Γ_f^+ et $f\big(\sum_{i=1}^{n} \lambda_i x_i\big) \leqslant \sum_{i=1}^{n} \lambda_i f(x_i)$.

(On aurait aussi pu se lancer dans une démonstration directe par récurrence, mais en fait très semblable au développement de la question I 2).)

3°) a) On procède par récurrence sur k, le résultat étant évidemment vrai pour $k=1$ [c'est l'inégalité (1)].

Supposons maintenant la propriété vraie jusqu'à un rang k non nul fixé. On a :

$$f\Big(\frac{1}{2^k}\sum_{i=1}^{2^k} x_i\Big) \leqslant \frac{1}{2^k}\sum_{i=1}^{2^k} f(x_i).$$

nous écrivons alors, la propriété étant vraie au rang $k=1$:

$$f\Big(\frac{1}{2^{k+1}}\sum_{i=1}^{2^{k+1}} x_i\Big) = f\Big(\frac{1}{2}\sum_{i=1}^{2^k} \frac{x_i}{2^k} + \frac{1}{2}\sum_{i=2^k+1}^{2^{k+1}} \frac{x_i}{2^k}\Big)$$

$$\leqslant \frac{1}{2} f\Big(\frac{1}{2^k}\sum_{i=1}^{2^k} x_i\Big) + \frac{1}{2} f\Big(\frac{1}{2^k}\sum_{i=2^k+1}^{2^{k+1}} x_i\Big) \leqslant \frac{1}{2^{k+1}}\sum_{i=1}^{2^{k+1}} f(x_i).$$

et la propriété est vraie au rang $k+1$.

b) On se fixe $n \in \mathbb{N}^*$ et $k \in \mathbb{N}^*$ tel que $n < 2^k$ et on pose $y = \frac{1}{n}\sum_{i=1}^{n} x_i$. En appliquant le résultat de la question 3) a), nous avons l'inégalité :

$$f\left(\frac{x_1+\cdots+x_n+(2^k-n)y}{2^k}\right) \leqslant \frac{1}{2^k}\left(\sum_{i=1}^{n} f(x_i)+(2^k-n)f(y)\right).$$

et comme $x_1+\cdots+x_n = ny$:

$$f(y) \leqslant \frac{1}{2^k}\left(\sum_{i=1}^{n} f(x_i)+(2^k-n)f(y)\right)\ldots$$

c) ... Soit : $2^k f(y) \leqslant \sum_{i=1}^{n} f(x_i)+(2^k-n)f(y)$ ce qui s'écrit :

$$f(y) = f\left(\frac{x_1+\cdots+x_n}{n}\right) \leqslant \frac{1}{n}\sum_{i=1}^{n} f(x_i).$$

C'est bien l'inégalité demandée.

d) Soient $p_1, p_2, \ldots, p_\ell$ des entiers positifs tels que $\displaystyle\sum_{k=1}^{\ell} p_k = n$. Dans l'inégalité obtenue dans la question 3) c), choisissons les réels x_i tels que :

$x_1 = x_2 = \cdots = x_{p_1} = y_1$, $x_{p_1+1} = \cdots = x_{p_1+p_2} = y_2$, etc. jusqu'à :

$x_{p_1+\cdots+p_{\ell-1}+1} = \cdots = x_{p_1+\ldots+p_\ell} = y_\ell$.

Nous pouvons alors écrire :

$$f\left(\frac{p_1}{n}y_1+\cdots+\frac{p_\ell}{n}y_\ell\right) \leqslant \frac{p_1}{n}f(y_1)+\cdots+\frac{p_\ell}{n}f(y_\ell).$$

e) On désigne maintenant par $r_1, r_2, \ldots, r_\ell$, ℓ nombres rationnels positifs tels que leur somme soit égale à 1. Il est toujours possible de choisir des entiers $n, p_1, p_2, \ldots, p_\ell$ de façon à réaliser les égalités $r_i = \frac{p_i}{n}$ pour i variant de 1 à ℓ. Nous avons donc :

$$f\left(\sum_{i=1}^{\ell} r_i y_i\right) \leqslant \sum_{i=1}^{\ell} r_i f(y_i).$$

Enfin, soit $\lambda_1, \lambda_2, \ldots, \lambda_\ell$ des réels positifs de somme 1, on peut fabriquer des suites de nombres rationnels positifs qui convergent respectivement vers $\lambda_1, \ldots, \lambda_{\ell-1}$ et de somme majorée par 1 (de façon à approcher le dernier nombre λ_ℓ par le complément à 1 de la somme des suites choisies). Par continuité de la fonction f, l'inégalité précédente se prolonge à la limite, en :

$$f\left(\sum_{i=1}^{\ell} \lambda_i y_i\right) \leqslant \sum_{i=1}^{\ell} \lambda_i f(y_i).$$

Ceci prouve d'après la question 2) que f est convexe.

4°) a) La fonction u_y est dérivable sur I (et même de classe $\mathcal{C}^2$) et, pour tout $x \in I$:

$$u_y'(x) = f'(x) - f'\left(\frac{x+y}{2}\right).$$

La fonction f'' est positive sur I, donc f' est croissante et :

⋆ Si $x \leqslant y$, alors $x \leqslant \frac{x+y}{2}$ et $f'(x) \leqslant f'\left(\frac{x+y}{2}\right)$, d'où $u_y'(x) \leqslant 0$.

⋆ Si $x \geqslant y$, alors $x \geqslant \frac{x+y}{2}$ et $f'(x) \geqslant f'\left(\frac{x+y}{2}\right)$, d'où $u_y'(x) \geqslant 0$.

Ainsi u_y présente un *minimum* en y, avec $u_y(y) = 0$: u_y est positive sur I.

b) Il est clair que λ et μ sont positifs et que : $\lambda+\mu = 1$, $\lambda x+\mu z = y$. Ainsi :

$$f(\lambda x+\mu z) = f(y) \leqslant \lambda f(x)+\mu f(z) = \frac{z-y}{z-x}f(x)+\frac{y-x}{z-x}f(z).$$

En prenant garde aux signes des expressions transportées, ceci peut s'écrire :

$$\frac{f(y)-f(x)}{y-x} \leqslant \frac{f(z)-f(y)}{z-y}.$$

$\star$ Fixons x et y et faisons tendre z vers y (donc par valeurs supérieures). Par prolongement des inégalités, il vient :

$$\frac{f(y)-f(x)}{y-x} \leqslant \lim_{z \to y^+} \frac{f(z)-f(y)}{z-y} = f'_d(y) = f'(y)$$

$\star$ Fixons y et z et faisons tendre x vers y (donc par valeurs inférieures). Il vient de même :

$$f'(y) = f'_d(y) = \lim_{x \to y^-} \frac{f(y)-f(x)}{y-x} \leqslant \frac{f(z)-f(y)}{z-y}$$

Soit, aux lettres près : $f'(x) \leqslant \dfrac{f(y)-f(x)}{y-x}$

et finalement : $f'(x) \leqslant \dfrac{f(y)-f(x)}{y-x} \leqslant f'(y)$ et f' est croissante sur l'intérieur de I, donc sur I par continuité de f'.

c) On vient de montrer que si f est convexe sur I, alors sa dérivée seconde est positive ou nulle. Pour avoir l'équivalence, il suffit de compléter la solution de la question 1) a). Si $f'' \geqslant 0$, la fonction u_y est positive sur I, donc :

$$\forall x, y \in I, f\left(\frac{x+y}{2}\right) \leqslant \frac{1}{2}\big(f(x)+f(y)\big)$$

D'après le résultat de la question 3) f est bien convexe sur I.

Partie III

1°) a) La fonction $f : x \mapsto x^p$ (avec $p > 1$) est convexe car :

$$f''(x) = p(p-1)x^{p-2} > 0.$$

L'inégalité de II 2) entraîne alors, pour tout $(\lambda_1, \ldots, \lambda_n) \in (\mathbb{R}_+)^n$ tel que $\sum\limits_{i=1}^{n} \lambda_i = 1$:

$$\Big(\sum_{i=1}^{n} \lambda_i x_i\Big)^p \leqslant \sum_{i=1}^{n} \lambda_i x_i^p.$$

b) Désignons par $\mu_1, \ldots, \mu_n$ une suite finie de nombres réels positifs ou nuls et de somme non nulle. Dans l'inégalité précédente, remplaçons λ_i par $\dfrac{\mu_i}{\sum\limits_{i=1}^{n} \mu_i}$.

Il vient alors :

$$\Big(\sum_{i=1}^{n} \mu_i x_i\Big)^p \leqslant \Big(\sum_{i=1}^{n} \mu_i x_i^p\Big)\Big(\sum_{i=1}^{n} \mu_i\Big)^{p-1}.$$

Nous effectuons un changement de notations en posant :

$$q = \frac{p}{p-1} \text{ (donc } \frac{1}{p} + \frac{1}{q} = 1\text{)}, \mu_i = b_i^q, x_i = a_i b_i^{1-q},$$

Nous obtenons l'inégalité demandée.

2°) Nous pouvons remarquer que :

$$\sum_{i=1}^{n} (a_i + b_i)^p = \sum_{i=1}^{n} (a_i + b_i)^{p-1} a_i + \sum_{i=1}^{n} (a_i + b_i)^{p-1} b_i.$$

En appliquant l'inégalité de la question III 1) b) à chacun des deux termes du second membre :

$$\sum_{i=1}^{n}(a_i+b_i)^p \leqslant \Big(\sum_{i=1}^{n}(a_i+b_i)^{(p-1)q}\Big)^{\frac{1}{q}}\Big(\sum_{i=1}^{n}a_i^p\Big)^{\frac{1}{p}}+\Big(\sum_{i=1}^{n}(a_i+b_i)^{(p-1)q}\Big)^{\frac{1}{q}}\Big(\sum_{i=1}^{n}b_i^p\Big)^{\frac{1}{p}}$$

Or, $q(p-1)=p$ et donc :

$$\sum_{i=1}^{n}(a_i+b_i)^p \leqslant \Big(\sum_{i=1}^{n}(a_i+b_i)^p\Big)^{\frac{1}{q}}\Big[\Big(\sum_{i=1}^{n}a_i^p\Big)^{\frac{1}{p}}+\Big(\sum_{i=1}^{n}b_i^p\Big)^{\frac{1}{p}}\Big]$$

D'où l'on déduit :

$$\Big(\sum_{i=1}^{n}(a_i+b_i)^p\Big)^{1-\frac{1}{q}} = \Big(\sum_{i=1}^{n}(a_i+b_i)^p\Big)^{\frac{1}{p}} \leqslant \Big(\sum_{i=1}^{n}a_i^p\Big)^{\frac{1}{p}}+\Big(\sum_{i=1}^{n}b_i^p\Big)^{\frac{1}{p}}$$

Ce qui constitue l'inégalité voulue.

3°) a) Nous savons que $-\ln$ est convexe (de dérivée seconde $x \mapsto \dfrac{1}{x^2}$ positive) et si λ et μ sont des réels positifs de somme 1 et x et y des réels strictement positifs :

$$-\ln(\lambda x+\mu y) \leqslant \lambda(-\ln x)+\mu(-\ln y)$$

Soit : $\ln(\lambda x+\mu y) \geqslant \ln(x^\lambda.y^\mu)$ et, par croissance de la fonction logarithme (ou de la fonction exponentielle !) :

$$x^\lambda y^\mu \leqslant \lambda x+\mu y.$$

b) En prenant $\lambda=\dfrac{1}{p}$ et $\mu=\dfrac{1}{q}$, nous avons donc :

$$\forall\, x,y \in \mathbb{R}_+^*,\ x^{1/p}y^{1/q} \leqslant \frac{x}{p}+\frac{y}{q}$$

Pour α et β strictement positif, on prend $x=\alpha^p$ et $\beta=y^q$, d'où :

$$\alpha.\beta \leqslant \frac{\alpha^p}{p}+\frac{\beta^q}{q}$$

c) Il s'agit de l'inégalité précédente, avec $\alpha=\dfrac{\varphi(x)}{A}$ et $\beta=\dfrac{\psi(x)}{B}$:

$$\frac{\varphi(x)}{A}\cdot\frac{\psi(x)}{B} \leqslant \frac{[\varphi(x)]^p}{pA^p}+\frac{[\psi(x)]^q}{qB^q}$$

d) En intégrant :

$$\frac{1}{AB}\int_a^b \varphi(x)\psi(x)\,dx \leqslant \frac{1}{pA^p}\int_a^b[\varphi(x)]^p\,dx+\frac{1}{qB^q}\int_a^b[\psi(x)]^q dx=\frac{1}{p}+\frac{1}{q}=1$$

Il n'y a plus qu'à multiplier par AB pour obtenir le résultat demandé.

Commentaires

Soit E un espace vectoriel sur $\mathbb{R}$. Vous savez, ou vous saurez bientôt que l'on appelle ***norme*** *sur E, toute application $N : E \to \mathbb{R}$, telle que :*

(i) $\forall\, x \in E, N(x) \geqslant 0$ et $N(x)=0 \Longleftrightarrow x=0$;

(ii) $\forall\, x \in E, \forall\, \lambda \in \mathbb{R}, N(\lambda x)=|\lambda|.N(x)$;

(iii) $\forall\, x,y \in E, N(x+y) \leqslant N(x)+N(y)$.

Pour $E=\mathbb{R}^n$ et p réel tel que $p>1$, l'application N définie par :

$$N\big((x_1,x_2,\dots,x_n)\big)=\Big(\sum_{k=1}^{n}|x_k|^p\Big)^{1/p}$$

vérifie clairement les propriétés (i) et (ii) et ce problème montre qu'elle vérifie aussi la propriété (iii). Il s'agit donc d'une norme dite « höldérienne ». Le cas $p=2$ redonne la norme usuelle.

Problème n° 26 — *Durée estimée : 4 heures*

Prérequis :

Polynômes et racines d'un polynôme. Equations différentielles du premier et du second ordre. Etude de fonctions. Formule de Leibniz.

ÉNONCÉ

Partie I

On désigne par x un nombre réel quelconque et par L_x la fonction de la variable réelle t définie par $L_x(t) = (t^2 - 2xt + 1)^{-\frac{1}{2}}$.
On note (C_x) la courbe représentative de L_x dans un repère orthonormé du plan euclidien.

1°) Déterminer, suivant les valeurs de x, le domaine de définition de L_x.

2°) Préciser une transformation géométrique simple permettant de déduire (C_{-x}) de (C_x) et montrer que (C_x) possède un axe de symétrie.

3°) Soient x' et x'' deux réels distincts tels que $x' < x''$. Etudier l'existence de points communs à $(C_{x'})$ et à $(C_{x''})$ et la position relative de ces deux courbes.

4°) Etudier, suivant les valeurs de x, les variations de L_x et construire, sur un même graphique, $(C_{\frac{1}{2}})$, (C_1) et $(C_{\frac{3}{2}})$.

Partie II

Soit y une fonction, supposée deux fois dérivable, de la variable réelle x, y' et y'' ses dérivées d'ordre 1 et 2, n étant un entier positif ou nul, on considère l'équation différentielle (E_n) :

$$(x^2 - 1)y'' + 2xy' - n(n+1)y = 0.$$

1°) *Etude du cas* $n = 0$. On considère donc (E_0) : $(x^2 - 1)y'' + 2xy' = 0$.

a) Déterminer, pour x décrivant l'un quelconque des intervalles $]-\infty, -1[$, $]-1, 1[$ et $]1, +\infty[$, la solution générale de (E_0).

b) Quel est l'ensemble Y_0 des solutions de (E_0) définies sur $\mathbb{R}$? Déterminer celle de ces solutions, soit p_0 telle que $p_0(1) = 1$.

2°) *Etude du cas* $n = 1$. On considère donc (E_1) : $(x^2 - 1)y'' + 2xy' - 2y = 0$.

a) Déterminer l'ensemble Y_1 des polynômes solutions de (E_1) sur $\mathbb{R}$ et en particulier l'élément p_1 de Y_1 tel que $p_1(1) = 1$.

b) Soit f une fonction supposée définie sur l'un des intervalles $I =]-\infty, -1[$, $]-1, 1[$ ou $]1, +\infty[$ et z la fonction définie sur $I^* = I \setminus \{0\}$ par $z(x) = \dfrac{f(x)}{x}$.
Montrer que si f est solution de (E_1) sur I, alors, sur I^*, z vérifie une équation différentielle du second ordre, soit (E_1'), que l'on écrira.

Intégrer alors (E_1).

3°) *Etude du cas général.* On considère à nouveau (E_n) et on suppose $n \geqslant 2$. On se propose, dans ce cas, de déterminer l'ensemble Y_n des polynômes non nuls, solutions de (E_n) sur $\mathbb{R}$.
Soit P défini par : $P(x) = a_q x^q + a_{q-1}x^{q-1} + \cdots + a_1 x + a_0$, avec $a_q \neq 0$.

a) Montrer que, si P appartient à Y_n, alors on a $q = n$ et $a_{n-1} = 0$.

b) Trouver, pour tout h tel que $0 \leqslant h \leqslant n-2$, une relation de récurrence entre a_h et a_{h+2}.

c) Expliciter, dans le cas où a_h est non nul, a_h en fonction de a_n (attention, cette question est très technique).

d) Déterminer $p_2 \in Y_2$ et $p_3 \in Y_3$ tels que $p_2(1) = 1$ et $p_3(1) = 1$.

Partie III

Soit $n \in \mathbb{N}$, si $n \geqslant 1$, on note $\frac{d^n}{dx^n}\left((x^2-1)^n\right)$ la dérivée d'ordre n de la fonction polynôme $x \mapsto (x^2-1)^n$ et si $n = 0$, cette dérivée est 1, par convention.

1°) Montrer que pour tout n, il existe un entier λ_n, que l'on déterminera, tel que l'on ait :

$$\frac{d^n}{dx^n}\left((x^2-1)^n\right) = \lambda_n \sum_{p=0}^{E(n/2)} \frac{(-1)^p(2n-2p)!}{p!(n-p)!(n-2p)!}\, x^{n-2p}$$

où $E(n/2)$ désigne la partie entière de $n/2$.

Montrer que $\frac{d^n}{dx^n}\left((x^2-1)^n\right)$ est solution de (E_n) sur $\mathbb{R}$.

2°) On appelle suite des ***polynômes de Legendre*** la suite $(P_n)_{n\in\mathbb{N}}$, dans laquelle P_n est défini par :

$$\text{pour tout réel } x,\ P_n(x) = \frac{1}{2^n n!}\frac{d^n}{dx^n}\left((x^2-1)^n\right).$$

a) Déterminer $P_i(x)$ pour $i \in \{0, 1, 2, 3\}$.

b) Calculer, pour tout entier n au moins égal à 1, $P_n(1)$ et $P_n(-1)$.

Décryptage du sujet :

Ce problème est une bonne partie (on a éliminé la dernière partie) d'une épreuve posée aux concours communs polytechniques en 1992. La partie I traite de l'étude d'une fonction indexée par un paramètre et ne présente pas de difficulté particulière. La partie II traite de la résolution d'une équation différentielle par les méthodes classiques et par la détermination d'une solution polynomiale. La façon de procéder ressemble beaucoup à ce qui est un grand classique de seconde année : La détermination d'une solution d'équation différentielle développable en série entière. Cette partie du problème est donc une bonne préparation pour vous. Attention, il y a un peu beaucoup de technicité notamment dans la question 3). Dans la question II 3) c), il vaut mieux écrire la formule qui relie a_h et a_n avec le maximum de factorielles, c'est préférable que des produits en extension. La partie III introduit les polynômes de Legendre et leur lien avec les solutions de l'équation différentielle de la partie II.

CORRIGÉ

Partie I

1°) Résolvons l'équation $t^2 - 2xt + 1 = 0$, d'inconnue t. Son discriminant est $4(x^2 - 1)$. Il faut donc discuter selon la position de x.

$\star$ Si $x \in]-1, 1[$, il n'y a pas de solution réelle à l'équation et par voie de conséquence L_x est définie sur $\mathbb{R}$.

$\star$ Si $x = \pm 1$, L_x est définie sur $\mathbb{R} \setminus \{1\}$.

$\star$ Si $|x| > 1$, l'équation a deux racines : $t = x \pm \sqrt{x^2 - 1}$ que l'on note t_0 et t_1 par ordre croissant. Le domaine de définition de L_x est alors $]-\infty, t_0[\cup]t_1, +\infty[$.

2°) $L_x(t) = L_{-x}(-t)$ et la courbe (C_x) se déduit de (C_{-x}) par symétrie par rapport à Oy.

3°) On commence par remarquer que toutes les courbes (C_x) passent par le point $(0, 1)$. Montrons que c'est le seul point commun à ces courbes.

Si $t < 0 : x' < x'' \implies -2x't < -2x''t \implies L_{x'}(t) > L_{x''}(t)$.

Si $t > 0 : x' < x'' \implies -2x't > -2x''t \implies L_{x'}(t) < L_{x''}(t)$.

Donc si $t < 0$, $L_{x''}$ est en dessous de $L_{x'}$ et si $t > 0$, $L_{x''}$ est au dessus de $L_{x'}$.

4°) Sur son domaine de définition, L_x est dérivable et :

$$L'_x(t) = \frac{x - t}{(t^2 - 2xt + 1)^{3/2}}.$$

Le dénominateur est toujours positif (lorsqu'il est défini) et donc :

$\star$ Si $x \in]-1, 1[$, la fonction est croissante de $-\infty$ à x puis décroissante de x à $+\infty$.

$\star$ Si $|x| = 1$, les variations sont les mêmes que dans le cas précédent, mais la fonction n'est pas définie au point x.

$\star$ Si $|x| > 1$, on remarque que $t_0 = x - \sqrt{x^2 - 1} < x < x + \sqrt{x^2 + 1} = t_1$ et donc L_x est croissante de $-\infty$ à t_0 et décroissante de t_1 à $+\infty$ (elle n'est pas définie sur $[t_0, t_1]$)

On construit sur un même graphe $(C_{1/2})$, (C_1) et $(C_{3/2})$.

Pour $t < 0$, du bas vers le haut, on a $(C_{3/2})$, (C_1) puis $(C_{1/2})$. Pour $t > 0$, du bas vers le haut, on a $(C_{3/2})$, (C_1) et $(C_{1/2})$.

Un Zeste de Maple

```
> with(plots) :
> d1 := plot((t∧ 2 – t + 1)∧(–1/2), t = –2..4, color = blue) :
> d21 := plot((t∧2 – 2∗t + 1)∧(–1/2), t = –2..0.7, color = red) :
> d22 := plot((t∧2 – 2∗t + 1)∧(–1/2), t = 1.3..4, color = red) :
> d32 := plot((t∧2 – 3∗t + 1)∧(-1/2), t = 2.65..4, color = indigo) :
> d31 := plot((t∧2 – 3∗t + 1)∧(–1/2), t = –2..0.4, colo r = indigo) :
> display(d1, d21, d22, d31, d32) ;
```

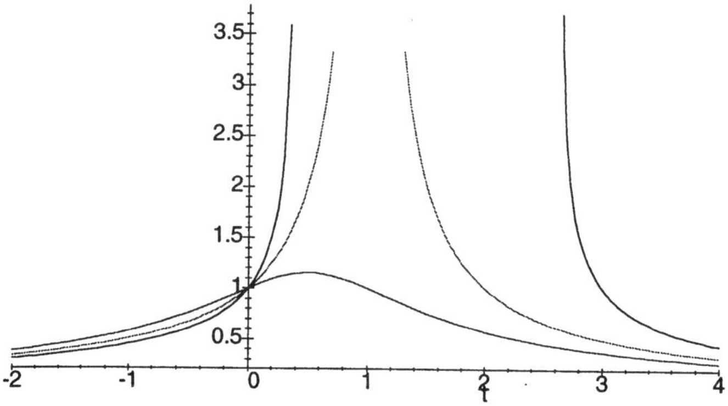

Partie II

1°) a) $x \mapsto (x^2-1)y''(x)+2xy'(x)$ est la dérivée de $x \mapsto (x^2-1)y'(x)$. Donc, sur l'un quelconque I des intervalles donnés, (E_0) s'écrit :

$$\exists\, k \in \mathbb{R}, \forall\, x \in I, (x^2-1)y'(x) = k$$

Ou encore : $\exists\, \lambda \in \mathbb{R}, \forall\, x \in I, y'(x) = \dfrac{2\lambda}{x^2-1} = \lambda\left(\dfrac{1}{x-1} - \dfrac{1}{x+1}\right)$

et, finalement, en intégrant :

$$\exists(\lambda, \mu) \in \mathbb{R}^2, \forall\, x \in I, y(x) = \lambda \ln\left|\frac{x-1}{x+1}\right| + \mu.$$

Les constantes λ et μ dépendant de l'intervalle choisi.

b) Pour obtenir une solution définie sur $\mathbb{R}$, il faut que les « morceaux » de solutions se « recollent » et donc, déjà, que les trois fonctions se prolongent aux bords de leur domaine. Ceci nécessite que les trois constantes λ soient nulles et que les trois constante μ soient égales : Y_0 est inclus dans l'ensemble des fonctions constantes sur $\mathbb{R}$. La réciproque est triviale, donc :

$$Y_0 = \{\text{fonctions constantes}\} \text{ et } p_0 : x \mapsto 1$$

2°) a) On a : (E_1) : $(x^2-1)y''+2xy'-2y=0$ et soit y une solution polynomiale, autre que la solution nulle. On peut écrire : $y(x) = a_n x^n + a_{n-1}x^{n-1} + \cdots + a_0$, où n est le degré de y (donc $a_n \neq 0$).

En ne regardant que les termes de plus haut degré, il vient :

$$n(n-1)a_n + 2na_n - 2a_n = 0 \text{ (même si } n = 0)$$

Soit : $(n^2+n-2)a_n = 0$ et comme $a_n \neq 0$ et $n \in \mathbb{N}$, il ne reste que la solution $n = 1$.

Les seules solutions polynomiales possibles sont donc de la forme $x \mapsto ax+b$, et en remplaçant dans (E_1) il vient $b = 0$.

$$Y_1 = \{x \mapsto ax, a \in \mathbb{R}\} \text{ et } p_1 : x \mapsto x$$

b) Si f est une fonction dérivable sur I, alors z est dérivable sur I^* et comme $f(x) = x.z(x)$, on a :

$\forall\, x \in I^*, (x^2-1)f''(x) + 2xf'(x) - 2f(x) = 0$

$\iff \forall\, x \in I^*, (x^2-1)(xz''(x)+2z'(x)) + 2x(xz'(x)+z(x)) - 2xz(x) = 0$

$\iff \forall\, x \in I^*, (x^3-x)z''(x) + (4x^2-2)z'(x) = 0 \quad (E_1')$

On résout cette dernière équation en posant $Y = z'$, on a alors :

$$Y'(x) = \frac{2-4x^2}{x^3-x}Y(x)$$

On a : $\dfrac{2-4x^2}{x^3-x} = \dfrac{2-4x^2}{x(x-1)(x+1)} = -\dfrac{2}{x} - \dfrac{1}{x-1} - \dfrac{1}{x+1}$ et on sait que l'on a alors :

$$\exists k \in \mathbb{R}, \forall x \in I^*, Y(x) = k\exp\big(-2\ln|x| - \ln|x-1| - \ln|x+1|\big)$$

ou encore, en laissant la constante prendre en charge les problèmes de signes :

$$\exists A \in \mathbb{R}, \forall x \in I^*, Y(x) = z'(x) = \frac{A}{x^2(x-1)(x+1)}$$

Donc : $z'(x) = \dfrac{A}{x^2} + \dfrac{A}{2(x-1)} - \dfrac{A}{2(x+1)}$ et, en intégrant à nouveau :

$$\exists A, B \in \mathbb{R}, \forall x \in I^*, z(x) = -\frac{A}{x} + \frac{A}{2}\ln\Big|\frac{x-1}{x+1}\Big| + B$$

Il n'y a plus qu'à multiplier par x, ce qui permet de prolonger la solution en 0 (sur celui des intervalles I qui contient 0 !) et on a la solution générale de (E_1), sur I :

$$y(x) = -A + Bx + \frac{Ax}{2}\ln\Big|\frac{x-1}{x+1}\Big|$$

où $(A, B) \in \mathbb{R}^2$ dépendent de l'intervalle choisi.

3°) a) $\star$ A l'économie, écrivons : $P(x) = a_q x^q + \cdots$, alors $P'(x) = qa_q x^{q-1} + \cdots$ et $P''(x) = q(q-1)a_q x^{q-2} + \cdots$ (le résultat étant formellement valable, même si $q = 0$ ou $q = 1$). En remplaçant dans (E_n), il vient :

$$0 = q(q-1)a_q x^q + \cdots + 2qa_q x^q + \cdots - n(n-1)a_q x^q + \cdots$$

La disparition des termes de plus haut degré impose, puisque $a_q \neq 0$:

$$q(q+1) - n(n+1) = 0, \textit{ i.e. } (q-n)(q+n+1) = 0 \text{ et } q = n \text{ ou } q = -n-1$$

et comme le second cas est impossible ($q \geqslant 0$), on a : $q = n$.

$\star$ En écrivant alors : $P(x) = \sum\limits_{k=0}^{n} a_k x^k$ et en calculant les dérivées, on obtient :

$$\sum_{k=0}^{n} k(k-1)a_k x^k - \sum_{k=0}^{n} (k+2)(k+1)a_{k+2}x^k + \sum_{k=0}^{n} 2ka_k x^k = n(n+1)\sum_{k=0}^{n} a_k x^k$$

et en identifiant, degré par degré :

$$\begin{cases} 2a_2 + n(n+1)a_0 = 0 \\ 6a_3 + \big((n(n+1) - 2\big)a_1 = 0 \\ \qquad\vdots \\ (h+2)(h+1)a_{h+2} + \big(n(n+1) - h(h+1)\big)a_h = 0 \\ \qquad\vdots \\ n(n-1)a_{n-1} - n(n+1)a_{n-1} = 0 \end{cases}$$

La dernière équation donne bien $a_{n-1} = 0 \ldots$

b) ... et la ligne générique du système s'écrit, pour $2 \leqslant h \leqslant n-2$:

$$a_{h+2} = \frac{(h-n)(h+n+1)}{(h+1)(h+2)}\,a_h$$

c) La relation de récurrence précédente montre que, puisque $a_{n-1} = 0$, alors

$a_{n-3} = 0$, $a_{n-5} = 0, \dots, a_{n-2k+1} = 0, \dots$ et il n'y a qu'un terme sur deux à calculer et en prenant la relation de récurrence à l'envers :

$a_n = a_n$; $a_{n-2} = \dfrac{(n-1)n}{(-2)(2n-1)} a_n$; puis

$a_{n-4} = \dfrac{(n-3)(n-2)}{(-4)(2n-3)} \dfrac{(n-1)n}{(-2)(2n-1)} a_n$; et par récurrence :

$$a_{n-2h} = \frac{(-1)^h(n-2h+1)(n-2h+2)\cdots(n-1)n}{(2h)(2h-2)\cdots(2)(2n-2h+1)(2n-2h+3)\cdots(2n-1)} a_n$$

On peut s'arrêter là, avec la sensation du devoir accompli, mais si on regarde la suite du problème (P_n est solution de (E_n)), on voit que l'on doit pouvoir aller plus loin. Pour cela, on utilise les techniques habituelles. On a :

$$(1)(3)\cdots(2p-1) = \frac{(1)(2)(3)\cdots(2p-1)(2p)}{(2)(4)\cdots(2p-2)(2p)} = \frac{(2p)!}{2^p p!}$$

D'où :

$(2n-2h+1)(2n-2h+3)\cdots(2n-1) = \dfrac{(2n)!}{2^n n!} \dfrac{2^{n-h}(n-h)!}{(2n-2h)!}$

et : $(n-2h+1)(n-2h+2)\cdots(n-1)n = \dfrac{n!}{(n-2h)!}$

En remplaçant, on obtient finalement :

$$a_{n-2h} = \frac{(-1)^h(n!)^2(2n-2h)!}{(n-2h)!(2n)!(n-h)!h!} a_n.$$

La formule étant valable pour $h = 0$.

d) $\star$ p_2 est de la forme $p_2(x) = a_2x^2 + a_0$, avec $a_0 = \dfrac{1.2}{(-2).3} a_2 = -\dfrac{1}{3} a_2$ et la condition $p_2(1) = 1$ donne : $p_2(x) = \frac{1}{2}(3x^2 - 1)$.

$\star$ p_3 est de la forme $p_3(x) = a_3x^3 + a_1x$, avec $a_1 = -\frac{3}{5} a_3$ et la condition $p_3(x) = 1$ donne : $p_3(x) = \frac{1}{2}(5x^3 - 3x)$.

Partie III

1°) $\star$ On a : $(x^2-1)^n = \sum\limits_{p=0}^{n} C_n^p (-1)^p x^{2n-2p}$, ce qui est simplement la formule du binôme de Newton.

$\star$ Si $p > E(n/2)$, la dérivée $n^{\text{ème}}$ de $x \mapsto x^{2n-2p}$ est la fonction nulle.

$\star$ Si $p \leqslant E(n/2)$, la dérivée $n^{\text{ème}}$ de $x \mapsto x^{2n-2p}$ est la fonction :

$$x \mapsto (2n-2p)(2n-2p-1)\cdots(n-2p+1)x^{n-2p}$$

C'est-à-dire $x \mapsto \dfrac{(2n-2p)!}{(n-2p)!} x^{n-2p}$

En remplaçant, il vient donc :

$$\frac{d^n}{dx^n}((x^2-1)^n) = \sum_{p=0}^{E(n/2)} (-1)^p \frac{n!}{p!(n-p)!} \frac{(2n-2p)!}{(n-2p)!} x^{n-2p}$$

$$= n! \sum_{p=0}^{E(n/2)} \frac{(-1)^p(2n-2p)!}{p!(n-p)!(n-2p)!} x^{n-2p}$$

$\star$ Pour la suite de la question, on peut procéder de deux façons :

• Dans le résultat précédent, on reconnaît, à un coefficient multiplicatif près, ne dépendant que de n, le développement trouvé en II 3) c). Or si P est solution de (E_n), il en est de même de $a.P$, pour tout scalaire a. Donc $\frac{d^n}{dx^n}\left((x^2-1)^n\right)$ est solution de (E_n).

• Si on n'a pas su faire la question II 3) c), on effectue une vérification directe : Soit $Q : x \mapsto (x^2-1)^n$, on a : $Q'(x) = 2nx(x^2-1)^{n-1}$, soit :

$$(x^2-1)Q'(x) = 2nxQ(x)$$

Or, en appliquant à chaque fois la formule de Leibniz :

$$\frac{d^{n+1}}{dx^{n+1}}\left(xQ(x)\right) = C_{n+1}^0 xQ^{(n+1)}(x) + C_{n+1}^1 1.Q^{(n)}(x)$$

$$\frac{d^{n+1}}{dx^{n+1}}\left((x^2-1)Q'(x)\right)$$
$$= C_{n+1}^0(x^2-1)Q^{(n+2)}(x) + C_{n+1}^1(2x).Q^{(n+1)}(x) + C_{n+1}^2 2Q^{(n)}(x)$$

L'égalité de ces dérivées donne alors, en remplaçant les coefficients binomiaux par leurs valeurs :

$$(1-x^2)Q^{(n+2)}(x) - 2xQ^{(n+1)}(x) + n(n+1)Q^{(n)}(x) = 0$$

et on reconnaît l'équation (E_n) dont $Q^{(n)}$ est donc solution.

2°) a) En partant de la définition de P_n, il vient :

$$P_1(x) = x, P_2(x) = \frac{1}{2}(3x^2-1) \text{ et } P_3(x) = \frac{1}{2}(5x^3-3x).$$

Remarque : on reconnaît les polynômes p_1, p_2 et p_3 de la partie II. Soit le monde est bien fait, soit on est sous l'emprise du concepteur du sujet. Penchons pour la seconde hypothèse.

b) On a : $P_n(x) = \frac{1}{2^n n!}\frac{d^n}{dx^n}\left((x-1)^n(x+1)^n\right)$.

Par la formule de Leibniz, on a donc :

$$P_n(x) = \frac{1}{2^n n!}\sum_{k=0}^{n}\frac{d^k}{dx^k}\left((x-1)^n\right)\frac{d^{n-k}}{dx^{n-k}}\left((x+1)^n\right)$$

$\star$ Les dérivées successives de $f : x \mapsto (x-1)^n$ sont toutes nulles au point 1, sauf la dérivée $n^{\text{ème}}$ qui vaut $n!$. Ainsi, dans $P_n(1)$ seul compte le terme correspondant à $k = n$, soit :

$$P_n(1) = \frac{1}{2^n n!}C_n^n.n!.2^n = 1$$

$\star$ Les dérivées successives de $g : x \mapsto (x+1)^n$ sont toutes nulles au point -1, sauf la dérivée $n^{\text{ème}}$ qui vaut $n!$. Ainsi, dans $P_n(-1)$ seul compte le terme correspondant à $k = 0$, soit :

$$P_n(-1) = \frac{1}{2^n n!}C_n^0.(-2)^n n! = (-1)^n$$

On remarque donc que les polynômes P_n de cette partie ne sont autres que les polynômes p_n de la partie II.

Commentaires

A. *Vous avez dû faire (ou vous aurez certainement à faire) l'exercice classique suivant (utiliser autant de fois qu'il le faut le théorème de Rolle) :*

Le polynôme $P_n(x) = \dfrac{1}{2^n n!}\dfrac{d^n}{dx^n}\big((x^2-1)^n\big)$ *possède* n *racines réelles distinctes, toutes dans l'intervalle* $]-1,1[$.

B. *L'année prochaine, quand vous connaitrez les séries entières, vous risquez de rencontrer l'égalité, valable pour* $0 \leqslant t < 1$ *et* $-1 < x < 1$ *:*

$$\lim_{n\to\infty} \sum_{k=0}^{n} x^k P_k(t) = \frac{1}{\sqrt{1-2tx+x^2}} = L_x(t).$$

Ceci fait le lien entre la partie I et les autres.

C. *Les polynômes de Legendre ont des rapports étroits avec les fonctions harmoniques, solutions de l'équation aux dérivées partielles de Laplace :*

$$\Delta U = \frac{\partial^2 U}{\partial x^2} + \frac{\partial^2 U}{\partial y^2} + \frac{\partial^2 U}{\partial z^2} = 0.$$

C'est ce qui fait une partie de leur intérêt.

D. Un zeste de Maple :

Si on veut calculer sans se fatiguer les polynômes de Legendre, on utilise le package «orthopoly» de Maple : $P(n,x)$ *donne le polynôme de Legendre de degré* n *de variable* x.

```
> with(orthopoly) : P(1, x), P(6, x) ;
```

$$x,\ \frac{231}{16}x^6 - \frac{315}{16}x^4 + \frac{105}{16}x^2 - \frac{5}{16}.$$

E. *Celui qui, à partir du package «orthopoly» de Maple, parcourt l'aide en ligne peut remarquer que les polynômes de Legendre ne sont qu'un cas particulier pour* $a = 0$ *et* $b = 0$ *des polynômes de Jacobi* $P(n,a,b,x)$ *qui sont orthogonaux sur* $[-1,1]$*, en les affectant d'un poids (weight en anglais) qui est*

$$w(x) = (1-x)^a(1+x)^b,$$

c'est-à-dire que l'on a :

$$\text{si } m \neq n,\quad \int_{-1}^{1} w(x)P(n,a,b,x)P(m,a,b,x)\,dx = 0$$

Problème n° 27 *Durée estimée : 2 heures*

Prérequis :

Endomorphismes en dimension finie. Noyau, image. Sous-espaces vectoriels supplémentaires. Projecteurs. Familles libres. Matrices, pour I 2).

ÉNONCÉ

Soit E un espace vectoriel de dimension finie $n \geqslant 2$, sur $\mathbb{R}$. On rappelle que $\mathcal{L}(E)$ est l'ensemble des endomorphismes de E, que id, respectivement θ, est l'application identique de E, respectivement l'application nulle de E.

Deux éléments p_1 et p_2 de $\mathcal{L}(E)$ sont des projections associées s'il existe dans E deux sous-espaces supplémentaires E_1 et E_2 tels que :

$$\forall \vec{u} \in E, \begin{cases} \vec{u} = p_1(\vec{u}) + p_2(\vec{u}) \\ p_1(\vec{u}) \in E_1, p_2(\vec{u}) \in E_2 \end{cases}$$

I : Généralités et exemple

1°) p_1 et p_2 sont ici deux projections associées.

a) Déterminer le noyau, l'image de p_1 puis de p_2.

b) Calculer $p_1 + p_2, p_1 \circ p_2, p_2 \circ p_1, p_1^2$ et p_2^2.

2°) Dans cette question, on suppose que E est un espace vectoriel de dimension 3, rapporté à une base (e_1, e_2, e_3). Soit E_1 la droite vectorielle de base $\vec{u}_1$ (α, β, γ) et E_2 le plan vectoriel d'équation $px + qy + rz = 0$, où $\alpha, \beta, \gamma, p, q$ et r sont des réels donnés tels que $(\alpha, \beta, \gamma) \neq (0,0,0)$ et $(p, q, r) \neq (0,0,0)$.

a) Déterminer une condition nécessaire et suffisante pour que E_1 et E_2 soient supplémentaires.

Dans la suite de la question, on suppose que $p\alpha + q\beta + r\gamma = 1$.

b) Soit $\vec{u}$ un vecteur de E. Déterminer sa décomposition comme somme d'un vecteur de E_1 et d'un vecteur de E_2.

c) En déduire les matrices M_1 et M_2 des projections associées p_1 et p_2.

d) On suppose ici que $\alpha^2 + \beta^2 + \gamma^2 = 1$ et que M_1 est symétrique c'est-à-dire que M_1 est égale à sa transposée. Ecrire M_1 et M_2 en fonction seulement de p, q et r.

II : Caractérisation des projections associés

On dit que f et g, endomorphismes de E, vérifient la proposition (1) si et seulement si on a à la fois les deux conditions :

$$f \circ g = \theta \text{ et } f + g = id.$$

De même, on dit que l'endomorphisme f de E vérifie la proposition (2) si et seulement si on a la condition :

$$f \circ f = f.$$

1°) Soient (f, g) un couple d'endomorphismes de E. On suppose que f et g vérifient (1). Montrer que f puis g vérifient (2).

2°) Montrer qu'inversement à tout endomorphisme f de E qui vérifie (2) correspond un autre endomorphisme g de E vérifiant (2) tel que f et g vérifient (1).

3°) On veut montrer ici que deux endomorphismes de E, f et g sont des projections associées si et seulement si ces endomorphismes vérifient (1).

Dans la suite de la question, on suppose que f et g vérifient (1).

a) Que peut-on dire de la restriction de f à $\operatorname{Im} f$?

b) Montrer que $\operatorname{Ker} f$ et $\operatorname{Im} f$ sont supplémentaires dans E.

c) Comparer $\operatorname{Ker} f$ et $\operatorname{Im} g$.

d) Conclure.

III : Combinaisons linéaires de projections associées

On désire ici étudier les endomorphismes f de E vérifiant l'égalité (3) :

$$(f - aid) \circ (f - bid) = \theta.$$

où (a, b) est un couple de réels donnés distincts, on note $\mathcal{F}$ le sous-ensemble de $\mathcal{L}(E)$ constitué des endomorphismes vérifiant (3).

1°) $\mathcal{F}$ est-il un sous-espace vectoriel de $\mathcal{L}(E)$?

2°) Soient p_1 et p_2 deux projections associées de E différentes de id et θ.

a) Montrer que (p_1, p_2) est une famille libre de $\mathcal{L}(E)$.

b) Déterminer tous les couples de réels (α, β) tels que

$$f = \alpha p_1 + \beta p_2$$

vérifie la condition (3).

Dans la suite, f est un élément de $\mathcal{F}$.

3°) Montrer que les deux sous espaces vectoriels $\operatorname{Ker}(f - aid)$ et $\operatorname{Ker}(f - bid)$ sont supplémentaires dans E.

4°) Montrer que f s'écrit d'une façon unique sous la forme

$$f = af_1 + bf_2,$$

où f_1 et f_2 sont deux projections associées de E que l'on calculera en fonction de f, a et b.

On supposera cette décomposition connue dans la suite.

5°) n désigne ici un entier supérieur ou égal à 1.

a) Montrer que $f^n = a^n f_1 + b^n f_2$.

b) Montrer que f vérifie une égalité du type :

$$(f^n - \lambda id) \circ (f^n - \mu id) = \theta,$$

et déterminer un couple (λ, μ) qui convienne.

Décryptage du sujet :

Ce sujet utilise essentiellement les techniques de calcul dans l'algèbre des endomorphismes, la supplémentarité entre sous espaces vectoriels. Tout le long du problème, on établit les propriétés classiques des projecteurs et on utilise des couples de projecteurs associés.

Partie I : 1) On part bien sûr de la définition des projections associées données dans l'énoncé et il s'agit de comparer les sous-espaces vectoriels indiqués à E_1 et E_2.
2) b) On cherchera à exprimer λ tel que $\vec{u} - \lambda(\alpha, \beta, \gamma)$ appartienne à E_2.
On peut laisser les questions 2) c) et 2) d) de côté si la représentation matricielle d'un endomorphisme n'a pas encore été vue.

Partie II : Il s'agit en fait de refaire la démonstration du théorème suivant : si f est un endomorphisme de E, $f \circ f = f$ est équivalent à f projection sur $\operatorname{Im} f$, parallèlement à $\operatorname{Ker} f$. Mais, attention, ici, répondez bien à toutes les questions sans faire de raccourci. Faire un problème c'est aussi respecter la chronologie des questions.

Partie III : Dans la question 1, on n'oubliera pas les cas où $ab = 0$. La question 3 va devenir un classique l'année prochaine.

C'est, dans l'ensemble, un problème assez facile à condition de bien respecter le fil conducteur des questions.

CORRIGÉ

Partie I

1°) a) Par définition, $p_1(\vec{u})$ est la composante de $\vec{u}$ dans E_1, dans la décomposition de $\vec{u}$ sur $E_1 \oplus E_2$. Ainsi, p_1 est la projection sur E_1 parallèlement à E_2 et

$$\operatorname{Im} p_1 = E_1, \operatorname{Ker} p_1 = E_2$$

De même $\operatorname{Im} p_2 = E_2$ et $\operatorname{Ker} p_2 = E_1$.

b) Par définition, $p_1 + p_2 = id$. Comme $\operatorname{Im} p_2 = E_2 = \operatorname{Ker} p_1$, on a : $p_1 \circ p_2 = \theta$, et de la même façon $p_2 \circ p_1 = \theta$. Enfin, pour tout $\vec{u}$ de E, le vecteur $\vec{v} = p_1(\vec{u})$ appartient à E_1, donc s'écrit $\vec{v} = \vec{v} + \vec{0}$ et $p_1(\vec{v}) = \vec{v}$, *i.e.* $p_1^2 = p_1$ et de même $p_2^2 = p_2$.

2°) a) Les dimensions étant *ad hoc*, une condition nécessaire et suffisante pour que la droite E_1 et le plan E_2 soient des sous-espaces supplémentaires est que E_1 ne soit pas contenue dans E_2 (leur intersection est alors réduite au vecteur nul), ce qui revient à dire que $\vec{u}_1$ n'appartient pas à E_2, soit : $\alpha p + \beta q + \gamma r \neq 0$.

Remarque : comme dans la suite on suppose $p\alpha + q\beta + r\gamma = 1$, sous cette hypothèse, E_1 et E_2 sont supplémentaires.

b) Soit $\vec{u}\,(x, y, z)$ un vecteur de E, sa décomposition comme somme d'un vecteur de E_1 et d'un vecteur de E_2 est $\vec{u} = \vec{u}' + \vec{u}'' = \lambda\vec{u}_1 + \vec{u}''$, où λ est déterminé par le fait que $\vec{u}'' = \vec{u} - \lambda\vec{u}_1$ appartient à E_2. Ce qui donne :

$$p(x - \alpha\lambda) + q(y - \beta\lambda) + r(z - \gamma\lambda) = 0.$$

D'où :

$$\lambda = \frac{px + qy + rz}{p\alpha + q\beta + r\gamma} = px + qy + rz.$$

Soit, en notant $\vec{u}'\,(x', y', z')$ et $\vec{u}''\,(x'', y'', z'')$:

$$\begin{cases} x' &= \alpha px + \alpha qy + \alpha rz \\ y' &= \beta px + \beta qy + \beta rz \\ z' &= \gamma px + \gamma qy + \gamma rz \end{cases} \text{ et } \begin{cases} x'' &= (1-\alpha p)x - \alpha qy - \alpha rz \\ y'' &= -\beta px + (1-\beta q)y - \beta rz \\ z'' &= -\gamma px - \gamma qy + (1-\gamma r)z \end{cases}$$

c) Il n'y a plus qu'à écrire les matrices de ces systèmes, et :

$$M_1 = \begin{pmatrix} \alpha p & \alpha q & \alpha r \\ \beta p & \beta q & \beta r \\ \gamma p & \gamma q & \gamma r \end{pmatrix}, M_2 = \begin{pmatrix} 1-\alpha p & -\alpha q & -\alpha r \\ -\beta p & 1-\beta q & -\beta r \\ -\gamma p & -\gamma q & 1-\gamma r \end{pmatrix}.$$

d) On suppose ici que $\alpha^2 + \beta^2 + \gamma^2 = 1$ et que M_1 est symétrique. Ecrivons alors M_1 et M_2 en fonction seulement de p, q et r, en exploitant les données et surtout la symétrie de M_1 :

$$\alpha = \alpha(p\alpha + q\beta + r\gamma) = p\alpha^2 + q\alpha\beta + r\alpha\gamma = p\alpha^2 + p\beta^2 + p\gamma^2 = p$$

De la même façon, on obtient : $\beta = q$ et $\gamma = r$.

Soit :

$$M_1 = \begin{pmatrix} p^2 & pq & pr \\ pq & q^2 & qr \\ pr & qr & r^2 \end{pmatrix} \text{ et } M_2 = \begin{pmatrix} q^2+r^2 & -pq & -pr \\ -pq & p^2+r^2 & -qr \\ -pr & -qr & p^2+q^2 \end{pmatrix}$$

Partie II

1°) On suppose que f et g vérifient (1). Nous avons alors l'implication :

$$f + g = id \implies g = (f+g) \circ g = f \circ g + g^2 = g^2.$$

De même :

$$f + g = id \implies f = f \circ (f+g) = f^2 + f \circ g = f^2$$

On en déduit que f et g vérifient (2).

2°) Soit f un endomorphisme de $\vec{E}$ tel que $f^2 = f$ et soit $g = id - f$. On a bien sûr $f + g = id$, $g^2 = g$ et de plus :

$$f \circ g = f \circ (id - f) = f - f^2 = \theta.$$

Finalement, à tout endomorphisme f qui vérifie (2) correspond un autre endomorphisme g vérifiant (2) tel que f et g vérifient (1).

3°) a) f vérifiant (1), il vérifie (2) et est donc un projecteur. Pour tout $u \in \operatorname{Im} f$, il existe $v \in E$ tel que $u = f(v)$ et

$$f(u) = f^2(v) = f(v) = u.$$

Ainsi la restriction de f à $\operatorname{Im} f$ est l'identité.

b) Soit $\vec{u} \in \operatorname{Im} f \cap \operatorname{Ker} f$, $f(\vec{u}) = \vec{u} = 0$, donc $\operatorname{Im} f \cap \operatorname{Ker} f = \{0\}$.

Comme E est de dimension finie, le théorème du rang donne :

$$\dim \operatorname{Ker} f + \dim \operatorname{Im} f = \dim E$$

et comme $\operatorname{Im} f$ et $\operatorname{Ker} f$ sont en somme directe, il vient :

$$\dim E = \dim(\operatorname{Im} f + \operatorname{Ker} f) \text{ et } E = \operatorname{Im} f + \operatorname{Ker} f.$$

On en déduit que $\operatorname{Ker} f$ et $\operatorname{Im} f$ sont supplémentaires dans E.

Remarque : on peut aussi conclure, en écrivant, pour tout $\vec{u} \in E$:

$$\vec{u} = f(\vec{u}) + \big(u - f(\vec{u})\big)$$

et $f\big(\vec{u} - f(\vec{u})\big) = f(\vec{u}) - f^2(\vec{u}) = \vec{0}$ montre que $\vec{u} - f(\vec{u})$ appartient à $\operatorname{Ker} f$, tandis que $f(\vec{u})$ appartient à $\operatorname{Im} f$. On a donc bien $E = \operatorname{Im} f + \operatorname{Ker} f$, sans faire référence à la dimension finie.

c) Pour tout vecteur $\vec{u}$ de E, on a $\vec{u} - f(\vec{u}) = g(\vec{u})$. Comme $\vec{u} - f(\vec{u}) \in \operatorname{Ker} f$, on a $\operatorname{Im} g \subset \operatorname{Ker} f$.
Réciproquement, si $\vec{u} \in \operatorname{Ker} f$, on a $f(\vec{u}) = \vec{0} = (id - g)(\vec{u}) = \vec{u} - g(\vec{u})$ et donc $g(\vec{u}) = \vec{u}$, d'où $\vec{u} \in \operatorname{Im} g$ et $\operatorname{Ker} f \subset \operatorname{Im} g$.
Nous avons l'égalité : $\operatorname{Im} g = \operatorname{Ker} f$.
On vient de montrer que si f et g vérifient (1), ils sont deux projections associées, les sous-espaces supplémentaires correspondants étant $\operatorname{Im} f$ et $\operatorname{Im} g$.

d) Réciproquement, si f et g sont deux projections associées, on a
$$f^2 = f, g^2 = g, f \circ g = \theta \text{ et } f + g = id.$$
En particulier, f et g vérifient (1).

Partie III

1°) $\mathcal{F}$ n'est jamais un sous-espace vectoriel de $\mathcal{L}(E)$, car :

⋆ si $ab \neq 0$, θ n'appartient pas à $\mathcal{F}$.

⋆ si $a = 0$ et $b \neq 0$, les éléments de $\mathcal{F}$ sont les endomorphismes vérifiant $f^2 = bf$. Or si un endomorphisme f convient, alors $2f$ ne convient pas ! ($a \neq 0$ et $b = 0$ conduit au même résultat ! !)

⋆ si $a = 0$ et $b = 0$. Soit $(\vec{e}_1, \vec{e}_2, \dots, \vec{e}_n)$ une base de E et considérons les endomorphismes f et g définis par :
$$f(\vec{e}_1) = \vec{0},\ f(\vec{e}_2) = \vec{e}_1,\ f(\vec{e}_3) = \cdots = f(\vec{e}_n) = \vec{0}.$$
$$g(\vec{e}_1) = \vec{e}_2,\ g(\vec{e}_2) = g(\vec{e}_3) = \cdots = g(\vec{e}_n) = \vec{0}.$$
On a $f^2 = g^2 = \theta$, donc $f, g \in \mathcal{F}$, mais l'endomorphisme $h = f + g$ vérifie $h(\vec{e}_1) = \vec{e}_2$ et $h(\vec{e}_2) = \vec{e}_1$, donc $h^2 \neq \theta$ et $h = f + g \notin \mathcal{F}$.

2°) a) Soit $(a, b) \in \mathbb{R}^2$ tel que $ap_1 + bp_2 = \theta$, alors :
$$\theta = p_1 \circ (ap_1 + bp_2) = ap_1^2 + bp_1 \circ p_2 = ap_1$$
Comme $p_1 \neq \theta$, il vient $a = 0$. Il reste donc $bp_2 = \theta$ et également $b = 0$. La famille (p_1, p_2) est bien libre.

b) Si $f = \alpha p_1 + \beta p_2$, comme $p_1 + p_2 = id$, il vient :
$$f - a.id = (\alpha - a)p_1 + (\beta - a)p_2 \text{ et } f - b.id = (\alpha - b)p_1 + (\beta - b)p_2.$$
D'où, puisque $p_1^2 = p_1, p_2^2 = p_2, p_1 \circ p_2 = p_2 \circ p_1 = \theta$:
$$(f - aid) \circ (f - bid) = (\alpha - a)(\alpha - b)p_1 + (\beta - a)(\beta - b)p_2$$
et d'après 2) a), $f \in \mathcal{F}$, si et seulement si les coefficients $(\alpha - a)(\alpha - b)$ et $(\beta - a)(\beta - b)$ sont nuls. Les différents endomorphismes solutions sont donc :
$$ap_1 + ap_2 = a.id, ap_1 + bp_2, bp_1 + ap_2, bp_1 + bp_2 = b.id$$

3°) ⋆ On commence par vérifier que les deux sous-espaces vectoriels
$$\operatorname{Ker}(f - a.id) \text{ et } \operatorname{Ker}(f - b.id)$$
ont pour seule intersection le plus célèbre des vecteurs, c'est-à-dire $\vec{0}$. En effet, si $\vec{u}$ appartient à ces deux noyaux, on a $f(\vec{u}) = a\vec{u} = b\vec{u}$, et comme $a \neq b$, $\vec{u} = \vec{0}$.

$\star$ Soit $\vec{u}$ est un vecteur de E et posons $\vec{v} = f(\vec{u}) - b\vec{u}$, $\vec{w} = f(\vec{u}) - a\vec{u}$. On a :

$$(f - a.id)(\vec{v}) = (f - a.id) \circ (f - b.id)(\vec{u}) = \vec{0}, \text{ i.e. } \vec{v} \in \operatorname{Ker}(f - a.id).$$

De la même façon $\vec{w} \in \operatorname{Ker}(f - b.id)$.

Or, $\vec{v} - \vec{w} = (a - b)\vec{u}$, d'où : $\vec{u} = \dfrac{1}{a-b}\,\vec{v} + \dfrac{1}{b-a}\,\vec{w}$.

Ainsi, tout vecteur de E est somme d'un vecteur de $\operatorname{Ker}(f - a.id)$ et d'un vecteur de $\operatorname{Ker}(f - b.id)$.

Les deux noyaux sont en somme directe et leur somme est E : ils sont bien supplémentaires.

4°) $\star$ Supposons que f s'écrive sous la forme $f = af_1 + bf_2$, où f_1 et f_2 sont deux projections associées de E. Comme $f_1 + f_2 = id$, il vient :

$$f = af_1 + b(id - f_1), \text{ d'où : } f_1 = \frac{1}{a-b}(f - b.id)$$

et de même : $f_2 = \dfrac{1}{b-a}(f - a.id)$.

$\star$ Réciproquement, si f_1 et f_2 sont définis par les formules précédentes, on a clairement $f = af_1 + bf_2$ (tout a été fait pour) et $f_1 + f_2 = id$. Enfin, comme $f \in \mathcal{F}$, on a $f_2 \circ f_1 = \theta$, *i.e.* $(id - f_1) \circ f_1 = \theta$ et $f_1^2 = f_1$, donc f_1 est un projecteur, $f_2 = id - f_1$ étant le projecteur associé.

5°) a) L'égalité est vraie pour $n = 1$ par hypothèse (aussi pour $n = 0$, puisque $f_1 + f_2 = id$). Supposons qu'elle soit vraie à un rang $n \geqslant 1$ fixé, alors :

$$\begin{aligned} f^{n+1} &= f \circ (a^n f_1 + b^n f_2) = (af_1 + bf_2) \circ (a^n f_1 + b^n f_2) \\ &= a^{n+1} f_1 + b^{n+1} f_2, \end{aligned}$$

puisque $f_1^2 = f_1, f_2^2 = f_2, f_1 \circ f_2 = f_2 \circ f_1 = \theta$.

On conclut par le principe de récurrence.

b) On écrit, en utilisant 5) a) et la relation $f_1 + f_2 = id$:

$$\begin{aligned} (f^n - \lambda id) \circ (f^n - \mu id) &= \big((a^n - \lambda)f_1 + (b^n - \lambda)f_2\big) \circ \big((a^n - \mu)f_1 + (b^n - \mu)f_2\big) \\ &= (a^n - \lambda)(a^n - \mu)f_1 + (b^n - \lambda)(b^n - \mu)f_2 \end{aligned}$$

Il suffit donc de prendre $\lambda = a^n$ et $\mu = b^n$ (ou le contraire !).

Problème n° 28

Durée estimée : 3 heures

Prérequis :

Matrices carrées et endomorphismes associés. Matrice de passage. Changement de bases. Noyau et image d'un endomorphisme.

ÉNONCÉ

n est un entier naturel tel que $n \geqslant 1$. On note $\mathcal{M}_n$ l'ensemble des matrices carrées d'ordre n à coefficients dans $\mathbb{R}$. Si $A = (a_{ij})_{1 \leqslant i,j \leqslant n}$ désigne un élément de $\mathcal{M}_n$, on appelle ***trace*** *de A le réel*

$$\operatorname{tr}(A) = \sum_{i=1}^{n} a_{i,i}.$$

On désigne par $\mathcal{L}(E)$ l'ensemble des endomorphismes d'un espace vectoriel E sur $\mathbb{R}$. On suppose E de dimension n et $\mathcal{B}$ désignant une base de E, on note $M_{\mathcal{B}}(u)$ la matrice de $\mathcal{M}_n$ associée à l'endomorphisme $u \in \mathcal{L}(E)$ relativement à la base $\mathcal{B}$.
Enfin, id_E désigne l'application identique de E.

1°) *Où on définit la trace d'un endomorphisme.*

a) Calculer $\operatorname{tr}(AB)$ et $\operatorname{tr}(BA)$ pour tout couple $(A, B) \in (\mathcal{M}_n)^2$ et montrer que ces traces sont égales.

b) Montrer que $\operatorname{tr}(P^{-1}AP) = \operatorname{tr}(A)$, si $A \in \mathcal{M}_n$ et si P est inversible dans $\mathcal{M}_n$.

c) En déduire que la quantité $\operatorname{tr}\left(M_{\mathcal{B}}(u)\right)$ est indépendante de la base $\mathcal{B}$ choisie.

A partir de maintenant, on note $\operatorname{tr}(u) = \operatorname{tr}\left(M_{\mathcal{B}}(u)\right)$.

2°) a) Montrer que l'application $u \longmapsto \operatorname{tr} u$ est une forme linéaire sur $\mathcal{L}(E)$.

b) Calculer $\operatorname{tr}(id_E)$.

c) Montrer que pour tout u, v dans $\mathcal{L}(E)$, $\operatorname{tr}(u \circ v) = \operatorname{tr}(v \circ u)$.

(on sait, d'après le cours, que $M_{\mathcal{B}}(u \circ v) = M_{\mathcal{B}}(u) M_{\mathcal{B}}(v)$ pour toute base $\mathcal{B}$ de E)

3°) Soit $(e_1, \ldots, e_n)$ une base de E.

a) Montrer qu'il existe un unique élément $u_{i,j}$ de $\mathcal{L}(E)$ tel que :

$$\forall\,(i,j) \in \{1, \ldots, n\}^2, u_{i,j}(e_k) = \begin{cases} e_i & \text{, si } k = j \\ 0 & \text{, si } k \neq j \end{cases}$$

b) Montrer que $(u_{i,j})_{1 \leqslant i,j \leqslant n}$ est une base de $\mathcal{L}(E)$.

c) Exprimer id_E dans la base précédente.

4°) A tout couple (u, v) d'éléments de $\mathcal{L}(E)$, on associe l'élément de $\mathcal{L}(E)$, appelé ***commutateur*** de u et de v, noté $[u, v]$, défini par :

$$[u, v] = u \circ v - v \circ u.$$

On note $\mathcal{C}(E)$ le sous espace vectoriel de $\mathcal{L}(E)$ engendré par l'ensemble :

$$\{[u, v], u \in \mathcal{L}(E), v \in \mathcal{L}(E)\}.$$

[$\mathcal{C}(E)$ est donc l'ensemble de tous les endomorphismes de E de la forme $\sum_{i=1}^{m} \lambda_i [u_i, v_i]$, où m est un entier non nul (non fixé à l'avance), $(\lambda_1, \ldots, \lambda_m)$, m réels et $u_1, \ldots, u_m, v_1, \ldots, v_m$, $2m$ endomorphismes de $\mathcal{L}(E)$]

a) Pour tout $(i, j) \in \{1, \ldots, n\}^2$, on note $\delta_{ij} = \begin{cases} 1 & \text{, si } i = j \\ 0 & \text{, si } i \neq j \end{cases}$

Montrer que pour tout $(i, j, k, \ell) \in \{1, \ldots, n\}^4$, on a :

$$[u_{i,j}, u_{k,\ell}] = \delta_{j,k} u_{i,\ell} - \delta_{i,\ell} u_{k,j}.$$

b) Pour tout $(i, j) \in \{1, \ldots, n\}^2$, tel que $i \neq j$, montrer que $u_{i,j} = [u_{i,j}, u_{j,j}]$ et conclure qu'alors $u_{i,j} \in \mathcal{C}(E)$.

c) Pour tout $(i, j) \in \{1, \ldots, n\}^2$, montrer que $u_{i,i} - u_{j,j} \in \mathcal{C}(E)$.

5°) *Caractérisation de* tr *parmi les formes linéaires sur* $\mathcal{L}(E)$.

a) Montrer l'implication : $w \in \mathcal{C}(E) \implies \operatorname{tr}(w) = 0$.

b) Soit $(\lambda_{1,1}, \ldots, \lambda_{n,n})$, n scalaires. Montrer les relations :

$$\sum_{k=1}^{n} \lambda_{k,k} u_{k,k} = \lambda_{1,1}(u_{1,1} - u_{2,2}) + (\lambda_{1,1} + \lambda_{2,2})(u_{2,2} - u_{3,3}) + \cdots$$
$$+ (\lambda_{1,1} + \cdots + \lambda_{n-1,n-1})(u_{n-1,n-1} - u_{n,n}) + (\lambda_{1,1} + \cdots + \lambda_{n,n}) u_{nn}$$

et :

$$n u_{n,n} = (u_{n,n} - u_{1,1}) + (u_{n,n} - u_{2,2}) + \cdots + (u_{n,n} - u_{n-1,n-1}) + id_E.$$

En déduire que $\sum_{i=1}^{n} \lambda_{i,i} u_{i,i}$ est la somme d'une combinaison linéaire d'éléments de $\mathcal{C}(E)$ et de $\dfrac{\lambda_{1,1} + \cdots + \lambda_{n,n}}{n} id_E$.

c) Montrer que $\mathcal{L}(E) = \mathcal{C}(E) \oplus \mathbb{R}.id_E$, où $\mathbb{R}.id_E$ est le sous espace vectoriel de $\mathcal{L}(E)$ engendré par id_E.

d) Montrer que si F est une forme linéaire sur $\mathcal{L}(E)$ qui vérifie

$$\forall (u, v) \in \left(\mathcal{L}(E)\right)^2, F(u \circ v) = F(v \circ u),$$

il existe $\lambda \in \mathbb{R}$ tel que $F = \lambda. \operatorname{tr}$.

(on remarquera que l'on peut décomposer tout $u \in \mathcal{L}(E)$ sous la forme $u = w + \dfrac{\operatorname{tr} u}{n} id_E$, où $w \in \mathcal{C}(E)$)

6°) Soit $u \in \mathcal{L}(E)$ tel que $u^n = 0$. En notant $E_0 = \{0\}$, on définit $E_k = u^{-1}(E_{k-1})$ pour tout k variant de 1 à n.

a) Montrer que (E_k) est une suite de sous-espaces vectoriels de E qui vérifie :

$$\{0\} = E_0 \subset E_1 \subset \cdots \subset E_{n-1} \subset E_n = E.$$

(on pourra montrer que pour tout $i \in \{1, \ldots, n\}$, $E_i = \operatorname{Ker} u^i$)

b) On note $u_k \in \mathcal{L}(E_k)$ l'endomorphisme induit par u sur E_k c'est-à-dire tel que pour tout $x \in E_k, u_k(x) = u(x)$ et l'on désigne par i_k l'injection canonique de E_{k-1} dans E_k. Montrer que, pour tout $k \in \{1, \dots, n\}$, il existe $f_k \in \mathcal{L}(E_k, E_{k-1})$ tel que :

$$u_{k-1} = f_k \circ i_k, u_k = i_k \circ f_k.$$

c) Pour tout k de 1 à n, on note $\mathcal{B}_k$ une base de E_k et $n_k = \dim E_k$. La matrice A_{n_{k-1},n_k} de f_k relativement aux bases $\mathcal{B}_k$ et $\mathcal{B}_{k-1}$ est une matrice ayant n_{k-1} lignes et n_k colonnes et la matrice $B_{n_k,n_{k-1}}$ de i_k relativement aux bases $\mathcal{B}_{k-1}$ et $\mathcal{B}_k$ est une matrice ayant n_k lignes et n_{k-1} colonnes.

c-1) Montrer que $\mathrm{tr}(A_{n_{k-1},n_k}B_{n_k,n_{k-1}}) = \mathrm{tr}(B_{n_k,n_{k-1}}A_{n_{k-1},n_k})$.

c-2) Montrer que si on change les bases de E_k et de E_{k-1}, la quantité $\mathrm{tr}(A_{n_{k-1},n_k}B_{n_k,n_{k-1}})$ n'est pas modifiée. En déduire que $\mathrm{tr}(u_{k-1}) = \mathrm{tr}(u_k)$.

d) En déduire que $\mathrm{tr}(u) = \mathrm{tr}(u^2) = \cdots = \mathrm{tr}(u^n) = 0$.

Décryptage du sujet :

Le problème est celui de l'épreuve du Deug à Bordeaux en 1977. Il est basé sur la trace d'une matrice et le commutateur de deux endomorphismes, notions qui se rencontrent dans un grand nombre de sujets d'algèbre linéaire. La question 1) est très classique et le cheminement ressemble beaucoup à la démonstration de l'invariance du déterminant de matrices par changement de base (cf cours sur les déterminants). C'est pourquoi on peut définit sans ambiguité $\mathrm{tr}\,\varphi$, où φ est un endomorphisme quelconque de E. La question 2) établit des propriétés supplémentaires de la trace. Dans la question 3), on introduit la base canonique de $\mathcal{L}(E)$. Dans la question 4), on définit la notion de commutateur. Dans la question 5), on fait le lien entre commutateur et trace d'un endomorphisme. La question 6) est la plus technique et étudie la trace d'un endomorphisme tel que $u^n = 0$. En particulier, pour la question 6) c-2), on rappelle que si f est une application linéaire d'un espace vectoriel E vers un espace vectoriel F, de dimensions respectives m et n, si $\mathcal{B}$ et $\mathcal{B}'$ sont deux bases de E et si $\mathcal{G}$ et $\mathcal{G}'$ sont deux bases de F, si $A \in \mathcal{M}_{m,n}$ est la matrice de f par rapport aux bases $\mathcal{B}$ et $\mathcal{G}$ et si $A' \in \mathcal{M}_{m,n}$ est la matrice de f par rapport aux bases $\mathcal{B}'$ et $\mathcal{G}'$, on a la relation $A' = P^{-1}AQ$, où P est la matrice de passage de $\mathcal{B}$ à $\mathcal{B}'$ et Q est la matrice de passage de $\mathcal{G}$ à $\mathcal{G}'$.

CORRIGÉ

1°) a) Calculons le terme général de $AB = (c_{i,j})$ et celui de $BA = (d_{\ell,m})$:

$$c_{i,j} = \sum_{k=1}^{n} a_{i,k}b_{k,j} \text{ et } d_{\ell,m} = \sum_{s=1}^{n} b_{\ell,s}a_{s,m}$$

Calculons maintenant les traces de ces deux matrices :

$$\mathrm{tr}(AB) = \sum_{i=1}^{n} c_{i,i} = \sum_{i=1}^{n} \Big(\sum_{k=1}^{n} a_{i,k}b_{k,i} \Big) = \sum_{(i,k)} a_{i,k}b_{k,i}$$

$$\mathrm{tr}(BA) = \sum_{\ell=1}^{n} d_{\ell,\ell} = \sum_{\ell=1}^{n} \Big(\sum_{s=1}^{n} b_{\ell,s}a_{s,\ell} \Big) = \sum_{(\ell,s)} b_{\ell,s}a_{s\ell}$$

On reconnaît bien des expressions identiques, au nom des indices près et à l'ordre des termes près.

b) On applique ce qui précéde, avec P^{-1} à la place de A et AP à celle de B :

$$\mathrm{tr}(P^{-1}AP) = \mathrm{tr}\left(P^{-1}(AP)\right) = \mathrm{tr}\left((AP)P^{-1}\right) = \mathrm{tr}(A).$$

c) L'expression de $M_{\mathcal{B}'}(u)$, où $\mathcal{B}'$ est une nouvelle base, à partir de $M_{\mathcal{B}}(u)$ étant : $M_{\mathcal{B}'}(u) = P^{-1}M_{\mathcal{B}}(u)P$, où P est la matrice de changement de base, il vient :

$$\mathrm{tr}\left(M_{\mathcal{B}'}(u)\right) = \mathrm{tr}\left(P^{-1}M_{\mathcal{B}}(u)P\right) = \mathrm{tr}\left(M_{\mathcal{B}}(u)\right)$$

La dernière égalité étant assurée par le résultat de la question 1) b). L'égalité des termes extrêmes démontre bien l'invariance de la trace par changement de base.

2°) a) Soit u_1, u_2 des éléments de $\mathcal{L}(E)$ et λ_1, λ_2 des éléments de $\mathbb{R}$, il s'agit de montrer que : $\mathrm{tr}(\lambda_1 u_1 + \lambda_2 u_2) = \lambda_1 \,\mathrm{tr}(u_1) + \lambda_2 \,\mathrm{tr}(u_2)$.

Fixons une base $\mathcal{B}$ de E, et notons $A = (a_{i,j}) = M_{\mathcal{B}}(u_1)$ et $B = (b_{i,j}) = M_{\mathcal{B}}(u_2)$. On a alors $M_{\mathcal{B}}(\lambda_1 u_1 + \lambda_2 u_2) = \lambda_1 A + \lambda_2 B$ et tout revient à montrer que l'application trace est une forme linéaire sur $\mathcal{M}_n(\mathbb{R})$.

On a $\lambda_1 A + \lambda_2 B = (\lambda_1 a_{i,j} + \lambda_2 b_{i,j})$ et :

$$\begin{aligned}\mathrm{tr}(\lambda_1 A + \lambda_2 B) &= \sum_{i=1}^{n}(\lambda_1 a_{i,i} + \lambda_2 b_{i,i}) = \lambda_1 \sum_{i=1}^{n} a_{i,i} + \lambda_2 \sum_{i=1}^{n} b_{i,i}\\ &= \lambda_1 \,\mathrm{tr}(A) + \lambda_2 \,\mathrm{tr}(B)\end{aligned}$$

Donc l'application trace est linéaire (et l'espace d'arrivée est bien $\mathbb{R}$), ce qu'il fallait.

b) Nous avons $\mathrm{tr}(id_E) = n$, car $M_{\mathcal{B}}(id_E) = \mathrm{diag}(1, \ldots, 1)$ (quelle que soit la base choisie ! !).

c) Soit $\mathcal{B}$ une base de E, nous savons que : $M_{\mathcal{B}}(u \circ v) = M_{\mathcal{B}}(u)M_{\mathcal{B}}(v)$. D'après le résultat 1) a), on peut donc écrire :

$$\mathrm{tr}(u \circ v) = \mathrm{tr}\left(M_{\mathcal{B}}(u)M_{\mathcal{B}}(v)\right) = \mathrm{tr}\left(M_{\mathcal{B}}(v)M_{\mathcal{B}}(u)\right) = \mathrm{tr}(v \circ u)$$

3°) a) On sait qu'il existe une application linéaire φ et une seule transformant une base donnée en une famille de vecteurs donnée. En effet, si $(e_1, \ldots, e_n)$ est cette base et $(f_1, \ldots, f_n)$ la famille des images, alors :

$\forall x \in E, \exists!(x_1, \ldots, x_n) \in \mathbb{R}^n, x = \sum\limits_{i=1}^{n} x_i e_i$ et, par linéarité :

$$\varphi(x) = \sum_{i=1}^{n} x_i \varphi(e_i) = \sum_{i=1}^{n} x_i f_i$$

Dans le cas présent, on a donc :

$$u_{i,j}(x) = u_{i,j}\Big(\sum_{k=1}^{n} x_k e_k\Big) = \sum_{k=1}^{n} x_k u_{i,j}(e_k) = x_j e_i.$$

b) On peut raisonner matriciellement dans la base $(e_1, \ldots, e_n)$: l'endomorphisme $u_{i,j}$ a pour matrice $M_{i,j}$, matrice carrée n'ayant que des coefficients nuls, sauf le coefficient à l'intersection de la $i^{\text{ème}}$ ligne et $j^{\text{ième}}$ colonne qui vaut 1.

Or, si O_n désigne la matrice carrée nulle, l'égalité $\sum\limits_{1 \leqslant i,j \leqslant n} \lambda_{i,j} M_{i,j} = O_n$ équivaut à l'égalité entre la matrice carrée de coefficient général $\lambda_{i,j}$ et la matrice nulle, donc à la nullité de tous les coefficients $\lambda_{i,j}$. La famille $(M_{i,j})$ est libre dans $\mathcal{M}_n$ et également génératrice, puisque $M = (m_{i,j}) \in \mathcal{M}_n$ s'écrit justement $\sum\limits_{i,j} m_{i,j} M_{i,j}$.

Ainsi cette famille est une base de $\mathcal{M}_n$ et l'isomorphisme standard entre $\mathcal{M}_n$ et $\mathcal{L}(E)$ montre que $(u_{i,j})_{1\leqslant i\leqslant n, 1\leqslant j\leqslant n}$ est une base de $\mathcal{L}(E)$.

c) Matriciellement, ou directement, on a : $id_E = \sum_{k=1}^{n} u_{kk}$.

4°) a) Utilisons le symbole de Kronecker :

$$\delta_{i,j} = \begin{cases} 1 & \text{, si } i = j \\ 0 & \text{, si } i \neq j \end{cases}$$

alors la définition de $u_{i,j}$ s'écrit : $\forall\, k, u_{i,j}(e_k) = \delta_{j,k} e_i$.
D'où, pour tout indice r :

$$\begin{aligned}[u_{i,j}, u_{k,\ell}](e_r) &= u_{i,j} \circ u_{k,\ell}(e_r) - u_{k,\ell} \circ u_{i,j}(e_r) \\ &= u_{i,j}(\delta_{\ell,r} e_k) - u_{k,\ell}(\delta_{j,r} e_i) = \delta_{\ell,r}\delta_{j,k} e_i - \delta_{j,r}\delta_{\ell,i} e_k.\end{aligned}$$

Or : $\delta_{\ell,r} e_i = u_{i,\ell}(e_r)$ et $\delta_{j,r} e_k = u_{k,j}(e_r)$. On a donc :

$$\forall\, r, [u_{i,j}, u_{k,\ell}](e_r) = \big(\delta_{j,k} u_{i,\ell} - \delta_{i,\ell} u_{k,j}\big)(e_r)$$

Deux applications linéaires qui coïncident sur une base sont égales et ainsi :

$$[u_{ij}, u_{kl}] = \delta_{j,k} u_{i,\ell} - \delta_{i,\ell} u_{k,j}.$$

b) Faisons $\ell = j$ dans l'expression précédente, alors $\delta_{i,j} = 0$ car i est différent de j et : $[u_{i,j}, u_{k,j}] = \delta_{j,k} u_{i,j}$. En prenant $k = j$, nous avons $u_{i,j} = [u_{i,j}, u_{j,j}]$, ce qui démontre bien que $u_{i,j}$ est dans $\mathcal{C}(E)$.

c) Utilisons la relation trouvée à la question précédente avec $i = \ell$ et $k = j$. Nous avons :

$$[u_{i,i}, u_{j,j}] = \delta_{j,j} u_{i,i} - \delta_{i,i} u_{j,j} = u_{i,i} - u_{j,j}.$$

Par conséquent, $u_{i,i} - u_{j,j} \in \mathcal{C}(E)$.

5°) a) Il suffit de vérifier la condition pour w de la forme $u \circ v - v \circ u$, où $(u, v) \in [\mathcal{L}(E)]^2$ d'aprés la linéarité de l'application tr.
D'après les questions 2) a) et 2) c), nous avons :

$$\operatorname{tr} w = \operatorname{tr}(u \circ v - v \circ u) = \operatorname{tr}(u \circ v) - \operatorname{tr}(v \circ u) = 0.$$

Ce qu'il fallait.

b) $\star$ Posons $\Lambda_0 = 0$ et, pour $k \in [\![1, n]\!]$, $\Lambda_k = \sum_{i=1}^{k} \lambda_{i,i}$. On a donc, pour tout k : $\lambda_{k,k} = \Lambda_k - \Lambda_{k-1}$ et, en développant et en réindexant la seconde somme :

$$\sum_{k=1}^{n} \lambda_{k,k} u_{k,k} = \sum_{k=1}^{n} (\Lambda_k - \Lambda_{k-1}) u_{k,k} = \sum_{k=1}^{n} \Lambda_k u_{k,k} - \sum_{k=1}^{n-1} \Lambda_k u_{k+1,k+1}$$

Soit :

$$\sum_{k=1}^{n} \lambda_{k,k} u_{k,k} = \Lambda_n u_{n,n} + \sum_{k=1}^{n-1} \Lambda_k (u_{k,k} - u_{k+1,k+1})$$

Ce qui est la première relation voulue.

$\star$ La seconde relation est claire, puisque $u_{1,1} + \cdots + u_{n-1,n-1} = id - u_{n,n}$ et donc le membre de droite n'est autre que $(n-1)u_{n,n} - (id - u_{n,n}) + id$ qui vaut bien $n.u_{n,n}$.

Or les endomorphismes $u_{i,i} - u_{j,j}$ sont dans $\mathcal{C}(E)$ et donc, *in fine*, l'endomorphisme $u = \sum_{i=1}^{n} \lambda_{i,i} u_{i,i}$ est la somme d'une combinaison linéaire d'éléments de $\mathcal{C}(E)$ et de l'endomorphisme $\dfrac{\lambda_{1,1}+\cdots+\lambda_{n,n}}{n}\,id$. Il est d'ailleurs à noter que ce dernier coefficient n'est autre que $\dfrac{1}{n}\operatorname{tr}u$.

c) Soit $u \in \mathcal{L}(E)$, on peut l'écrire sous la forme : $u = \sum\limits_{i=1}^{n}\sum\limits_{j=1}^{n}\lambda_{i,j}u_{i,j}$, pour des coefficients bien choisis.

Nous avons vu à la question 4) b) que, pour i différent de j, $u_{i,j}$ est dans $\mathcal{C}(E)$ et on vient de voir que $\sum\limits_{i=1}^{n}\lambda_{i,i}u_{i,i}$ est somme d'un élément de $\mathcal{C}(E)$ et d'un multiple de l'identité. Ainsi u est somme d'un élément de $\mathcal{C}(E)$ et d'un élément de $\mathbb{R}.id$:

$$\mathcal{L}(E) = \mathcal{C}(E) + \mathbb{R}.id$$

D'autre part, si $u \in \mathcal{C}(E) \cap \mathbb{R}.id$, alors u est de la forme $\lambda.id$ et $\operatorname{tr}(u) = n\lambda = 0$, donc $\lambda = 0$ et $u = 0$. La somme est directe :

$$\mathcal{L}(E) = \mathcal{C}(E) \oplus \mathbb{R}.id$$

d) Soit u quelconque dans $\mathcal{C}(E)$, il existe $w \in \mathcal{C}(E)$ et $\lambda \in \mathbb{R}$ tels que $u = w + \lambda.id$, et en considérant la trace, on a : $\lambda = \dfrac{1}{n}\operatorname{tr}u$.

Comme $w \in \mathcal{C}(E)$, il existe m entier non nul, une collection de réels $(\lambda_1,\ldots,\lambda_m)$, deux collections d'endomorphismes $(\varphi_1,\ldots,\varphi_m)$ et $(\psi_1,\ldots,\psi_m)$ tels que :

$$w = \sum_{k=1}^{m}\lambda_k(\varphi_k\circ\psi_k - \psi_k\circ\varphi_k)$$

Comme F est linéaire :

$$F(w) = \sum_{k=1}^{m}\lambda_k F(\varphi_k\circ\psi_k - \psi_k\circ\varphi_k) = \sum_{k=1}^{m}\lambda_k\big(F(\varphi_k\circ\psi_k) - F(\varphi_k\circ\psi_k)\big)$$

en utilisant l'hypothèse cette dernière somme est nulle.

Finalement, $F(u) = F(\frac{\operatorname{tr}u}{n}id) = \frac{\operatorname{tr}u}{n}F(id)$ et il suffit de poser $\lambda = \frac{1}{n}F(id_E)$ pour obtenir : $\forall\, u \in \mathcal{L}(E), F(u) = \lambda\operatorname{tr}u$, *i.e.* $F = \lambda.\operatorname{tr}$.

6°) a) On a : $E_0 = \{0\} = \operatorname{Ker}id = \operatorname{Ker}u^0$ et $E_1 = u^{-1}(\{0\}) = \operatorname{Ker}u$.

Supposons que, pour un certain k, on ait $E_k = \operatorname{Ker}u^k$, alors :

$$x \in E_{k+1} \iff u(x) \in E_k = \operatorname{Ker}u^k \iff u^k\big(u(x)\big) = 0 \iff u^{k+1}(x) = 0$$
$$\iff x \in \operatorname{Ker}u^{k+1}$$

Ce qui prouve la propriété au rang $k+1$. On conclut par le principe de récurrence limité à l'ordre n.

Comme $u^n = 0$, on a bien $E_n = \operatorname{Ker}u^n = E$ et $u^k(x) = 0 \implies u^{k+1}(x) = 0$, ce qui montre que $E_k \subset E_{k+1}$.

b) Pour $x \in E_k$, posons $f_k(x) = u(x)$. Comme $x \in E_k$, on a : $u^k(x) = 0$, c'est-à-dire $u^{k-1}\big(u(x)\big) = 0$ et $u(x) \in E_{k-1}$. Ainsi f_k, qui est bien linéaire, peut être considérée comme une aplication linéaire de E_k dans E_{k-1}.

L'application (linéaire) i_k va de E_{k-1} dans E_k, donc $i_k \circ f_k$ est une application linéaire de E_k dans E_k, tandis que $f_k \circ i_k$ est une application linéaire de E_{k-1} dans E_{k-1}.

Les applications linéaires u_{k-1} et $f_k \circ i_k$ ont donc même espace vectoriel de départ et même espace vectoriel d'arrivée et enfin, l'égalité $u_{k-1}(x) = f_k \circ i_k(x)$ est banale puisqu'elle se réduit en fait à $u(x) = u(x)$. On a bien égalité des applications linéaires.
L'autre égalité se traite de même.

c-1) Revenons un instant sur le calcul fait en 1) a). Si A est une matrice rectangulaire de type (n, p) et B une matrice rectangulaire de type (p, n), alors AB est une matrice carrée d'ordre n et BA une matrice carrée d'ordre p. On peut donc parler de la trace de AB et de la trace de BA et, avec les notations de la première question :

$$\mathrm{tr}(AB) = \sum_{i=1}^{n} c_{i,i} = \sum_{i=1}^{n}\sum_{k=1}^{p} a_{i,k}b_{k,i}\,;\ \mathrm{tr}(BA) = \sum_{i=1}^{p} d_{i,i} = \sum_{i=1}^{p}\sum_{k=1}^{n} b_{i,k}a_{k,i}$$

Les deux expressions sont bien identiques, aux indices près et $\mathrm{tr}(AB) = \mathrm{tr}(BA)$.

c-2) Pour tout k, soit $\mathcal{B}'_k$ une base de E_k et P_k la matrice de passage de $\mathcal{B}_k$ à $\mathcal{B}'_k$. Notons A'_{n_{k-1},n_k} la nouvelle matrice de f_k et $B'_{n_k,n_{k-1}}$ la nouvelle matrice de i_k. On a, par les formules de changement de bases :

$$A'_{n_{k-1},n_k} = P_{k-1}^{-1}A_{n_{k-1},n_k}P_k \text{ et } B'_{n_k,n_{k-1}} = P_k^{-1}B_{n_k,n_{k-1}}P_{k-1}$$

On a alors :

$$\begin{aligned}\mathrm{tr}(A'_{n_{k-1},n_k}B'_{n_k,n_{k-1}}) &= \mathrm{tr}(P_{k-1}^{-1}A_{n_{k-1},n_k}P_k.P_k^{-1}B_{n_k,n_{k-1}}P_{k-1})\\ &= \mathrm{tr}(P_{k-1}^{-1}.A_{n_{k-1},n_k}B_{n_k,n_{k-1}}P_{k-1})\\ &= \mathrm{tr}(A_{n_{k-1},n_k}B_{n_k,n_{k-1}}P_{k-1}.P_{k-1}^{-1})\ [\text{ cf. 1) b) }]\\ &= \mathrm{tr}(A_{n_{k-1},n_k}B_{n_k,n_{k-1}})\end{aligned}$$

La trace est donc encore indépendante des bases choisies et on peut faire les calculs avec des bases arbitraires.

$$\mathrm{tr}\,u_k = \mathrm{tr}(f_k \circ i_k) = \mathrm{tr}(A_{n_{k-1}n_k}B_{n_kn_{k-1}})\,;$$
$$\mathrm{tr}\,u_{k-1} = \mathrm{tr}(i_k \circ f_k) = \mathrm{tr}(B_{n_kn_{k-1}}A_{n_{k-1}n_k}).$$

On a bien $\mathrm{tr}\,u_k = \mathrm{tr}\,u_{k-1}$ et la trace ne dépend pas de l'indice.

d) On a $u_n = u$ et $u_0 = 0$ (endomorphisme (nul !) de l'espace réduit à $\{0\}$). La question précédente permet donc d'affirmer que $\mathrm{tr}\,u = \mathrm{tr}\,u_n = \mathrm{tr}\,u_0 = 0$.
Ainsi, si u est un endomorphisme de E de dimension n tel que $u^n = 0$, alors $\mathrm{tr}\,u = 0$.
Or si u est tel que $u^n = 0$, *a fortiori* les endomorphismes $u^2, u^3, \ldots$ sont tels que $(u^2)^n = 0, (u^3)^n = 0, \ldots$ Et on a donc également $\mathrm{tr}(u^2) = 0, \mathrm{tr}(u^3) = 0, \ldots$

Problème n° 29 — *Durée estimée :* 2,5 *heures*

Prérequis :

Endomorphismes en dimension finie. Matrices et polynômes.

ÉNONCÉ

Dans $\mathbb{R}_n[X]$, espace vectoriel des polynômes réels de degré au plus n, muni de sa base canonique $\mathcal{B} = (P_0, \dots, P_n) = (1, X, \dots, X^n)$, on considère les applications définies par :

$$\Delta : \mathbb{R}_n[X] \to \mathbb{R}_n[X], P(X) \mapsto P(X+1) - P(X),$$

$\delta_a : \mathbb{R}_n[X] \to \mathbb{R}_n[X], P(X) \mapsto P(X+a)$; $E_a : \mathbb{R}_n[X] \to \mathbb{R}, P(X) \mapsto P(a)$, *où a est un réel fixé.*

1°) On étudie ici ces trois applications :

a) Montrer que Δ et δ_a sont des endomorphismes de $\mathbb{R}_n[X]$.

b) Montrer que pour tout i entier et pour tout $P \in \mathbb{R}_n[X]$, on a :

$$[\Delta^{i+1}(P)](X) + [\Delta^i(P)](X) = [\Delta^i(P)](X+1).$$

(On notera que $\Delta^0 = id$, où id désigne l'application identique de $\mathbb{R}_n[X]$).

c) Montrer que E_a est une forme linéaire sur $\mathbb{R}_n[X]$.

d) On suppose $n = 4$ dans cette question. Déterminer alors les matrices de Δ et de δ_a dans la base $\mathcal{B}$. Quels sont les noyaux de ces endomorphismes ? Déterminer une matrice ligne qui représente E_a dans $\mathcal{B}$.

2°) Soit la famille de polynômes réels $(Q_p)_{p \in \{0,\dots,n\}}$ définis par :

$$Q_0 = 1, \forall p \in \{1, \dots, n\}, Q_p = \prod_{j=0}^{p-1} (X - j)$$

a) Calculer Q_1, Q_2, Q_3 et Q_4.

b) Calculer $Q_p(\ell)$ pour tout $\ell \in \mathbb{N}$.

c) Calculer $\Delta(Q_0)$ puis écrire $\Delta(Q_p)$ en fonction de Q_{p-1} pour tout $p \geqslant 1$.

d) Démontrer par récurrence sur $k \in \mathbb{N}$, la propriété $\mathcal{P}_k$:

$$\Delta^k(Q_p) = \begin{cases} \dfrac{p!}{(p-k)!} Q_{p-k} & \text{, si } k \leqslant p \\ 0 & \text{, si } k > p \end{cases}$$

e) En déduire que $[\Delta^k(Q_p)](0)$ est nul, sauf pour $k = p$ et donner la valeur de $[\Delta^p(Q_p)](0)$.

f) Montrer que $(Q_p)_{p \in \{0,\dots,n\}}$ est une base de $\mathbb{R}_n[X]$. En déduire :

$$\forall P \in \mathbb{R}_n[X], P = \sum_{k=0}^{n} a_k Q_k,$$

où $a_k = \dfrac{[\Delta^k(P)](0)}{k!}$.

3°) Application : Soit P un polynôme de degré $\leqslant 4$ qui vérifie :

$$P(0) = 2, P(1) = 7, P(2) = 10, P(3) = 11, P(4) = 8.$$

En utilisant l'égalité écrite à la question 1) b), remplir autant que faire se peut le tableau suivant (il restera encore des cases vides) :

k	0	1	2	3	4	5	6
$P(k) = \Delta^0(P)(k)$							
$\Delta^1(P)(k) = \Delta(P)(k)$							$\times$
$\Delta^2(P)(k)$						$\times$	$\times$
$\Delta^3(P)(k)$					$\times$	$\times$	$\times$
$\Delta^4(P)(k)$				$\times$	$\times$	$\times$	$\times$
$\Delta^5(P)(k)$			$\times$	$\times$	$\times$	$\times$	$\times$

En déduire P donné par la formule du 2) f), calculer $P(5)$ et $P(6)$, et compléter les cases encore vides.

4°) On revient aux endomorphismes . . .

a) Montrer que $\delta_1 = \Delta + \delta_0$.

b) Montrer que $\delta_k = (\delta_1)^k$ pour tout $k \in \mathbb{N}$.

c) En déduire en utilisant la formule de Pascal que pour tout $k \in \mathbb{N}$:

$$\Delta^k = \sum_{j=0}^{k} (-1)^{k-j} C_k^j \delta_j.$$

5°) Montrer que pour tout j entier, $E_0 \circ \delta_j = E_j$. En déduire une formule qui donne $[\Delta^k(P)](0)$ en fonction des valeurs P(j) pour j variant de 0 à k.

Décryptage du sujet :

Ce sujet est très abordable dans son ensemble, sans difficulté liée à des méthodes particulières. La question 1) utilise uniquement la définition d'un endomorphisme et seule la question 1) d) utilise la notion de représentation matricielle. La question 2) définit la suite de polynômes (Q_p) et les différentes questions débouchent sur le résultat de la question 2) f) qui justifie en fait tout l'intéret du sujet. La question 3) est un peu calculatoire mais permet une bonne illustration de la méthode. La question 4) est plus théorique, on fait dans la question 4) c) une démonstration proche de celle de la formule du binôme de Newton ou de la formule de Leibniz. Il est bon de revoir un de ces deux développements avant.

CORRIGÉ

1°) a) Pour tout couple (P, Q) de $\mathbb{R}_n[X]$ et tout couple (α, β) de réels :

$\Delta(\alpha P + \beta Q) = (\alpha P + \beta Q)(X+1) - (\alpha P + \beta Q)$
$\qquad = \alpha P(X+1) + \beta Q(X+1) - \alpha P - \beta Q = \alpha\Delta(P) + \beta\Delta(Q).$

De même, on a :

$\delta_a(\alpha P + \beta Q) = (\alpha P + \beta Q)(X+a)$
$\qquad = \alpha P(X+a) + \beta Q(X+a) = \alpha\delta_a(P) + \beta\delta_a(Q).$

Comme il est également clair que $\Delta(P)$ et $\delta_a(P)$ sont encore des polynômes de degré inférieur ou égal à n, Δ et δ_a sont bien des endomorphismes de $\mathbb{R}_n[X]$.

b) Notons que l'on a, pour tout polynôme P :

$$\Delta(P) = P(X+1) - P(X) = \delta_1(P) - id(P)$$

Ainsi $\Delta = \delta_1 - id = \delta_1 - \Delta^0$, *i.e.* $\Delta^1 + \Delta^0 = \delta_1$.

Composons alors à droite par Δ^i : $\Delta^{i+1} + \Delta^i = \delta_1 \circ \Delta^i$, ce qui est exactement le résultat demandé.

(Dans ce genre de problème, bien faire attention à la place des délimiteurs : si f est une application quelconque entre polynômes, $(f(P))(X+1)$ signifie que l'on remplace X par $X+1$ dans $f(P)$, tandis que $f(P(X+1))$ signifie que l'on prend l'image par f du polynôme $P(X+1)$. En général les résultats sont différents ... On peut d'ailleurs remarquer, qu'ici, Δ commute avec δ_1)

c) Pour tout couple (P, Q) de $\mathbb{R}_n[X]$ et tout couple (α, β) de réels,

$$E_a(\alpha P + \beta Q) = (\alpha P + \beta Q)(a) = \alpha P(a) + \beta Q(a) = \alpha E_a(P) + \beta E_a(Q).$$

E_a est une application linéaire de $\mathbb{R}_n[X]$ dans $\mathbb{R}$, donc une forme linéaire sur $\mathbb{R}_n[X]$.

d) On a successivement :

$\Delta(P_0) = 0, \Delta(P_1) = 1, \Delta(P_2) = 1 + 2X, \Delta(P_3) = 1 + 3X + 3X^2,$
$\Delta(P_4) = 1 + 4X + 6X^2 + 4X^3.$

De même, on a :

$\delta_a(P_0) = 1, \delta_a(P_1) = X + a, \delta_a(P_2) = X^2 + 2aX + a^2,$
$\delta_a(P_3) = X^3 + 3a^2X + 3aX^2 + a^3, \delta_a(P_4) = X^4 + 4aX^3 + 6a^2X^2 + 4a^3X + a^4$

En faisant attention à l'ordre des puissances, on en déduit les matrices :

$$M_{\mathcal{B}}(\Delta) = \begin{pmatrix} 0 & 1 & 1 & 1 & 1 \\ 0 & 0 & 2 & 3 & 4 \\ 0 & 0 & 0 & 3 & 6 \\ 0 & 0 & 0 & 0 & 4 \\ 0 & 0 & 0 & 0 & 0 \end{pmatrix} \text{ et } M_{\mathcal{B}}(\delta_a) = \begin{pmatrix} 1 & a & a^2 & a^3 & a^4 \\ 0 & 1 & 2a & 3a^2 & 4a^3 \\ 0 & 0 & 1 & 3a & 6a^2 \\ 0 & 0 & 0 & 1 & 4a^3 \\ 0 & 0 & 0 & 0 & 1 \end{pmatrix}.$$

Le rang de $M_{\mathcal{B}}(\Delta)$ est 4 (les quatre dernières colonnes forment une famille libre, car échelonnée) et le noyau de Δ est la droite engendrée par le polynôme P_0.

Le rang de $M_{\mathcal{B}}(\delta_a)$ est 5 (même raison) et le noyau de δ_a est réduit au polynôme nul.

De plus, en rapportant l'espace d'arrivée $\mathbb{R}$ à sa base canonique (1), on a :

$$M_{(1),\mathcal{B}}(E_a) = (\,1 \quad a \quad a^2 \quad a^3 \quad a^4\,).$$

2°) a) Un calcul rapide fournit :

$Q_1 = X, Q_2 = X^2 - X, Q_3 = X^3 - 3X^2 + 2X, Q_4 = X^4 - 6X^3 + 11X^2 - 6X.$

b) On a $Q_0(\ell) = 1$. Pour $p \geqslant 1$ et tout $\ell \in \{0, \ldots, p-1\}$, il est clair que $Q_p(\ell) = 0$. D'autre part, $Q_p(p) = p!$ et pour tout $\ell \geqslant p$, on peut écrire :

$$Q_p(\ell) = \ell(\ell-1)\cdots(\ell-p+1) = \frac{\ell!}{(\ell-p)!} = p!C_\ell^p.$$

c) Nous avons :

$$\Delta(Q_0) = 1 - 1 = 0, \Delta(Q_1) = (X+1) - X = 1,$$
$$\Delta(Q_2) = (X+1)X - X(X-1) = 2X = 2Q_1,$$
$$\Delta(Q_3) = (X+1)X(X-1) - X(X-1)(X-2) = 3X(X-1) = 3Q_2$$

et de façon générale, si p est supérieur ou égal à 2 :

$$\begin{aligned}\Delta(Q_p) &= (X+1)X(X-1)\cdots(X-p+2) - X(X-1)\cdots(X-p+1)\\ &= X(X-1)\cdots(X-p+2)[X+1-(X-p+1)]\\ &= p\prod_{j=0}^{p-2}(X-j) = pQ_{p-1}\end{aligned}$$

On remarque que la formule est valide pour $p = 1$.

d) $\mathcal{P}_0$ et $\mathcal{P}_1$ sont vraies d'après les questions précédentes. Supposons que $\mathcal{P}_k$ soit vraie et prouvons alors que sous cette hypothèse $\mathcal{P}_{k+1}$ est vraie.

⋆ Si $p \geqslant k+1$:

$$\begin{aligned}\Delta^{k+1}(Q_p) &= \Delta\big(\Delta^k(Q_p)\big) = \Delta\Big(\frac{p!}{(p-k)!}Q_{p-k}\Big) = \frac{p!}{(p-k)!}\Delta(Q_{p-k})\\ &= \frac{p!}{(p-k)!}(p-k)Q_{p-k-1} = \frac{p!}{(p-(k+1))!}Q_{p-(k+1)}\end{aligned}$$

et on a le résultat.

⋆ Si $p = k$, on écrit : $\Delta^{k+1}(Q_p) = \Delta\big(\Delta^k(Q_k)\big) = \Delta(k!Q_0) = 0$.

⋆ Si $p < k$, on écrit : $\Delta^{k+1}(Q_p) = \Delta\big(\Delta^k(Q_p)\big) = \Delta(0) = 0$.

On a donc bien $\mathcal{P}_{k+1}$ pour toute valeur de p, ce qui achève la récurrence

e) ⋆ Si $k < p$, alors $\Delta^k(Q_p)(0) = \dfrac{p!}{(p-k)!}Q_{p-k}(0) = 0$, puisque Q_{p-k} contient le facteur X.

⋆ Si $k = p$, $\Delta^p(Q_p)(0) = p!Q_0(0) = p!$ et si $k > p$, $\Delta^k(Q_p)(0) = 0$, puisque $\Delta^k(Q_p) = 0$.

f) $(Q_p)_{p\in\{0,\ldots,n\}}$ est formée de polynômes de $\mathbb{R}_n[X]$ et est une famille libre car formée de polynômes de degrés différents ($\deg Q_p = p$). Il y a $n+1$ éléments dans cette famille et c'est donc une base de $\mathbb{R}_n[X]$.

Tout polynôme $P \in \mathbb{R}_n[X]$ se décompose dans cette nouvelle base et on a :

$$\exists\,(a_0,\ldots,a_n) \in \mathbb{R}^{n+1}, P = \sum_{k=0}^n a_k Q_k.$$

On sait d'autre part que Δ^k est un endomorphisme pour tout $k \in \{0,\ldots,n\}$ et :

$$\Delta^k(P) = \Delta^k\Big(\sum_{p=0}^n a_p Q_p\Big) = \sum_{p=0}^n a_p \Delta^k(Q_p) = \sum_{p=k}^n \frac{p!}{(p-k)!}Q_{p-k}.$$

On applique pour la valeur $x = 0$ et on obtient :

$$\Delta^k(P)(0) = \sum_{p=k}^n a_p \frac{p!}{(p-k)!}Q_{p-k}(0) = a_k.k!$$

et finalement : $a_k = \frac{1}{k!}\Delta^k(P)(0)$.

3°) L'égalité de la question 1) b) donne la loi de formation du tableau :

k	j	$j+1$
$\Delta^i(P)(k)$	A	$A+B$
$\Delta^{i+1}(P)(k)$	B	

On a ainsi en procédant de proche en proche :

k	0	1	2	3	4	5	6
$P(k) = \Delta^0(P)(k)$	**2**	**7**	**10**	**11**	**8**	-3	-28
$\Delta^1(P)(k) = \Delta(P)(k)$	**5**	**3**	**1**	**−3**	-11	-25	×
$\Delta^2(P)(k)$	**−2**	**−2**	**−4**	-8	-14	×	×
$\Delta^3(P)(k)$	**0**	**−2**	-4	-6	×	×	×
$\Delta^4(P)(k)$	**−2**	-2	-2	×	×	×	×
$\Delta^5(P)(k)$	0	0	×	×	×	×	×

Sont marqués en gras les résultats qui découlent des valeurs données dans l'énoncé, pour les autres termes les explications vont venir bientôt . . .
La lecture de la colonne $k = 0$ du tableau fournit :

$$P = \sum_{k=0}^{4} \frac{1}{k!}\Delta^k(P)(0)Q_k = 2Q_0 + 5Q_1 - Q_2 - \frac{1}{12}Q_4.$$

et, si on veut revenir à la base canonique, on obtient :

$$P = 2 + \frac{13}{2}X - \frac{23}{12}X^2 + \frac{1}{2}X^3 - \frac{1}{12}X^4$$

Pour compléter le tableau, deux méthodes au moins sont possibles :

⋆ P est de degré 4, donc $\Delta^5(P) = 0$ et tous les éléments de la dernière ligne sont nuls. La loi de formation permet alors de remonter en diagonale jusqu'à $P(5)$ et $P(6)$.

⋆ Le polynôme P est connu :

$$P = 2 + 5X - X(X-1) - \frac{1}{12}X(X-1)(X-2)(X-3)$$

On en déduit $P(5) = -3$ et $P(6) = -28$, on peut alors redescendre selon la loi de formation pour compléter le tableau.
Vérifier que l'on obtient bien le même résultat ! !

4°) a) Nous avons déjà fait remarquer que, pour tout polynôme P :

$$\Delta(P) = P(X+1) - P(X) = (\delta_1 - id)(P) = (\delta_1 - \delta_0)(P)$$

En d'autres termes : $\delta_1 = \Delta + \delta_0$.

b) $\delta_0 = (\delta_1)^0 = Id_{\mathbb{R}_n[X]}$, donc la propriété est vraie au rang 0. Supposons-la vraie pour un certain rang k, soit $P \in \mathbb{R}_n[X]$ et $Q = \delta^k(P)$. On a :

$$(\delta_1)^{k+1}(P) = \delta_1\big((\delta_1)^k(P)\big) = \delta_1(Q) = Q(X+1)$$

Or, $Q(X) = P(X+k)$ (hypothèse de récurrence), donc :

$$(\delta_1)^{k+1}(P) = Q(X+1) = P(X+k+1) = \delta_{k+1}(P)$$

Ce qui achève la récurrence.

c) La formule à démontrer est banale au rang 0 et vraie au rang 1, d'après a). Supposons le résultat acquis pour un certain rang k, alors :

$$\begin{aligned}
\Delta^{k+1} &= \Delta \circ \Delta^k = \sum_{j=0}^{k} (-1)^{k-j} C_k^j \Delta \circ \delta_j \\
&= \sum_{j=0}^{k} (-1)^{k-j} C_k^j (\delta_1 - \delta_0) \circ \delta_j = \sum_{j=0}^{k} (-1)^{k-j} C_k^j (\delta_{j+1} - \delta_j) \\
&= \sum_{j=0}^{k} (-1)^{k-j} C_k^j \delta_{j+1} - \sum_{j=0}^{k} (-1)^{k-j} C_k^j \delta_j \\
&= \sum_{j=1}^{k+1} (-1)^{k-j+1} C_k^{j-1} \delta_j + \sum_{j=0}^{k} (-1)^{k-j+1} C_k^j \delta_j \\
&= \delta_{k+1} + (-1)^{k+1}\delta_0 + \sum_{j=1}^{k} (-1)^{k-j+1} (C_k^{j-1} + C_k^j)\delta_j
\end{aligned}$$

Il n'y a plus qu'à utiliser la formule de Pascal : $C_k^{j-1} + C_k^j = C_{k+1}^j$, pour se rendre compte que les deux termes isolés réintègrent la cohue sommatoire pour donner :

$$\Delta^{k+1} = \sum_{j=0}^{k+1} (-1)^{k+1-j} C_{k+1}^j \delta_j$$

Ce qui est la formule attandue au rang $k+1$. On conclut ...

5°) Pour tout P, $E_0 \circ \delta_j(P) = E_0(P(X+j)) = P(j) = E_j(P)$. D'où :

$$\begin{aligned}
\Delta^k(P)(0) &= (E_0 \circ \Delta^k)(P) = E_0\Big[\Big(\sum_{j=0}^{k} (-1)^{k-j} C_k^j \delta_j\Big)(P)\Big] \\
&= \sum_{j=0}^{k} (-1)^{k-j} C_k^j E_0 \circ \delta_j(P) = \sum_{j=0}^{k} (-1)^{k-j} C_k^j P(j).
\end{aligned}$$

Commentaires

A. *Ce procédé permet en fait de déterminer un polynôme d'interpolation dans le cas particulier où le support d'interpolation est composé de valeurs régulièrement réparties. C'est* ***l'algorithme de Newton-Grégory****. On peut calculer toutes les valeurs $P(k)$, k entier, de proche en proche, la formule de la question 2) f) donne une valeur littérale du polynôme d'interpolation si on en a besoin. Attention, cependant, l'approximation d'une fonction par un polynôme d'interpolation avec un support composé de valeurs équiréparties n'est pas le plus performant, l'erreur d'approximation est en général inférieure avec un support d'interpolation de Tchebychev, par exemple, mais ceci est une autre histoire ...*

B. *L'opérateur Δ de l'énoncé est un cas particulier d'un opérateur plus général, défini sur l'ensemble des fonctions d'une variable réelle par :*

$$\Delta_h(f)(x) = f(x+h) - f(x),$$

où h est un réel positif fixé. On définit alors, par itération, les opérateurs aux différences finies successifs et on a l'extension de la formule de la question 4) c).

Problème n° 30 ____________________ *Durée estimée :* 1,5 *heures*

Prérequis :

Matrices. Produit de matrices. Sous espaces vectoriels en dimension finie et, pour la dernière question, déterminants.

ÉNONCÉ

On se place dans l'ensemble des matrices carrées d'ordre 3 réelles ou complexes. Si M est une telle matrice, ${}^tM$ désigne la transposée de la matrice M. On rappelle que M est symétrique si et seulement si ${}^tM = M$ et que M est antisymétrique si et seulement si ${}^tM = -M$.

On considère les matrices carrées d'ordre 3, $(a_{i,j})$, telles que les huit sommes :

$$a_{i,1} + a_{i,2} + a_{i,3}, a_{1,j} + a_{2,j} + a_{3,j}, a_{1,1} + a_{2,2} + a_{3,3}, a_{3,1} + a_{2,2} + a_{1,3}$$

soient égales (pour les trois valeurs possibles de i et de j). On appelle ***matrices magiques*** de telles matrices. De plus, on considère les quatre matrices

$$A=\begin{pmatrix} -1 & 2 & -1 \\ 0 & 0 & 0 \\ 1 & -2 & 1 \end{pmatrix}, B = {}^tA, C=\begin{pmatrix} 1 & 1 & 1 \\ 1 & 1 & 1 \\ 1 & 1 & 1 \end{pmatrix}, F=\begin{pmatrix} 1 & -1 & 0 \\ -1 & 0 & 1 \\ 0 & 1 & -1 \end{pmatrix}$$

1°) Vérifier que A, B, C et F sont magiques et que $-2F = A + B$.

2°) On étudie le lien entre les matrices magiques et les matrices symétriques ou antisymétriques.

a) Soit $M \in \mathcal{M}_3(\mathbb{K})$, montrer que $\frac{1}{2}({}^tM + M)$ est symétrique et que $\frac{1}{2}(M - {}^tM)$ est antisymétrique.

b) Montrer qu'une matrice M quelconque de $\mathcal{M}_3(\mathbb{K})$ est la somme d'une matrice symétrique M' et d'une matrice antisymétrique M'' et que cette décomposition est unique.

c) Montrer que la somme de deux matrices magiques, que la transposée d'une matrice magique, que le produit d'une matrice magique par un scalaire sont des matrices magiques. Montrer que si M est magique, M' et M'' le sont aussi.

d) Justifier que toute matrice antisymétrique M peut s'écrire sous la forme :

$$M = \begin{pmatrix} 0 & -\gamma & \beta \\ \gamma & 0 & -\alpha \\ -\beta & \alpha & 0 \end{pmatrix},$$

où α, β et γ sont trois complexes quelconques. Construire alors toutes les matrices magiques qui soient antisymétriques (on pourra exprimer le résultat en fonction de $A + F$).

e) Construire toutes les matrices magiques symétriques (on pourra commencer par trouver les matrices magiques symétriques de trace (somme des éléments diagonaux) nulle puis passer au cas général et montrer que les solutions sont des combinaisons linéaire des matrices F et C).

3°) Montrer que l'ensemble des matrices magiques forme un espace vectoriel sur $\mathbb{K}$. Donner sa dimension. Montrer que (A, B, C) en est une base.

4°) On étudie l'effet du produit sur les matrices magiques.

a) Calculer $A^2, B^2, C^2, AC, BC, CA, CB$. Lesquelles de ces différentes matrices sont-elles magiques ?

b) Montrer que $AB + BA$ est une combinaison linéaire de C et de I.

c) Quelle est la condition nécessaire et suffisante pour que le produit de deux matrices magiques soit magique ? En déduire toutes les matrices magiques, produits de deux matrices magiques.

d) Vérifier que le produit d'une matrice magique par une combinaison linéaire de C et de I est une matrice magique.

e) Vérifier que les puissances paires d'une matrice magique ne sont pas magiques (en général) mais que les puissances impaires d'une matrice magique sont toujours magiques.

f) Quand une matrice magique est-elle inversible ? Quelle est alors son inverse ? Est-elle magique ? Peut-on étendre aux exposants négatifs le résultat obtenu à la question précédente pour les exposants positifs ?

Décryptage du sujet :

Dans ce problème, on étudie l'ensemble des matrices, dites magiques M de $\mathcal{M}_3(\mathbb{K})$, i.e. telles que toutes les sommes des coefficients de chaque ligne, toutes les sommes des coefficients de chaque colonne, la somme des éléments des deux diagonales soit un même scalaire. On fait le lien avec les matrices symétriques et antisymétriques. En fait, on étudie la forme générale des matrices magiques en utilisant leur décomposition en somme d'une matrice symétrique et d'une matrice antisymétrique. En passant, on vérifie que le fait d'être magique est conservé par passage aux combinaisons linéaires et on étudie à quelle condition cela reste vrai pour le passage au produit.

CORRIGÉ

1°) On vérifie aisément que pour A, B et F, les huit sommes de définition sont nulles et que pour C, elles valent 3. Ces quatre matrices sont donc bien magiques.

2°) a) Commencons par poser

$$M' = \frac{1}{2}(M + {}^tM) \text{ et } M'' = \frac{1}{2}(M - {}^tM).$$

Alors ${}^tM' = \frac{1}{2}{}^t(M + {}^tM) = \frac{1}{2}({}^tM + M) = M'$ et

$${}^tM'' = \frac{1}{2}{}^t(M - {}^tM) = \frac{1}{2}({}^tM - M) = -M''.$$

On vérifie ainsi que la première matrice est bien symétrique, et la seconde antisymétrique.

b) $\star$ Avec les notations de a), il suffit d'écrire, pour n'importe quelle matrice M : $M = M' + M''$ et M' est symétrique, M'' antisymétrique.

$\star$ Supposons que pour une matrice M, on ait : $M = M_s + M_a = M'_s + M'_a$, où M_s et M'_s sont symétriques et M_a et M'_a antisymétriques. Alors :
$Q = M_s - M'_s = M'_a - M_a$ est une matrice à la fois symétrique et antisymétrique. On a donc ${}^tQ = Q = -Q$, soit $Q = 0$, *i.e.* $M_s = M'_s$ et $M_a = M'_a$.

Le premier pas montre que la décomposition souhaitée existe et le second qu'elle est unique. (Si vous connaissez déjà cette notion, nous venons de montrer que $\mathcal{M}_3(\mathbb{K})$ est la somme directe du sous-espace des matrices symétriques et du sous-espace des matrices antisymétriques).

c) $\star$ Raisonnons directement pour une combinaison linéaire. Soient deux matrices carrées d'ordre 3, $A = (a_{i,j})$ et $B = (b_{i,j})$, les indices i, j variant de 1 à 3, telles que les huit sommes

$$a_{i,1} + a_{i,2} + a_{i,3}, a_{1,j} + a_{2,j} + a_{3,j}, a_{1,1} + a_{2,2} + a_{3,3}, a_{3,1} + a_{2,2} + a_{1,3}$$

soient toutes égales à $d(A)$ et les huits sommes

$$b_{i,1} + b_{i,2} + b_{i,3}, b_{1,j} + b_{2,j} + b_{3,j}, b_{1,1} + b_{2,2} + b_{3,3}, b_{3,1} + b_{2,2} + b_{1,3}$$

soient toutes égales à $d(B)$. Alors pour tout couple (λ, μ) de réels ou de complexes, la matrice $\lambda A + \mu B$ est de coefficient général $c_{i,j} = \lambda a_{i,j} + \mu b_{i,j}$ et les huit sommes

$$c_{i,1} + c_{i,2} + c_{i,3}, c_{1,j} + c_{2,j} + c_{3,j}, c_{1,1} + c_{2,2} + c_{3,3}, c_{3,1} + c_{2,2} + c_{1,3}$$

sont égales et valent $\lambda d(A) + \mu d(B)$. En conclusion, toute combinaison linéaire de matrices magiques est une matrice magique.

$\star$ Par passage à la transposée, les lignes deviennent les colonnes, la diagonale principale est conservée et la seconde diagonale est globalement invariante. Le fait d'être magique est donc conservé par passage à la transposée.

$\star$ Si M est magique, les matrices M' et M'' sont donc des combinaisons linéaires de matrices magiques et sont encore magiques.

d) Pour une matrice antisymétrique $M = (m_{i,j})$, les coefficients de la diagonale principale sont nuls et pour les autres coefficients, $m_{i,j} = -m_{j,i}$. Il suffit de poser $m_{3,2} = \alpha, m_{1,3} = \beta$ et $m_{2,1} = \gamma$, pour obtenir : $M = \begin{pmatrix} 0 & -\gamma & \beta \\ \gamma & 0 & -\alpha \\ -\beta & \alpha & 0 \end{pmatrix}$

Une telle matrice est magique si et seulement si :

$$-\gamma + \beta = \gamma - \alpha = -\beta + \alpha = \gamma - \beta = -\gamma + \alpha = \beta - \alpha = 0 = \beta - \beta.$$

Soit : $\alpha = \beta = \gamma$, d'où la solution générale :

$$M = \lambda \begin{pmatrix} 0 & 1 & -1 \\ -1 & 0 & 1 \\ 1 & -1 & 0 \end{pmatrix} = \lambda(A + F).$$

e) $\star$ On commence par chercher les matrices symétriques magiques de trace nulle :

Une telle matrice est de la forme $M = \begin{pmatrix} a & \alpha & \beta \\ \alpha & b & \gamma \\ \beta & \gamma & c \end{pmatrix}$ avec les relations :

$$\begin{cases} a+\alpha+\beta=0 \\ \alpha+b+\gamma=0 \\ \beta+\gamma+c=0 \\ a+b+c=0 \\ 2\beta+b=0 \end{cases} \iff \begin{cases} b=-2\beta \\ a=-\alpha-\beta \\ c=-\beta-\gamma \\ \alpha-2\beta+\gamma=0 \\ 4\beta+\alpha+\gamma=0 \end{cases} \iff \begin{cases} \beta=0 \\ \gamma=-\alpha \\ a=-\alpha \\ b=0 \\ c=\alpha \end{cases}$$

et M s'écrit :

$$M = \begin{pmatrix} -\alpha & \alpha & 0 \\ \alpha & 0 & -\alpha \\ 0 & -\alpha & \alpha \end{pmatrix}$$

qui est de la forme αF, où α est un complexe quelconque.

$\star$ Maintenant M est une matrice magique symétrique de somme s si et seulement si $M - \frac{s}{3}\begin{pmatrix} 1 & 1 & 1 \\ 1 & 1 & 1 \\ 1 & 1 & 1 \end{pmatrix}$ est magique (symétrique) de somme nulle. Ainsi, les matrices symétriques magiques sont de la forme

$$M = \mu \begin{pmatrix} 1 & -1 & 0 \\ -1 & 0 & 1 \\ 0 & 1 & -1 \end{pmatrix} + \nu \begin{pmatrix} 1 & 1 & 1 \\ 1 & 1 & 1 \\ 1 & 1 & 1 \end{pmatrix} = \mu F + \nu C,$$

où $(\mu, \nu) \in \mathbb{R}^2$ ou $\mathbb{C}^2$.

3°) D'aprés la question 2) c), toute combinaison linéaire de matrices magiques est une matrice magique. Comme cet ensemble est non vide (il contient la matrice nulle), il est un sous-espace vectoriel de l'espace vectoriel des matrices carrées d'ordre 3.

Toute matrice M est somme d'une matrice symétrique M' et d'une matrice antisymétrique M'' et si M est magique il en est de même de M' et M''. On en déduit que M est magique, si et seulement s'il existe $(\lambda, \mu, \nu) \in \mathbb{C}^3$ tel que

$$M = \lambda \begin{pmatrix} 0 & 1 & -1 \\ -1 & 0 & 1 \\ 1 & -1 & 0 \end{pmatrix} + \mu \begin{pmatrix} 1 & -1 & 0 \\ -1 & 0 & 1 \\ 0 & 1 & -1 \end{pmatrix} + \nu \begin{pmatrix} 1 & 1 & 1 \\ 1 & 1 & 1 \\ 1 & 1 & 1 \end{pmatrix},$$

et, sachant que $F = -\frac{1}{2}(A+B)$, cette décomposition peut se mettre sous la forme :

$$M = \frac{1}{2}(\lambda - \mu)A - \frac{1}{2}(\lambda + \mu)B + \nu C.$$

(On met M sous cette forme car on cherche à montrer que (A, B, C) est une base de l'espace vectoriel des matrices magiques). Nous déduisons déjà de ce qui précède que (A, B, C) est une famille génératrice de l'espace vectoriel des matrices magiques. On montre sans difficulté que

$$\alpha A + \beta B + \gamma C = O_3 \iff \alpha = \beta = \gamma = 0.$$

La famille (A, B, C) est donc libre et est une base de l'espace vectoriel des matrices magiques, qui, entre parenthèses, est donc de dimension 3.

4°) a) Des calculs simples donnent :

$$A^2 = B^2 = AC = CA = BC = CB = O_3, C^2 = 3C$$

et toutes ces matrices sont magiques.

b) On trouve : $AB + BA = 12I_3 - 4C$.

c) Toute matrice magique étant combinaison linéaire de A, B, C, raisonnons avec deux telles combinaisons linéaires. Grâce aux calculs faits en 4) a) :

$$(\alpha A + \beta B + \gamma C)(\lambda A + \mu B + \nu C) = 3\gamma\nu C + K$$

avec : $K = \begin{pmatrix} 2\beta\lambda + 6\alpha\mu & -4\beta\lambda & 2\beta\lambda - 6\alpha\mu \\ -4\beta\lambda & 8\beta\lambda & -4\beta\lambda \\ 2\beta\lambda - 6\alpha\mu & -4\beta\lambda & 2\beta\lambda + 6\alpha\mu \end{pmatrix}$.

Ainsi, ce produit est magique si et seulement si K est magique, et en regardant les différentes conditions pour que cela soit, il reste :

$$\begin{cases} 12\beta\lambda + 12\alpha\mu = 0 \\ 12\beta\lambda - 12\alpha\mu = 0 \end{cases} \iff \beta\lambda = \alpha\mu = 0$$

Nous en déduisons tous les produits magiques de matrices magiques :

$$\begin{cases} \alpha = \beta = 0 & : & \gamma C(\lambda A + \mu B + \nu C) \\ \alpha = 0, \lambda = 0 & : & (\beta B + \gamma C)(\mu B + \nu C) \\ \beta = 0, \mu = 0 & : & (\alpha A + \gamma C)(\lambda A + \nu C) \\ \lambda = \mu = 0 & : & \nu C(\alpha A + \beta B + \gamma C) \end{cases}.$$

Le produit valant à chaque fois $3\gamma\nu C$ et les deux cas extrêmes n'en formant d'ailleurs qu'un seul.

On voit que la matrice C est la seule matrice (quand même à un facteur multiplicatif près) qui soit magique et produit de deux matrices magiques. Cette matrice a ainsi un rôle particulier à jouer dans le monde des matrices magiques.

d) $(\alpha A + \beta B + \gamma C)(\lambda I_3 + \mu C) = \alpha\lambda A + \beta\lambda B + (\gamma\lambda + 3\gamma\mu)C$, et le résultat est bien magique.

e) Soit $M = \alpha A + \beta B + \gamma C$ une matrice magique.

$\star$ $M^2 = (\alpha A + \beta B + \gamma C)^2 = 12\alpha\beta I_3 + (3\gamma^2 - 4\alpha\beta)C$ et M^2 est magique si et seulement si $\alpha\beta$ est nul, donc M^2 n'est pas magique en général.

$\star$ M^3 est le produit d'une matrice magique (M !) et d'une combinaison linéaire de I_3 et de C, donc, d'après 4) d) M^3 est magique.

$\star$ Par récurrence, si M^{2n-1} est magique, alors $M^{2n+1} = M^{2n-1}M^2$ est le produit de M^{2n-1}, par M^2 qui est combinaison linéaire de I et C, donc M^{2n+1} est magique. En revanche M^{2n} est de la forme $(12\alpha\beta)^n I_3 + kC$ et n'est pas en général magique.

f) Soit $M = \alpha A + \beta B + \gamma C = \begin{pmatrix} -\alpha - \beta + \gamma & 2\alpha + \gamma & -\alpha + \beta + \gamma \\ 2\beta + \gamma & \gamma & -2\beta + \gamma \\ \alpha - \beta + \gamma & -2\alpha + \gamma & \alpha + \beta + \gamma \end{pmatrix}$.

Pour calculer Det M, on commenca par retrancher la première colonne aux deux autres (pour éliminer un maximum de γ) :

$$\text{Det}\, M = \begin{vmatrix} -\alpha - \beta + \gamma & 3\alpha + \beta & 2\beta \\ 2\beta + \gamma & -2\beta & -4\beta \\ \alpha - \beta + \gamma & -3\alpha + \beta & 2\beta \end{vmatrix} = \begin{vmatrix} -\alpha - \beta + \gamma & 3\alpha + \beta & 2\beta \\ -2\alpha + 3\gamma & 6\alpha & 0 \\ 2\alpha & -6\alpha & 0 \end{vmatrix}$$

et finalement Det $M = -36\alpha\beta\gamma$.

Ainsi M est inversible si et seulement si α, β, γ sont tous trois non nuls.

On peut alors calculer l'inverse de M par les méthodes habituelles, mais comme on demande si M^{-1} est magique, on regarde s'il est possible de trouver λ, μ, ν tels que $M(\lambda A + \mu B + \nu C) = I_3$, soit :

$$(\alpha A + \beta B + \gamma C)(\lambda A + \mu B + \nu C) = I_3$$

Les calculs faits en 4) c) montrent que ceci est vrai si et seulement si (λ, μ, ν) est solution du système :

$$\begin{cases} 3\gamma\nu + 2\beta\lambda + 6\alpha\mu = 1 \\ 3\gamma\nu - 4\beta\lambda = 0 \\ 3\gamma\nu + 8\beta\lambda = 1 \\ 3\gamma\nu + 2\beta\lambda - 6\alpha\mu = 0 \end{cases}$$

(la forme du produit, vue en 4) c) fait qu'il n'y a heureusement que quatre conditions à réaliser au lieu des neuf habituelles !)

Les équations centrales donnent alors : $\lambda = \frac{1}{12\beta}$, $\nu = \frac{1}{9\gamma}$ et, par chance les deux autres équations sont compatibles et donnent $\mu = \frac{1}{12\alpha}$.

Donc l'inverse de M est magique et :

$$M^{-1} = \frac{1}{36}\left(\frac{3}{\beta}A + \frac{3}{\alpha}B + \frac{4}{\gamma}C\right).$$

$\star$ Si $p \in \mathbb{N}^*$, $M^{-2p} = (M^{-1})^{2p}$ n'est jamais magique, puisque M^{-1} utilise effectivement A et B [voir le résultat de la question 4) e)].

En revanche, $M^{-(2p+1)} = (M^{-1})^{2p+1}$ est magique.

Enfin, pour être complet, $M^0 = I_3$ n'est pas magique.

Problème n° 31 — *Durée estimée : 4 heures*

Prérequis :

Matrices. Produit de matrices. Sous-espaces vectoriels en dimension finie. Morphismes d'anneaux. Sous-anneaux. Bases. Formes linéaires.

ÉNONCÉ

$\mathbb{K}$ désigne ici le corps $\mathbb{R}$ ou le corps $\mathbb{C}$, n est un entier naturel non nul. On note I_n la matrice carrée d'ordre n, neutre pour la multiplication et O_n la matrice carrée d'ordre n nulle.

I : Matrices pseudo-magiques

On rappelle que $\mathcal{M}_n(\mathbb{K})$ est un $\mathbb{K}$-espace vectoriel de dimension n^2. Soit PM_n l'ensemble des matrices carrées $A = (a_{ij})$ de $\mathcal{M}_n(\mathbb{K})$ telles que :

$$\exists\, d(A) \in \mathbb{K}, \forall\,(k,\ell) \in \{1,\dots,n\}^2, \sum_{i=1}^{n} a_{i,k} = \sum_{j=1}^{n} a_{\ell,j} = d(A).$$

On appelle ***pseudo-magiques*** de telles matrices. On notera J la matrice de PM_n telle que si $J = (\alpha_{i,j})$ alors $\forall\, i, \forall\, j, \alpha_{i,j} = 1$.

1°) Vérifier que I_n et O_n appartiennent à PM_n.

2°) Montrer que PM_n est un sous-espace vectoriel de $\mathcal{M}_n(\mathbb{K})$.

3°) Montrer que l'application $d : A \mapsto d(A)$ est une forme linéaire sur PM_n.

4°) On considère pour tout $A = (a_{i,j})$, les applications :

$$\forall\, k \in \{1,\dots,n\}, L_k(A) = \sum_{j=1}^{n} a_{k,j} \text{ et } C_k(A) = \sum_{i=1}^{n} a_{i,k}.$$

Montrer que les applications $L_2 - L_1, L_3 - L_1, \dots, L_n - L_1$ et les applications $C_1 - L_1, \dots, C_{n-1} - L_1$ de $\mathcal{M}_n(\mathbb{K})$ dans $\mathbb{K}$ sont des formes linéaires indépendantes.

5°) Montrer que PM_n est l'intersection des noyaux des formes linéaires précédentes et en déduire la dimension de PM_n

II : Une base du noyau de d

1°) Si $A \in \mathcal{M}_n(\mathbb{K})$, montrer l'équivalence :

$$[A \in PM_n \text{ de somme } d(A)] \iff (AJ = JA = d(A)J).$$

2°) En déduire que $(PM_n, +, \times)$ est un sous-anneau de $(\mathcal{M}_n(\mathbb{K}), +, \times)$ et que d est un morphisme d'anneaux.

3°) Soient $\mathbb{R}.J$ la droite vectorielle de base J et $\Omega = \{A \in PM_n, d(A) = 0\}$, en remarquant que si $A \in PM_n$ alors $A - \dfrac{d(A)}{n} J \in \Omega$, montrer que Ω et $\mathbb{R}.J$ sont supplémentaires dans PM_n.

4°) Soit $(r,s) \in \{2,\ldots,n\}^2$, on appelle $A_{r,s}$ la matrice de PM_n telle que $A_{r,s}$ ait tous ses coefficients nuls sauf $a_{1,1} = a_{r,s} = 1$ et $a_{1,s} = a_{r,1} = -1$.

a) Ecrire $A_{2,2}$, $A_{2,4}$.

b) Montrer que les $(n-1)^2$ matrices $A_{r,s}$ sont indépendantes dans PM_n

c) Montrer que si $M = (m_{i,j}) \in \Omega$, $M = \sum\limits_{r=2}^{n} \sum\limits_{s=2}^{n} m_{r,s} A_{r,s}$. En déduire que $(A_{r,s})_{2 \leqslant r \leqslant n, 2 \leqslant s \leqslant n}$ est une base de Ω.

d) Retrouver la dimension de PM_n.

Partie III : Les matrices magiques à coefficients entiers

Ici, on appelle PM'_n l'ensemble des matrices pseudo-magiques $A = (a_{i,j})$ telles que l'on ait, en plus des relations dues à l'appartenance de A à PM_n :

$$\sum_{i=1}^{n} a_{i,i} = \sum_{i=1}^{n} a_{i,n+1-i} = d(A).$$

On appelle ***matrices magiques*** *de telles matrices.*

1°) On suppose $n = 2$ dans cette question. Déterminer la forme générale des matrices pseudo-magiques et des matrices magiques.

2°) On reprend le cas général. Montrer que PM'_n est un sous-espace vectoriel de PM_n et déterminer sa dimension.

3°) PM'_n est-il stable pour la multiplication ? PM'_n est-il un sous-anneau de PM_n ?

4°) On suppose dans cette question que $n = 3$. On cherche ici les matrices de PM'_n à coefficients entiers positifs.

a) Si $M = (m_{i,j})$ est une matrice de PM'_3, montrer que $d(M) = 3m_{22}$. On pose alors $N = M - m_{22}J$. Si $N = (n_{i,j})$, on pose $n_{1,1} = b$ et $n_{3,1} = a$. Calculer les coefficients de N en fonction de a et de b.

On pose enfin $c = \dfrac{d(M)}{3}$, déterminer les coefficients de M en fonction de a, b et c.

b) c étant fixé, déterminer des conditions nécessaires et suffisantes sur a et sur b pour qu'il existe une matrice M de PM'_3, à coefficients dans $\mathbb{N}$.

c) $d(M)$ étant donné dans $\mathbb{N}$, combien existe-t-il de matrices magiques à coefficients entiers positifs ? Même question si les coefficients sont strictement positifs ?

5°) Considérons dans cette question l'algorithme suivant, permettant d'obtenir une matrice magique d'ordre n impair et dont les coefficients sont les entiers de 1 à n^2.

On place l'entier 1 au milieu de la première ligne. On suppose que les k premiers entiers ont été placés et que l'entier k a été placé à l'intersection de la ligne L_i et colonne C_j. On place alors l'entier $k+1$ en respectant les règles suivantes :

1. on pose $I = i - 1$ (sauf si $i = 1$, auquel cas on pose $I = n$) et $J = j + 1$ (sauf si $j = n$, auquel cas on pose $J = 1$) ;

2. si aucun nombre n'a encore été placé à la $I^{\text{ème}}$ ligne et $J^{\text{ème}}$ colonne, on y place $k + 1$;

3. si cet emplacement est pris, on pose $I = i + 1$ (sauf si $i = n$, auquel cas on pose $I = 1$) et $J = j$ et on place $k + 1$ en $I^{\text{ème}}$ ligne et $J^{\text{ème}}$ colonne.

a) Pour $n = 3$, construire une matrice magique en utilisant l'algorithme précédent.

b) La constante impaire n étant supposée pré-définie, écrire un programme qui construise, en suivant l'algorithme précédent, une matrice magique d'ordre n. Donner le résultat obtenu, en prenant $n = 9$.

On ne demande pas de prouver que l'algorithme précédent est valide.

Décryptage du sujet :

Dans ce problème, on étudie l'ensemble des matrices pseudo-magiques, c'est-à-dire telles que toutes les sommes des coefficients de chaque ligne et toutes les sommes des coefficients de chaque colonne soit un même scalaire. Dans la partie I, on démontre que PM_n est un sous-espace vectoriel de $\mathcal{M}_n(\mathbb{K})$ et on détermine sa dimension. Dans la partie II, on retrouve le résultat de la partie I en décomposant PM_n en somme directe de deux sous-espaces vectoriels. On étudie aussi le sous-ensemble de PM_n constitué des matrices dites magiques, telles que la somme des coefficients de chaque diagonale ait encore la même valeur.

La partie IV débute sur l'étude plus générale des matrices magiques, puis on prend le cas $n = 3$ mais dans le cadre de coefficients entiers.

Plus précisement quelques indications :

Dans la partie I : les questions 4) et 5) sont des questions de réflexion. Plus explicitement, dans la question 4), on écrira une relation de dépendance entre les formes linéaires et on y appliquera des matrices très creuses (avec beaucoup de 0) qui fourniront la nullité de chaque coefficient. Dans la question 5), on pourra démarrer en remarquant qu'il s'agit en fait de montrer que

$$L_1(A) = L_2(A) = \cdots = L_n(A) = C_1(A) = \cdots = C_{n-1}(A) \Rightarrow C_n(A) = L_1(A).$$

Dans la partie II : il faudra dans la question 4), bien développer $\sum\limits_{(r,s)} \alpha_{r,s} A_{r,s}$.

Dans la partie III : pour la question 2), on peut proposer une démonstration qui généralise la question 2) de la partie I et la question 1) de la partie II. Essayer ici une démonstration qui prolonge la question 4) de la partie I, ce qui permettra de donner rapidement la dimension de PM'_n. Pour pouvoir démarrer, poser si $A \in PM_n$:

$$d_1(A) = d(A) - \sum_{i=1}^{n} a_{i,i} = d(A) - \operatorname{tr} A \text{ et } d_2(A) = d(A) - \sum_{i=1}^{n} a_{i,n+1-i}.$$

et on prouvera d'abord que d_1 et d_2 sont deux formes linéaires indépendantes.

La question 4) est la plus technique.

La question 5) est consacrée à la mise en route d'un algorithme permettant l'écriture de matrices magiques à coefficients entiers positifs. Cette question est indépendante des autres et on ne demande pas de prouver que cet algorithme fonctionne toujours.

CORRIGÉ

Partie I

1°) La matrice I_n appartient à PM_n avec $d(I_n) = 1$ et la matrice O_n appartient à PM_n avec $d(O_n) = 0$.

2°) On sait déjà que la matrice nulle appartient bien à PM_n. Soient alors deux matrices $A = (a_{i,j})$ et $B = (b_{i,j})$ appartenant à PM_n et $(a, b) \in \mathbb{K}^2$. On peut écrire :

$$\exists d_1 \in \mathbb{K}, \forall k, \forall \ell, \sum_{i=1}^{n} a_{i,k} = \sum_{j=1}^{n} a_{\ell,j} = d_1$$

$$\exists d_2 \in \mathbb{K}, \forall k, \forall \ell, \sum_{i=1}^{n} b_{i,k} = \sum_{j=1}^{n} b_{\ell,j} = d_2.$$

On en déduit :

$$\forall k, \forall \ell, \sum_{i=1}^{n} (aa_{i,k} + bb_{i,k}) = \sum_{j=1}^{n} (aa_{\ell,j} + bb_{\ell,j}) = ad_1 + bd_2$$

Donc $aA + bB \in PM_n$, et PM_n est un sous-espace vectoriel de $\mathcal{M}_n(\mathbb{K})$ ...

3°) ... avec $d(aA + bB) = ad(A) + bd(B) \in \mathbb{K}$ et d est bien une forme linéaire sur PM_n.

4°) Les applications L_k et C_k sont bien des formes linéaires sur $\mathcal{M}_n(\mathbb{K})$ et donc les différences $L_k - L_1$ et $C_k - L_1$ aussi.

Considérons une collection de $2n - 2$ scalaires (α_k) et (β_j) tels que :

$$\sum_{k=2}^{n} \alpha_k (L_k - L_1) + \sum_{j=1}^{n-1} \beta_j (C_j - L_1) = 0.$$

Pour $k \in \{2, \dots, n\}$, soit $P_k = (p_{i,j})$ la matrice dont tous les coefficients sont nuls sauf $p_{k,n} = 1$. Si on applique P_k à la relation précédente, seul le terme $L_k(P_k)$ est non nul et donc $\alpha_k = 0$. De même, pour $j \in \{1, \dots, n-1\}$, soit la matrice $Q_j = (q_{i,j})$ dont tous les coefficients sont nuls sauf $q_{2,j} = 1$. On applique Q_j à la relation et le seul terme non nul est $C_j(Q_j)$ et donc $\beta_j = 0$.

Tous les coefficients sont donc nuls et la famille donnée est libre.

5°) Une matrice A appartient au noyau de toutes les formes linéaires précédentes si et seulement si :

$$L_1(A) = L_2(A) = \cdots = L_n(A) = C_1(A) = \cdots = C_{n-1}(A)$$

Il reste donc à vérifier que ces conditions entraînent $C_n(A) = L_1(A)$, et toutes les conditions seront remplies pour appartenir à PM_n (la réciproque est banale). Or pour toute matrice A :

$$(L_1 + L_2 + \cdots + L_n)(A) = (C_1 + C_2 + \cdots + C_n)(A)$$

(car il s'agit en fait de la somme de tous les coefficients de A)

Les conditions précédentes donnent donc : $n.L_1(A) = (n-1)L_1(A) + C_n(A)$ et $C_n(A) = L_1(A)$.

PM_n est l'ensemble des solutions des $2n - 2$ équations à n^2 inconnues :

$$L_2 - L_1 = L_3 - L_1 = \cdots = L_n - L_1 = C_1 - L_1 = \ldots = C_{n-1} - L_1 = 0.$$

Ces $2n - 2$ équations étant indépendantes, le rang de ce système est $2n - 2$ et la dimension de PM_n est donc $n^2 - (2n - 2) = n^2 - 2n + 2$.

Partie II

1°) Soit $C = (c_{i,j}) = AJ$. On a : $c_{i,j} = \sum\limits_{k=1}^{n} a_{i,k}$.

De même, soit $D = (d_{i,j}) = JA$. On a : $d_{i,j} = \sum\limits_{k=1}^{n} a_{k,j}$.

Ces coefficients sont tous égaux (à λ) si et seulement si A est une matrice pseudo-magique de somme λ. La matrice ayant tout ses coefficients égaux λ étant $\lambda.J$. On en déduit :

$$(A \in PM_n) \Longleftrightarrow \exists\, \lambda, AJ = JA = \lambda.J$$

et λ vaut alors $d(A)$.

2°) On sait déjà que PM_n est un sous-espace vectoriel, il suffit donc de vérifier que $I_n \in PM_n$ (clair et $d(I_n) = 1$) et que PM_n est stable par produit.

Si A et B appartiennent à PM_n, on a les égalités matricielles :

$$AJ = JA = d(A)J \text{ et } BJ = JB = d(B)J.$$

On en déduit :

$$(AB)J = A(BJ) = A(d(B)J) = d(B)(AJ) = d(B)d(A)J$$
$$(BA)J = B(AJ) = B(d(A)J) = d(A)(BJ) = d(A)d(B)J$$

ce qui fournit les égalités : $(AB)J = (BA)J = d(A)d(B)J$.

On a donc montré que $AB \in PM_n$ et que $d(AB) = d(A)d(B)$, ce qui démontre en prime que la forme linéaire d est un morphisme d'anneaux.

3°) Soit $\mathbb{R}.J$ la droite vectorielle engendrée par J et $\Omega = \{A \in PM_n, d(A) = 0\}$.

$\star$ Il est clair que Ω est un sous espace vectoriel de PM_n, car c'est le noyau de d.

$\star$ D'autre part, pour toute matrice A de PM_n, la matrice $A - \dfrac{d(A)}{n}J$ est une matrice de Ω. Pour le voir, il suffit de constater que c'est une combinaison linéaire de matrices de PM_n donc est une matrice de PM_n et que de plus, d étant linéaire :

$$d(A - \frac{d(A)}{n}J) = d(A) - \frac{d(A)}{n}n = 0.$$

On écrit alors : $A = [A - \dfrac{d(A)}{n}J] + \dfrac{d(A)}{n}J$. Ce qui prouve que $PM_n = \Omega + \mathbb{R}.J$.

$\star$ Pour finir, on constate que si une matrice de PM_n appartient à la fois à $\mathbb{R}.J$ et à Ω, ses coefficients sont tous égaux et de sommes nulle par rangée, ce qui entraîne que ses coefficients sont tous nuls : $\Omega \cap \mathbb{R}.J = \{0\}$.

En conclusion, Ω et $\mathbb{R}.J$ sont supplémentaires dans PM_n.

4°) a) Sans problème :

$$A_{2,2} = \begin{pmatrix} 1 & -1 & 0 & . & 0 \\ -1 & 1 & 0 & . & 0 \\ 0 & 0 & 0 & . & 0 \\ . & . & . & . & . \\ 0 & 0 & 0 & 0 & 0 \end{pmatrix}, \quad A_{2,4} = \begin{pmatrix} 1 & 0 & 0 & -1 & 0 & . & 0 \\ -1 & 0 & 0 & 1 & 0 & . & 0 \\ 0 & 0 & 0 & 0 & 0 & . & 0 \\ . & . & . & . & . & . & . \\ 0 & 0 & 0 & 0 & 0 & 0 & 0 \end{pmatrix}.$$

b) Pour montrer que la famille formée des $(n-1)^2$ matrices $A_{r,s}$ est libre dans PM_n on considère une combinaison linéaire nulle de ces matrices :

$$\sum_{r=2}^{n} \sum_{s=2}^{n} \alpha_{r,s} A_{r,s} = O_n.$$

Cela s'écrit :

$$\begin{pmatrix} k_{1,1} & k_{1,2} & k_{1,3} & \cdots & k_{1,n} \\ k_{2,1} & \alpha_{2,2} & \alpha_{2,3} & \cdots & \alpha_{2,n} \\ & & \vdots & & \\ k_{n,1} & \alpha_{n,2} & \alpha_{n,3} & \cdots & \alpha_{n,n} \end{pmatrix} = O_n$$

Les coefficients $k_{i,j}$ étant, pour le moment, sans importance. Les coefficients $\alpha_{r,s}$ sont donc tous nuls, d'où la liberté de la famille.

c) Soit $M = (m_{i,j})$ une matrice quelconque de Ω et, compte tenu du calcul précédent, posons :

$$B = (b_{i,j}) = \sum_{r=2}^{n} \sum_{s=2}^{n} m_{r,s} A_{r,s}$$

$\star$ Pour $i \geqslant 2$ et $j \geqslant 2$, la combinaison précédente possède un seul terme d'indices i et j non nul, correspondant à $r = i$ et $s = j$ et valant 1 : $b_{i,j} = m_{i,j}$.
$\star$ Pour $j \geqslant 2$, les matrices $A_{r,j}$ sont les seules à voir un terme d'indices 1 et j non nul, valant de plus -1. Donc :
$b_{1,j} = \sum_{r=2}^{n} -m_{r,j} = m_{1,j}$ (car la matrice M appartenant à Ω on a : $\sum_{r=1}^{n} m_{r,j} = 0$).
$\star$ De la même façon : pour $i \geqslant 2$, $b_{i,1} = m_{i,1}$.
$\star$ Enfin, la somme de tous les coefficients de chaque $A_{r,s}$ étant nulle, il en est de même de la somme de tous les coefficients de B et aussi de ceux de M. Il reste donc $b_{1,1} = m_{1,1}$.

En conclusion $M = B$ et la famille des $(A_{r,s})_{r\geqslant 2, s\geqslant 2}$ est génératrice de Ω et libre, donc est une base de cet espace.

Remarque : l'analyse faite dans cette question c) montre en une seule fois l'existence et l'unicité de la décomposition, la famille $(A_{r,s})_{r\geqslant 2, s\geqslant 2}$ est donc une base de Ω donc est libre et on retrouve le résultat de la question b).

d La dimension de Ω est $(n-1)^2$ et celle de $\mathbb{R}.J$ est 1, ce qui entraîne que :

$$\dim PM_n = \dim(\Omega \oplus \mathbb{R}.J) = (n-1)^2 + 1 = n^2 - 2n + 2.$$

(On retrouve le résultat de la partie I ce qui nous réconforte fortement)

Partie III

1°) On voit aisément que les éléments de PM_2 sont les matrices $\begin{pmatrix} \alpha & \beta \\ \beta & \alpha \end{pmatrix}$ avec $(\alpha, \beta) \in \mathbb{R}^2$ et les éléments de PM'_2 sont les matrices $\begin{pmatrix} \alpha & \alpha \\ \alpha & \alpha \end{pmatrix}$ avec $\alpha \in \mathbb{R}$.

En passant, on remarque que PM_2 est un espace vectoriel de dimension 2 (ce que l'on savait déjà) et que PM'_2 est un espace vectoriel de dimension 1 (ce que l'on apprend maintenant).

2°) En prenant les notations données dans le décryptage, on peut déjà remarquer qu'il est clair que d_1 et d_2 sont des formes linéaires sur PM_n et que PM'_n est l'intersection des noyaux de d_1 et de d_2. Il est donc par conséquent un sous-espace vectoriel de PM_n. Il reste à trouver la dimension de PM'_n.

• Supposons $n > 2$ et montrons que d_1 et d_2 sont indépendantes. Soit donc $(\lambda, \mu) \in \mathbb{R}^2$ tel que $\lambda d_1 + \mu d_2 = 0$, *i.e.* $\forall A \in PM_n, \lambda d_1(A) + \mu d_2(A) = 0$.

⋆ Considérons la matrice $A_{n,n}$ (qui appartient bien à PM_n, voir II 4). On a : $d(A_{n,n}) = 0$, et $d_1(A_{n,n}) = 2$, $d_2(A_{n,n}) = -2$, d'où :

$$2\lambda - 2\mu = 0, \textit{ i.e. } \lambda = \mu$$

⋆ On a aussi $I_n \in PM_n$ et $d(I_n) = 1$, soit : $d_1(I_n) = 1 - n$, tandis que l'on a $d_2(I_n) = 1$ si n est pair et $d_2(I_n) = 0$ si n est impair (attention les deux diagonales ne se croisent que si n est impair). La relation $\lambda d_1(I_n) + \mu d_2(I_n) = 0$ donne alors : dans le premier cas, $\lambda(1 - n) + \mu = 0$ et dans le second $\lambda(1 - n) = 0$.
Si n est impair, on a donc $\lambda = 0$ et $\mu = 0$, tandis que si n est pair, on a $\lambda = \mu$ et $(2 - n)\lambda = 0$. Heureusement $n > 2$ et $\lambda = \mu = 0$.

Ainsi, pour $n > 2$, d_1 et d_2 sont des formes linéaires indépendantes sur PM_n et comme $PM'_n = PM_n \cap \operatorname{Ker} d_1 \cap \operatorname{Ker} d_2$, il vient :

$$\dim PM'_n = \dim PM_n - 2 = n^2 - 2n$$

• On a vu que $\dim PM'_2 = 1$.

3°) • Pour $n = 2$, les éléments de PM'_2 sont les matrices de la forme $\lambda.J_2$. Comme $J_2^2 = 2J$, PM'_2 est stable pour la multiplication, mais comme il ne contient pas I_2, ce n'est pas un sous-anneau de PM_2.

• On a : $A = \begin{pmatrix} 1 & -1 & 0 \\ -1 & 0 & 1 \\ 0 & 1 & -1 \end{pmatrix} \in PM'_3$ et $A^2 = \begin{pmatrix} 2 & -1 & -1 \\ * & 2 & * \\ * & * & 2 \end{pmatrix} \notin PM'_3$

• Pour $n \geqslant 4$, considérons par exemple la matrice :

$$A = \begin{pmatrix} 1 & -1 & . & 0 & 0 \\ -1 & 1 & . & 0 & 0 \\ . & . & . & . & . \\ 0 & 0 & . & -1 & 1 \\ 0 & 0 & . & 1 & -1 \end{pmatrix} \quad \text{(il y a donc 8 coefficients non nuls)}$$

$A \in PM'_n$ et $d(A) = 0$. Son carré A^2 appartient à PM_n et $d(A^2) = 0$, mais A^2 possède quatre coefficients diagonaux non nuls, valant 2, donc $A^2 \notin PM'_n$.

Ainsi, pour $n \geqslant 3$, PM'_n n'est pas stable pour le produit et n'est donc pas un sous-anneau de PM_n.

4°) a) Soit $M = (m_{i,j}) \in PM'_3$. Si on ajoute tous les éléments puis que l'on retire les deux diagonales, nous obtenons $3d(M) - 2d(M) = d(M)$, soit :

$$\begin{aligned} d(M) &= m_{1,2} + m_{3,2} + m_{2,1} + m_{2,3} - m_{2,2} \\ &= [d(M) - m_{2,2}] + [d(M) - m_{2,2}] - m_{2,2} \end{aligned}$$

D'où $d(M) = 3.m_{2,2}$.

La matrice $m_{22}.J$ appartient à PM'_3, donc N appartient à PM'_3 et de plus $d(N) = d(M) - m_{22}d(J) = 0$. Ainsi N est magique de somme nulle et de coefficient central nul.

On construit N petit à petit :

$$\begin{pmatrix} b & & \\ & 0 & \\ a & & \end{pmatrix} \longrightarrow \begin{pmatrix} b & & -a \\ & 0 & \\ a & & -b \end{pmatrix} \longrightarrow N = \begin{pmatrix} b & a-b & -a \\ -a-b & 0 & a+b \\ a & b-a & -b \end{pmatrix}$$

et enfin :

$$M = \begin{pmatrix} b+c & a-b+c & -a+c \\ -a-b+c & c & a+b+c \\ a+c & b-a+c & -b+c \end{pmatrix}.$$

b) On veut que les coefficients de M soient des entiers positifs. Il faut donc que c soit un entier positif et que $b = (b+c) - c$ et $a = (a+c) - c$ soient des entiers relatifs. De plus M convient si et seulement si :

$b + c \geqslant 0$ et $c - b \geqslant 0$, *i.e.* $|b| \leqslant c$
$a + b + c \geqslant 0$ et $-a - b + c \geqslant 0$, *i.e.* $|a + b| \leqslant c$
$a - b + c \geqslant 0$ et $-a + b + c \geqslant 0$, *i.e.* $|a - b| \leqslant c$.

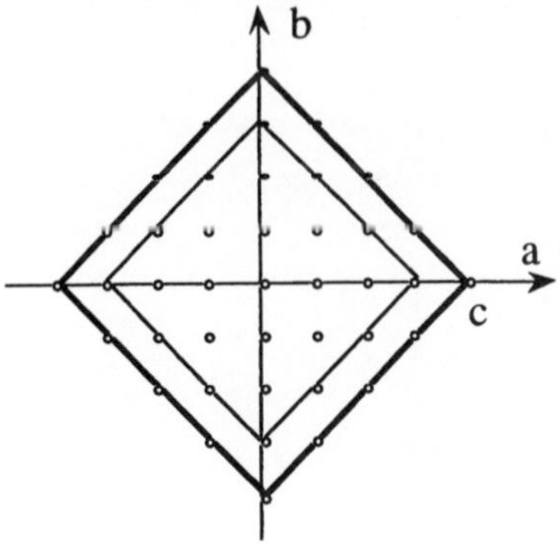

Graphiquement, si on trace dans le repère (Oa, Ob) les droites d'équations respectives $a+b=c, a-b=c, a-b=-c, a+b=-c$. Alors pour c fixé M est une matrice magique à coefficients dans $\mathbb{N}$, si et seulement si $M(a,b)$ est un point à coordonnées entières appartenant à l'intérieur du carré $\Delta(c)$ de frontières ces droites (frontière comprise).

c) Si $d(M)$ n'est pas un multiple de 3, le problème n'a pas de solutions.

Si $\alpha = d(M)$ est un multiple de 3, alors c est fixé et égal à $\frac{1}{3}\alpha$. Il faut donc dénombrer le nombre de couples d'entiers (a,b) tels que $M(a,b)$ soit intérieur ou sur les bords du carré $\Delta(c)$. Soit N_c ce nombre.

On remarque que, pour $c \geqslant 1$, il y a $4c$ points à coordonnées entières sur le bord du carré $\Delta(c)$ et pas de point à coordonnées entières dans la partie du plan strictement comprise entre $\Delta(c)$ et $\Delta(c-1)$. Nous en déduisons la relation de récurrence :

$$\forall c \geqslant 1, N_c = N_{c-1} + 4c.$$

Comme $N_0 = 1$ (seul O convient alors), nous en déduisons que :

$$N_c = N_0 + 4\sum_{k=1}^{c} k = N_0 + 2c(c+1), \text{ soit : } N_c = 2c^2 + 2c + 1.$$

La formule reste valable pour $c = 0$, et si on veut des matrices magiques à coefficients dans $\mathbb{N}^*$, il faut prendre $c \geqslant 1$ et retirer les côtés du carré, car alors au moins l'un des coefficients est nul. Il reste donc $N_{c-1} = 2c^2 - 2c + 1$ matrices possibles.

5°) a) Pour $n = 3$, construisons, pas à pas, une matrice magique en utilisant l'algorithme précédent. Notons B la matrice carrée d'ordre 3 à déterminer. Au départ, $i = 1, j = 2$ et $B[1,2] = 1$. On en déduit successivement :

$I=3, J=3, B[3,3]=2$, $I=2, J=1, B[2,1]=3$, $I=3, J=1, B[3,1]=4$
$I=2, J=2, B[2,2]=5$, $I=1, J=3, B[1,3]=6$, $I=2, J=3, B[2,3]=7$
$I=1, J=1, B[1,1]=8$, $I=3, J=2, B[3,2]=9$.
Soit :

$$B = \begin{pmatrix} 8 & 1 & 6 \\ 3 & 5 & 7 \\ 4 & 9 & 2 \end{pmatrix}$$

b) Maintenant, la constante impaire n étant supposée pré-définie, nous allons écrire un programme construisant, en suivant l'algorithme précédent, une matrice magique d'ordre n. Le langage utilisé pour la programmation est au choix du candidat, mais nous allons utiliser Maple. Bien entendu ce programme peut être amélioré, arrangé, remanié ...

```
> MAGIC :=proc(n) local i, j, B, I1, J1 :
> B :=linalg[matrix](n, n, 0) :
> B[1,(n + 1)/2] :=1 : i := 1 : j := (n + 1)/2 : I1 := i : J1 := j :
> while B[I1, J1] < n∧2 do
> i := I1 : j := J1 : if i <>1 then I1 := i - 1 else I1 := n fi :
> if j <> n then J1 := j + 1 else J1 := 1 fi :
> if B[I1, J1] = 0 then B[I1, J1] := B[i, j] + 1 else
> if i <> n then I1 := i + 1 : J1 := j : else I1 := 1 : J1 := j : fi :
> B[I1, J1] := B[i, j] + 1 : fi : od : eval(B) : end :
> MAGIC(1);
```

$$[1]$$

```
> MAGIC(9);
```

$$\begin{bmatrix} 47 & 58 & 69 & 80 & 1 & 12 & 23 & 34 & 45 \\ 57 & 68 & 79 & 9 & 11 & 22 & 33 & 44 & 46 \\ 67 & 78 & 8 & 10 & 21 & 32 & 43 & 54 & 56 \\ 77 & 7 & 18 & 20 & 31 & 42 & 53 & 55 & 66 \\ 6 & 17 & 19 & 30 & 41 & 52 & 63 & 65 & 76 \\ 16 & 27 & 29 & 40 & 51 & 62 & 64 & 75 & 5 \\ 26 & 28 & 39 & 50 & 61 & 72 & 74 & 4 & 15 \\ 36 & 38 & 49 & 60 & 71 & 73 & 3 & 14 & 25 \\ 37 & 48 & 59 & 70 & 81 & 2 & 13 & 24 & 35 \end{bmatrix}$$

(On vérifiera que cette matrice est bien magique !)

Commentaires

Les matrices magiques interviennent régulièrement dans les concours : en 1998 au Concours Commun Polytechniques, en 1997 au Concours Commun Centrale, en 1996 au concours des ENS et on pourrait remonter ainsi les années, donc très probablement aussi les redescendre, alors ...

Problème n° 32 ——— *Durée estimée : 3 heures*

Prérequis :

Permutations. Transpositions. Cycles d'ordre n. Sous-groupes et systèmes générateurs.

ÉNONCÉ

Soit n un entier supérieur ou égal à 2, on désigne par $\mathcal{S}_n$ l'ensemble des permutations de $\{1, 2, \dots, n\}$. On rappelle qu'une ***transposition*** *est une permutation qui laisse invariants tous les éléments de $\{1, \dots, n\}$ sauf deux d'entre-eux. La transposition qui échange i et j est notée $t_{i,j}$ et on convient que $t_{i,i}$ est l'identité.*
L'ensemble des permutations paires de $\mathcal{S}_n$ est noté $\mathcal{A}_n$.
Tous les entiers considérés dans ce problème sont compris entre 1 et n.

I : Des générateurs de $\mathcal{S}_n$

1°) On veut démontrer que toute permutation de $\mathcal{S}_n$ est un produit de transpositions.

a) Démontrer ce résultat pour $n = 2$.

b) En utilisant un élément $a \in E = \{1, \dots, n\}$ et en posant $E' = E \setminus \{a\}$, montrer par récurrence que l'ensemble des transpositions est une partie génératrice de $\mathcal{S}_n$.

2°) On considère l'ensemble $L = \{t_{1,i}\}_{i \in \{2,\dots,n\}}$.

a) Déterminer, pour tout couple (i, j) d'entiers compris entre 1 et n, la permutation $t_{1,i} \circ t_{1,j} \circ t_{1,i}$.

b) Démontrer que $\mathcal{S}_n$ est engendré par L.

c) Application : écrire le cycle d'ordre n, $s = (1, 2, \dots, n)$ sous forme d'un produit de transpositions de L.
(On montrera que $t_{1,2} \circ t_{1,3} \circ \cdots \circ t_{1,n} \circ s$ est l'identité.)

d) Montrer que si l'on supprime une des transpositions $t_{1,i}$ de L, l'ensemble ainsi obtenu n'engendre plus $\mathcal{S}_n$ en entier.

3°) On considère l'ensemble $L' = \{t_{i,i+1}\}_{i \in \{1,\dots,n-1\}}$.

a) Vérifier que si $p \geqslant 2$, $t_{1,p} = t_{1,p-1} \circ t_{p-1,p} \circ t_{1,p-1}$.

b) Démontrer que $\mathcal{S}_n$ est engendré par L'.

c) Si on pose $\tau_i = t_{i,i+1}$, montrer que :

$$\tau_i^2 = id \,; \text{ si } i - j \neq \pm 1, \tau_i \circ \tau_j = \tau_j \circ \tau_i \text{ et } (\tau_i \circ \tau_{i+1})^3 = id.$$

d) Montrer que si l'on supprime une des transpositions $t_{i,i+1}$ de L', la famille ainsi obtenue n'engendre plus $\mathcal{S}_n$ en entier.

4°) On pose dans cette question $\gamma = (1, 2, \dots, n-1)$ et $\tau = t_{n-1,n}$ et on veut montrer que $\mathcal{S}_n$ est engendré par les permutations γ et τ.

a) Calculer pour tout i différent de j,

$$t_{i,n} \circ t_{j,n} \circ t_{i,n}.$$

b) Montrer que toute transposition est une composition de transpositions du type $t_{i,n}$, où $i \in \{1, \dots, n-1\}$. En déduire au passage un nouveau système de générateurs de $\mathcal{S}_n$.

c) Montrer que pour tout $i \in \{1, \dots, n-1\}$, $\gamma^i \circ \tau = t_{i,n} \circ \gamma^i$.

d) Conclure.

II : Des générateurs de $\mathcal{A}_n$

On suppose dans cette partie que $n \geqslant 3$.

1°) Vérifier pour tous entiers a, b et c différents,

$$t_{a,b} \circ t_{b,c} = (a, b, c) \text{ et } t_{a,b} \circ t_{a,c} = (a, c, b).$$

Montrer ensuite que les cycles d'ordre 3 engendrent $\mathcal{A}_n$ (on pourra utiliser la question 1 de la partie I).

2°) Montrer que les cycles $(1, 2, i)$, où $i \in \{3, \dots, n\}$, engendrent $\mathcal{A}_n$ (on pourra utiliser la question 2 de la partie I).

Dans la suite, on dit qu'un sous-groupe H de $\mathcal{A}_n$ vérifie $(\mathcal{P})$ si et seulement si :

$$\forall \sigma \in \mathcal{A}_n, \forall h \in H, \sigma^{-1} \circ h \circ \sigma \in H.$$

3°) Soit H un sous-groupe de $\mathcal{A}_n$ vérifiant $(\mathcal{P})$ et tel que le cycle $(1, 2, 3) \in H$.

a) Vérifier que $(1, 3, 2) \in H$.

b) On pose $\tau = t_{1,3} \circ t_{3,k}$, où k est un entier supérieur ou égal à 3. Montrer que $\tau^{-1} \circ (1, 3, 2) \circ \tau = (1, 2, k)$.

c) En déduire que $H = \mathcal{A}_n$.

4°) On suppose maintenant $n \geqslant 5$ et on considère toujours un sous-groupe H de $\mathcal{A}_n$ vérifiant $(\mathcal{P})$. On suppose que H contient le produit de deux transpositions différentes, soit : $\alpha = t_{i,j} \circ t_{k,\ell} \in H$. On pose de plus $\theta = (i, j, m)$, où m est un entier quelconque différent de i et de j.

a) Vérifier que $\theta^{-1} \circ \alpha \circ \theta = t_{i,m} \circ t_{k,\ell}$.

b) Montrer que $\alpha^{-1} \circ \theta^{-1} \circ \alpha \circ \theta = t_{i,j} \circ t_{i,m}$. En déduire que $(i, m, j) \in H$.

c) Conclure que $H = \mathcal{A}_n$.

III : Etude de $\mathcal{A}_4$ et de quelques uns de ses sous-groupes

On considère ici $K = \{\sigma \in \mathcal{A}_4, \sigma(1) = 1\}$ et $K' = \{\sigma \in \mathcal{A}_4, \sigma^2 = id\}$.

1°) Vérifier que K est un sous-groupe de $\mathcal{A}_4$. Vérifie-t-il $(\mathcal{P})$? Donner le nombre d'éléments de K.

2°) Vérifier que K' est un sous-groupe de $\mathcal{A}_4$. Vérifie-t-il $(\mathcal{P})$? Donner le nombre d'éléments de K.

3°) Montrer que pour tout $i \in \{1, 2, 3, 4\}$, il existe un unique élément σ de K' tel que $\sigma(1) = i$.

4°) Ecrire tous les éléments de $\mathcal{A}_4$. On mettra en évidence les éléments de K et les éléments de K'.

Décryptage du sujet :

Ce problème tourne surtout autour de l'étude de différentes familles génératrices de $\mathcal{S}_n$ et de $\mathcal{A}_n$. En particulier, on pourra remarquer que la question 1 de la partie I (toute permutation de $\mathcal{S}_n$ est un produit de transpositions) est une question de cours. Faire ce problème est un bon moyen de réviser cette partie du cours et de faire connaissance avec la notion de sous-groupe distingué.

CORRIGÉ

Partie I

1°) a) Ici, on considère les permutations de $\{1,2\}$ et $\mathcal{S}_2$ contient deux éléments : l'dentité id et la transposition t qui échange 1 et 2. De plus, $t^2 = id$ et tout élément de $\mathcal{S}_2$ est bien une composée de transpositions.

b) Supposons la propriété vraie pour $\mathcal{S}_{n-1}$ et démontrons-la pour $\mathcal{S}_n$. Soit f une permutation quelconque de E, il y a deux possibilités :

$\star$ $f(n) = n$. Alors la restriction φ de f à $E' = \{1, \dots, n-1\}$ (on devrait plutôt dire « l'induit ») est une permutation de E'. Il existe donc p entier non nul tel que :

$$\varphi = \tau_p \circ \tau_{p-1} \circ \cdots \circ \tau_1$$

où τ_i est une transposition de $\mathcal{S}_{n-1}$. On peut prolonger chacune de ces transpositions τ_i en une transposition t_i de $\mathcal{S}_n$ par $t_i(n) = n$. Ainsi :

$$f = t_p \circ t_{p-1} \circ \cdots \circ t_1$$

$\star$ $f(n) = p \neq n$. Soit $t_{n,p}$ la transposition de E qui échange n et p, $t_{n,p}$ laissant tous les autres éléments de E invariants. Alors la composée de $t_{n,p} \circ f$ est un élément de $\mathcal{S}_n$ qui laisse n invariant. On est ramené au cas précédent. D'après le premier cas, il existe un entier p non nul tel que : $t_{n,p} \circ f = t_p \circ t_{p-1} \circ \cdots \circ t_1$.
Or $(t_{n,p})^{-1} = t_{n,p}$ (car $t_{n,p} \circ t_{n,p} = id$) et donc, en composant à gauche par $t_{n,p}$:

$$f = t_{n,p} \circ t_p \circ t_{p-1} \circ \cdots \circ t_1$$

Dans les deux cas, f est composée de transpositions, ce qui prouve le résultat au rang n et achève la récurrence.

2°) a) $\star$ Si $i = 1$, $t_{1,1} \circ t_{1,j} \circ t_{1,1} = id \circ t_{1,j} \circ id = t_{1,j}$.
$\star$ Si $j = 1$, $t_{1,i} \circ t_{1,1} \circ t_{1,i} = t_{1,i} \circ t_{1,i} = id$.
$\star$ Si $i = j$, $t_{1,i} \circ t_{1,i} \circ t_{1,i} = t_{1,i}$.
$\star$ Enfin, si i et j sont distincts et différents de 1, posons $\sigma = t_{1,i} \circ t_{1,j} \circ t_{1,i}$. On a :
$\sigma(1) = t_{1,i} \circ t_{1,j}(i) = t_{1,i}(i) = 1$; $\sigma(i) = t_{1,i} \circ t_{1,j}(1) = t_{1,i}(j) = j$
$\sigma(j) = t_{1,i} \circ t_{1,j}(j) = t_{1,i}(1) = i$.
Les autres éléments étant invariants, on a : $\sigma = t_{i,j}$.

b) Ainsi, toute transposition de $\mathcal{S}_n$ est, soit un élément de L, soit un produit de trois éléments de L. Comme d'après la première question, toute permutation est un produit de transpositions, par transitivité, toute permutation est un produit d'éléments de L.

c) Posons $s = (1, 2, \dots, n)$ (ce qui signifie que $s(1) = 2$, $s(2) = 3$, ..., $s(n-1) = n$ et $s(n) = 1$.
Soit $s' = t_{1,n} \circ s$, on a encore $s'(1) = 2$, $s'(2) = 3$, ..., puis $s'(n-1) = 1$ et $s'(n) = n$. Donc s' est le cycle $(1, 2, \dots, n-1)$. De la même façon $s'' = t_{1,n-1} \circ s'$ est le cycle $(1, 2, \dots, n-2)$, et au bout du compte $t_{1,2} \circ t_{1,3} \circ \dots \circ t_{1,n} \circ s$ est l'identité, donc $s = (t_{1,2} \circ t_{1,3} \circ \dots \circ t_{1,n})^{-1}$. Chaque transposition étant sa propre inverse, on a donc, en prenant garde à l'ordre :

$$s = t_{1,n} \circ t_{1,n-1} \circ \dots \circ t_{1,2}$$

d) Soit $L' = L \setminus \{t_{1,i}\}$, tous les éléments de L' laissent i invariant et donc toutes les permutations composées d'éléments de L' ou de leurs inverses (mais une transposition est involutive) laissent i invariant. En particulier, on ne peut pas obtenir $t_{1,i}$ et L' n'est plus une partie génératrice de $\mathcal{S}_n$.

3°) a) Pour $p = 2$, on a : $t_{1,1} \circ t_{1,2} \circ t_{1,1} = t_{1,2}$, tandis que si $p > 2$, en notant $s = t_{1,p-1} \circ t_{p-1,p} \circ t_{1,p-1}$, on a : $s(1) = t_{1,p-1} \circ t_{p-1,p}(p-1) = t_{1,p-1}(p) = p$ et de même $s(p-1) = p-1$ et $s(p) = 1$, les autres éléments n'étant pas affectés. Ainsi $s = t_{1,p}$.

b) Soit $\mathcal{G}$ le sous-groupe de $\mathcal{S}_n$ engendré par L'. Il contient $t_{1,2}$ et, d'après la question précédente, il contient aussi $t_{1,p}$ pour $p > 2$. Il contient donc L et le sous-groupe engendré par L, *i.e.* $\mathcal{S}_n$. Ainsi $\mathcal{G}$ est $\mathcal{S}_n$ tout entier.

c) $\star$ La première relation est évidente car τ_i est une transposition.
$\star$ Si $i - j \neq \pm 1$, τ_i et τ_j sont deux transpositions qui portent sur des paires disjointes. On voit alors facilement que $\tau_i \circ \tau_j = \tau_j \circ \tau_i$ (revenir à l'action sur les quatre éléments concernés).
$\star$ Pour $1 \leqslant i < n-1$, posons $s = \tau_i \circ \tau_{i+1}$. On a : $s(i) = i+1$, $s(i+1) = i+2$ et $s(i+2) = i$, les autres éléments étant invariants. Donc $s = (i, i+1, i+2)$ et s est d'ordre 3, *i.e.* $s^3 = id$.

d) Posons $L'' = L' \setminus \{t_{k,k+1}\}$. Les éléments de L'' opèrent, soit sur $E_1 = \{1, 2, \dots, k\}$, soit sur $E_2 = \{k+1, k+2, \dots, n\}$. Ainsi le groupe engendré par L'' stabilise E_1 et E_2. Il est donc impossible d'obtenir, par exemple, toute transposition entre un élément de E_1 et un élément de E_2 et L'' n'est pas générateur de $\mathcal{S}_n$.

4°) a) Posons $s = t_{i,n} \circ t_{j,n} \circ t_{i,n}$.
$\star$ Si $i = n$, alors $s = t_{j,n}$ et si $j = n$, alors $s = id$.
$\star$ Sinon, $s(i) = t_{i,n} \circ t_{j,n}(n) = t_{i,n}(j) = j$ et, de la même façon $s(j) = i$, $s(n) = n$, les autres éléments n'étant pas concernés. Donc $s = t_{i,j}$.

b) D'après la question précédente, toute transposition n'affectant pas le nombre n est le produit de trois transpositions du type $t_{i,n}$. Donc toute transposition appartient au groupe engendré par les $t_{i,n}$ et cet ensemble forme un nouveau système de générateurs de $\mathcal{S}_n$.

c) Pour i compris entre 1 et $n-2$, soit $s = \gamma^i \circ t_{n-1,n} \circ \gamma^{-i}$, et regardons l'évolution de la situation :

$\star\ s(n) = \gamma^i \circ t_{n-1,n}(n) = \gamma^i(n-1) = i$
$\star\ s(i) = \gamma^i \circ t_{n-1,n}(n-1) = \gamma^i(n) = n$
$\star$ Pour tous les autres éléments, γ^{-i} donne un élément non perturbé par $t_{n-1,n}$ et γ^i permet de retrouver l'élément de départ.
Ainsi $\gamma^i \circ t_{n-1,n} \circ \gamma^{-i} = t_{i,n}$, soit $\gamma^i \circ \tau = t_{i,n} \circ \gamma^i$.

d) Toute transposition de type $t_{i,n}$ appartient donc au groupe engendré par γ et τ. Comme toute permutation est composée de transpositions de type $t_{i,n}$, le groupe engendré par γ et τ est $\mathcal{S}_n$ tout entier.

Partie II

1°) $t_{a,b} \circ t_{b,c}(a) = t_{a,b}(a) = b$, $t_{a,b} \circ t_{b,c}(b) = t_{a,b}(c) = c$ et $t_{a,b} \circ t_{b,c}(c) = a$, les autres éléments ne sont pas concernés et $t_{a,b} \circ t_{b,c}$ est le cycle (a, b, c).
De même $t_{a,b} \circ t_{a,c} = (a, c, b)$.
Soit σ un élément de $\mathcal{A}_n$, par définition d'une permutation paire, σ est la composée d'un nombre pair de transpositions. Il suffit donc de montrer que la composée de deux transpositions est le composé de cycles d'ordre 3.

$\star$ Si les deux transpositions ne concernent que trois éléments, on vient de voir que leur composée est un cycle de longueur 3.

$\star$ Si les deux transpositions portent sur des couples disjoints, on peut écrire :

$$t_{a,b} \circ t_{c,d} = t_{a,b} \circ t_{a,c} \circ t_{a,c} \circ t_{c,d} = (a, c, b) \circ (a, c, d)$$

$\star$ Si les deux transpositions ne portent que sur deux éléments, il est encore temps de ne pas les écrire dans la décomposition de σ !

2°) Soit x et y distincts compris entre 2 et n, on a :

$$\begin{aligned} t_{1,x} \circ t_{1,y} &= t_{1,x} \circ t_{1,2} \circ t_{1,2} \circ t_{1,y} = (1, 2, x) \circ (1, y, 2) \\ &= (1, 2, x) \circ (1, 2, y) \circ (1, 2, y). \end{aligned}$$

Toute permutation peut s'écrire comme composée de transpositions du type $t_{1,i}$ et une permutation paire comporte un nombre pair de telles transpositions, donc est composé de cycles d'ordre 3 du type $(1, 2, x)$.

3°) **a)** On écrit $(1, 2, 3) \circ (1, 2, 3) = (1, 3, 2)$, et donc $(1, 3, 2) \in H$.

b) L'habitude est prise, et on montre que :

$$(1, 3, 2) \circ t_{1,3} \circ t_{3,k} = t_{1,3} \circ t_{3,k} \circ (1, 2, k)$$

en suivant les images des éléments de $(1, 2, 3, k)$ (et en notant que le résultat est banal si $k = 3$).

c) De plus, d'après la propriété $\mathcal{P}$, $\tau^{-1} \circ (1, 3, 2) \circ \tau$ appartient à H, pour tout $\tau = t_{1,3} \circ t_{3,k}$, avec $k > 3$. Donc H, qui contient $(1, 2, 3)$, contient aussi tous les cycles $(1, 2, k)$. Ainsi, d'après la question 2), H, qui est un sous-groupe de $\mathcal{A}_n$, contient toutes les permutations $t_{1,x} \circ t_{1,y}$ et coïncide avec $\mathcal{A}_n$.

4°) **a)** Comme H vérifie la propriété $\mathcal{P}$, alors la permutation $\theta^{-1} \circ \alpha \circ \theta$ appartient aussi à H. Or, en suivant comme d'habitude le trajet des éléments, on a :

$$[i, j, k, \ell, m] \underset{\theta}{\longrightarrow} [j, m, k, l, i] \underset{\alpha}{\longrightarrow} [i, m, \ell, k, j] \underset{\theta^{-1}}{\longrightarrow} [m, j, \ell, k; i]$$

On vérifie alors que $t_{i,m} \circ t_{k,\ell}$ a le même effet et :

$$\theta^{-1} \circ \alpha \circ \theta = t_{i,m} \circ t_{k,\ell}$$

b) On a $\alpha^{-1} = t_{k,\ell} \circ t_{i,j}$, et :

$$\alpha^{-1} \circ \theta^{-1} \circ \alpha \circ \theta : [i, j, k, \ell, m] \longrightarrow [m, i, k, \ell, j]$$

Et on vérifie que ceci n'est autre que $t_{i,j} \circ t_{i,m} = (i, m, j)$.

Comme H est un groupe contenant α^{-1} et $\theta^{-1} \circ \alpha \circ \theta$, on en conclut qu'il contient le cycle d'ordre 3, (i, m, j).

c) Finalement, H contient un cycle d'ordre 3 et, en appliquant le résultat de la question 3), au nom des indices près, $H = \mathcal{A}_n$.

Nous venons donc de montrer que, pour $n \geqslant 5$, le seul sous-groupe de $\mathcal{A}_n$, non réduit à l'élément neutre et posédant la propriété $\mathcal{P}$ est $\mathcal{A}_n$ tout entier.

Partie III

1°) K est un sous-groupe de $\mathcal{A}_4$ car il contient id, le produit de deux permutations paires laissant 1 fixe est une permutation paire laissant 1 fixe et l'inverse d'une permutation paire laissant 1 fixe est une permutation paire laissant 1 fixe. Le sous-groupe K correspond en fait aux permutations paires de $\{2, 3, 4\}$ et ses éléments sont :

$$(2, 3, 4), (2, 4, 3), id$$

Pour voir si K vérifie la propriété $\mathcal{P}$, il suffit de tester pour le cycle $(2, 3, 4)$ qui engendre K. Or : $t_{1,2} \circ t_{2,3} \circ (2, 3, 4) \circ t_{2,3} \circ t_{1,2} = (1, 4, 3)$ et le résultat ne laisse pas 1 fixe : K ne vérifie pas la propriété $\mathcal{P}$.

2°) Si $\sigma^2 = id$, alors la décomposition de σ en cycles disjoints ne contient que des cycles d'ordre 1 ou d'ordre 2 (qui sont les transpositions), si de plus σ est pair, il faut un nombre pair de cycles d'ordre 2. Donc :

$$K' = \{t_{1,2} \circ t_{3,4}, t_{1,3} \circ t_{2,4}, t_{1,4} \circ t_{2,3}, id\}.$$

On vérifie que K' est un sous-groupe de $\mathcal{A}_4$, car on a, par exemple :

$$[t_{1,2} \circ t_{3,4}] \circ [t_{1,3} \circ t_{2,4}] = t_{1,4} \circ t_{2,3}, \ldots$$

Enfin, K' vérifie $\mathcal{P}$, car si $h \in K'$ et $\sigma \in \mathcal{A}_4$, alors :

$$(\sigma^{-1} \circ h \circ \sigma)^2 = \sigma^{-1} \circ h \circ \sigma \circ \sigma^{-1} \circ h \circ \sigma = \sigma^{-1} \circ h^2 \circ \sigma = \sigma^{-1} \circ \sigma = id$$

Donc $\sigma^{-1} \circ h \circ \sigma \in K'$.

3°) Clair, sur l'écriture en extension de K'.

4°) Les éléments de $\mathcal{A}_4$ sont les éléments de K' et les cycles d'ordre 3, que l'on classe selon l'élément qui est invariant : $(2, 3, 4)$ et son carré, $(1, 3, 4)$ et son carré, $(1, 2, 4)$ et son carré et enfin $(1, 2, 3)$ et son carré (ce qui fait bien 12 éléments au total). Or :

$$t_{1,3} \circ t_{2,4} = (1, 2, 3) \circ (1, 2, 4) \text{ et } t_{1,4} \circ t_{2,3} = (1, 2, 4) \circ (1, 2, 3)$$

Puis :

$$t_{1,2} \circ t_{3,4} = (1, 3, 2) \circ (1, 3, 4) = (1, 2, 3)^2 \circ (1, 2, 4) \circ (1, 2, 3)^2$$

On peut donc écrire tous les éléments de $\mathcal{A}_4$ à l'aide de cycles de longueur 3.

Problème n⁰ 33 — *Durée estimée : 3 heures*

Prérequis :

Suites récurrentes linéaires. Déterminants.

ÉNONCÉ

Dans tout le problème, a, b et c désignent trois réels et n un entier naturel non nul.

Partie I : Etude d'une suite récurrente particulière

1°) On considère les suites $(f_n)_{n\in\mathbb{N}^*}$ qui vérifient la relation de récurrence :

$$(1) \quad \forall n \in \mathbb{N}^*, f_{n+2} - (2a-b-c)f_{n+1} + (a-b)(a-c)f_n = 0.$$

a) Déterminer les valeurs possibles de $r \in \mathbb{R}$, telles que $(r^n)_{n\geqslant 1}$ vérifie (1).

b) On suppose que a, b et c sont distincts 2 à 2. Démontrer que toute suite vérifiant (1) est de la forme $(\lambda u^n + \mu v^n)_{n\geqslant 1}$, où u et v sont deux réels à préciser et (λ, μ) un couple de réels qui dépendent de f_1 et f_2.

c) On suppose $b = c$ et a distinct de b (et donc de c), montrer que toute suite vérifiant (1) est de la forme $\left((\lambda + \mu n)u^n\right)_{n\geqslant 1}$, où u est un réel à préciser et (λ, μ) un couple de réels qui dépendent de f_1 et de f_2.

d) On suppose $a = b$ ou $a = c$. Que se passe-t-il ?

On supposera dans la suite $a \neq b$ et $a \neq c$.

2°) Soit la relation de récurrence :

$$(2) \quad \forall n \in \mathbb{N}^*, g_{n+1} = c(a-b)^n + (a-c)g_n.$$

Montrer, sans résoudre (2), qu'une suite $(g_n)_{n\geqslant 1}$ vérifiant (2) vérifie la relation (1). En déduire toutes les solutions de (2).

Partie II : Calcul d'un déterminant d'ordre n

Soit Δ_n le déterminant d'ordre n suivant :

Les éléments de la diagonale principale sont tous égaux à a, ceux au-dessus de cette diagonale tous égaux à b, ceux en dessous tous égaux à c. Ainsi :

$$\Delta_1 = |a|, \Delta_2 = \begin{vmatrix} a & b \\ c & a \end{vmatrix}, \Delta_3 = \begin{vmatrix} a & b & b \\ c & a & b \\ c & c & a \end{vmatrix}, \textit{etc.}$$

1°) Calculer $\Delta_1, \Delta_2, \Delta_3$.

2°) Montrer que Δ_n, en tant que fonction de n, vérifie la relation de récurrence (1). En déduire la valeur de Δ_n. (On pourra supposer $n \geqslant 3$ et effectuer une manipulation sur les deux dernières colonnes de Δ_n, puis faire de même sur les lignes.)

3°) En remplaçant le coefficient a de la dernière ligne de Δ_n par $c + (a - c)$ et en écrivant Δ_n comme somme de deux déterminants d'ordre n, montrer que Δ_n, en tant que fonction de n, vérifie la relation de récurrence (2).

4°) En utilisant le fait qu'une matrice et sa transposée ont le même déterminant, montrer que Δ_n est une fonction symétrique de b et de c et retrouver de cette manière, en utilisant la relation de récurrence (2), la valeur de Δ_n lorsque $b \neq c$.

Partie III : Généralisation

Dans cette partie, $r_1, r_2, \ldots, r_n$ désignent n réels. On considère :

$$D_n = \begin{vmatrix} r_1 & b & . & . & b \\ c & r_2 & & & . \\ . & & . & & . \\ . & & & r_{n-1} & b \\ c & . & . & c & r_n \end{vmatrix}.$$

(Le déterminant D_n correspond au remplacement dans Δ_n de la diagonale $(a, \ldots, a)$ par la diagonale $(r_1, r_2, \ldots, r_n)$)

Plus généralement, on considère $D_n(x)$ le déterminant d'ordre n construit à partir de D_n en ajoutant à ***tous*** *les coefficients le réel x. Ainsi, par exemple :*

$$D_3(x) = \begin{vmatrix} r_1 + x & b + x & b + x \\ c + x & r_2 + x & b + x \\ c + x & c + x & r_3 + x \end{vmatrix}$$

(On remarque que $D_n(0) = D_n$)

1°) Démontrer que $D_n(x)$ est un polynôme en x de degré au plus 1. On peut donc écrire $D_n(x) = Ax + B$, où A et B dépendent de n et des données numériques.

2°) On pose $\varphi(x) = (r_1 - x) \cdots (r_n - x)$. Calculer $\varphi(b)$ et $\varphi(c)$ en fonction de A, B, b et c.

3°) On suppose $b \neq c$, calculer $D_n = D_n(0)$.

4°) On considère D_n comme une fonction de b, le nombre c étant fixé. Vérifier que D_n est une fonction continue par rapport à b et en déduire la valeur de D_n, lorsque $b = c$.

Décryptage du sujet :

La partie I est consacrée à une récurrence linéaire que l'on utilise dans la partie II. La partie III est l'étude d'un déterminant qui généralise celui de la partie II. On développe des déterminants en les mettant sous forme de polynômes. Cette technique n'est pas très éloignée de celle que l'on utilise pour calculer le classique déterminant de Vandermonde.

CORRIGÉ

Partie I

1°) a) La suite $(r^n)_{n \geqslant 1}$ vérifie (1) si et seulement si :

$$\forall n \in \mathbb{N}^*, r^n\big(r^2 - (2a-b-c)r + (a-b)(a-c)\big) = 0$$

Les valeurs de r solutions sont donc 0 et les racines de l'équation

$$r^2 - (2a-b-c)r + (a-b)(a-c) = 0.$$

Nous remarquons que $2a - b - c = (a-b) + (a-c)$ et les racines du trinôme sont :

$$u = a - b \text{ et } v = a - c.$$

Nous allons donc être amenés à discuter ... Mais auparavant revenons sur l'ensemble E des suites vérifiant (1).

$\star$ E est non vide (il contient la suite nulle), et on vérifie facilement que si $(f_n)_{n\geqslant 1}$ et $(g_n)_{n\geqslant 1}$ vérifient (1), alors pour tous scalaires λ et μ, la suite $(\lambda f_n + \mu g_n)_{n\geqslant 1}$ vérifie encore la relation (1). Ainsi E est un sous-espace vectoriel de l'espace des suites.

$\star$ L'application $\varphi : E \to \mathbb{R}^2, (f_n)_{n\geqslant 1} \mapsto (f_1, f_2)$ est linéaire, par propriétés des opérations sur les suites et sur les couples. De plus φ est bijective, puisque la donnée de (f_1, f_2) quelconque définit un élément $(f_n)_{n\geqslant 1}$ de E et un seul (justement par récurrence à partir de la formule (1) !).

$\star$ Ainsi φ est un isomorphisme de $\mathbb{R}$-espaces vectoriels et, en particulier E est un $\mathbb{R}$-espace vectoriel de dimension 2.

b) Si a, b, c sont deux à deux distincts, alors $u \neq v$ et u et v sont non nuls.

Les suites $(u^n)_{n\geqslant 1}$ et $(v^n)_{n\geqslant 1}$ sont des éléments non nuls de E et ces deux suites ne sont pas proportionnelles.

En effet, si l'on avait $(u^n)_{n\geqslant 1} = \alpha.(v^n)_{n\geqslant 1}$, on aurait, en particulier : $u = \alpha.v$ et $u^2 = \alpha.v^2$, d'où $\alpha = \dfrac{u}{v} = \dfrac{u^2}{v^2}$ et $u = v$ ce qui est faux.

Par conséquent $\big((u^n)_{n\geqslant 1}, (v^n)_{n\geqslant 1}\big)$ est une base de E et tout élément de E est combinaison linéaire de ces deux suites, donc de la forme $(\lambda u^n + \mu v^n)_{n\geqslant 1}$.

Si $(f_n)_{n\geqslant 1}$ est une telle suite, les coefficients λ, μ sont alors déterminés par le système :

$$\begin{cases} f_1 = \lambda u + \mu v \\ f_2 = \lambda u^2 + \mu v^2 \end{cases}$$

Ce qui donne facilement : $\lambda = \dfrac{vf_1 - f_2}{u(v-u)}$ et $\mu = \dfrac{uf_1 - f_2}{v(u-v)}$ et on peut écrire, en simplifiant un peu :

$$\forall n \geqslant 1, f_n = \frac{1}{u-v}\big((f_2 - vf_1)u^{n-1} + (uf_1 - f_2)v^{n-1}\big).$$

On peut alors remplacer u et v par leurs valeurs ....

c) Si $c = b$ et $a \neq b$, alors $v = u = a - b$ et $u \neq 0$.

La suite $(u^n)_{n\geqslant 1} = \big((a-b)^n\big)_{n\geqslant 1}$ est solution de (1) et (1) s'écrivant alors :

$$\forall n \geqslant 1, f_{n+2} - 2(a-b)f_{n+1} + (a-b)^2 f_n = 0$$

on remarque que l'on a :

$$(n+2)(a-b)^{n+2} - 2(a-b)(n+1)(a-b)^{n+1} + (a-b)^2 n(a-b)^n = 0$$

Ainsi la suite $(v_n)_{n\geqslant 1} = \big(n(a-b)^n\big)_{n\geqslant 1} = \big(n.u^n\big)_{n\geqslant 1}$ est solution de (1), évidemment non proportionnelle à $(u^n)_{n\geqslant 1}$.

Bref nous connaissons encore une base de E et tout élément $(f_n)_{n\geqslant 1}$ de E est combinaison linéaire des deux suites précédentes :

$$\exists\,\lambda,\mu\in\mathbb{R},\forall\,n\geqslant 1, f_n=(\lambda+\mu n)u^n$$

A nouveau λ et μ sont déterminés par f_1 et f_2 :

$$\begin{cases} f_1=(\lambda+\mu)u \\ f_2=(\lambda+2\mu)u^2 \end{cases}, \text{d'où : } \lambda=\frac{2uf_1-f_2}{u^2}\ ;\ \mu=\frac{f_2-uf_1}{u^2}$$

et, en remplaçant et simplifiant :

$$\forall\,n\geqslant 1, f_n=f_1(2-n)u^{n-1}+f_2(n-1)u^{n-2}.$$

d) $\star$ 1er cas : $b=a$ et $a\neq c$. Alors $u=0$ et $v=a-c$. Ici, la relation (1) devient :

$$\forall\,n\geqslant 1, f_{n+2}-(a-c)f_{n+1}=0.$$

C'est une récurrence linéaire d'ordre 1. Pour tout $n\geqslant 2$, $f_n=(a-c)^{n-2}f_2$, avec f_1 quelconque.

$\star$ 2ème cas : $c=a, a\neq b$. C'est un cas analogue au précédent. On trouve pour tout $n\geqslant 2$, $f_n=(a-b)^{n-2}f_2$, et f_1 est quelconque.

$\star$ 3ème cas : $a=b=c$. Pour tout $n\geqslant 3$, $f_n=0$ et f_1, f_2 sont quelconques.

2°) Nous pouvons écrire :

$$\begin{cases} g_{n+2}=c(a-b)^{n+1}+(a-c)g_{n+1} \\ g_{n+1}=c(a-b)^n+(a-c)g_n \end{cases}$$

En multipliant la deuxième équation par $-(a-b)$ et en ajoutant à la première, on obtient :

$$g_{n+2}-(a-b)g_{n+1}=(a-c)g_{n+1}-(a-b)(a-c)g_n.$$

En regroupant les termes, nous obtenons (1).

$\star$ 1er cas : $c\neq b$. Alors, avec les notations de la question 1), il existe (λ,μ) tel que $\forall\,n\geqslant 1, g_n=\lambda u^n+\mu v^n$. En remplaçant dans (2) qui s'écrit $g_{n+1}=cu^n+vg_n$, il vient :

$$\lambda u^{n+1}+\mu v^{n+1}=cu^n+v\lambda u^n+\mu v^{n+1}.$$

Soit : $\lambda u=c+\lambda v$, *i.e.* $\lambda=\dfrac{c}{u-v}$ et $g_n=\dfrac{c}{u-v}u^n+\mu v^n$.

Comme $g_1=\dfrac{cu}{u-v}+\mu v$, nous en déduisons :

$$g_n=\frac{cu(u^{n-1}-v^{n-1})}{u-v}+g_1v^{n-1}.$$

$\star$ 2ème cas : $b=c$. Ici, $u=v$ et, toujours avec les notations précédentes, g_n est de la forme $(\lambda+\mu n)u^n$. En remplaçant dans (2), on obtient : $g_n=nbu^{n-1}+g_1u^n$.

Partie II

1°) Des calculs sans surprises conduisent à :

$$\Delta_1=a, \Delta_2=a^2-bc, \Delta_3=a^3-3abc+b^2c+bc^2.$$

(Attention, dans Δ_1, les barres sont celles du déterminant, pas de la valeur absolue ! !)

2°) On suppose $n \geqslant 3$ dans cette question et on effectue, dans cet ordre les deux manipulations : $C_n \leftarrow C_n - C_{n-1}$, puis $L_n \leftarrow L_n - L_{n-1}$. On a alors :

$$\Delta_n = \begin{vmatrix} a & b & b & . & b & 0 \\ c & a & b & . & b & 0 \\ c & c & a & . & b & 0 \\ . & . & . & . & . & . \\ c & c & c & . & a & b-a \\ 0 & 0 & 0 & . & c-a & 2a-b-c \end{vmatrix}.$$

On développe Δ_n suivant la dernière colonne :

$$\Delta_n = (2a-b-c)\Delta_{n-1} - (b-a)\Delta'$$

où Δ' est le déterminant obtenu en supprimant l'avant-dernière ligne et la dernière colonne. On se dépêche alors de développer Δ' suivant sa dernière ligne (il n'y a qu'un coefficient non nul) et $\Delta' = (c-a)\Delta_{n-2}$, soit :

$$\Delta_n = (2a-b-c)\Delta_{n-1} - (b-a)(c-a)\Delta_{n-2}$$

C'est la relation de récurrence (1).

$\star$ Si $b \neq c$, en remplaçant, les deux valeurs Δ_1 et Δ_2 dans la formule trouvée dans la question I 1) b) : $\Delta_n = \dfrac{1}{c-b}(c(a-b)^n - b(a-c)^n)$.

$\star$ Si $b = c$, nous obtenons grâce à I 1) c) : $\Delta_n = nb(a-b)^{n-1} + (a-b)^n$.

3°) Supposons $n \geqslant 2$. Nous pouvons écrire Δ_n sous la forme suivante :

$$\Delta_n = \begin{vmatrix} a & b & b & . & b+0 \\ c & a & b & . & b+0 \\ c & c & a & . & b+0 \\ . & . & . & . & . \\ c & c & c & . & c+(a-c) \end{vmatrix}.$$

En utilisant la linéarité du déterminant par rapport à l'une de ses colonnes, ici la dernière :

$$\Delta_n = \underbrace{\begin{vmatrix} a & b & . & b \\ c & a & . & b \\ c & c & . & b \\ . & . & . & . \\ c & c & . & c \end{vmatrix}}_{\Phi_n} + \underbrace{\begin{vmatrix} a & b & . & b & 0 \\ c & a & . & b & 0 \\ c & c & . & b & 0 \\ . & . & . & . & . \\ c & c & . & c & a-c \end{vmatrix}}_{\Psi_n}$$

$\star$ Pour Φ_n, on commence par mettre c en facteur, grâce à la dernière ligne, puis on effectue les manipulations : $\forall i \in [\![1, n-1]\!]$, $L_i \leftarrow L_i - bL_n$. On obtient alors un déterminant triangulaire et $\Phi_n = c(a-n)^{n-1}$.

$\star$ Il est clair que $\Psi_n = (a-c)\Delta_{n-1}$. D'où :

$$\Delta_n = c(a-b)^{n-1} + (a-c)\Delta_{n-1}.$$

C'est la relation de récurrence (2).

4°) On sait qu'une matrice et sa transposée ont même déterminant, donc b et c jouent des rôles symétriques dans Δ_n. Ainsi nous avons :

$$\begin{cases} \Delta_{n+1} &= b(a-c)^n + (a-b)\Delta_n \\ \Delta_{n+1} &= c(a-b)^n + (a-c)\Delta_n \end{cases}$$

et, par différence :

$$b(a-c)^n + (a-b)\Delta_n - c(a-b)^n - (a-c)\Delta_n = 0$$

Soit, pour $c \neq b$: $\Delta_n = \dfrac{b(a-c)^n - c(a-b)^n}{b-c}$.

Partie III

1°) Dans $D_n(x)$, on effectue, par exemple, les manipulations :

$$\forall j \in [\![2, n]\!], C_j \leftarrow C_j - C_1.$$

puis on développe le déterminant obtenu suivant la première colonne. Comme la première colonne est maintenant la seule à contenir x, on obtient bien une expression de la forme $Ax + B$.

2°) Commençons par remarquer que $D_n(-b)$ et $D_n(-c)$ sont des déterminants triangulaires de diagonales respectives $(r_1 - b, \ldots, r_n - b)$ et $(r_1 - c, \ldots, r_n - c)$. Donc $D_n(-b) = \varphi(b)$ et $D_n(-c) = \varphi(c)$. D'où :

$$\varphi(b) = -bA + B \text{ et } \varphi(c) = -cA + B.$$

3°) On a donc, pour $b \neq c$:

$$D_n = D_n(0) = B = \frac{b\varphi(c) - c\varphi(b)}{b-c} = \frac{b \prod_{k=1}^{n} (r_k - c) - c \prod_{k=1}^{n} (r_k - b)}{b-c}.$$

4°) Tout déterminant est une fonction polynomiale par rapport à ses coefficients, donc D_n est en particulier (toutes choses constantes par ailleurs) une fonction polynomiale de la variable b. Par conséquent, en notant $D_n = f(b)$ (les nombres $c, r_1, \ldots, r_n$ étant fixés), on a $f(c) = \lim\limits_{b \to c} f(b)$.

Or, pour $b \neq c$, $f(b) = \dfrac{b\varphi(c) - c\varphi(b)}{b-c}$.

Notons alors $\psi(b) = b\varphi(c) - c\varphi(b)$. La fonction ψ est dérivable sur $\mathbb{R}$, avec $\psi'(b) = \varphi(c) - c\varphi'(b)$ et $\psi(c) = 0$, donc :

$$f(c) = \lim_{b \to c} f(b) = \lim_{b \to c} \frac{\psi(b) - \psi(c)}{b-c} = \psi'(c) = \varphi(c) - c\varphi'(c)$$

Or : $\varphi(x) = \prod\limits_{k=1}^{n} (r_k - x) \implies \varphi'(x) = -\sum\limits_{i=1}^{n} \Big(\prod\limits_{\substack{k=1 \\ k \neq i}}^{n} (r_k - x) \Big)$

et donc :

$$\begin{vmatrix} r_1 & c & . & . & c \\ c & r_2 & & & . \\ . & & . & & . \\ . & & & r_{n-1} & c \\ c & . & . & c & r_n \end{vmatrix} = \prod_{k=1}^{n} (r_k - c) + c \sum_{i=1}^{n} \Big(\prod_{\substack{k=1 \\ k \neq i}}^{n} (r_k - c) \Big).$$

Problème n° 34

Durée estimée : 2 heures

Prérequis :

Calcul des déterminants. Polynômes.

ÉNONCÉ

Dans tout le problème, n est un entier supérieur ou égal à 2, x est un réel et $a_1, \dots, a_n$ sont n nombres complexes.

Partie I

On considère ici le déterminant :

$$V(a_1, \dots, a_n) = \begin{vmatrix} 1 & a_1 & a_1^2 & \cdots & a_1^{n-1} \\ 1 & a_2 & a_2^2 & \cdots & a_2^{n-1} \\ \vdots & \vdots & \vdots & \cdots & \vdots \\ 1 & a_n & a_n^2 & \cdots & a_n^{n-1} \end{vmatrix}.$$

1°) Montrer que :

$$V(a_1, a_2, \dots, a_n) = \Big[\prod_{i=2}^{n} (a_i - a_1)\Big].V(a_2, a_3, \dots, a_n)$$

2°) En déduire que :

$$V(a_1, \dots, a_n) = \prod_{1 \leqslant i < j \leqslant n} (a_j - a_i).$$

Partie II

On considère les trois matrices carrées d'ordre $n+1$:

$$M_n(x) = (\alpha_{i,j}), A_n = (\beta_{i,j}) \text{ et } B_n(x) = (\gamma_{i,j})$$

définies par : pour tout $(i,j) \in \{1, \dots, n+1\}^2$,

$$\alpha_{i,j} = (x+i+j-1)^n, \beta_{i,j} = C_n^{j-1} i^{n-j+1}, \gamma_{i,j} = (x+j-1)^{i-1}.$$

1°) Ecrire $M_2(x)$, A_2 et $B_2(x)$. Vérifier que $M_2(x) = A_2 \times B_2(x)$.

2°) Etablir que, pour tout $n \geqslant 2$, $M_n(x) = A_n \times B_n(x)$.

3°) Calculer Det $B_n(0)$ (on pourra penser à utiliser $V(1, \dots, n)$).

4°) Montrer que :

$$\text{Det } A_n = (-1)^{\frac{n(n+1)}{2}} . \prod_{k=0}^{n} C_n^k . \prod_{1 \leqslant i < j \leqslant n+1} (j-i).$$

5°) En déduire alors la valeur de

$$\Delta_n = \begin{vmatrix} 1^n & 2^n & \cdots & (n+1)^n \\ 2^n & 3^n & \cdots & (n+2)^n \\ \vdots & \vdots & \cdots & \vdots \\ (n+1)^n & (n+2)^n & \cdots & (2n+1)^n \end{vmatrix}.$$

Partie III

1°) Soit $Y = X + \frac{1}{X}$, montrer par récurrence que :

$$X^n + \frac{1}{X^n} = Y^n + P_n(Y),$$

où $P_n(Y)$ est un polynôme en Y de degré $n-2$ et de même parité que n.

2°) En substituant $\cos x + i \sin x$ à X, en déduire que $\cos nx = T_n(\cos x)$, où T_n est un polynôme de degré n de même parité que n dont le coefficient dominant est 2^{n-1}. Calculer $T_n(\cos x) - 2^{n-1}\cos^n x$ à l'aide de P_n.

3°) Démontrer l'égalité :

$$\begin{vmatrix} 1 & \cos a_1 & \dots & \cos(n-1)a_1 \\ 1 & \cos a_2 & \dots & \cos(n-1)a_2 \\ \vdots & \vdots & \dots & \vdots \\ 1 & \cos a_n & \dots & \cos(n-1)a_n \end{vmatrix} = 2^{\frac{n(n-1)}{2}} V(\cos a_1, \dots, \cos a_n).$$

Décryptage du sujet :

La partie I est consacrée au calcul (très classique) du déterminant de Vandermonde. La partie II est consacrée au calcul d'un déterminant en utilisant le déterminant de la partie I et le fait que le déterminant d'un produit est le produit des déterminants. Attention, le calcul final de Δ_n aboutit à une expression simple si on va au bout de ses calculs. Dans la partie III, on commence par l'étude d'une fonction polynomiale particulière qui débouche sur le calcul d'un nouveau déterminant, on utilisera encore le déterminant de la partie I.

CORRIGÉ

Partie I

1°) On commence par retrancher la première ligne à toutes les autres, c'est-à-dire que l'on effectue les manipulations : $L_2 \leftarrow L_2 - L_1$, $L_3 \leftarrow L_3 - L_1, \dots,$ $L_n \leftarrow L_n - L_1$. Il vient :

$$V(a_1, \dots, a_n) = \begin{vmatrix} 1 & a_1 & a_1^2 & \dots & a_1^{n-1} \\ 0 & a_2 - a_1 & a_2^2 - a_1^2 & \dots & a_2^{n-1} - a_1^{n-1} \\ \vdots & \vdots & \vdots & \dots & \vdots \\ 0 & a_{n-1} - a_1 & a_{n-1}^2 - a_1^2 & \dots & a_{n-1}^{n-1} - a_1^{n-1} \\ 0 & a_n - a_1 & a_n^2 - a_1^2 & \dots & a_n^{n-1} - a_1^{n-1} \end{vmatrix}.$$

Pour simplifier les colonnes, effectuons alors, ***dans cet ordre*** les manipulations :

$C_n \leftarrow C_n - a_1 C_{n-1}, C_{n-1} \leftarrow C_{n-1} - a_1 C_{n-2}$, jusqu'à $C_3 \leftarrow C_3 - a_1 C_2$

Pour le fun, on peut aussi effectuer la manipulation $C_2 \leftarrow C_2 - a_1 C_1$, mais cette dernière opération est sans réel intérêt.

Comme $a_i^k - a_1^k - a_1(a_i^{k-1} - a_1^{k-1}) = a_i^{k-1}(a_i - a_1)$, il vient :

$$V(a_1,\dots,a_n)=\begin{vmatrix}1 & 0 & 0 & \dots & 0\\ 0 & a_2-a_1 & a_2(a_2-a_1) & \dots & a_2^{n-2}(a_2-a_1)\\ \vdots & \vdots & \vdots & \dots & \vdots\\ 0 & a_{n-1}-a_1 & a_{n-1}(a_{n-1}-a_1) & \dots & a_{n-1}^{n-2}(a_{n-1}-a_1)\\ 0 & a_n-a_1 & a_n(a_n-a_1) & \dots & a_n^{n-2}(a_n-a_1)\end{vmatrix}$$

On développe alors ce déterminant suivant sa première colonne et dans le déterminant restant, on met (a_2-a_1) en facteur grâce à sa première ligne, (a_3-a_1) en facteur grâce à sa deuxième ligne, ... Il vient :

$$V(a_1,a_2,\dots,a_n)=\Big[\prod_{i=2}^{n}(a_i-a_1)\Big]\begin{vmatrix}1 & a_2 & \cdots & a_2^{n-2}\\ 1 & a_3 & \cdots & a_3^{n-2}\\ \vdots & \vdots & \vdots & \vdots\\ 1 & a_n & \cdots & a_n^{n-2}\end{vmatrix}$$

Le déterminant restant n'est autre que $V(a_2,a_3,\dots,a_n)$, (ce déterminant est d'ordre $n-1$ et le premier paramètre a disparu) et donc :

$$V(a_1,a_2,\dots,a_n)=\Big[\prod_{i=2}^{n}(a_i-a_1)\Big].V(a_2,a_3,\dots,a_n)$$

2°) Nous écrivons de même :

$$V(a_2,a_3,\dots,a_n)=\Big[\prod_{i=3}^{n}(a_i-a_2)\Big].V(a_3,\dots,a_n)$$

et ainsi de suite, jusqu'à $V(a_{n-1},a_n)=\begin{vmatrix}1 & a_{n-1}\\ 1 & a_n\end{vmatrix}=a_n-a_{n-1}$. Il vient donc :

$$\begin{aligned}V(a_1,a_2,\dots,a_n)&=\Big[\prod_{i=2}^{n}(a_i-a_1)\Big].\Big[\prod_{i=3}^{n}(a_i-a_2)\Big]\dots\big[a_n-a_{n-1}\big]\\ &=\prod_{1\leqslant j<i\leqslant n}(a_i-a_j)\end{aligned}$$

Ce qui est bien le résultat annoncé, au nom des indices près (voir aussi la fin de ce corrigé).

Partie II

1°) En utilisant les différentes définitions :

$$M_2(x)=\begin{pmatrix}(x+1)^2 & (x+2)^2 & (x+3)^2\\ (x+2)^2 & (x+3)^2 & (x+4)^2\\ (x+3)^2 & (x+4)^2 & (x+5)^2\end{pmatrix},\ A_2=\begin{pmatrix}1 & 2 & 1\\ 4 & 4 & 1\\ 9 & 6 & 1\end{pmatrix},$$

$$B_2(x)=\begin{pmatrix}1 & 1 & 1\\ x & x+1 & x+2\\ x^2 & (x+1)^2 & (x+2)^2\end{pmatrix}.$$

Et le calcul donne bien :

$$A_2\times B_2(x)=\begin{pmatrix}1 & 2 & 1\\ 4 & 4 & 1\\ 9 & 6 & 1\end{pmatrix}\times\begin{pmatrix}1 & 1 & 1\\ x & x+1 & x+2\\ x^2 & (x+1)^2 & (x+2)^2\end{pmatrix}=M_2(x).$$

On aurait aussi pu prendre $n=1$, et :

$$\begin{pmatrix}1 & 1\\ 2 & 1\end{pmatrix}\begin{pmatrix}1 & 1\\ x & x+1\end{pmatrix}=\begin{pmatrix}x+1 & x+2\\ x+2 & x+3\end{pmatrix}.$$

2°) Pour le cas général, il suffit d'écrire la formule du binôme de Newton :

$$(x+i+j-1)^n = \sum_{k=0}^{n} C_n^k i^{n-k}(x+j-1)^k.$$

Or :

$$\beta_{i,k+1} = C_n^k i^{n-(k+1)+1} = C_n^k i^{n-k},$$
$$\gamma_{k+1,j} = (x+j-1)^{k+1-1} = (x+j-1)^k.$$

En utilisant les notations de l'énoncé, on a donc :

$$\alpha_{i,j} = \sum_{k=0}^{n} \beta_{i,k+1}\gamma_{k+1,j} = \sum_{\ell=1}^{n+1} \beta_{i,\ell}\gamma_{\ell,j}.$$

Par définition du produit matriciel, on a bien : $M_n(x) = A_n \times B_n(x)$.

3°) En développant par rapport à la première colonne :

$$\operatorname{Det} B_n(0) = \begin{vmatrix} 1 & 1 & 1 & \cdots & 1 \\ 0 & 1 & 2 & \cdots & n \\ \vdots & \vdots & \vdots & \vdots & \vdots \\ 0 & 1 & 2^n & \cdots & n^n \end{vmatrix} = \begin{vmatrix} 1 & 2 & \cdots & n \\ 1 & 2^2 & \cdots & n^2 \\ \vdots & \vdots & \vdots & \vdots \\ 1 & 2^n & \cdots & n^n \end{vmatrix}$$

et comme on remarque que 2 se met en facteur dans la seconde colonne, 3 dans la troisième colonne, etc., il vient :

$$\operatorname{Det} B_n(0) = n!.V(1,2,\ldots,n) = n!.\prod_{1\leqslant i<j\leqslant n}(j-i)$$

4°) Calculons maintenant Det A_n, en mettant d'abord les coefficients binomiaux en facteur :

$$\operatorname{Det} A_n = C_n^0 C_n^1 \ldots C_n^n \begin{vmatrix} 1 & 1 & \cdots & 1 & 1 \\ 2^n & 2^{n-1} & \cdots & 2 & 1 \\ \vdots & \vdots & \vdots & \vdots & \vdots \\ (n+1)^n & (n+1)^{n-1} & \cdots & n+1 & 1 \end{vmatrix}$$

Le déterminant restant (qui est d'ordre $n+1$) est quasiment un déterminant de Vandermonde, mais les colonnes se présentent dans l'ordre inverse, il faut donc d'abord remettre le bon ordre !

Notons ce déterminant $\Delta = |C_1, C_2, \ldots, C_{n+1}|$ et effectuons les transpositions ***successives*** : $C_{n+1} \leftrightarrow C_n$, $C_n \leftrightarrow C_{n-1}, \ldots, C_2 \leftrightarrow C_1$. Ces manipulations font « remonter » la dernière colonne sans perturber l'ordre des autres et le nouveau déterminant obtenu est $\Delta' = |C_{n+1}, C_1, C_2, \ldots, C_n|$. Comme une transposition de colonnes change le signe d'un déterminant, on a $\Delta = (-1)^n\Delta'$.

On recommence avec Δ' pour amener sa dernière colonne en deuxième position, sans perturber l'ordre des autres. On obtient alors $\Delta'' = |C_{n+1}, C_n, C_1, \ldots, C_{n-1}|$ et on a effectué $n-1$ transpositions, donc $\Delta' = (-1)^{n-1}\Delta''$.

On continue à mettre les colonnes dans l'ordre inverse de l'ordre initial, jusqu'à obtenir $|C_{n+1}, C_n, \ldots, C_1, C_2|$, puis enfin $|C_{n+1}, C_n, \ldots, C_2, C_1|$. On a ainsi effectué en tout $n + (n-1) + (n-2) + \cdots + 2 + 1 = \dfrac{n(n+1)}{2}$ transpositions et donc :

$$\operatorname{Det} A_n = C_n^0 C_n^1 \ldots C_n^n (-1)^{\frac{n(n+1)}{2}}.V(1,2,\ldots,n+1)$$

En remplaçant $V(1,2,\ldots,n+1)$ par son expression, on a bien le résultat demandé.

5°) On a : $\Delta_n = \text{Det}\, M_n(0) = \text{Det}\, A_n . \text{Det}\, B_n(0)$. En effectuant le produit des résultats des questions 3) et 4) pour $x = 0$, nous obtenons :

$$\Delta_n = (-1)^{\frac{n(n+1)}{2}} n! [\prod_{k=0}^{n} C_n^k] . [\prod_{1 \leqslant i < j \leqslant n} (j-i)] . [\prod_{1 \leqslant i < j \leqslant n+1} (j-i)].$$

On peut estimer avoir accompli le travail demandé, mais on peut faire beaucoup mieux :

$$\prod_{k=0}^{n} C_n^k = \frac{n!}{0!n!} \frac{n!}{1!(n-1)!} \cdots \frac{n!}{n!0!} = \frac{(n!)^{n+1}}{[0!1! \dots n!]^2}$$

$$\prod_{1 \leqslant i < j \leqslant n} (j-i) = \prod_{j=2}^{n} \prod_{i=1}^{j-1} (j-i) = \prod_{j=2}^{n} (j-1)! = 1!2! \dots (n-1)!$$

et donc, de même : $\displaystyle\prod_{1 \leqslant i < j \leqslant n+1} (j-i) = 1!2! \dots (n-1)!n!$

Ainsi, en remplaçant : $\Delta_n = (-1)^{\frac{n(n+1)}{2}} (n!)^{n+1}$.

Partie III

1°) ⋆ $X^2 + \frac{1}{X^2} = (X + \frac{1}{X})^2 - 2 = Y^2 - 2$, donc la propriété est vraie pour $n = 2$, avec $P_2(Y) = -2$.

⋆ $X^3 + \frac{1}{X^3} = (X^2 + \frac{1}{X^2})(X + \frac{1}{X}) - (X + \frac{1}{X}) = (Y^2 - 2)Y - Y = Y^3 - 3Y$.

Donc la propriété est aussi vraie pour $n = 3$, avec $P_3(Y) = -3Y$.

⋆ Supposons que, jusqu'à un rang $n \geqslant 3$, P_k soit un polynôme de degré $k - 2$, de même parité que k et de coefficient dominant $-k$, alors on peut écrire :

$$\begin{aligned} X^{n+1} + \frac{1}{X^{n+1}} &= (X^n + \frac{1}{X^n})(X + \frac{1}{X}) - (X^{n-1} + \frac{1}{X^{n-1}}) \\ &= (Y^n + P_n(Y))Y - (Y^{n-1} + P_{n-1}(Y)) \\ &= Y^{n+1} - Y^{n-1} - P_{n-1}(Y) + YP_n(Y). \end{aligned}$$

Posons $P_{n+1}(Y) = -Y^{n-1} - P_{n-1}(Y) + YP_n(Y)$. Alors P_{n+1} est un polynôme en Y. Si P_{n-1} a la parité de $n-1$ et si P_n a la parité de n, alors YP_n a la parité de $n-1$ et P_{n+1} a la parité de $n-1$, donc de $n+1$.

Enfin, $P_{n-1} = -(n-1)Y^{n-3} + \cdots$, $P_n = -nY^{n-2} + \cdots$, donnent :

$$P_{n+1}(Y) = -(n+1)Y^{n-1} + \cdots$$

Ce qui montre que P_{n+1} a toutes les propriétés requises et achève la récurrence.

2°) Substituons :

Si $X \hookrightarrow \cos x + i \sin x = e^{ix}$, alors$X^n \hookrightarrow e^{inx}$, $\frac{1}{X} \hookrightarrow e^{-ix}$, $Y \hookrightarrow 2\cos x$ et la relation précédente devient :

$$2\cos(nx) = (2\cos x)^n + P_n(2\cos x)$$

Soit : $\cos(nx) = 2^{n-1} \cos^n x + \frac{1}{2} P_n(2\cos x) = T_n(\cos x)$, où T_n est un polynôme de degré n et de coefficient dominant 2^{n-1} (valable aussi pour $n = 1$, mais pas pour $n = 0$).

$$\cos(nx) = 2^{n-1} \cos^n x + Q_n(\cos x), \text{ avec } Q_n \in \mathbb{R}_{n-2}[X]$$

3°) Appelons Δ_n le déterminant à calculer (il est d'ordre n). En utilisant la question précédente Δ_n s'écrit :

$$\begin{vmatrix} 1 & \cos a_1 & 2\cos^2 a_1 + Q_2(\cos a_1) & \dots & 2^{n-2}\cos^{n-1} a_1 + Q_{n-1}(\cos a_1) \\ \vdots & \vdots & \vdots & \vdots & \vdots \\ 1 & \cos a_n & 2\cos^2 a_n + Q_2(\cos a_n) & \dots & 2^{n-2}\cos^{n-1} a_n + Q_{n-1}(\cos a_n) \end{vmatrix}$$

⋆ $Q_2 = \lambda$, donc la manipulation $C_3 \leftarrow C_3 - \lambda C_1$ permet d'éliminer Q_2, puis ;
⋆ $Q_3 = \mu X$, donc la manipulation $C_4 \leftarrow C_4 - \mu C_2$ élimine Q_3 de la quatrième colonne, puis ;
⋆ $Q_4 = \nu X^2 + \varphi$ et la manipulation $C_5 \leftarrow C_5 - \nu C_3 - \varphi C_1$ élimine Q_4 de la cinquième colonne, etc. A la fin, il reste :

$$\Delta_n = \begin{vmatrix} 1 & \cos a_1 & 2\cos^2 a_1 & \dots & 2^{n-2}\cos^{n-1} a_1 \\ \vdots & \vdots & \vdots & \vdots & \vdots \\ 1 & \cos a_n & 2\cos^2 a_n & \dots & 2^{n-2}\cos^{n-1} a_n \end{vmatrix}$$

En mettant les puissances de 2 successives en facteur, nous avons :

$$\Delta_n = 2^{\frac{n(n-1)}{2}} . V(\cos a_1, \dots, \cos a_n).$$

Commentaires

A. Un Zeste de Maple

Maple connaît le déterminant classique de la partie I, vous l'avez d'ailleurs peut-être reconnu : c'est le déterminant de Vandermonde.

```
> with(linalg) : V := vandermonde([x.(1..4)]) ;
```

$$V := \begin{bmatrix} 1 & x_1 & x_1^2 & x_1^3 \\ 1 & x_2 & x_2^2 & x_2^3 \\ 1 & x_3 & x_3^2 & x_3^3 \\ 1 & x_4 & x_4^2 & x_4^3 \end{bmatrix}$$

```
> factor(det(V)) ;
```

$$(x_2 - x_3)(x_4 - x_3)(x_4 - x_2)(x_1 - x_3)(x_1 - x_2)(x_1 - x_4)$$

B. *Le Mathématicien Vandermonde n'est pas belge ni néerlandais mais francais. Il a aussi travaillé sur les équations algébriques (au fond, on n'est pas très loin ici de son déterminant). Il a participé à la fondation du Conservatoire National des Arts et Métiers dont on a fêté récemment le bicentenaire.*

C. *Donnons une autre démonstration du calcul du déterminant de Vandermonde qui est aussi très classique :*
⋆ *Si deux des coefficients $a_1, \dots, a_n$, au moins, sont égaux, alors le déterminant $V(a_1, \dots, a_n)$ est nul, puisqu'il a deux rangées égales.*
⋆ *Sinon, en développant ce déterminant par rapport à sa dernière ligne, à l'aide des cofacteurs, on voit que $V(a_1, \dots, a_n)$ est une fonction polynomiale de la variable a_n, de degré $n - 1$ et de coefficient dominant $V(a_1, \dots, a_{n-1})$. Comme il est nul lorsque a_n prend l'une des valeurs $a_1, \dots, a_{n-1}$, on peut mettre en facteur $(a_n - a_1), \dots, (a_n - a_{n-1})$ et :*

$$V(a_1, \dots, a_n) = V(a_1, \dots, a_{n-1}).(a_n - a_1) \dots (a_n - a_{n-1})$$

On conclut encore par récurrence et la formule finale reste valable en cas d'égalité de coefficients, puisque l'un des facteurs de la formule est nul.

Problème n° 35

Durée estimée : 4 heures

Prérequis :

Nombres premiers, nombres premiers entre eux. Théorème de Gauss. Décomposition des entiers en facteurs premiers. PGCD.

ÉNONCÉ

On rappelle les définitions suivantes :
Un élément p de $\mathbb{N}^*$ est dit ***premier*** *s'il n'admet dans $\mathbb{N}^*$ que deux diviseurs distincts 1 et p. Avec cette convention, 1 n'est pas premier.*
Un élément n de $\mathbb{N}^*$ est dit composé si et seulement s'il existe au moins un diviseur k de n tel que $1 < k < n$. Le plus petit entier composé est donc 4.
Les lettres m et n désignent dans ce problème des éléments de $\mathbb{N}^*$ et la lettre k désigne un entier.

On appelle ***nombre de type I*** *tout nombre de la forme $2^n - 1$. Si ce nombre est premier, on dit que c'est un nombre premier de type I. On appelle, de même,* ***nombre de type II*** *tout nombre de la forme $2^n + 1$. Si ce nombre est premier, on dit que c'est un nombre premier de type II.*

Dans tout le problème, p et q désigneront des entiers premiers.

Partie I : Nombres premiers de type I ou de type II.

1°) Donner les trois premiers nombres premiers de type I et de même les trois premiers nombres premiers de type II.

Dans les questions suivantes, on considère des équations d'inconnues p et q, les entiers m et n étant des paramètres sur lesquels on pourra être amené à discuter.

2°) On considère dans cette question les solutions (p, q) éventuelles de l'équation

$$p^n - 1 = q^m.$$

a) Montrer que p et q ne peuvent pas être impairs tous les deux.

b) On suppose ici $q = 2$. Vérifier l'identité

$$p^n - 1 = (p-1)(p^{n-1} + \cdots + p + 1)$$

En déduire que $p - 1$ est une puissance de 2 (éventuellement $2^0 = 1$), puis que l'on a seulement deux possibilités : $n = 1$ ou $n = 2s$ avec $s \in \mathbb{N}^*$ et dans ce cas, nécessairement, $p = 3$ et $m = 3$, $s = 1$.

c) On suppose ici $p = 2$ et $m = 2t + 1$, où $t \in \mathbb{N}$. Vérifier l'identité :

$$2^n = (q+1)(q^{2t} - q^{2t-1} + q^{2t-2} + \cdots + q^2 - q + 1)$$

Montrer que $\sum_{k=0}^{2t} q^k(-1)^k$ est impair. Conclure que $t = 0$ puis que $m = 1$. Que peut-on dire de q ?

d) On suppose ici $p = 2$ et $m = 2^s.t$, avec t impair et $s \in \mathbb{N}^*$.

d-1) Montrer que $t = 1$, en appliquant un raisonnement similaire à celui de la question 2) c).

d-2 Montrer que $q^{2^s} - 1 = 2(2^{n-1} - 1)$.

d-3 Remarquer que $q^2 - 1$ divise $q^{2^s} - 1$ et que 8 divise $q^2 - 1$. Conclure à une impossibilité.

e) Faire un résumé de la situation.

3°) On considère dans cette question les solutions (p, q) éventuelles de l'équation

$$\frac{p^{2n} - 1}{p - 1} = q^m.$$

a) On suppose p pair, montrer que nécessairement $p = 2$. En utilisant les résultats des questions 2) c) et 2) d), montrer que $q = 3$ et $n = m = 1$.

b) On suppose p impair.

b-1) Montrer la relation :

$$(p + 1)((p^2)^{n-1} + \cdots + p^2 + 1) = q^m.$$

b-2) Montrer que $q = 2$ et que p est un nombre premier de type I.

b-3) Vérifier que la parité de $\sum_{k=0}^{n-1} (p^2)^k$ est la même que celle de n et conclure que $n = 1$ ou n est un nombre pair.

b-4) En supposant $n > 1$, montrer que la relation $2^m = \frac{p^n - 1}{p - 1}(p^n + 1)$ entraine que $\frac{p^n - 1}{p - 1} = 2$. En déduire une contradiction et que $n = 1$.

c) Conclure, quant aux solutions de l'équation.

4°) On veut montrer que l'équation, d'inconnue (p, q) :

$$\frac{p^3 - 1}{p - 1} = q^{2m}$$

n'a pas de solution quel que soit l'entier m et pour cela, on raisonne par l'absurde en considérant une solution (p, q) éventuelle.

a) Démontrer les relations :

$$q^{2m} = 1 + p(p + 1) \text{ et } p(p + 1) = q^{2m} - 1 = (q^m - 1)(q^m + 1).$$

b) Déduire de 4) a) que q est impair et que p divise au moins l'un des deux nombres $q^m - 1$ ou $q^m + 1$.

c) On suppose que $q^m = kp + 1$, où k est un certain entier. Montrer que l'on aboutit à une impossiblité.

d) On suppose que $q^m = \ell p - 1$, où ℓ est un certain entier.

Montrer que l'on aboutit encore à une impossibilité.

e) Conclure, quant aux solutions de l'équation.

5°) On considère dans cette question une solution éventuelle (p, q) de l'équation :

$$\frac{p^5 - 1}{p - 1} = q^{2m}.$$

a) Démontrer la relation :

$$q^{2m} = 1 + (q^m - 1)(q^m + 1) = 1 + p(p + 1)(p^2 + 1)$$

b) Vérifier que q est impair et que p divise au moins l'un des deux nombres $q^m - 1$ ou $q^m + 1$.

c) On suppose ici que p divise $q^m - 1$ et donc que $q^m = 2kp + 1$, où k est un entier. Justifier cette dernière écriture puis en déduire que p doit être racine du polynôme

$$P = X^3 + X^2 + (1 - 4k^2)X + 1 - 4k.$$

Démontrer que, pour $k \in \mathbb{N}^*$, P a une seule racine positive puis calculer $P(2k)$ et $P(2k - 1)$. En déduire que cette racine de P ne peut être entière et que donc ce cas aboutit à une impossibilité.

d) On suppose ici que p divise $q^m + 1$ et donc que $q^m = 2kp - 1$, où k est un entier. Justifier cette dernière écriture puis en déduire que p doit être racine du polynôme

$$Q = X^3 + X^2 + (1 - 4k^2)X + 1 + 4k.$$

Démontrer que Q a au plus deux racines positives. Calculer $Q(2k)$ et $Q(2k-1)$. Montrer que Q n'admet pas de racine entière positive sauf pour $k = 2$. Dans ce cas déterminer cette racine.

e) Conclure, quant aux solutions de l'équation proposée.

6°) Montrer que si un nombre de type II, $2^n + 1$, est premier alors n est une puissance de 2 (on raisonnera par l'absurde en supposant que $n = dq$ avec d impair $\geqslant 3$).

7°) On pose $f_n = 2^{2^n} + 1$, f_n est donc un nombre de type II. Montrer que si k et ℓ sont deux entiers différents, f_k et f_ℓ sont premiers entre eux (on montrera que si d est un diviseur commun à f_k et à f_ℓ, alors d est divisible par 2 puis on conclura que $d = 1$).

Partie II : Les entiers déficients, parfaits et abondants

1°) Soit n un entier supérieur ou égal à 2. On pose $M_n = 2^n - 1$ (M_n est donc un nombre de type I premier ou non). Montrer que si n est composé, M_n l'est aussi puis en déduire que si M_n est un nombre premier, n est premier.

2°) Calculer M_{11}. Ce nombre est-il premier ? L'implication

$$n \text{ premier} \Longrightarrow M_n \text{ est un nombre premier de type I}$$

est-elle correcte ?

3°) Dans cette question et la suite, à tout élément n de $\mathbb{N}^*$, on associe la somme

$S(n)$ de ses diviseurs dans $\mathbb{N}^*$, y compris 1 et n.

a) Calculer $S(1), S(2)$ et $S(3)$.

b) Si $n \geqslant 2$, on considère sa décomposition en facteurs premiers :

$$n = p_1^{\alpha_1} \dots p_k^{\alpha_k}, \text{ avec } p_1 < \dots < p_k.$$

Montrer que :

$$S(n) = \prod_{i=1}^{k} \Big(\sum_{j=0}^{\alpha_i} p_i^j \Big).$$

c) Montrer que si $S(n) = n + 1$, n est premier.

4°) Un entier strictement positif, n, est dit ***déficient*** si $S(n) < 2n$, ***parfait*** si $S(n) = 2n$ et ***abondant*** si $S(n) > 2n$.

a) A quelle catégorie appartient 1 ? *Idem* pour 2 ?

b) Si p est un nombre premier, on considère p^α, où $\alpha \in \mathbb{N}$. p^α est-il déficient, parfait ou abondant ?

c) On fixe p premier et on considère la suite de terme général :

$$u_\alpha = \frac{S(p^\alpha)}{p^\alpha},$$

où α décrit $\mathbb{N}^*$. Etudier la croissance de la suite (u_α) et déterminer sa limite éventuelle lorsque α tend vers l'infini.

5°) On considère l'ensemble des entiers parfaits pairs.

a) Vérifier que 6 est parfait et donc que l'ensemble considéré est non vide.

b) Montrer qu'un entier parfait pair a au moins un facteur premier impair. En conclure que, si x est un entier parfait pair, il s'écrit $x = 2^\alpha k$, où $\alpha \in \mathbb{N}^*$, et k est un entier impair supérieur ou égal à 3.

6°) Montrer que si m et n sont des entiers strictement positifs premiers entre eux :

$$S(mn) = S(m)S(n).$$

(On pourra utiliser la formule de la question 3) b).

Décryptage du sujet :

Dans ce problème, on ouvre une porte (pas plus, l'étude a commencé dans l'antiquité et continuera encore très longtemps ...) sur certains nombres remarquables de l'arithmétique que nous appelons nombres de type I et de type II et qui correspondent plus ou moins (nous le verrons précisement dans les commentaires) aux nombres de Fermat et de Mersenne.

Dans la partie I, après le calcul de quelques nombres de type I et de type II, on résout quelques équations d'inconnues deux entiers premiers p et q. Parmi les solutions, on retrouvera des nombres de type I ou de type II (questions 2,3,4 et 5). Bien suivre le fil conducteur des différentes questions. On utilisera abondamment le fait que le produit de deux nombres impairs est impair, que la somme ou la différence de deux nombres impairs est paire, etc. De plus, une puissance de 2 qui est impaire est ... $2^0 = 1$.

Dans les questions 6 et 7, on met la lumière sur l'intérêt des nombres de type II de la forme $2^{2^n} + 1$. Dans tout le sujet et particulièrement dans cette partie I, la résolution des questions est souvent basé sur la formule de la somme d'une suite géométrique et les formules de factorisation de $x^n + 1$ par $x + 1$ et $x^n - 1$ par $x - 1$.

Dans la partie II, on étudie plus particulièrement les nombres de type I (questions 1 et 2). Dans la question 3, on établit une formule donnant la somme des diviseurs d'un entier à partir de sa décomposition en facteurs premiers puis on classifie les entiers en déficients, parfaits et abondants à partir de cette somme dans la question 4. On termine par les entiers parfaits pairs (question 5) et une formule (question 6).

CORRIGÉ

Partie I

1°) Les premiers nombres de type I sont $1, 3, 7, 15, 31$ et les trois premiers nombres premiers de type I sont : $3, 7, 31$. Les premiers nombres de type II sont $3, 5, 9, 17$ et les trois premiers nombres premiers de type II sont $3, 5, 17$.

2°) a) Si p et q sont impairs, alors $p^n - 1$ est pair et q^m impair, donc $p^n - 1 \neq q^m$! Par conséquent une solution (p, q) contient au moins un nombre pair et puisque p et q sont premiers, $p = 2$ ou $q = 2$.

b) L'identité géométrique :

$$p^n - 1 = (p-1)(p^{n-1} + \cdots + p + 1),$$

est classique (il suffit de développer le dernier membre et on obtient le premier. Si $p^n - 1 = 2^m$, nous avons donc :

$$2^m = (p-1) \sum_{k=0}^{n-1} p^k$$

Ainsi, $p - 1$ est une puissance de 2 (on peut étendre ici au cas où $m = 0$, et dans ce cas : $p^n = 2$ et donc $p = 2, n = 1$ et $p - 1 = 1 = 2^0$). Il existe un entier k tel que $p - 1 = 2^k$ et $p = 2^k + 1$ est un nombre premier de type II. De plus, il y a n termes dans la somme $S = 1 + p + \cdots + p^{n-1}$, donc S a la même parité que n et c'est aussi une puissance de 2 (éventuellement 2^0).

$\star$ Si n est impair, S est impaire et nécessairement $S = 1$ et $n = 1$. Dans ce cas $p = 2^m + 1$ et p est un nombre premier de type II. Ce qui donne les solutions : $(2^m - 1)^1 + 1 = 2^m$.

$\star$ Si n est pair, $n = 2s$ avec s non nul et alors :

$$p^n - 1 = p^{2s} - 1 = (p^s + 1)(p^s - 1) = 2^m.$$

$p^s - 1$ et $p^s + 1$ sont donc deux puissances de 2, qui diffèrent de 2 : il n'y a qu'une possibilité : $p^s - 1 = 2$ et $p^s + 1 = 4$, donc $p^s = 3$ et $p = 3$. Ce qui implique $s = 1, n = 2$ et on obtient la solution : $3^2 - 1 = 2^3$.

c) Ici $p = 2$ et nous avons donc $2^n - 1 = q^m = q^{2t+1}$. Soit :

$$2^n = q^{2t+1} + 1 = (q+1)(q^{2t} - q^{2t-1} + q^{2t-2} + \cdots + q^2 - q + 1).$$

(toujours l'identité géométrique, mais ici la raison vaut $-q$)

$q + 1$ est au moins égal à 3 et divise 2^n, donc q est impair. Pour $k > 0$, $q^{2k} - q^{2k-1} = q^{2k-1}(q-1)$ est strictement positif et pair, donc le nombre :

$$q^{2t} - q^{2t-1} + \cdots + q^2 - q + 1$$

est impair. Comme c'est une puissance de 2, ce nombre est réduit à 1 et en fait : $t = 0, m = 1, q = 2^n - 1$.

Ainsi, q est un nombre premier de type I et on a les solutions : $2^n - 1 = (2^n - 1)^1$.

d-1) Ici encore $p = 2$ et m est pair, donc de la forme $m = 2^s t$, avec t impair et $s \geqslant 1$. Alors : $2^n - 1 = q^{2^s t} = (q^{2^s})^t$.

$$2^n = (q^{2^s})^t + 1 = (q^{2^s} + 1) \sum_{k=0}^{t-1} (-q^{2^s})^k.$$

Donc q est encore impair, et comme précédemment la somme $\sum_{k=0}^{t-1} (-q^{2^s})^k$ est une puissance de 2 qui est impaire, donc vaut 1 ce qui permet d'affirmer que $t - 1 = 0$, soit $t = 1$.

d-2) On a donc $q^{2^s} = 2^n - 1$ et $q^{2^s} - 1 = 2^n - 2 = 2(2^{n-1} - 1)$.

d-3) $q^2 - 1$ divise $q^{2^s} - 1$ (toujours l'identité géométrique) et 8 divise $q^2 - 1$, car comme $q^2 - 1 = (q-1)(q+1)$, ce nombre est le produit de deux entiers pairs consécutifs, l'un d'entre eux est divisible par 4 et l'autre par 2 et donc le produit par 8.

En conclusion, 8 divise $q^{2^s} - 1 = 2(2^{n-1} - 1)$, produit de 2 et d'un nombre impair (le cas $n = 1$ n'est pas possible car $2^n - 1 = q^{2^s}$, avec $s \geqslant 1$). Ce cas ne peut donc pas se produire.

e) Conclusion : les solutions sont :

i) $p = 2$, $m = 1$ et q est un certain nombre premier de type I ;
ii) $q = 2$, $n = 1$ et p est un certain nombre premier de type II ;
iii) la solution $q = 2, p = 3$ et $n = 2, m = 3$.

3°) a) Si p est pair, comme p est premier $p = 2$. L'équation donnée s'écrit donc : $q^m = 2^{2n} - 1$.

D'après les questions 2) c) et 2) d), on sait que si $m \neq 1$, il n'y a pas de solution. Donc $m = 1$ et $q = (2^n - 1)(2^n + 1)$. Par conséquent $2^n - 1 = 1$, $n = 1$ et $q = 3$. D'où la solution : $p = 2, q = 3$ et $n = m = 1$.

b-1) Encore une fois l'identité géométrique permet d'écrire :

$$p^{2n} - 1 = (p^2 - 1) \sum_{k=0}^{n-1} (p^2)^k$$

et donc :

$$\frac{p^{2n} - 1}{p - 1} = (p + 1)[(p^2)^{n-1} + \cdots + p^2 + 1] = q^m.$$

b-2) Comme $p + 1$ est pair, d'après l'identité précédente, q^m est pair et nécéssairement, $q = 2$, alors $p + 1$ est une puissance de 2 et p est un nombre premier de type I.

b-3) Dans $(p^2)^{n-1} + \cdots + p^2 + 1$, il y a n termes tous impairs. Si n est pair, cette somme est paire et si n est impair, elle est impaire. Or cette somme est une puissance de 2, donc le seul cas impair possible est celui où la somme vaut 1, *i.e.* celui où $n = 1$.

b-4) Nous avons, si $n > 1$:

$$2^m = \frac{p^{2n} - 1}{p - 1} = \frac{p^n - 1}{p - 1}(p^n + 1)$$

Comme $k = \dfrac{p^n - 1}{p - 1}$ est entier, $p^n + 1$ divise 2^m, donc est une puissance de 2 : $p^n + 1 = 2^h$.

Les seuls diviseurs communs à $p^n - 1$ et $p^n + 1$ sont diviseurs de la différence, donc de 2. *A fortiori* les seuls diviseurs communs possibles pour k et $p^n + 1$ sont 1 et 2. Or $p^n + 1$ est au moins égal à 2^3 (p est premier impair et $n > 1$) et k est aussi une puissance de 2. Si $k > 2$, alors 4 serait diviseur commun à $p^n + 1$ et k, comme $k = 1$ est interdit ($n > 1$) il reste $k = 2$:

$$\frac{p^n - 1}{p - 1} = 2.$$

Comme $n > 1$, n est pair et en posant $n = 2s$, avec $s \geqslant 1$, nous obtenons :

$$2 = \frac{p^{2s} - 1}{p - 1} = \frac{p^s - 1}{p - 1}(p^s + 1) = \alpha(p^s + 1), \text{ avec } \alpha \in \mathbb{N}$$

Mais ceci est impossible car $p \geqslant 3$ et $s \geqslant 1$.

Donc $n = 1$, et $p = q^m + 1 = 2^m - 1$ est un nombre premier de type I.

c) Conclusion : les seules solutions sont :

i) $p = 2$, $q = 3$ et $n = m = 1$;

ii) $q = 2$, $n = 1$ et $p = 2^m - 1$ est un nombre premier de type I.

4°) a) Nous commençons par écrire que :

$q^{2m} = p^2 + p + 1 = 1 + p(p + 1)$,

$p(p + 1) = q^{2m} - 1 = (q^m - 1)(q^m + 1)$.

b) p et $p + 1$ sont consécutifs et $p(p + 1)$ est donc pair, $1 + p(p + 1) = q^{2m}$ est impair et q est donc impair ($q \geqslant 3$ nécessairement). La seconde relation prouvée dans la question 4) a) montre immédiatement que p, qui est premier, divise $q^m - 1$ ou $q^m + 1$.

c) Si p divise $q^m - 1$, il existe $k \in \mathbb{N}$ tel que $q^m = kp + 1$ et donc la première relation du a) donne :

$$(kp + 1)^2 = p^2 + p + 1, \text{ soit } (k^2 - 1)p = 1 - 2k$$

Ainsi $k = 0$, donne $p = -1$, ce qui est impossible ; $k = 1$, donne $0 = -1$ ce qui n'est pas raisonnable ; si $k \geqslant 2$ on obtient $p < 0$, également impossible. On aboutit donc à une impossibilité.

d) Si p divise $q^m + 1$, il existe $\ell \in \mathbb{N}$ tel que $q^m = \ell p - 1$. On a alors $(\ell^2 - 1)p = 2\ell + 1$. On voit alors que $\ell \in \{0, 1, 2\}$ conduit à une impossibilité et si $\ell \geqslant 3$, alors $\dfrac{2\ell + 1}{\ell^2 - 1} < 2$, ce qui conduit encore à une impossibilité (p est premier, donc $p \geqslant 2$). On aboutit donc à une impossibilité.

e) Conclusion : l'équation proposée n'a aucune solution en nombres premiers.

5°) Notons dès à présent que si $p = 2$, l'équation devient $31 = q^{2m}$, qui n'a aucune solution. Par conséquent p est impair et au moins égal à 3.

a) On a $q^{2m} = 1 + p + p^2 + p^3 + p^4$, donc :

$q^{2m} - 1 = (q^m - 1)(q^m + 1) = p + p^2 + p^3 + p^4 = p(p + 1)(p^2 + 1)$.

b) Le nombre $q^{2m} - 1$ est encore pair, donc q est impair et p, qui est premier, divise $q^m - 1$ ou $q^m + 1$.

c) Si p divise $q^m - 1$, alors le quotient est pair, sinon $q^m - 1$ serait impair (p est impair) et donc, on peut écrire $q^m = 2kp + 1$, avec k entier. Nous obtenons :

$$4kp(kp+1) = p(p+1)(p^2+1)$$

et p est racine du polynôme :

$$P = X^3 + X^2 + (1 - 4k^2)X + 1 - 4k.$$

⋆ Pour $k = 0$, $P = X^3 + X^2 + X + 1$, qui n'a aucune racine positive, donc ce cas est exclu.

⋆ Si $k > 0$, étudions la fonction définie sur $\mathbb{R}^+$ par :

$$P : x \mapsto x^3 + x^2 + (1 - 4k^2)x + 1 - 4k.$$

On a : $P''(x) = 6x + 2 > 0$, donc P' croît. Or $P'(0) = 1 - 4k^2 < 0$ et $\lim\limits_{x \to +\infty} P'(x) = +\infty$. Par conséquent, il existe $\alpha > 0$ tel que $P'(x)$ soit négative sur $[0, \alpha]$ et positive sur $[\alpha, +\infty[$.
La fonction P est d'abord décroissante, puis croissante. Comme $P(0) = 1-4k < 0$ et $\lim\limits_{x \to +\infty} P(x) = +\infty$, la fonction P s'annule une fois et une seule sur $\mathbb{R}^+$.
Nous avons :

$$P(2k) = 4k^2 - 2k + 1 > 0 \text{ et } P(2k-1) = -4k^2 < 0,$$

donc, la racine positive n'est jamais un nombre entier. Ce cas est donc impossible et il n'existe pas de solution telle que p divise $q^m - 1$.

d) Si p divise $q^m + 1$, alors, pour la même raison que dans la question précédente, le quotient est impair et $q^m = 2kp - 1$, avec $k \geqslant 1$, et p est racine du polynôme :

$$Q_k = X^3 + X^2 + (1 - 4k^2)X + 1 + 4k.$$

On a : $Q'_k = 3X^2 + 2X + 1 - 4k^2$, qui a une unique racine positive, donc Q_k a, au plus, deux racines positives (si Q_k avait au moins trois racines positives, le théorème de Rolle montrerait que Q'_k a au moins deux racines positives).

⋆ On a : $Q_k(2k) = 4k^2 + 6k + 1$ et $Q_k(2k-1) = -4k(k-2)$.

⋆ $Q_1 = X^3 + X^2 - 3X + 5$. Une étude rapide montre que Q_1 n'a aucune racine entière positive.

⋆ $Q_2 = X^3 + X^2 - 15X + 9$, qui a une racine évidente : 3 (voir le calcul de $Q_k(2k-1)$) et après factorisation, on constate que c'est la seule racine entière positive de Q_2.

⋆ Si $k > 2$, alors $Q_k(2k-1) < 0$ et $Q_k(2k) > 0$, tandis que $Q_k(0) > 0$ et $Q_k(1) = 4(1 + k - k^2) < 0$. Nous avons localisé les racines positives de Q_k et elles ne sont pas entières.
La seule solution est donc $k = 2$, $p = 3$, ce qui donne $q^m = 11$, soit $q = 11$ et $m = 1$.

e) Conclusion : la seule solution possible a été trouvée en d) : $p = 3$, $q = 11$ et alors $m = 1$. On vérifie que l'on a bien : $\dfrac{3^5 - 1}{3 - 1} = 121 = 11^2$.

6°) Supposons que n ne soit pas une puissance de 2, alors n admet au moins un diviseur impair $d \geqslant 3$ et n est de la forme qd. L'identité géométrique donne une fois encore, puisque d est impair :

$$2^n+1=2^{qd}+1=(2^q)^d+1=(2^q+1)((2^q)^{d-1}-(2^q)^{d-2}+\cdots+1).$$

Par conséquent, 2^n+1 est divisible par 2^q+1, qui est strictement compris entre 1 et 2^n+1, donc 2^n+1 est un nombre composé.

7°) Attention, f_n n'est pas nécessairement premier. Dans la question précédente, nous avons vu que si un nombre de type II est premier alors il est un nombre de la forme f_n, mais nous n'avons rien dit de la réciproque (voir les commentaires à la fin de la correction).

Supposons par exemple $k<\ell$. On a : $f_\ell=2^{2^\ell}+1=(2^{2^k}+1-1)^{2^{\ell-k}}+1$. Soit :

$$f_\ell=(f_k-1)^{2^{\ell-k}}+1$$

En développant par la formule du binôme, tous les termes, sauf le dernier, sont des multiples de f_k : $\exists\,\alpha\in\mathbb{N},\ f_\ell=\alpha.f_k+2$.

Un diviseur commun à f_ℓ et f_k divise donc 2. Or il s'agit de nombres impairs, donc 2 n'est pas diviseur commun et le pgcd de f_k et f_ℓ vaut 1.

Partie II

1°) On suppose n composé et donc $n=\alpha d$ avec $1<\alpha<n$ et $1<d<n$.

$$M_n=2^n-1=2^{\alpha d}-1=(2^\alpha)^d-1.$$

Soit : $M_n=(2^\alpha-1)((2^\alpha)^{d-1}+(2^\alpha)^{d-2}+\cdots+1)$.

Donc $2^\alpha-1$ est un diviseur de M_n, strictement inférieur à M_n (puisque $\alpha<n$) et strictement supérieur à 1 (puisque $\alpha>1$) : M_n est composé.

2°) $M_{11}=2^{11}-1=2047$. On remarque que ce nombre est divisible par 23 et n'est donc pas premier. Or, 11 est premier. Par conséquent, le fait que n soit premier n'implique pas que M_n le soit.

3°) a) $S(1)=1$, $S(2)=3$, $S(3)=4$, $S(4)=7$, $S(5)=6\ldots$

b) Un nombre k est diviseur de n si, et seulement si, il est de la forme $k=p_1^{\beta_1}p_2^{\beta_2}\cdots p_k^{\beta_k}$, où, pour tout indice i, on a : $0\leqslant\beta_i\leqslant\alpha_i$. Ainsi :

$$S_n=\sum_{\substack{\beta_1,\beta_2,\ldots,\beta_k \text{ tels que}\\ 0\leqslant\beta_1\leqslant\alpha_1,0\leqslant\beta_2\leqslant\alpha_2,\ldots,0\leqslant\beta_k\leqslant\alpha_k}} p_1^{\beta_1}p_2^{\beta_2}\cdots p_k^{\beta_k}$$

et, par propriétés des opérations, ceci n'est autre que la relation :

$$S(n)=\prod_{i=1}^{k}\Big(\sum_{\beta_i=0}^{\alpha_i}p_i^{\beta_i}\Big).$$

c) Les nombres 1 et n divisent n, donc si $S(n)=n+1$, le nombre n admet exactement deux diviseurs : 1 et n, donc n est premier.

4°) a) $S(1)=1<2$ et 1 est déficient, $S(2)=3<4$ et 2 est déficient.

b) Les diviseurs de p^α sont les nombres $1,p,p^2,\ldots,p^\alpha$. Donc :

$$S(p^\alpha)=1+p+p^2+\cdots+p^\alpha=\frac{p^{\alpha+1}-1}{p-1}.$$

Le nombre p^α est déficient si et seulement si $S(p^\alpha)<2p^\alpha$. Ce qui équivaut à :

$$1>p^\alpha(2-p).$$

Si $p=2$, l'inégalité est vérifiée et 2^α est déficient.

Si $p \geqslant 3$, alors $2 - p < 0$ et l'inégalité est trivialement vérifiée, donc p^α est déficient.

c) En utilisant la question précédente :

$$u_\alpha = \frac{S(p^\alpha)}{p^\alpha} = \frac{p^{\alpha+1} - 1}{(p-1)p^\alpha} = \frac{p - p^{-\alpha}}{p-1} \underset{(\alpha \to +\infty)}{\longrightarrow} \frac{p}{p-1}$$

Pour la monotonie, considérons le rapport :

$$\frac{u_{\alpha+1}}{u_\alpha} = \frac{S(p^{\alpha+1})}{p^{\alpha+1}} \frac{p^\alpha}{S(p^\alpha)} = \frac{p^{\alpha+2} - 1}{p^{\alpha+2} - p}$$

Ce dernier rapport est strictement supérieur à 1 et la suite (u_α) est croissante.

5°) a) $S(6) = 1 + 2 + 3 + 6 = 12 = 6 \times 2$, 6 est parfait (donc tous les entiers ne sont pas déficients, malgré les nombreux exemples trouvés plus haut).

b) Si un entier n n'a pas de facteur premier impair, alors n est une puissance de 2. On vient de voir que ces nombres sont tous déficients. Ainsi un nombre parfait pair admet au moins un diviseur impair et il est de la forme $2^\alpha(2k+1)$, $k \geqslant 1$.

6°) Supposons m et n premiers entre eux. Dans ce cas, les factorisations de m et n peuvent s'écrivent :

$$n = p_1^{\alpha_1} p_2^{\alpha_2} \cdots p_k^{\alpha_k} \text{ et } m = p_{k+1}^{\alpha_{k+1}} \cdots p_m^{\alpha_m}$$

où $p_1, \ldots, p_k, p_{k+1}, \ldots, p_m$ sont des nombres premiers ***deux à deux*** distincts.

Le produit mn s'écrit alors :

$$mn = p_1^{\alpha_1} p_2^{\alpha_2} \cdots p_k^{\alpha_k} p_{k+1}^{\alpha_{k+1}} \cdots p_m^{\alpha_m}$$

et d'aprés la question II 3) b) :

$$S(mn) = \prod_{i=1}^{m} \Big(\sum_{\beta_i=0}^{\alpha_i} p_i^{\beta_i} \Big) = \prod_{i=1}^{k} \Big(\sum_{\beta_i=0}^{\alpha_i} p_i^{\beta_i} \Big) \times \prod_{i=k+1}^{m} \Big(\sum_{\beta_i=0}^{\alpha_i} p_i^{\beta_i} \Big)$$

On a bien : $S(mn) = S(m)S(n)$.

Commentaires

A. *Ce sujet est inspiré de l'épreuve de l'ENSAE M 1992.*

B. *Les nombres dont on parle dans ce problème ont été très étudiés, il y a plus de trois cent ans. Les nombres de type I, $2^n - 1$, sont les nombres de* ***Mersenne*** *et les nombres de type II, $2^n + 1$, tels que n soit une puissance de 2, sont les nombres de* ***Fermat****.*

C. Les nombres de Mersenne

On les rencontre déjà chez Euclide à propos de la construction des nombres parfaits pairs (partie II du problème) mais leur étude systématique a eu lieu au XVIIe siècle par le père Marin Mersenne. Selon lui, les nombres $2^n - 1$, que l'on écrit M_n, sont premiers pour n valant :

$$2, 3, 5, 7, 13, 17, 19, 31, 67, 127, 257$$

et composés pour tous les autres jusqu'à M_{257}. En fait, c'est faux. On a montré dans la partie I du problème que M_n n'est premier que si n l'est mais la réciproque n'est pas nécessairement vrai. Mersenne l'a vu pour M_{11} mais il s'est trompé pour M_{67} et M_{257} qui ne sont pas premiers et par contre il n'a pas vu que M_{61}, M_{89}

et M_{107} eux l'étaient. En fait, certains théorèmes permettent d'avoir des résultats par élimination, citons (sans démonstration) :

Si n est premier alors M_n divise $2^{M_n-1}-1$.

Si $8q+7$ est premier, $M_{4q+3}=2^{4q+3}-1$ est divisible par $8q+7$.

Si on fait un bilan, les 12 premiers nombres de Mersenne premiers ont été trouvés entre 1600 et 1900, ce sont :

$$M_2, M_3, M_5, M_7, M_{13}, M_{17}, M_{19}, M_{31}, M_{61}, M_{89}, M_{107}, M_{127}$$

Puis, à partir de 1952, à l'aide d'un critère de primalité mis au point par Lehmer, on a découvert un certain nombre d'autres nombres de Mersenne premiers. Il y a quelques années, l'ordinateur de l'Université d'Illinois a montré que M_{11213}, nombre de 3376 chiffres, est premier. Le département de Mathématiques de cette université a été si fier de sa découverte que, sur toute lettre, il l'imprime avec sa machine à affranchir pour le faire admirer. Mais on en a trouvé d'autres encore plus grands, on en connait (en 1995) une trentaine dont le plus grand est M_{756839} qui a seulement 227832 chiffres ...

D. Les nombres de Fermat

Au départ, le problème a été trés lié aux nombres de Mersenne et il s'agissait de séparer les premiers des autres. Mais on ne trouve pas de grands nombres de Fermat qui soient premiers ! Pour mieux comprendre tout cela, revenons d'abord au commencement.

Fermat, vers 1640, s'est penché sur les nombres de la forme a^n+1. On a montré dans le problème que si a^n+1 est premier, n est une puissance de 2. D'où l'idée naturelle d'étudier les plus simples de ces nombres, ceux qui correspondent à $a=2$ et Fermat a eu la conviction (pas la démonstration) que les nombres $F_n=2^{2^n}+1$ étaient tous premiers. Or,

$$F_0=3, F_1=5, F_2=17, F_3=257 \text{ et } F_4=65537$$

sont premiers ce qui faisait un bon début. Malheureusement, un siècle après, Euler prouve que F_5 est divisible par 641. En voilà une démonstration :

$$641=(5^4+2^4) \mid 2^{28}(5^4+2^4)=2^{32}+5^4 2^{28}$$

et d'autre part :

$$641=(5.2^7+1) \mid (5.2^7+1)(5.2^7-1)=(5^2 2^{14}-1) \mid (5^2 2^{14}-1)(5^2 2^{14}+1),$$

d'où :

$$641 \mid (2^{32}+5^4 2^{28}-(5^4 2^{28}-1))=2^{32}-1=F_5.$$

Puis il faut attendre Landry en 1880 pour démontrer que F_6, nombre de 20 chiffres, est divisible par 274177. En fait, on pense qu'il n'existe pas de nombres de Fermat premiers plus grand que F_4 ! F_{17} est le premier nombre de Fermat dont on ignore la nature. F_{1945} et F_{23471} (ce dernier est le plus grand nombre de Fermat dont on connaît la nature) ne sont pas premiers. Par exemple, on démontre que $2^{1947}.5+1$ divise F_{1945}.

E. Une application des nombres de Fermat premiers

Gauss en 1801 a montré que le nombre n de côtés des polygones réguliers constructibles à la règle et au compas est nécessairement de la forme $2^k \prod_{i=1}^{m} F_i$, où *les F_i sont des nombres de Fermat premiers et distincts. Si la conjecture énoncée précédemment est exacte, on aurait rapidement les formes possibles de n.*

F. Les nombres parfaits

Il s'agit de tout nombre n dont la somme de tous les diviseurs (1 et n compris) est le double de lui-même. L'intérêt pour le concept de «nombre parfait» illustre l'une des motivations des sciences chez les grecs antiques : tout doit être beau et les propriétés des nombres sont une manifestation de l'harmonie divine. Ainsi, on traite des nombres parfaits déjà dans les trois livres d'Euclide consacrés à l'arithmétique. Les termes «abondants», «déficients» apparaissent chez Nicomaque de Gérase, au début du second siècle de notre ère. On sait depuis Euler que les nombres parfaits pairs sont les nombres de la forme $2^n(2^{n+1} - 1)$ où $2^{n+1} - 1$ est premier.

Un problème reste ouvert : existe-t-il des nombres parfaits impairs ? En fait, on pense qu'un tel nombre n'existe pas car on trouve au fil des recherches des conditions de plus en plus restrictives à laquelles il serait soumis. Ainsi, Hagis a montré en 1975 qu'un tel nombre a au moins 8 facteurs premiers distincts. Brent et Cohen ont montré qu'il serait nécessairement supérieur à 10^{160}. C'est l'informatique qui permet de reculer ainsi les limites ... Attention, la rareté d'un entier parfait impair ne prouve pas son inexistence, pensez que dans l'intervalle $[1, 10^{160}]$ il n'y a que 12 entiers parfaits pairs ce qui est très peu par rapport aux 10^{160} entiers compris dans cet intervalle.

***G. L'utilité pratique de ces recherches** ? On a trouvé une application pratique à la recherche des grands nombres premiers et à la factorisation des grands nombres, c'est la cryptographie. En 1975 l'on a trouvé une méthode de cryptage plus efficace que le codage numérique de chaque caractère du message qui ne résiste pas longtemps aux ordinateurs actuels. On prend un nombre très grand de la forme $N = a \times b$, a et b étant premiers avec une cinquantaine de chiffres chacun. Celui qui veut décoder le message, même s'il connaît N, devra trouver a et b, ce qui est actuellement impossible dans un laps de temps pas trop long.*

***H. Un zeste de Maple :** Le package «numtheory» contient la fonction «mersenne» et la fonction «fermat». En fait, on est très vite limité.*

> with(numtheory) : mersenne(3), mersenne(4), mersenne(756853) ;

7, false, false

En fait, «mersenne(n)» retourne $2^n - 1$ si $2^n - 1$ est connu comme un nombre premier. Si par contre, $2^n - 1$ n'est pas premier ou si on ne sait pas déterminer s'il est premier ou non, il est retourné false.

> mersenne([3]) ;

$$31$$

Dans cette commande, on a droit au 3ème nombre de Mersenne premier.

> fermat(n), fermat(3), fermat(20) ;

$2^{(2^n)} + 1, 257$, object too big

La formule ne calcule les nombres de Fermat que pour $n < 20$. En conclusion, ne pas attendre de miracle de ces commandes.

Problème n° 36 _____________ *Durée estimée : 2 heures*

Prérequis :

Diviseurs d'un entier. Multiples d'un entier. Entier premier. Formule du binôme de Newton.

ÉNONCÉ

Partie I : Le (petit) théorème de Fermat

Soit p un entier ***premier***.

1°) ***Préliminaire*** : Montrer que :

$$\forall k \in \{1, \ldots, p-1\}, k.C_p^k = p.C_{p-1}^{k-1} \text{ et } \sum_{k=0}^{p} C_p^k = 2^p.$$

2°) Montrer que pour $k \in \{1, \ldots, p-1\}$, C_p^k est divisible par p.

3°) Montrer que p divise $2^p - 2$.

4°) En déduire le théorème de Fermat : Pour tout entier naturel a, $a^p - a$ est divisible par p.

5°) En déduire que si a n'est pas multiple de p, alors le nombre $a^{p-1} - 1$ est divisible par p.

Partie II : Première application

Ici, n et m sont des entiers quelconques.

1°) Soit α un entier naturel et p un nombre premier qui ne divise ni m ni n. Montrer que p divise $(m^\alpha)^{p-1} - 1$ et $(n^\alpha)^{p-1} - 1$. En déduire qu'il divise $m^{\alpha(p-1)} - n^{\alpha(p-1)}$.

2°) En déduire que le nombre $S = (m^{60} - n^{60})$ est divisible par tout nombre premier p tel que $p - 1$ soit un diviseur de 60. En déduire que S est divisible par 56786730.

Partie III : Seconde application

On désire montrer qu'il existe une infinité de nombres premiers de la forme $4n + 1$, où n décrit $\mathbb{N}^*$. Pour cela, nous allons raisonner par l'absurde en supposant qu'il n'existe que k nombres premiers de la forme $4n + 1$. On les note $p_1, p_2, \ldots, p_k$ et on pose $a = p_1 p_2 \ldots p_k$ et $N = a^2 + 1$.

1°) Soit q un facteur premier de N. On suppose que q est de la forme $4n + 3$, où $n \in \mathbb{N}$.

a) Pourquoi q ne divise-t-il pas a ?

b) Montrer successivement que q divise $a^{4n+2} - 1$, n étant l'entier tel que $q = 4n + 3$, puis que q divise aussi $a^2 + 1$ et $a^2 - 1$. En déduire enfin que q divise 2. Conclure.

2°) Montrer que N est divisible par 2, mais n'est pas divisible par 4.

3°) Déduire des questions précédentes que N admet au moins un facteur premier de la forme $4n + 1$ et qu'un tel facteur est différent de $p_1, \ldots, p_k$. Conclure.

CORRIGÉ

Partie I

1°) Montrons la première égalité demandée.

On écrit, pour $k \geqslant 1$:

$$k.C_p^k = k\frac{p!}{k!(p-k)!} = \frac{p!}{(k-1)!(p-k)!} = p\frac{(p-1)!}{(k-1)!(p-k)!} = pC_{p-1}^{k-1}$$

La seconde égalité à prouver n'est autre que la formule du binôme de Newton appliquée à $(1+1)^p$.

2°) On utilise la relation entre nombres entiers : $kC_p^k = pC_{p-1}^{k-1}$.

Comme $1 \leqslant k \leqslant p-1$ et comme p est premier, alors p est premier avec k. Le nombre p divise kC_p^k, donc d'après le théorème de Gauss, p divise C_p^k.

3°) On utilise maintenant la seconde égalité de la question 1,

$$2^p - 2 = \sum_{k=0}^{p} C_p^k - 2 = \sum_{k=1}^{p-1} C_p^k$$

et d'après la question 2), p divise tous les coefficients C_p^k, pour $1 \leqslant k \leqslant p-1$, donc divise leur somme : p divise $2^p - 2$.

4°) On est incité à faire une récurrence. Il est clair que le résultat est vrai pour $a = 0$, $a = 1$ et on vient de le prouver pour $a = 2$.

Supposons le vrai pour un entier a fixé. Nous pouvons écrire :

$$(1+a)^p - (1+a) = 1 + a^p + \sum_{k=1}^{p-1} C_p^k a^k - 1 - a = \sum_{k=1}^{p-1} C_p^k a^k + (a^p - a).$$

Comme les C_p^k écrits sont multiples de p et comme $a^p - a$ est un multiple de p par hypothèse de récurrence, il en est de même de $(a+1)^p - (a+1)$.

La propriété est donc encore vraie au rang $a + 1$. On conclut par le principe de récurrence.

5°) D'après le résultat de la question 4) il existe un entier k tel que :

$$a^p - a = a(a^{p-1} - 1) = kp.$$

Si a n'est pas multiple du nombre premier p, alors p est premier avec a et, en utilisant une fois encore le théorème de Gauss, p divise $a^{p-1} - 1$.

Partie II

1°) Si le nombre premier p ne divise ni m, ni n, il ne divise pas non plus ni m^α, ni n^α et il divise par conséquent $(m^\alpha)^{p-1} - 1$ et $(n^\alpha)^{p-1} - 1$. [résultat de I 5)].

Il divise donc aussi leur différence $m^{\alpha(p-1)} - n^{\alpha(p-1)}$.

2°) Soit p un nombre premier tel que $p - 1$ divise 60. On peut écrire $60 = \alpha(p-1)$, pour un certain entier α et, d'après la question 1), p divise $S = m^{60} - n^{60}$.

Les diviseurs de 60 sont : $1, 2, 3, 4, 5, 6, 10, 12, 15, 30, 60$ et donc les nombres premiers p convenables sont : $2, 3, 5, 7, 11, 13, 31, 61$.

Le nombre S est divisible par tous ces nombres premiers différents, donc par leur produit, qui vaut comme par hasard 56786730.

$$56786730 \text{ divise } m^{60} - n^{60}$$

Partie III

1°) a) Le nombre q divise N, s'il divisait a, il diviserait a^2, donc aussi $N - a^2 = 1$. Ainsi q diviserait 1, ce qui semble difficile pour un nombre premier !

b) Le nombre q est premier et ne divise pas a, donc q divise $a^{q-1} - 1$, c'est-à-dire $a^{4n+2} - 1$ [résultat I 5)].

Le nombre q divise $N = a^2 + 1$, comme $a^4 - 1 = (a^2 + 1)(a^2 - 1)$, il divise *a fortiori* $a^4 - 1$.

De plus : $a^{4n+2} - 1 = a^2(a^{4n}) - 1 = a^2(a^{4n} - 1) + a^2 - 1$

et : $a^{4n} - 1 = (a^4 - 1)(a^{4(n-1)} + a^{4(n-2)} + \cdots + 1)$

Ainsi, il existe un entier k tel que : $a^{4n+2} - 1 = k(a^4 - 1) + a^2 - 1$ et le nombre q divisant $a^{4n+2} - 1$ et $a^4 - 1$, il divise $a^2 - 1$.

Finalement q divise $a^2 - 1$ et $a^2 + 1$, donc leur différence 2, ce qui est impossible car $q \geqslant 3$.

En conclusion, le nombre N ne possède aucun facteur premier de la forme $4n + 3$, c'est-à-dire que tous les facteurs premiers impairs de N sont de la forme $4n + 1$.

2°) Tout produit de nombres entiers de la forme $4k + 1$ est encore un entier de la forme $4k' + 1$. En effet, pour deux facteurs on a :

$$(4k_1 + 1)(4k_2 + 1) = 4(k_1 + k_2 + 4k_1k_2) + 1$$

et il suffit alors de raisonner par récurrence sur le nombre de facteurs ...

Par conséquent a^2 est de la forme $4K + 1$ et N est de la forme $4K + 2$, donc est divisible par 2 mais pas par 4.

3°) On connaît des nombres premiers de la forme $4n + 1$, par exemple 5, 13, 17,...

Par conséquent N est strictement supérieur à 2. Le nombre N admet comme facteur premier le nombre 2 à la puissance 1, il admet donc d'autres facteurs premiers et ceux-ci sont nécessairement de la forme $4n + 1$.

Soit $q = 4n + 1$ un tel facteur premier. Il est clair que les nombres p_i divisant a et étant supérieurs à 3, ils ne peuvent diviser $N = a^2 + 1$. Par conséquent q n'est pas l'un des p_i, ce qui contredit notre hypothèse qui était que $p_1, \ldots, p_k$ étaient tous les nombres premiers de la forme $4n + 1$.

Conclusion : il existe une infinité de nombres premiers de la forme $4n + 1$.

Commentaires

***A. Attention,** le théorème montré à la question I 5) est en fait le petit théorème de Fermat. Celui dont il a été proposé une démonstration trés récemment est le **grand théorème de Fermat** : pour tout entier naturel $n > 2$, l'équation $x^n + y^n = z^n$ n'a pas de solutions en nombres entiers non nuls.*

***B.** Au XIXe siècle, Gauss met en place la notion fondamentale de **congruences** qui va clarifier les calculs et les raisonnements sur les entiers :*

On dit que a est congru à b modulo n, et on note $a \equiv b \pmod n$, si et seulement si n divise $a - b$. Cette relation est compatible avec la multiplication et l'addition. Ainsi, le petit théorème de Fermat peut s'écrire $a^{p-1} \equiv 1 \pmod p$, si p est premier et ne divise pas a.

C. La réciproque du petit théorème de Fermat est fausse

*Si p est premier et ne divise pas 2, c'est-à-dire en fait si p est un nombre premier différent de 2, on sait que p divise $2^{p-1} - 1$. Mais on n'a pas la réciproque, ainsi 341 (qui n'est pas premier) divise $2^{341-1} - 1$. C'est pourquoi on est allé plus loin dans la classification. Un nombre composé p tel que $2^p - 2$ soit divisible par p est appelé **pseudo-premier** et il est dit **nombre de Carmichaël** si $a^p - a$ est divisible par p pour tout entier a premier avec p.*

On sait qu'il existe une infinité de nombres pseudo-premiers. Par exemple, 645 et 161038 sont pseudo-premiers. Par contre, on sait qu'il existe des nombres de Carmichaël mais on ignore s'il y en a une infinité.

***D.** En arithmétique, un problème important est la recherche de nombres premiers très grands. Soit N un «grand» nombre, d'après la loi de densité des nombres premiers, il y a approximativement $\dfrac{\sqrt{N}}{\ln(\sqrt{N})}$ nombres premiers inférieurs à $\sqrt{N}$.*

Démontrer que N est premier par la méthode (naturelle) des divisions successives, même en supposant connus tous les nombres premiers inférieurs à $\sqrt{N}$, demanderait de l'ordre de 10^{47} divisions pour un nombre de 100 chiffres ! Il a donc fallu trouver d'autres méthodes pour tester si un nombre est premier ou non.

Une méthode très récente est le test de Rabin qui démontre que si n n'est pas premier, il y a moins de $(n-1)/4$ valeurs de a comprises entre 2 et $n-1$ pour lesquelles n divise $a^{(n-1)/2} \pm 1$ (Appelons cette condition α).

Concrètement, pour essayer de reconnaitre un nombre premier n (grand), on choisit arbitrairement k nombres a entre 2 et $n-1$ et si tous vérifient la condition α, on dit que n est premier avec un risque d'erreur qui diminue rapidement lorsque k augmente. Bien entendu, il ne s'agit que d'un test probabiliste.

E. Une généralisation du petit théorème de Fermat

*On appelle indicateur d'Euler φ l'application de $\mathbb{N}^*$ dans $\mathbb{N}$, qui à tout entier n non nul associe le nombre d'entiers premiers avec n et compris entre 1 et n. Le petit théorème de Fermat permet de démontrer le **théorème d'Euler** qui le généralise : si a et n sont premiers entre eux alors $a^{\varphi(n)} - 1$ est divisible par n. .*

***F.** Dans la partie III, on a montré qu'il y a une infinité de nombres premiers de la forme $4n+1$. On démontre qu'en fait, quels que soient a et b premiers entre-eux, il existe une infinité de nombres premiers de la forme $an+b$, mais les démonstrations de ce résultat sont toutes d'une difficulté redoutable ! !*

Problème n° 37

Durée estimée : 4 heures

Prérequis :

Partie I : polynômes, arithmétique des polynômes (polynômes premiers entre eux, PGCD de polynômes . . .), polynômes normalisés, divisions de polynômes, polynômes dérivés.
Partie II : Equations différentielles du premier ordre.

ÉNONCÉ

Partie I

On se propose de déterminer les couples (A, B) de polynômes de $\mathbb{R}[X]$, premiers entre eux , vérifiant la relation suivante :

$$X(A'B - AB') + X(A^2 - B^2) + aAB = 0 \quad (1)$$

où a est un nombre réel strictement positif et P' est le polynôme dérivé de P.

1°) En supposant qu'il existe un tel couple (A, B), établir les propriétés suivantes :

a) X divise un et un seul des polynômes A, B.

b) $\deg A = \deg B$ (on montrera que si $\deg A \neq \deg B$, l'égalité (1) est impossible) et les coefficients dominants de A et B sont égaux ou opposés.

c) En supposant que X divise B, le polynôme $B - A'$ est divisible par A.

Indication : on remarquera que la relation (1) peut s'écrire :

$$XB(B - A') = XA(A - B') + aAB$$

et que A est premier avec X et avec XB.

On supposera que X divise B dans la suite de la question 1).

d) En déduire la relation :

$$B - A' = \varepsilon A \quad (2)$$

où $\varepsilon \in \{-1, 1\}$.

Indication : on posera $B - A' = PA$ et on considèrera les degrés.

e) Montrer que la relation (1) permet d'écrire successivement :

$$\begin{cases} X(A - B') + aB = \varepsilon XB & (3) \\ X(2\varepsilon A' + A'') = a(\varepsilon A + A') & (4) \end{cases}$$

f) Déduire de l'égalité (4) que $a = 2n$, où $n = \deg A = \deg B$.
(On pourra identifier les termes de plus haut degré des deux membres de l'égalité)

2°) Soit (A, B) un couple de polynômes de degré $n \geqslant 2$ vérifiant les relations (2) et (4), *a priori* pas nécessairement premiers entre eux. On suppose aussi que $B(0) = 0$ (c'est-à-dire que X divise B) et que a est un entier naturel pair tel que $a = 2n$.

a) En utilisant la relation (4), montrer que $A(0) \neq 0$.

Indication : On raisonnera par l'absurde en supposant $A(0) = 0$, on en déduira $A'(0) = 0$, puis on écrira $A = X^k A_1$, avec $k \geqslant 2$ et avec $A_1(0) \neq 0$ et on en déduira une contradiction.

b) Montrer que, pour tout entier k tel que $2 \leqslant k \leqslant n$, on a :

$$XA^{(k)} = 2\varepsilon(n-k+2)A^{(k-2)} + (2n-k+2-2\varepsilon X)A^{(k-1)} \quad (5)$$

$A^{(k)}$ désignant la dérivée k-ième de A et en convenant que $A^{(0)} = A$.

Indication :
on commencera par vérifier que pour $k = 2$, on retrouve la relation (4).

c) Soit D le PGCD de A et B. Montrer que D divise les polynômes dérivés successifs de A. (On usera des relations (2) et (5))
En déduire que A et B sont premiers entre eux.

3°) Déterminer les polynômes normalisés A de degré n,

$$A = X^n + a_{n-1}X^{n-1} + \cdots + a_p X^p + \cdots + a_1 X + a_0$$

qui satisfont à la relation (4) avec $a = 2n$ (on calculera a_p en fonction de n et de p).

4°) Déterminer les polynômes B premiers avec A tels que $(A,\ B)$ soit solution de (1) (on déterminera les coefficients de B).

5°) Application : Déterminer les couples (A, B) pour $n = 2$.

Partie II

On considère l'équation différentielle suivantte, n étant un entier naturel :

$$y' + y^2 + 2n\,\frac{y}{x} - 1 = 0 \quad (E)$$

1°) Intégrer cette équation dans le cas où $n = 0$.

2°) On suppose maintenant $n \geqslant 1$.

a) Montrer que si A et B sont deux polynômes premiers entre eux vérifiant (1), avec $a = 2n$, alors $x \mapsto \dfrac{A(x)}{B(x)}$ est solution de (E), sur tout intervalle ne contenant pas 0 et sur lequel B ne s'annule pas.

b) Déduire des résultats de la partie I, que l'ensemble des solutions de (E) contient deux fonctions rationnelles f_1 et f_2.

c) En posant $f_i(x) = \dfrac{A_i(x)}{B_i(x)}$, où A_i et B_i sont des polynômes premiers entre eux (pour $i = 1, 2$), montrer qu'on peut déduire de la relation (3), la relation :

$$f_1(x) - f_2(x) = \frac{B_1'(x)}{B_1(x)} - \frac{B_2'(x)}{B_2(x)} + 2 \quad (6)$$

d) Soit y une solution de (E), sur un intervalle I inclus dans le domaine de définition de f_1 et f_2, différente de f_1 et f_2. On admet qu'alors $y(x)$ n'est jamais égal ni à $f_2(x)$ ni à $f_1(x)$ et on pose $z(x) = \dfrac{y(x) - f_1(x)}{y(x) - f_2(x)}$.

Montrer que z vérifie l'équation différentielle :

$$z' + (f_1 - f_2)z = 0$$

En tenant compte de (6), intégrer cette équation. En déduire la solution générale de (E).

3°) Application : Intégrer l'équation différentielle suivante :

$$y' + y^2 + 4\,\frac{y}{x} - 1 = 0.$$

CORRIGÉ

Partie I

1°) a) Nous pouvons commencer par écrire :

$$aAB = -X(A'B - AB' + A^2 - B^2),$$

donc X divise aAB. Comme X est un polynôme irréductible, X divise A ou X divise B. Comme A et B sont premiers entre eux, X ne peut pas diviser A et B, donc X divise un seul des polynômes A et B.

b) Remarquons que l'énoncé a éliminé d'office la solution triviale $A = B = 0$, on peut donc parler de degrés !

Supposons par exemple que $\deg A = \alpha < \deg B = \beta$, alors :

$\deg\big(X(A'B - AB')\big) \leqslant 1 + \alpha + \beta - 1 < 2\beta, \deg\big(X(A^2 - B^2)\big) = 2\beta + 1$
$\deg(aAB) = \alpha + \beta < 2\beta.$

Nous en déduisons que :

$$\deg\big(X(A'B - AB') + X(A^2 - B^2) + aAB\big) = 2\beta + 1 \geqslant 1$$

Ainsi, il est impossible que (1) soit vérifié. Par conséquent, (le cas $\alpha > \beta$ est similaire), $\alpha = \beta$.

Si $\alpha = \beta$ et si les valeurs absolues des coefficients dominants de A et B sont différentes, on a encore $\deg\big(X(A^2 - B^2)\big) = 2\alpha + 1$ et ce terme est la source du coefficient dominant du polynôme écrit à gauche dans (1) : il est impossible que ce polynôme soit nul. Les coefficients dominants de A et de B ont donc même valeur absolue.

c) Comme X divise B, alors X ne divise pas A, donc X est premier avec A. Comme il est aussi premier avec B, il est premier avec XB. D'autre part, (1) peut s'écrire : :

$$XB(B - A') = XA(A - B') + aAB = A[X(A - B') + aB].$$

Le polynôme A divise donc $XB(B - A')$ et étant premier avec XB, il divise nécessairement $B - A'$.

d) Il existe donc un polynôme P tel que $B - A' = PA$.

De plus : $\deg(B - A') = \deg B$, car $\deg A' = \deg B - 1$. Nous en déduisons :

$$\deg(B - A') = \deg B = \deg(PA) = \deg P + \deg A = \deg A,$$

donc P est une constante. Comme les coefficients dominants de A et B ont même valeur absolue, on obtient $P = \varepsilon$ avec $\varepsilon^2 = 1$ et $B - A' = \varepsilon A$.

e) Nous remplaçons dans la formule $XB(B - A') = A[X(A - B') + aB]$, $B - A'$ par sa valeur εA pour obtenir :

$$A\varepsilon XB = A(X(A - B') + aB).$$

Comme $A = 0$ est exclu par l'énoncé, on simplifie par A (l'anneau $\mathbb{R}[X]$ est intègre) et cela donne (3).

De la relation (2), on tire $B = \varepsilon A + A'$, d'où $B' = \varepsilon A' + A''$ et dans (3), on remplace B et B' par leurs valeurs :

$$\varepsilon X(\varepsilon A + A') = XA - X(\varepsilon A' + A'') + a(\varepsilon A + A').$$

En regroupant les termes contenant X et en simplifiant, on trouve bien (4).

f) Si $A = a_n X^n + a_{n-1}X^{n-1} + \cdots + a_0$, le coefficient de X^n dans le membre de droite de (4) est $a\varepsilon a_n$, et dans le membre de gauche $2\varepsilon n a_n$. Nous avons donc

$$2\varepsilon n a_n = a\varepsilon a_n.$$

Cela implique $a = 2n$, car A étant un polynôme de degré exactement n, $a_n \neq 0$.

2°) a) Supposons $A(0) = 0$, alors (2) implique $A'(0) = 0$, car $B(0) = 0$, (on peut aussi substituer 0 à X dans (4)).

Donc 0 est racine multiple de A et, en notant k l'ordre de multiplicité de 0 dans A : $A = X^k A_1$, où A_1 est un polynôme tel que $A_1(0) \neq 0$ et k un entier tel que $k \geqslant 2$.

On a alors :

$$A' = kX^{k-1}A_1 + X^k A_1' \,;\, A'' = k(k-1)X^{k-2}A_1 + 2kX^{k-1}A_1' + X^k A_1''.$$

et, en remplaçant dans (4), puis en simplifiant par X^{k-1} :

$$2\varepsilon(kXA_1 + X^2A_1') + k(k-1)A_1 + 2kXA_1' + X^2A_1'' = 2n(\varepsilon XA_1 + kA_1 + XA_1')$$

En substituant à X la valeur 0, il reste : $k(k-1)A_1(0) = 2knA_1(0)$, et puisque $A_1(0) \neq 0$ et $k \neq 0$: $k = 2n + 1$, ce qui n'est pas un ordre de multiplicité raisonnable pour une racine d'un polynôme de degré n. Notre hypothèse est donc absurde et $A(0) \neq 0$. On en conclut que X ne divise pas A.

b) La relation (4) peut s'écrire sous la forme :

$$XA^{(2)} = 2\varepsilon nA^{(0)} + (2n - 2\varepsilon X)A^{(1)}.$$

C'est la relation (5) pour $k = 2$. Nous allons donc procéder à une récurrence sur k. Supposons la relation (5) vraie pour k entier fixé $\geqslant 2$ et montrons qu'elle est vraie au rang $k + 1$. Il suffit de dériver l'égalité vraie au rang k, d'un côté, c'est $A^{(k)} + XA^{(k+1)}$ et de l'autre côté c'est :

$$2\varepsilon(n - k + 2)A^{(k-1)} + (2n - k + 2 - 2\varepsilon X)A^{(k)} - 2\varepsilon A^{(k-1)}$$

Il suffit de passer $A^{(k)}$ du membre de gauche au membre de droite et on obtient :

$$XA^{(k+1)} = 2\varepsilon(n - k + 1)A^{(k-1)} + (2n - k + 1 - 2\varepsilon X)A^{(k)}.$$

C'est bien la formule au rang $k + 1$. On conclut par le principe de récurrence limité.

c) Soit D le PGCD de A et de B. D'aprés la relation (2), on a : $A' = B - \varepsilon A$ et donc, comme D divise A et B, il divise $A' = B - \varepsilon A$.

Si l'on suppose que D divise $A^{(k-2)}$ et que D divise $A^{(k-1)}$, la relation (5) montre que D divise $XA^{(k)}$. Comme X ne divise pas A, il ne divise pas D et X et D sont premiers entre eux. Donc D divise $A^{(k)}$. Il en résulte, en particulier, que D divise $A^{(n)}$. Or, $A^{(n)}$ est un réel (car A est un polynôme de degré n) et D est donc un réel (non nul). Par conséquent, A et B sont premiers entre eux.

3°) Ecrivons $A = \sum_{k=0}^{n} a_k X^k$, avec $a_n = 1$. On a alors :

$$A' = \sum_{k=1}^{n} k a_k X^{k-1} \text{ et } A'' = \sum_{k=2}^{n} k(k-1)X^{k-2}$$

En remplaçant dans (4) (avec $a = 2n$), il vient :

$$2\varepsilon \sum_{k=0}^{n} k a_k X^k + \sum_{k=1}^{n} k(k-1) a_k X^{k-1} - 2n\varepsilon \sum_{k=0}^{n} a_k X^k - 2n \sum_{k=1}^{n} k a_k X^{k-1} = 0$$

La nullité du coefficient du terme en X^n est banale et, pour $k \in \{0, \ldots, n-1\}$, La nullité du coefficient du terme en X^k s'écrit :

$$2\varepsilon k a_k + k(k+1)a_{k+1} - 2n\varepsilon a_k - 2n(k+1)a_{k+1}$$

C'est-à-dire :

$$2\varepsilon(n-k)a_k = (k+1)(k-2n)a_{k+1}$$

Comme $a_n = 1$, il vient $a_{n-1} = \dfrac{-n(n+1)}{2\varepsilon.1} a_n = -\varepsilon\,\dfrac{n(n+1)}{2}$, puis

$$a_{n-2} = \frac{-(n-1)(n+2)}{2\varepsilon.2} a_{n-1} = (-\varepsilon)^2 \frac{(n-1)n(n+1)(n+2)}{2^2.2!}$$

et, par récurrence : $a_{n-k} = (-\varepsilon)^k \dfrac{(n-k+1)(n-k+2)\ldots(n+k-1)(n+k)}{2^k.k!}$

Soit : $a_{n-k} = (-\varepsilon)^k \dfrac{(n+k)!}{2^k.k!(n-k)!}$, ce que l'on peut aussi écrire, en changeant d'indice :

$$a_k = (-\varepsilon)^{n-k} \frac{(2n-k)!}{2^{n-k}.(n-k)!k!} \text{ (même pour } k = n)$$

4°) Si (A, B) est solution de (1), alors A vérifie (4) et d'après (2), nous avons $B = \varepsilon A + A'$. En posant $B = \varepsilon X^n + \sum_{k=0}^{n-1} b_k X^k$, on obtient :

$$b_k = \varepsilon a_k + (k+1)a_{k+1} = \Big(\frac{(k+1)(k-2n)}{2(n-k)} + k + 1\Big)a_{k+1} = -\frac{k(k+1)}{2(n-k)} a_{k+1}$$

Soit, après simplifications :

$$\text{Pour } k \in \{0, \ldots, n-1\},\ b_k = -(-\varepsilon)^{n-k-1} \frac{k(2n-k-1)!}{2^{n-k}(n-k)!k!}$$

5°) Si $n = 2$, soit on fait un calcul direct, soit on applique les formules précédentes qui donnent immédiatement :

$$A = X^2 - 3\varepsilon X + 3 \text{ et } B = \varepsilon X^2 - X,$$

Soit :

$A_1 = X^2 - 3X + 3$ et $B_1 = X^2 - X$, puis $A_2 = X^2 + 3X + 3$ et $B_2 = -X^2 - X$.

Partie II

1°) Si $n = 0$, nous avons l'équation différentielle $y' + y^2 - 1 = 0$.

Les fonctions $x \mapsto 1$ et $x \mapsto -1$ sont des solutions évidentes sur n'importe quel intervalle de $\mathbb{R}$ et, en considérant une solution ne prenant pas la valeur 1 ni la valeur

-1, on peut écrire en séparant les variables :

$$dx = \frac{dy}{1-y^2} = \frac{dy}{2(1-y)} + \frac{dy}{2(1+y)}$$

ce qui donne, en intégrant :

$$x - x_0 = -\tfrac{1}{2}\ln|1-y| + \tfrac{1}{2}\ln|1+y| = \tfrac{1}{2}\ln\left|\frac{1+y}{1-y}\right|, \text{ avec } x_0 \in \mathbb{R}$$

Ce que l'on peut aussi écrire :

$\dfrac{1+y}{1-y} = k.\mathrm{e}^{2x}$, la constante réelle, non nulle, k prenant en charge les problèmes de signe, ou encore en résolvant en y :

$$y = \frac{\mathrm{e}^{2x}+\lambda}{\mathrm{e}^{2x}-\lambda}, \lambda \in \mathbb{R}^*$$

2°) a) Soit (A, B) un couple de polynômes vérifiant (1), avec $a = 2n$. En divisant les deux membres par B^2X, on obtient :

$$\frac{A'B - AB'}{B^2} + \left(\frac{A^2}{B^2} - 1\right) + \frac{2n}{X}\frac{A}{B} = 0,$$

donc si l'on pose $y : x \mapsto \dfrac{A(x)}{B(x)}$, sur un intervalle I où B n'a pas de racine, la fonction y vérifie :

$$y' + y^2 - 1 + \frac{2ny}{x} = 0.$$

et la fonction y est solution de (E) sur I.

b) Or, on a vu dans la partie I qu'il existait deux couples de polynômes solutions (A_1, B_1) et (A_2, B_2) dépendant du choix de ε. Nous trouvons donc deux solutions rationnelles : $f_1 : x \mapsto \dfrac{A_1(x)}{B_1(x)}$ (pour $\varepsilon = 1$) et $f_2 : x \mapsto \dfrac{A_2(x)}{B_2(x)}$ (pour $\varepsilon = -1$).

c) D'après les résultats de la partie I, si (A, B) vérifie (1), alors il vérifie aussi (3), ce qui permet d'écrire :

$$X(A - B') + 2nB = \varepsilon XB$$

Soit :

$$\frac{A}{B} - \frac{B'}{B} + \frac{2n}{X} = \varepsilon.$$

C'est-à-dire :

$$\frac{A_1}{B_1} - \frac{B_1'}{B_1} + \frac{2n}{X} = 1 \text{ et } \frac{A_2}{B_2} - \frac{B_2'}{B_2} + \frac{2n}{X} = -1.$$

En soustrayant membre à membre, on obtient la relation demandée :

$$f_1(x) - f_2(x) = \frac{B_1'(x)}{B_1(x)} - \frac{B_2'(x)}{B_2(x)} + 2.$$

d) On a $z = \dfrac{y - f_1}{y - f_2}$, d'où : $z' = \dfrac{(y' - f_1')(y - f_2) - (y - f_1)(y' - f_2')}{(y - f_2)^2}$.

Or y, f_1 et f_2 sont solutions de (E) sur I, donc $y' + y^2 + 2n\frac{y}{x} - 1 = 0$, idem pour f_1 et f_2.

Par conséquent : $y' - f_1' = (f_1 - y)(y + f_1 + \frac{2n}{x})$, $y' - f_2' = (f_2 - y)(y + f_2 + \frac{2n}{x})$.

et, en remplaçant : $z' = \dfrac{(y - f_1)(y - f_2)(f_2 - f_1)}{(y - f_2)^2} = \dfrac{y - f_1}{y - f_2}(f_2 - f_1)$.

Soit : $z' = z(f_2 - f_1) \quad (*)$, ce qu'il fallait.

Nous pouvons donc écrire, en utilisant la relation (6) :

$$z' = \Big(-\frac{B_1'(x)}{B_1(x)} + \frac{B_2'(x)}{B_2(x)} - 2\Big) z$$

Cette équation différentielle est du type $z' = az$ et on sait que ses solutions sont les fonctions de la forme $x \mapsto z(x) = k.\mathrm{e}^{A(x)}$, où A est une primitive de a. Ici l'intégration de a se fait « à vue » et donne :

$$z(x) = k.\exp\big(-\ln|B_1(x)| + \ln|B_2(x)| - 2x\big)$$

C'est-à-dire : $z(x) = \lambda.\mathrm{e}^{-2x}\dfrac{B_2(x)}{B_1(x)}$, la constante λ prenant à sa charge les problèmes de signe.

$z = \dfrac{y - f_1}{y - f_2}$ s'écrit aussi $y = \dfrac{f_1 - zf_2}{1 - z}$ et, en remplaçant f_1, f_2 par leurs expressions, ainsi que z, il vient :

$$y(x) = \frac{A_1 - \lambda A_2 \mathrm{e}^{-2x}}{B_1 - \lambda B_2 \mathrm{e}^{-2x}} = \frac{A_1\mathrm{e}^{x} - \lambda A_2 \mathrm{e}^{-x}}{B_1\mathrm{e}^{x} - \lambda B_2 \mathrm{e}^{-x}}.$$

Tous les calculs faits à partir de z peuvent se « remonter » et donc y est solution de (E) si et seulement si z est solution de $(*)$ et on a bien obtenu la solution générale de (E).

Notons que pour $\lambda = 0$, on retrouve la solution f_1 et que, en faisant tendre λ vers l'infini, f_2 apparaît comme solution limite.

3°) Ici $n = 2$, nous avons donc :

$A_1 = X^2 - 3X + 3, B_1 = X^2 - X, A_2 = X^2 + 3X + 3$ et $B_2 = -X^2 - X$:

d'où la solution générale de l'équation différentielle proposée :

$$y(x) = \frac{(x^2 - 3x + 3)\mathrm{e}^{x} - \lambda(x^2 + 3x + 3)\mathrm{e}^{-x}}{x\left[(x-1)\mathrm{e}^{x} + \lambda(x+1)\mathrm{e}^{-x}\right]}.$$

Commentaire

L'équation différentielle étudiée fait partie de la catégorie des équations différentielles de Ricatti, c'est-à-dire des équations différentielles de la forme :

$$y'(x) + a(x)y(x) + b(x)[y(x)]^2 + c(x) = 0$$

En général, on ne sait pas résoudre de façon exacte de telles équations différentielles, mais si on connaît une solution particulière y_1, alors en posant $y = y_1 + z$, on obtient :

$$y_1' + z' + a(y_1 + z) + b(y_1^2 + 2y_1 z + z^2) + c = 0$$

Soit : $z' + (a + 2by_1)z + bz^2 = 0$ (équation dite « de Bernoulli d'ordre 2 »), et en écartant la solution triviale $z = 0$, i.e. en se plaçant sur un intervalle où z ne s'annule pas :

$$\frac{z'}{z^2} + (a + 2by_1)\frac{1}{z} + b = 0$$

Comme $\dfrac{z'}{z^2} = -(\dfrac{1}{z})'$, le changement de fonction $u = \dfrac{1}{z}$ donne

$$-u' + (a + 2by_1)u + b = 0$$

on obtient donc une équation différentielle linéaire complète, dont la résolution ne nécessite que des quadratures.

Problème n° 38

Durée estimée : 2 heures

Prérequis :

Applications linéaires, matrices, endomorphismes, espaces de polynômes, arithmétique des polynômes.

ÉNONCÉ

n est un entier supérieur ou égal à 2, $\mathbb{R}$ désigne l'ensemble des nombres réels, $\mathbb{R}_n[X]$ désigne l'espace vectoriel des polynômes de degré inférieur ou égal à n. Si P est un polynôme, on notera P' son polynôme dérivé et on notera P également sa fonction polynôme associée. Q est un polynôme de degré 2 fixé que l'on pourra préciser dans les questions du problème et φ est l'application définie sur $\mathbb{R}_n[X]$ par :

$$\varphi(P) = 2P'Q - nPQ'.$$

I. Préliminaires

1°) Soient u et v deux réels, soit f l'endomorphisme de $\mathbb{R}_2[X]$ ayant pour matrice relativement à la base canonique $(1, X, X^2)$ la matrice :

$$A = \begin{pmatrix} -u & v & 0 \\ -2 & 0 & 2v \\ 0 & -1 & u \end{pmatrix}$$

a) Calculer le déterminant de f en justifiant votre réponse.

b) Déterminer une base du noyau de f.

c) Déterminer une base de l'image de f.

2°) Soit w un réel et g l'endomorphisme de $\mathbb{R}_3[X]$ ayant pour matrice relativement à la base canonique $(1, X, X^2, X^3)$ la matrice :

$$B = \begin{pmatrix} -3 & w & 0 & 0 \\ -3 & -1 & 2w & 0 \\ 0 & -2 & 1 & 3w \\ 0 & 0 & -1 & 3 \end{pmatrix}$$

a) Calculer le déterminant de g en justifiant votre réponse. On notera w_0 la valeur de w qui annule ce déterminant.

b) Déterminer lorsque $w = w_0$ une base du noyau de g.

II. Etude de cas particuliers

1°) Montrer que φ est un endomorphisme de $\mathbb{R}_n[X]$.

2°) Ici, u et v sont deux réels et on suppose dans cette question que $n = 2$ et que $Q = X^2 + uX + v$.

a) Déterminer la matrice de φ relativement à la base canonique de $\mathbb{R}_2[X]$.

b) Déterminer le noyau de φ en fonction de Q.

3°) Soit w un réel, on suppose dans cette question que $n = 3$ et que $Q = X^2 + 2X + w$.

a) Déterminer la matrice de φ relativement à la base canonique de $\mathbb{R}_3[X]$.

b) Déterminer suivant les valeurs de w le noyau de φ.

III. Etude du cas général

1°) On suppose que Q n'admet pas de racine double.

a) Que peut-on dire du PGCD de Q et de Q' ?

b) Déduire de la question précédente que si P est un polynôme non nul appartenant au noyau de φ alors Q divise P.

c) Montrer que si P est un polynôme non nul appartenant au noyau de φ, il existe un entier k non nul et un polynôme R non nul tels que $P = RQ^k$ et tels que Q ne divise pas R.

Indication : On posera $A = \{p \in \mathbb{N} \mid Q^p \text{ divise } P\}$ et on montrera que A possède un plus grand élément.

d) Déduire de la question précédente que si le noyau de φ n'est pas réduit au polynôme nul, alors n est pair.

e) Déterminer suivant les valeurs de n le noyau de φ.

2°) On suppose que Q possède une racine double α.

a) Montrer que si P est un polynôme non nul appartenant au noyau de φ alors α est racine de P.

b) Donner le noyau de φ.

3°) Dans cette question, on supposera n **impair** et P est un polynôme de $\mathbb{R}_n[X]$. Montrer qu'il existe un polynôme R de $\mathbb{R}_n[X]$ unique tel que :

$$P = (X^2 + 1)R' - nXR.$$

Justifier que l'application $\psi : P \mapsto R$ ainsi définie est linéaire.

Décryptage du sujet :

Ce problème est, à quelques légères retouches près, la moitié de l'épreuve spécifique du concours commun 1999 des écoles des mines (programme MPSI). La partie I ne présente pas de difficulté particulière. Les questions tournent autour du calcul de déterminants et de base de noyau et d'image. Ne pas oublier le théorème du rang qui peut servir pour l'image connaissant la dimension du noyau. On déterminera éventuellement les résultats en fonction de u et v. Dans la partie II, on se place dans l'espace des polynômes de degré au plus 2 ou au plus 3 et on fait le lien avec la partie I, les matrices à déterminer ont un lien direct avec celles de la partie I. On peut en profiter alors pour abréger certains calculs. La partie III est la plus technique. Elle fait appel à la division entre polynômes, au théorème de Gauss et à l'ordre de multiplicité de racines. On peut s'aider des résultats de la partie II pour se guider bien que cela ne puisse servir de démonstration. Ne pas hésiter à dériver des produits de polynômes, si nécessaire.

CORRIGÉ

Partie I

1°) a) On peut développer selon une rangée ou utiliser la règle de Sarrus ou, mieux, remarquer que si on note C_1, C_2, C_3 les colonnes de ce déterminant, on a :

$$vC_1 + uC_2 + C_3 = 0$$

et donc $\operatorname{Det} f = \operatorname{Det} A = 0$.

b) On sait à l'avance que le noyau est au moins une droite vectorielle, le déterminant étant égal à 0. Soit $P = a + bX + cX^2$, ses coordonnées dans la base canonique de $\mathbb{R}_2[X]$ sont (a, b, c) et les coordonnées de $f(P)$ dans cette même base sont donc $(-au + bv, -2a + 2vc, -b + uc)$.

On a l'équivalence :

$$f(P) = 0 \iff (ua - bv = 0, -2a + 2vc = 0, -b + uc = 0)$$

Cela équivaut à $b = uc$ et $a = vc$. $\operatorname{Ker} f$ est donc l'ensemble des polynômes de la forme $\alpha(v + uX + X^2)$, où $\alpha \in \mathbb{R}$. C'est la droite vectorielle engendrée par $v + uX + X^2$.

c) D'après le théorème du rang, $\dim \operatorname{Im} f = 3 - \dim \operatorname{Ker} f = 2$. Il suffit de trouver deux vecteurs libres de cette image pour en posséder une base. Or, la lecture des deux premiers vecteurs colonnes fournit

$$f(1) = -u - 2X \text{ et } f(X) = v - X^2$$

Il est clair que ces deux polynômes ne sont pas colinéaires (ils sont de degré différents) ils constituent donc une base de $\operatorname{Im} f$.

2°) a) On développe selon une rangée qui a le plus de zéros, par exemple, la $4^{\text{ème}}$ colonne, puis on développe les deux déterminants d'ordre 3 trouvés selon leur troisième ligne :

$$\begin{aligned}
\operatorname{Det} B &= -3w \begin{vmatrix} -3 & w & 0 \\ -3 & -1 & 2w \\ 0 & 0 & -1 \end{vmatrix} + 3 \begin{vmatrix} -3 & w & 0 \\ -3 & -1 & 2w \\ 0 & -2 & 1 \end{vmatrix} \\
&= 3w \begin{vmatrix} -3 & w \\ -3 & -1 \end{vmatrix} + 6 \begin{vmatrix} -3 & 0 \\ -3 & 2w \end{vmatrix} + 3 \begin{vmatrix} -3 & w \\ -3 & -1 \end{vmatrix} \\
&= 3w(3 + 3w) + 6(-6w) + 3(3 + 3w) = 9(w - 1)^2.
\end{aligned}$$

On en déduit que $w_0 = 1$.

b) Si $w = 1$, la matrice de g devient $B = \begin{pmatrix} -3 & 1 & 0 & 0 \\ -3 & -1 & 2 & 0 \\ 0 & -2 & 1 & 3 \\ 0 & 0 & -1 & 3 \end{pmatrix}$.

Soit $P = a + bX + cX^2 + dX^3$.

$P \in \operatorname{Ker} g \iff -3a + b = 0, -3a - b + 2c = 0, -2b + c + 3d = 0, -c + 3d = 0.$

c'est-à-dire : $b = 3a$, $c = 3a$ et $d = a$.

On en déduit que le noyau de g est la droite engendrée par le polynôme P_0, avec :

$$P_0 = 1 + 3X + 3X^2 + X^3 = (X + 1)^3$$

Partie II

1°) Soient P_1 et P_2 deux polynômes de $\mathbb{R}_n[X]$ et α un réel, on peut écrire :

$$\begin{aligned}\varphi(\alpha P_1 + P_2) &= 2(\alpha P_1 + P_2)'Q - n(\alpha P_1 + P_2)Q' \\ &= \alpha(2P_1'Q - nP_1Q') + (2P_1'Q - nP_1Q') = \alpha\varphi(P_1) + \varphi(P_2).\end{aligned}$$

Donc φ est bien linéaire. Il reste à démontrer que si P est un polynôme de degré $p \leqslant n$, alors $\varphi(P)$ est aussi un polynôme de degré $\leqslant n$.

Ecartons le cas où P est le polynôme nul, $\varphi(P)$ étant alors évidemment le polynôme nul. Supposons que $a \in \mathbb{R}^*$ soit le coefficient dominant de P et posons $b \in \mathbb{R}^*$ le coefficient dominant de Q. Le polynôme $2P'Q$ est de degré $p+1$ de coefficient dominant $2pab$ et le polynôme nPQ' est un polynôme de degré $p+1$ de coefficient dominant $2nab$.

Si $p < n$, $\varphi(P)$ est un polynôme de degré $p+1 (\leqslant n)$ et de coefficient dominant $2(p-n)ab$.

Si $p = n$, les coefficients dominants de $2P'Q$ et de nPQ' sont identiques et $\varphi(P)$ est de degré inférieur strictement à $p+1$ donc est inférieur ou égal à p (donc à n). Dans tous les cas, le polynôme $\varphi(P)$ appartient à $\mathbb{R}_n[X]$.

φ est un endomorphisme de $\mathbb{R}_n[X]$.

2°) a) La base canonique de $\mathbb{R}_2[X]$ est $(1, X, X^2)$ et :

$$\begin{aligned}\varphi(1) &= 2(1)'(X^2 + uX + v) - 2(1)(2X + u) = -4X - 2u\,;\\ \varphi(X) &= 2(X)'(X^2 + uX + v) - 2(X)(2X + u) = -2X^2 + 2v\,;\\ \varphi(X^2) &= 2(X^2)'(X^2 + uX + v) - 2(X^2)(2X + u) = 2uX^2 + 4vX.\end{aligned}$$

Donc la matrice de φ est tout simplement ... $2A$.

b) Le noyau de φ est donc celui de f et comme $Q = X^2 + uX + v$:

$$\operatorname{Ker}\varphi = \mathbb{R}.Q$$

3°) a) La base canonique de $\mathbb{R}_3[X]$ est $(1, X, X^2, X^3)$ et :

$$\begin{aligned}\varphi(1) &= 2(1)'(X^2 + 2X + w) - 3(1)(2X + 2) = -6X - 6\,;\\ \varphi(X) &= 2(X)'(X^2 + 2X + w) - 3(X)(2X + 2) = -4X^2 - 2X + 2w\,;\\ \varphi(X^2) &= 2(X^2)'(X^2 + 2X + w) - 3(X^2)(2X + 2) = -2X^3 + 2X^2 + 4wX\,;\\ \varphi(X^3) &= 2(X^3)'(X^2 + 2X + w) - 3(X^3)(2X + 2) = 6X^3 + 6wX^2.\end{aligned}$$

La magie opére encore et la matrice de φ est tout simplement ... $2B$.

b) Le noyau de φ est celui de g.

Si $w \neq 1$, B est inversible (et $2B$ aussi) et $\operatorname{Ker}\varphi$ est réduit au polynôme nul.

Si $w = 1$, on est ramené à la question I 2) b) et $\operatorname{Ker}\varphi = \mathbb{R}.(X+1)^3$ (on remarque que dans ce cas $Q = (X+1)^2$).

Partie III

1°) a) Le polynôme Q' est du premier degré, donc de la forme $a(X - \alpha)$ et puisque Q n'a pas de racine double, α n'est pas racine de Q : le polynôme $X - \alpha$ est irréductible et ne divise pas Q, donc $X - \alpha$ est premier avec Q et le PGCD de Q et Q' vaut 1.

b) Si P appartient à $\operatorname{Ker}\varphi$, alors $2P'Q = nPQ'$. Donc Q divise PQ' et comme Q est premier avec Q' alors, par application du théorème de Gauss, Q divise P.

c) Soit $P \in \operatorname{Ker}\varphi$ et posons $A = \{p \in \mathbb{N}, Q^p \text{ divise } P\}$. D'après III 1) b), A est non vide car il contient au moins $p = 1$. A est majoré car si $p \in A$, alors $2p = p\deg(Q) \leqslant \deg P \leqslant n$. Soit k le plus grand élément de A, $k \in A$ et Q^k divise P. Donc il existe R tel que $P = RQ^k$, mais $k+1$ n'appartient pas à A et Q^{k+1} ne divise pas P. Donc Q ne divise pas R.

d) Supposons φ non injectif et soit $P \in \operatorname{Ker}\varphi \setminus \{0\}$, alors on peut écrire $P = RQ^k$, avec $k \geqslant 1$ et R non divisible par Q. On a donc :

$$0 = 2(RQ^k)'Q - nRQ^kQ' = 2R'Q^{k+1} + 2kQ^{k+1}RQ' - nRQ^kQ'$$

Donc, en simplifiant : $2R'Q = (2k-n)Q'R$.
Si on n'avait pas $n = 2k$, Q diviserait $Q'R$ et donc Q diviserait R car Q et Q' sont premiers entre eux. Ceci est absurde et donc $n = 2k$, ce qui prouve que n est pair !

e) $\star$ Si n est impair, le noyau de φ est nul, en utilisant la contraposée du résultat précédent.

$\star$ Si n est pair alors posons $n = 2k$ et soit P un polynôme non nul du noyau de φ. D'après ce qui précède, il existe une constante λ telle que $P = \lambda Q^p$.
Réciproquement : $\varphi(Q^p) = 2pQ^{p-1}Q'Q - nQ^pQ' = 0$. Donc Q^p appartient à $\operatorname{Ker}\varphi$ et $\operatorname{Ker}\varphi = \mathbb{R}.Q^p$.

2°) a) Maintenant $Q = \lambda(X-\alpha)^2$ avec $\lambda \neq 0$. Soit P un polynôme non nul du noyau de φ, on a alors la relation : $2\lambda(X-\alpha)^2P' = 2n\lambda(X-\alpha)P$. D'où : $(X-\alpha)P' = nP$ et donc $X-\alpha$ divise P : α est bien racine de P.

b) Soit P non nul appartenant à $\operatorname{Ker}\varphi$ et notons $k \in \mathbb{N}^*$, l'ordre de multiplicité de α dans P. Il existe un polynôme R tel que $P = (X-\alpha)^kR$ avec $R(\alpha) \neq 0$. D'où :

$$2\lambda\big(k(X-\alpha)^{k-1}R + (X-\alpha)^kR'\big)(X-\alpha) = 2n(X-\alpha)^kR.$$

Soit : $(X-\alpha)R' = (2n-2k)R$.
Si on n'avait pas $n = k$, $R(\alpha)$ serait nul ce qui est absurde par hypothèse et donc $n = k$ et $R' = 0$. Ainsi, il existe $a \in \mathbb{R}$ tel que $P = \mu(X-\alpha)^n$.
Réciproquement :

$$2\lambda n(X-\alpha)^{n-1}(X-\alpha)^2 = n2\lambda(X-\alpha)(X-\alpha)^n$$

et donc $\operatorname{Ker}\varphi = \mathbb{R}.(X-\alpha)^n$.

3°) Si $Q = X^2+1$, φ est l'endomorphisme de $\mathbb{R}_n[X]$ qui à P associe :

$$\varphi(P) = 2(X^2+1)P' - nP2X = 2\big((X^2+1)P' - nPX\big).$$

Q n'a pas de racine double et n est impair.

D'après la question III 1) e), φ est bijective et $\frac{1}{2}\varphi$ aussi. L'application ψ n'est autre que l'application linéaire $\left(\frac{1}{2}\varphi\right)^{-1}$.

Problème n° 39 Durée estimée : 3 heures

Prérequis :

Espaces vectoriels euclidiens de dimension 3. Rotation vectorielle. Symétrie vectorielle orthogonale.

ÉNONCÉ

Préambule

Soit l'équation $x^3 - x^2 + \mu = 0$, d'inconnue réelle x, où $\mu \in \mathbb{R}^*$ est fixé.

1°) Déterminer les valeurs de μ pour lesquelles cette équation admet trois racines réelles distinctes.

2°) Déterminer les solutions réelles de cette équation lorsque l'une d'entre elles est double.

Dans la suite de ce problème, on désigne par E un espace vectoriel euclidien orienté de dimension trois, $B = (\vec{\imath}, \vec{\jmath}, \vec{k})$ une base orthonormale directe de E, $\vec{u}$ un vecteur de E de coordonnées a, b et c dans la base B avec $a^2 + b^2 + c^2 = 1$, D la droite vectorielle de E orientée par $\vec{u}$. On notera $\langle ., . \rangle$ le produit scalaire ; $\|.\|$ la norme, $\wedge$ le produit vectoriel, définis dans E.

Partie I

Pour tout λ non nul, pour tout $\vec{x}$ élément de E, on note f_λ l'application de E dans E définie par $f_\lambda(\vec{x}) = \vec{x} + \lambda\langle \vec{x}, \vec{u} \rangle \vec{u}$

1°) Montrer que f_λ est un endomorphisme de E.

2°) Etude d'un cas particulier.

a) Démontrer que f_λ est un automorphisme orthogonal de E (ou isométrie vectorielle de E) si et seulement si $\lambda = -2$.

b) Caractériser f_{-2} par sa matrice relative à la base B.

c) Déterminer l'ensemble des vecteurs de E invariants par f_{-2} ; donner alors la nature de f_{-2} en précisant ses éléments remarquables.

Partie II

Soit g l'endomorphisme de E de matrice associée, relativement à la base B :

$$G = \begin{pmatrix} a & b & c \\ c & a & b \\ b & c & a \end{pmatrix}.$$

1°) Montrer que g est une rotation vectorielle de E si et seulement si a, b et c sont solutions de l'équation $x^3 - x^2 + p = 0$, où p désigne un réel d'un intervalle I de $\mathbb{R}$ que l'on précisera.

(On pourra utiliser l'identité suivante :

$$a^3 + b^3 + c^3 - 3abc = (a + b + c)\big((a^2 + b^2 + c^2) - (ab + bc + ac)\big).$$

2°) Lorsque g est une rotation vectorielle de E, avec b et c réels non nuls et égaux, déterminer l'axe et une mesure de l'angle de celle-ci.

Partie III

Soit r la rotation vectorielle de E d'axe D et d'angle dont une mesure est le réel θ.

1°) Montrer que pour tout élément $\vec{x}$ de E, on a la relation :

$$r(\vec{x}) = \langle \vec{x}, \vec{u} \rangle\, \vec{u} + \cos\theta\big((\vec{u} \wedge \vec{x}) \wedge \vec{u}\big) + \sin\theta(\vec{u} \wedge \vec{x}) \quad (1)$$

[On pourra utiliser : $(\vec{u} \wedge \vec{x}) \wedge \vec{u} = \|\vec{u}\|^2\vec{x} - \langle \vec{x},\, \vec{u} \rangle\, \vec{u} = \vec{x} - \langle \vec{x},\, \vec{u} \rangle\, \vec{u}$.]

2°) Soit φ l'endomorphisme de E de matrice Φ relative à la base B telle que :

$$\Phi = \begin{pmatrix} a^2 & ab - c & ac + b \\ ab + c & b^2 & bc - a \\ ac - b & bc + a & c^2 \end{pmatrix}.$$

Montrer que φ est une rotation vectorielle de E, que l'on caractérisera (on pourra soit traiter directement la matrice, soit calculer $\langle \vec{x}, \vec{u} \rangle\, \vec{u}$ et $\vec{u} \wedge \vec{x}$ et faire une remarque).

3°) Soit Ψ le demi-tour vectoriel d'axe D de E c'est-à-dire la rotation d'axe D et d'angle π.

a) En utilisant la relation (1), expliciter $\Psi(\vec{x})$, où $\vec{x}$ est un élément quelconque de E.

b) Construire la matrice de Ψ relativement à la base B (on comparera Ψ et f_{-2}).

Partie IV

r désigne la rotation vectorielle de E d'axe D, d'angle dont une mesure est θ, s désigne la symétrie vectorielle orthogonale par rapport au plan vectoriel P orthogonal à D.
On note $\delta = s \circ r$.

1°) Montrer que si r est différent de l'identité de E alors δ est une isométrie vectorielle de E admettant pour seul vecteur invariant le vecteur nul de E. δ est appelée isométrie vectorielle gauche.

2°) Pour quelles valeurs de θ, δ se réduit-elle à s ? Pour quelles valeurs de θ, δ se réduit-elle à l'homothétie vectorielle de rapport -1 ?

3°) Soit f un endomorphisme de E vérifiant pour tout $\vec{x}$, élément de E, la relation : :

$$f(\vec{x}) = \varepsilon\langle \vec{x}, \vec{u} \rangle\, \vec{u} + \cos\theta\big((\vec{u} \wedge \vec{x}) \wedge \vec{u}\big) + \sin\theta(\vec{u} \wedge \vec{x})$$

avec $\varepsilon = \pm 1$. Montrer que cette relation caractérise les isométries vectorielles de E dont on donnera la classification suivant les valeurs de ε et θ ;

on précisera dans chaque cas le rôle de D et la nature de l'ensemble des vecteurs invariants par cette isométrie vectorielle.

Décryptage du sujet :

Ce sujet est, à quelques indications supplémentaires près, la seconde partie de l'épreuve du concours commun des écoles des Mines, concours de premiére année sur le programme commun aux filiéres MPSI et PCSI.
Le préambule est la discution d'une équation du troisième degré qui servira dans la partie II. La partie I est l'étude d'une application de E dans E. Dans la question 2) a), on pourra penser alors à une symétrie orthogonale.
Pour la partie II, on étudie un endomorphisme défini par sa matrice. On rappelle qu'un endomorphisme est une rotation si et seulement si l'ensemble des images des trois vecteurs de la base B est une base orthonormale directe. Pour la question 2), remarquer que la matrice est symétrique.
Pour la partie III, on aboutit à un lien avec la partie I. Dans la question 1), on pourra décomposer tout vecteur en la somme de deux vecteurs, l'un sur D et l'autre sur P, le plan orthogonal. Pour la question 3), on pourra démontrer que l'on a affaire à une matrice de rotation puis on déterminera l'angle, on peut aussi essayer de se ramener à un cas particulier de la formule de la question 1).
La partie IV traite de l'extension de la formule de la question III-1 à toutes les isométries de E. Pour cela, on introduit la composée d'une rotation et d'une symétrie orthogonale. Bien traiter les différents cas selon la dimension des invariants de f dans la question 3).
Se rappeler dans tout le problème que $a^2 + b^2 + c^2 = 1$.

CORRIGÉ

Préambule

1°) Soit f la fonction numérique de la variable réelle x telle que :

$$\forall x \in \mathbb{R}, f(x) = x^3 - x^2 + \mu.$$

f est dérivable sur $\mathbb{R}$ et pour tout $x \in \mathbb{R}$, $f'(x) = x(3x-2)$. On en déduit que f est croissante de $-\infty$ à 0, puis décroissante de 0 à $\frac{2}{3}$ et de nouveau croissante de $\frac{2}{3}$ à $+\infty$. De plus, $f(0) = \mu$ et $f(\frac{2}{3}) = \mu - \frac{4}{27}$. Comme f est continue sur $\mathbb{R}$, d'après le théorème des valeurs intermédiaires, f s'annule exactement trois fois sur $\mathbb{R}$ si et seulement si $\mu > 0$ et $\mu - \frac{4}{27} < 0$, c'est-à-dire si et seulement si :

$$\mu \in \left]0, \frac{4}{27}\right[.$$

2°) L'équation admet une racine réelle double si et seulement si l'un des extremums est nul. Or, μ est non nul d'après l'énoncé d'où $\mu = \frac{4}{27}$ et dans ce cas $\frac{2}{3}$ est racine double. Le produit des trois racines étant égal à $-\mu$, c'est-à-dire à $-\frac{4}{27}$, la racine simple vaut donc $-\frac{1}{3}$.

Partie I

1°) On montre aisément, en utilisant la linéarité de $f(\vec{x}) = \langle \vec{x}, \vec{u} \rangle$ et les propriétés des opérations que pour tout $(\vec{x}, \vec{y}) \in E^2$ et tout $a \in \mathbb{R}$:

$$f_\lambda(\vec{x}+\vec{y}) = f_\lambda(\vec{x}) + f_\lambda(\vec{y}) \text{ et } f_\lambda(a\vec{x}) = a\, f_\lambda(\vec{x}).$$

2°) a) f_λ est un automorphisme orthogonal de E si et seulement si :

$$f_\lambda \in \mathcal{L}(E) \text{ et } \forall\, \vec{x} \in E, \|f_\lambda(\vec{x})\| = \|\vec{x}\|.$$

Il faut donc traduire la conservation de la norme :

$$\begin{aligned}\|f_\lambda(\vec{x})\|^2 &= \langle \vec{x} + \lambda\langle \vec{x}, \vec{u}\rangle\vec{u}, \vec{x} + \lambda\langle \vec{x}, \vec{u}\rangle\vec{u}\rangle \\ &= \|\vec{x}\|^2 + \lambda^2\langle \vec{x}, \vec{u}\rangle^2.\|\vec{u}\|^2 + 2\lambda\langle \vec{x}, \vec{u}\rangle\langle \vec{x}, \vec{u}\rangle\end{aligned}$$

Or, $\|\vec{u}\|^2 = 1$, donc nous avons l'équivalence :

$$\|f_\lambda(\vec{x})\|^2 = \|\vec{x}\|^2 \iff \lambda^2\langle \vec{x}, \vec{u}\rangle^2 + 2\lambda\langle \vec{x}, \vec{u}\rangle^2 = 0.$$

Comme $\lambda \neq 0$, on divise la dernière égalité par λ et on obtient :

$$f_\lambda \text{ automorphisme orthogonal} \iff \forall\, \vec{x} \in E,\ \langle \vec{x}, \vec{u}\rangle^2(\lambda + 2) = 0.$$

Nous en déduisons $\lambda = -2$ (prendre $\vec{x} = \vec{u}$).

b) Si on pose $\vec{x} = x_1\vec{\imath} + x_2\vec{\jmath} + x_3\vec{k}$ et $f_{-2}(\vec{x}) = \vec{y} = y_1\vec{\imath} + y_2\vec{\jmath} + y_3\vec{k}$, on a :

$$\begin{pmatrix} y_1 \\ y_2 \\ y_3 \end{pmatrix} = \begin{pmatrix} x_1 \\ x_2 \\ x_3 \end{pmatrix} - 2(ax_1 + bx_2 + cx_3)\begin{pmatrix} a \\ b \\ c \end{pmatrix} = A\begin{pmatrix} x_1 \\ x_2 \\ x_3 \end{pmatrix}$$

et donc nous en déduisons la matrice : $A = \begin{pmatrix} 1-2a^2 & -2ab & -2ac \\ -2ab & 1-2b^2 & -2bc \\ -2ac & -2bc & 1-2c^2 \end{pmatrix}$.

Remarque : cette matrice est la matrice d'un endomorphisme orthogonal et elle est clairement symétrique. On en déduit que c'est une matrice d'involution donc de symétrie.

c) L'ensemble des invariants par f_{-2} est l'ensemble des vecteurs $\vec{x}$ tels que $f_{-2}(\vec{x}) = \vec{x}$, c'est-à-dire l'ensemble des vecteurs $\vec{x}$ tels que :

$$\vec{x} - 2\langle \vec{x}, \vec{u}\rangle.\vec{u} = \vec{x}, \text{ soit } \langle \vec{x}, \vec{u}\rangle = 0.$$

L'ensemble des vecteurs invariants est donc le plan vectoriel orthogonal à $\vec{u}$ et f_{-2} est la symétrie vectorielle orthogonale par rapport au plan orthogonal à $\vec{u}$.

Partie II

1°) L'application linéaire g est une rotation vectorielle si et seulement si $\big(g(\vec{\imath}), g(\vec{\jmath}), g(\vec{k})\big)$ est une base orthonormale directe de E. Ces vecteurs sont donc de norme 1, sont deux à deux orthogonaux (ce sont les vecteurs colonnes de G) et $\operatorname{Det} G = +1$. Cela revient à écrire les trois conditions :

$$\begin{cases} a^2 + b^2 + c^2 & = & 1 \\ ab + ac + bc & = & 0 \\ a^3 + b^3 + c^3 - 3abc & = & 1 \end{cases}$$

Or, nous avons l'identité : $(a+b+c)^2 = a^2+b^2+c^2+2(ab+ac+bc)$ et celle donnée dans l'énoncé : $a^3+b^3+c^3-3abc = (a+b+c)\big((a^2+b^2+c^2) - (ab+bc+ac)\big)$. La dernière relation donne $a+b+c = 1$ et la première relation n'apporte rien de plus. Finalement :

$$g \text{ est une rotation vectorielle} \iff \begin{cases} ab + ac + bc & = & 0 \\ a + b + c & = & 1 \end{cases}$$

Ce sont des relations coefficients-racines classiques, a, b et c sont les racines d'une équation du type $x^3 - x^2 + p = 0$ (avec $p = -abc$). Les trois racines sont réelles si et seulement si $p \in \left[0, \frac{4}{27}\right]$, d'après le préambule.

2°) Toujours d'après le préambule, l'équation précédente admet une racine double non nulle si $p = \frac{4}{27}$, on a alors $b = c = \frac{2}{3}$ et $a = -\frac{1}{3}$. Soit :

$$G = \frac{1}{3}\begin{pmatrix} -1 & 2 & 2 \\ 2 & -1 & 2 \\ 2 & 2 & -1 \end{pmatrix}.$$

La matrice G est orthogonale et symétrique, donc $G^2 = I$ et la rotation g est d'angle π (pas 0 car ce n'est pas id_E). Pour trouver les vecteurs invariants, on résout l'équation $g(\vec{x}) = \vec{x}$, soit :

$$GX = X$$

où X est le vecteur colonne associé à $\vec{x}$ et on trouve sans difficulté $x_1 = x_2 = x_3$: c'est la droite dirigée par $\vec{i} + \vec{j} + \vec{k}$. Il s'agit donc du demi-tour autour de l'axe du trièdre formé par les vecteurs de base.

Partie III

1°) Considérons l'endomorphisme de E :

$$\varphi : \vec{x} \mapsto \langle \vec{x}, \vec{u} \rangle.\vec{u} + \cos\theta.(\vec{u} \wedge \vec{x}) \wedge \vec{u} + \sin\theta.(\vec{u} \wedge \vec{x}).$$

(La linéarité résulte de la bilinéarité du produit scalaire et du produit vectoriel). Prenons pour base $\beta = (\vec{u}, \vec{v}, \vec{w})$, où $(\vec{v}, \vec{w})$ est une base orthonormale du plan orthogonal à D telle que β soit directe. Déterminons la matrice de φ relativement à la base β :

$\star$ Comme $\vec{u} \wedge \vec{u} = \vec{0}$, on a : $\varphi(\vec{u}) = \vec{u}$.

puis, on procède de même pour les autres vecteurs, orthogonaux à $\vec{u}$, en utilisant la relation donnée dans l'énoncé, qui n'est autre que la formule du double produit vectoriel, appliquée aux vecteurs en présence.

$\star$ $\varphi(\vec{v}) = \cos\theta.(\vec{u} \wedge \vec{v}) \wedge \vec{u} + \sin\theta.(\vec{u} \wedge \vec{v}) = \cos\theta.\vec{v} + \sin\theta.\vec{w}$.

$\star$ $\varphi(\vec{w}) = \cos\theta.(\vec{u} \wedge \vec{w}) \wedge \vec{u} + \sin\theta.(\vec{u} \wedge \vec{w}) = \cos\theta.\vec{w} - sin\theta.\vec{v}$.

D'où $M_\beta(\varphi) = \begin{pmatrix} 1 & 0 & 0 \\ 0 & \cos\theta & -\sin\theta \\ 0 & \sin\theta & \cos\theta \end{pmatrix}$. On reconnait la rotation vectorielle d'axe D, orienté par $\vec{u}$ et dont une mesure est θ, donc $\varphi = r$.

Remarque

On a une démonstration plus directe, qui permet de construire peu à peu la forme explicitée de la rotation. Notons P le plan orthogonal à D, tout vecteur $\vec{x}$ se décompose sous la forme :

$$\vec{x} = p(\vec{x}) + q(\vec{x}),$$

où $p(\vec{x})$ et $q(\vec{x})$ sont respectivement les projections orthogonales de $\vec{x}$ sur P et sur D. Ainsi, nous avons les relations :

$$q(\vec{x}) = \langle \vec{x}, \vec{u} \rangle \vec{u} \text{ et } p(\vec{x}) = \vec{x} - \langle \vec{x}, \vec{u} \rangle \vec{u}.$$

Ce que l'on peut écrire, si on utilise $\vec{u}^2 = 1$:

$$p(\vec{x}) = \vec{u}^2\vec{x} - \langle \vec{x}, \vec{u} \rangle \vec{u} = \vec{u} \wedge (\vec{x} \wedge \vec{u}) = (\vec{u} \wedge \vec{x}) \wedge \vec{u}$$

(attention, la dernière égalité ne traduit pas l'associativité du double produit vectoriel – le produit vectoriel **n'est pas associatif** – mais une double application de son antisymétrie !)

De plus, $\|\vec{u} \wedge \vec{x}\| = \|p(\vec{x})\|$, car $\vec{u}$ est orthogonal à $\vec{u} \wedge \vec{x}$ et $\|\vec{u}\| = 1$. Donc $\big(p(\vec{x}), \vec{u} \wedge \vec{x}, \vec{u}\big)$ est une base orthogonale directe de E et $\big(p(\vec{x}), \vec{u} \wedge \vec{x}\big)$ est une base orthogonale directe de P, orienté corrélativement à D. D'où :

$$r\big(p(\vec{x})\big) = \cos\theta p(\vec{x}) + \sin\theta(\vec{u} \wedge \vec{x}) = \cos\theta.(\vec{u} \wedge \vec{x}) \wedge \vec{u} + \sin\theta(\vec{u} \wedge \vec{x}).$$

(il s'agit de la rotation plane d'angle θ)

Puis, $r(\vec{x}) = r\big(q(\vec{x}) + p(\vec{x})\big) = q(\vec{x}) + r\big(p(\vec{x})\big)$. La relation reste vraie pour $\vec{x}$ élément de D car alors $\vec{u} \wedge \vec{x} = \vec{0}$. On en déduit le résultat demandé, en remplaçant $q(x)$ par $\langle \vec{x}, \vec{u} \rangle \vec{u}$.

2°) On peut par exemple remarquer que pour tout $\vec{x} \in E$:

$$\varphi(\vec{x}) = \langle \vec{x}, \vec{u} \rangle \vec{u} + \vec{u} \wedge \vec{x}$$

et d'après la relation établie auparavant, φ est la rotation vectorielle d'axe D et d'angle $\frac{\pi}{2}$.

Si on ne remarque pas le lien avec ce qui précéde, on vérifie que Φ est une matrice orthogonale, que son déterminant vaut 1 et que φ est donc une rotation vectorielle de E. On cherche les vecteurs invariants, un calcul rapide montre que c'est la droite vectorielle de base $\vec{u}$. La trace, enfin, permet de remarquer que $\cos\theta = 0$ ce qui fournit $\theta = \pm\frac{\pi}{2}$ selon l'orientation. Enfin, si on choisit de diriger l'axe de la rotation par $\vec{u}$, on prend un vecteur $\vec{x}$ quelconque, non colinéaire à $\vec{u}$, et on constate que le déterminant $\mathrm{Det}(\vec{x}, \varphi(\vec{x}), \vec{u})$ est positif et donc que, avec ce choix, l'angle vaut $\frac{\pi}{2}$.

3°) a) Par la formule (1), pour tout $\vec{x} \in E, \Psi(\vec{x}) = \langle \vec{x}, \vec{u} \rangle \vec{u} - (\vec{u} \wedge \vec{x}) \wedge \vec{u}$. En arrangeant le double produit vectoriel : $(\vec{u} \wedge \vec{x}) \wedge \vec{u} = (\vec{u})^2\vec{x} - \langle \vec{x}, \vec{u} \rangle \vec{u}$, on en déduit :

$$\forall \vec{x} \in E, \Psi(\vec{x}) = 2\langle \vec{x}, \vec{u} \rangle \vec{u} - \vec{x}.$$

b) On remarque que $\Psi(\vec{x}) = -f_{-2}(\vec{x})$ et donc la matrice de Ψ est l'opposée de celle de f_{-2}. C'est donc :

$$\begin{pmatrix} 2a^2 - 1 & 2ab & 2ac \\ 2ab & 2b^2 - 1 & 2bc \\ 2ac & 2bc & 2c^2 - 1 \end{pmatrix}$$

Partie IV

1°) $\star$ δ est une isométrie vectorielle car elle est la composée de deux isométries vectorielles.

$\star$ Pour tout $\vec{x} \in E$, $\vec{x} = \vec{x}_1 + \vec{x}_2$, avec $\vec{x}_1 \in D$ et $\vec{x}_2 \in P$, car P et D sont supplémentaires dans E. De plus, $\vec{x}_1$ et $\vec{x}_2$ sont orhogonaux.

$$\delta(\vec{x}) = s \circ r(\vec{x}_1) + s \circ r(\vec{x}_2) = s(\vec{x}_1) + r(\vec{x}_2) = -\vec{x}_1 + r(\vec{x}_2)$$

et $\delta(\vec{x}) = \vec{x} = \vec{x}_1 + \vec{x}_2$ équivaut à $-2\vec{x}_1 = \vec{x}_2 - r(\vec{x}_2)$. Or le premier membre de la dernière égalité appartient à D et le second membre appartient à P. Donc $\vec{x}_1 = \vec{0}$ et $x_2 - r(\vec{x}_2) = \vec{0}$, car D et P n'ont que le vecteur nul en commun. De plus r n'étant pas l'identité, la rotation induite dans le plan P n'a pas d'autre vecteur invariant que le vecteur nul et $\vec{x}_2 = \vec{0}$. L'ensemble des vecteurs invariants par δ est $\{\vec{0}\}$.

2°) Nous avons les équivalences :

$$\delta = s \iff r = id_E \iff \theta = 2k\pi, k \in \mathbb{Z},$$

De même :

$$\delta = h_{-1} = -id_E \iff \theta = (2k+1)\pi, k \in \mathbb{Z}.$$

3°) ⋆ Si $\varepsilon = 1$, on a déjà vu que f est la rotation d'angle θ autour de l'axe engendré par le vecteur unitaire $\vec{u}$. Les vecteurs invariants sont les vecteurs de D, sauf si $\theta = 2k\pi, k \in \mathbb{Z}$, auquel cas f est l'identité.

⋆ Si $\varepsilon = -1$, la formule (1), convenablement adaptée montre que f n'est autre que δ. Si θ n'est pas congru à π modulo 2π, D est l'ensemble des vecteurs transformés en leur opposé et si θ est congru à π modulo 2π, δ est l'homothétie de rapport -1. Notons que si θ est congru à 0 modulo 2π, alors f est la symétrie orthogonale par rapport au plan P.

Enfin, ce sont les seules isométries existantes (le vecteur $\vec{u}$ décrivant l'ensemble des vecteurs unitaires) et donc le tour est fait.

Problème n° 40 *Durée estimée :* 2,5 *heures*

Prérequis :

Plan affine euclidien, distance euclidienne, isométries du plan.

ÉNONCÉ

Dans ce problème, $\mathcal{E}$ désigne le plan affine euclidien et $\mathcal{A}$ est une partie non vide de $\mathcal{E}$. On appelle ***expansion*** *de $\mathcal{A}$ toute application f de $\mathcal{A}$ dans $\mathcal{A}$ telle que :*

$$\forall (M, M') \in \mathcal{A}^2, d(M, M') \leqslant d\big(f(M), f(M')\big),$$

où d désigne la distance euclidienne dans $\mathcal{E}$.

On appelle ***isométrie*** *de $\mathcal{A}$, toute application bijective f de $\mathcal{A}$ dans $\mathcal{A}$ telle que :*

$$\forall (M, M') \in \mathcal{A}^2, d(M, M') = d\big(f(M), f(M')\big).$$

On notera $\mathrm{Exp}(\mathcal{A})$ *l'ensemble des expansions de $\mathcal{A}$ et $\mathcal{I}(\mathcal{A})$ l'ensemble des isométries de $\mathcal{A}$.*

Partie I

1°) Montrer que $(\mathcal{I}(\mathcal{A}), \circ)$ est un groupe.

2°) Prouver qu'une expansion de $\mathcal{A}$ est injective.

3°) Prouver que $\mathrm{Exp}(\mathcal{A})$ est stable pour la loi de composition $\circ$.

4°) Soit f une expansion bijective de $\mathcal{A}$, prouver que f est une isométrie de $\mathcal{A}$ si et seulement si $f^{-1} \in \mathrm{Exp}(\mathcal{A})$.

Partie II

1°) Ici, A et B sont deux points fixés et distincts de $\mathcal{E}$ et $\mathcal{A}$ est le segment $[A, B]$.

a) Pour $f \in \mathrm{Exp}(\mathcal{A})$, déterminer la paire $\{f(A), f(B)\}$.

b) En composant au besoin f avec une isométrie de $\mathcal{A}$, montrer que l'on peut se ramener au cas où $f(A) = A$ et $f(B) = B$. Déterminer alors f.

c) Déterminer $\mathrm{Exp}(\mathcal{A})$.

2°) Ici, $\mathcal{A}$ est une partie quelconque de $\mathcal{E}$ et $f \in \mathrm{Exp}(\mathcal{A})$. On suppose que U et V sont deux points fixes de f et que C est un point de $\mathcal{A}$ tel que $f(C) \neq C$. Prouver que le segment $[U, V]$ est inclus dans le demi-plan fermé contenant C bordé par la médiatrice du segment $[C, f(C)]$.

3°) Ici $\mathcal{A}$ est le domaine fermé bordé par une ellipse (E) c'est-à-dire : F et F' désignant les foyers de (E) et $2a$ la longueur du grand axe, $\mathcal{A}$ est l'ensemble des points M de $\mathcal{E}$ vérifiant

$$d(M, F) + d(M, F') \leqslant 2a.$$

On note A et A' (resp. B et B') les extrémités du grand axe (resp. du petit axe) de (E) : $d(B,B') < d(A,A') = 2a$, O est le centre de l'ellipse.

a) Prouver que pour tout $(M,M') \in \mathcal{A}^2, d(M,M') \leqslant 2a$, l'égalité n'ayant lieu que pour $\{M,M'\} = \{A,A'\}$.

b) Soit $f \in \text{Exp}(\mathcal{A})$. On suppose que $f(A) = A$ et $f(A') = A'$ et qu'il existe un point C de l'ellipse (E) tel que $f(C) \neq C$.
Déduire de la question 2) que F et F' sont sur la médiatrice du segment $[C, f(C)]$.

c) Soit $f \in \text{Exp}(\mathcal{A})$. On suppose que A, A', B, B' sont fixes par f.

c-1) Si M est un point de (E) et M_1 son symétrique par rapport à la droite (AA'), démontrer que $f(M) = M$ ou $f(M) = M_1$.

c-2) Déduire de la question 2) que tout point de (E) est fixe par f, puis que $f = id_{\mathcal{A}}$ (identité sur $\mathcal{A}$).

d) Démontrer alors que :

$$\text{Exp}(\mathcal{A}) = \{id_{\mathcal{A}}, s_{(AA')}, s_{(BB')}, s_O\},$$

où $s_{(AA')}$ (resp. $s_{(BB')}$) est la restriction à $\mathcal{A}$ de la symétrie orthogonale par rapport à (AA') (resp. (BB')) et s_O la restriction de la symétrie de centre O.
(on commencera par remarquer que $f \in \text{Exp}(\mathcal{A})$ entraîne que l'on a :

$$\{f(A), f(A')\} = \{A, A'\}$$

et on envisagera alors deux cas).

4°) On suppose ici que $\mathcal{A}$ est le domaine fermé bordé par un cercle (C) non réduit à un point, on note O le centre de ce cercle.

a) Démontrer que les restrictions à $\mathcal{A}$ des rotations de centre O et des symétries orthogonales par rapport à des droites passant par O sont des éléments de $\text{Exp}(\mathcal{A})$.

b) Vérifier que si $f \in \text{Exp}(\mathcal{A})$, elle transforme une paire $\{P, P'\}$ de points diamétralement opposés sur (C) en une paire de points diamétralement opposés sur (C). En déduire que $f(C) \subset C$.

c) Soit g une expansion de $\mathcal{A}$ qui laisse invariant un point A donné de (C). Le point A' diamétralement opposé sur (C) est donc également invariant. Démontrer que si $M \in (C)$, alors soit $g(M) = M$, soit $g(M)$ est le symétrique de M par rapport à (AA').
En remarquant que si B et B' sont les intersections de (C) avec le diamètre de (C) orthogonal à (AA'), alors $\{B, B'\} = \{g(B), g(B')\}$, en déduire que $g = id_{\mathcal{A}}$ ou $g = s_{(AA')}$, restriction à $\mathcal{A}$ de la symétrie orthogonale par rapport à (AA').

d) Soit $f \in \text{Exp}(\mathcal{A})$, A un point de (C), et enfin r la restriction à $\mathcal{A}$ de la rotation de centre O qui transforme A en $f(A)$. Vérifier que $r^{-1} \circ f \in \text{Exp}(\mathcal{A})$ et calculer $r^{-1} \circ f(A)$. En déduire tous les éléments de $\text{Exp}(\mathcal{A})$.

Décryptage du sujet :

Ce problème est une forme simplifiée de la première partie de la deuxième composition du CAPES en 1982. La partie I est de niveau facile. Ne pas oublier de citer le transport de la bijectivité quand c'est nécessaire. Pour la partie II, dans la question 1), on introduira la symétrie centrale s de centre le milieu du segment $[A, B]$. On utilisera dans la question 2) le fait que tout demi-plan est convexe. Attention, le résultat de cette question intervient souvent dans les raisonnements ultérieurs et doit donc rester constamment à l'esprit. La question 3) est plus ardue. On rappelle que F, F', A et A' sont alignés. Dans la question 3) a), on introduira O le centre de l'ellipse et d'un cercle de rayon $2a$. On pourra dans la question 3) c-2) raisonner par l'absurde en supposant $f(M) \neq M$ et en partant par exemple de $d(M, B) < d(M, B')$. Dans la question 4), on reprend un peu le cheminement de la question 3) mais on aura des résultats plus larges à la fin. Attention à bien suivre l'énoncé à la question 4) c).

CORRIGÉ

Partie I

1°) $id_{\mathcal{A}}$ est un élément de $\mathcal{I}(\mathcal{A})$. La composée de deux applications bijectives de $\mathcal{A}$ dans $\mathcal{A}$ qui conservent les distances est une application bijective de $\mathcal{A}$ dans $\mathcal{A}$ qui conserve les distances. L'inverse d'une application bijective de $\mathcal{A}$ dans $\mathcal{A}$ qui conserve les distances conserve aussi les distances (et est évidemment bijective de $\mathcal{A}$ dans $\mathcal{A}$). Donc $(\mathcal{I}(\mathcal{A}), \circ)$ est un groupe

2°) Supposons que f appartienne à $\mathrm{Exp}(\mathcal{A})$, l'égalité $f(M) = f(M')$ entraîne :

$$0 \leqslant d(M, M') \leqslant d\big(f(M), f(M')\big) = 0$$

d'où $d(M, M') = 0$ et $M = M'$. On en déduit que f est bien injective.

3°) Si f et g sont deux expansions, pour tout $(M, M') \in (\mathcal{A})^2$:

$$d(M, M') \leqslant d\big(f(M), f(M')\big) \leqslant d\big((g \circ f)(M), (g \circ f)(M')\big).$$

Par conséquent, $g \circ f$ est bien une expansion.

4°) Si f est une isométrie de $\mathcal{A}$, il en est de même de f^{-1} et *a fortiori*, f^{-1} est une expansion.

Réciproquement, si f est bijective, f et f^{-1} étant des expansions, on a pour tout $(M, M') \in (\mathcal{A})^2$:

$$d(M, M') \leqslant d\big(f(M), f(M')\big)$$

et de même :

$$d\big(f(M), f(M')\big) \leqslant d\big(f^{-1}(f(M)), f^{-1}(f(M'))\big) = d(M, M').$$

D'où $d(M, M') = d\big(f(M), f(M')\big)$ et f est une isométrie de $\mathcal{A}$.

Partie II

1°) a) Comme f est une expansion de $\mathcal{A}$, $d(A, B) \leqslant d\big(f(A), f(B)\big)$ mais comme $f(A)$ et $f(B)$ appartiennent au segment $[A, B]$, nous avons aussi

$$d\big(f(A), f(B)\big) \leqslant d(A, B).$$

On en déduit que $d(A, B) = d\big(f(A), f(B)\big)$ et comme ces quatre points sont dans $[A, B]$, nous pouvons écrire que $\{A, B\} = \{f(A), f(B)\}$, $f(A)$ et $f(B)$ devant être distincts.

b) Soit s la restriction à $\mathcal{A}$ de la symétrie de centre le milieu de $[A, B]$. Il est clair que $s(A) = B$ et $s(B) = A$. De plus, s est une isométrie de $\mathcal{A}$. On a montré à la question 1) a) que $\{A, B\} = \{f(A), f(B)\}$. Si $f(A) = B$ et $f(B) = A$, on compose f par s et si $f(A) = A$ et $f(B) = B$, on ne fait rien ! Dans les deux cas, on se ramène ainsi à une expansion laissant fixes A et B.

Supposons maintenant que f soit un élément de $\mathrm{Exp}(\mathcal{A})$ tel que $f(A) = A$ et $f(B) = B$. Soit M un point du segment $\mathcal{A}$, on peut écrire successivement :

$$d(M, A) \leqslant d\big(f(M), A\big), d(M, B) \leqslant d\big(f(M), B\big),$$
$$d(M, A) + d(M, B) = d\big(f(M), A\big) + d\big(f(M), B\big).$$

les deux premières inégalités provenant du fait que f est une expansion et l'égalité provenant du fait que M et $f(M)$ sont dans le segment $[A, B]$.

On en déduit $d(M, A) = d\big(f(M), A\big)$ et $M = f(M)$. L'application f est donc la restriction de l'identité à $\mathcal{A}$.

c) En utilisant ce qui précède, on remarque que si $f \in \mathrm{Exp}(\mathcal{A})$, $f(A) = A$ et $f(B) = B$ entraînent que $f = id_{\mathcal{A}}$. Si $f(A) = B$ et $f(B) = A$, $f \circ s = id_{\mathcal{A}}$ et $f = s$. Finalement :

$$\mathrm{Exp}(\mathcal{A}) = \{id_{\mathcal{A}}, s\}.$$

2°) Comme U et V sont fixes par f,

$$d(U, C) \leqslant d\big(U, f(C)\big) \text{ et } d(V, C) \leqslant d\big(V, f(C)\big).$$

Cela prouve que U et V appartiennent au demi-plan fermé contenant C et bordé par la médiatrice de $[C, f(C)]$. Il en est de même de tous les points du segment $[U, V]$ car un demi-plan est convexe.

3°) a) Si O est le centre de l'ellipse, $\mathcal{A}$ est contenu dans le disque de centre O et de rayon a. On a donc pour tout $(M, M') \in \mathcal{A}^2$, $d(M, M') \leqslant 2a$. L'égalité a lieu si et seulement si M et M' sont diamétralement opposés sur le cercle de centre O et de rayon a, ce qui ne peut se produire que si $\{M, M'\} = \{A, A'\}$.

b) D'après la question 2 de cette partie, les points F et F' (qui appartiennent d'ailleurs au segment $[A, A']$) et C doivent être dans le même demi-plan fermé bordé par la médiatrice de $[C, f(C)]$, ce qui signifie :

$$d(F, C) \leqslant d\big(F, f(C)\big) \text{ et } d(F', C) \leqslant d\big(F', f(C)\big).$$

Or C est un point de l'ellipse et donc $d(F, C) + d(F', C) = 2a$. De plus, $f(C)$ est un point de $\mathcal{A}$, donc intérieur à l'ellipse et $d\big(F, f(C)\big) + d\big(F', f(C)\big) \leqslant 2a$.

En regroupant les trois inégalités et l'égalité, on en déduit :

$$d(F, C) = d\big(F, f(C)\big) \text{ et } d(F', C) = d\big(F', f(C)\big).$$

Le point $f(C)$ est donc sur l'ellipse (car alors $d\big(F, f(C)\big) + d\big(F', f(C)\big) = 2a$) et la médiatrice de $[C, f(C)]$ est la droite (FF').

c-1) Supposons que f soit une expansion de $\mathcal{A}$ qui laisse invariants A, A', B et B'. Soit M un point de l'ellipse (E) et montrons que $f(M) = M$ ou $f(M) = M_1$, où M_1 est le symétrique de M par rapport à la droite (AA').
Si $f(M) = M$, c'est terminé.

Si $f(M) \neq M$, d'aprés la question 3) b), on sait que $f(M)$ est sur (E) car $M \in (E)$. De plus, la médiatrice de $[M, f(M)]$ est la droite (FF') c'est-à-dire (AA'). Comme le point M_1 est un point de l'ellipse, $f(M)$ et M_1 coïncident.

c-2) Supposons $f(M) \neq M$, le point M est nécessairement distinct de A et de A'. On en déduit que $d(M, B) \neq d(M, B')$. Supposons par exemple, $d(M, B) < d(M, B')$. Comme f est une expansion :

$$d(M, B') \leqslant d\big(f(M), f(B')\big) = d(M_1, B') = d(M, B).$$

Or ceci est absurde et donc tous les points de (E) sont invariants.

Soit maintenant M un point de $\mathcal{A}$, si $M \neq f(M)$, d'après la question 2), tous les points de (E) doivent être situés d'un même côté de la médiatrice de $[M, f(M)]$. Ceci est absurde car cette droite passe par le milieu de $[M, f(M)]$ qui est un point intérieur à l'ellipse. Donc $f = id_{\mathcal{A}}$.

d) Soit $f \in \text{Exp}(\mathcal{A})$. Le fait que $d(A, A') = 2a \leqslant d\big(f(A), f(A')\big) \leqslant 2a$, d'après la question 3) a), implique que $f(\{A, A'\}) = \{A, A'\}$. On envisage alors deux cas :

Premier cas : $f(A) = A$ et $f(A') = A'$. D'après la question 3) b), $f(B)$ est égal à B ou à B'. Si $f(B) = B$, f est l'identité de $\mathcal{A}$. Si $f(B) = B'$, $s_{(AA')} \circ f$ est un élément de $\text{Exp}(\mathcal{A})$ laissant invariants A, A', B et B' ($s_{(AA')}$ est la restriction à $\mathcal{A}$ de la symétrie orthogonale par rapport à (AA')), d'où :

$$s_{(AA')} \circ f = id_{\mathcal{A}} \text{ et } f = s_{(AA')}$$

Second cas : $f(A) = A'$ et $f(A') = A$. L'application $s_{(BB')} \circ f$ est un élément de $\text{Exp}(\mathcal{A})$ laissant invariant A et A' ($s_{(BB')}$ est la restriction à $\mathcal{A}$ de la symétrie orthogonale par rapport à (BB')). On a donc $s_{(BB')} \circ f = id_{\mathcal{A}}$ ou $s_{(BB')} \circ f = s_{(AA')}$ ce qui implique $f = s_{(BB')}$ ou $f = s_O$ (restriction à $\mathcal{A}$ de la symétrie de centre O).

Réciproquement, il est clair que $id_{\mathcal{A}}, s_{(AA')}, s_{(BB')}$ et s_O sont des expansions de $\mathcal{A}$. Ainsi :

$$\text{Exp}(\mathcal{A}) = \{id_{\mathcal{A}}, s_{(AA')}, s_{(BB')}, s_O\}$$

4°) a) Si M est un point de $\mathcal{A}$, l'image de M par toute rotation de centre O et par toute symétrie orthogonale par rapport à une droite passant par O est un point de $\mathcal{A}$. De plus, ces transformations sont évidemment des éléments de $\mathcal{I}(\mathcal{A})$ donc de $\text{Exp}(\mathcal{A})$.

b) Notons R le rayon de (C). Si P et P' sont diamétralement opposés sur (C), $d(P, P') = 2R$. Si maintenant $f \in \text{Exp}(\mathcal{A})$:

$$2R = d(P, P') \leqslant d\big(f(P), f(P')\big) \leqslant 2R,$$

la dernière inégalité provenant du fait que $f(P)$ et $f(P')$ sont dans $\mathcal{A}$. On en déduit que $d\big(f(P), f(P')\big) = 2R$ et $f(P), f(P')$ sont diamétralement opposés sur (C). Soit maintenant M un point de (C) et M' le point de (C) diamétralement opposé. $\{f(M), f(M')\}$ est un couple de points diamétralement opposés sur (C) et, en particulier, $f(M)$ appartient à (C). Ainsi $f(C) \subset C$.

c) On remarque d'après la question précédente que $g(A')$ et A' sont diamétralement opposés tous les deux à A et sont donc confondus. g possède donc bien (au

moins) deux points invariants distincts qui sont A et A'.
Considérons maintenant $M \in (C)$ et supposons $g(M) \neq M$. D'après la question 2), les deux points O et M sont du même côté de la médiatrice de $[M, g(M)]$, d'où :

$$R = d(O, M) \leqslant d\big(O, g(M)\big) \leqslant R.$$

On en déduit que $g(M)$ appartient à (C). Mais, toujours d'après la question 2), A et A' sont du même côté de la médiatrice de $[M, g(M)]$. Cette médiatrice est donc la droite (AA') et $g(M)$ est le symétrique de M par rapport à (AA').

Soit alors B et B' les intersections de (C) avec le diamètre de (C) perpendiculaire à (AA'). D'après ce qui précède, $\{B, B'\} = \{g(B), g(B')\}$ et deux cas se dessinent :

Premier cas : $g(B) = B, g(B') = B'$. Alors l'expansion g laisse invariant au moins quatre points A, A', B et B'. Le même raisonnement qu'à la question 3) c) permet d'affirmer que $g = id_{\mathcal{A}}$.

Second cas : $g(B) = B', g(B') = B$. Alors $s_{(AA')} \circ g$ est un élément de $\mathrm{Exp}(\mathcal{A})$ qui laisse invariant A, A', B et B'. C'est donc $id_{\mathcal{A}}$ et $g = s_{(AA')}$.

d) r^{-1} est une rotation et appartient à $\mathrm{Exp}(\mathcal{A})$. Comme f appartient à $\mathrm{Exp}(\mathcal{A})$, leur composée aussi. De plus, $r^{-1} \circ f(A) = A$ et A est invariant par cette transformation. On est donc ramené au cas précédent et en appliquant le résultat de la question 4) c), $f = r$ ou $f = r \circ s_{(AA')}$ (et on sait que cette composée est la symétrie par rapport à la médiatrice de $[A, f(A)]$).

Réciproquement, ces transformations sont bien des éléments de $\mathrm{Exp}(\mathcal{A})$, d'après la question 4) a). Si on fait varier maintenant A dans (C), on obtient toutes les restrictions à $\mathcal{A}$ des rotations de centre O et des symétries orthogonales par rapport à une droite passant par O.

Finalement, $\mathrm{Exp}(\mathcal{A})$ est constitué du groupe des restrictions à $\mathcal{A}$ des isométries du plan laissant O invariant.

Problème n° 41 ——— *Durée estimée : 4 heures*

Prérequis :

Parties I, II, III : affixe d'un point dans le plan complexe. Géométrie euclidienne plane ; Symétrie orthogonale plane. Equation d'un cercle.
Partie IV : En plus, courbes paramétrées.

Remarque préliminaire
Ce problème étant un peu ardu, il est placé ici, mais utilisant principalement des notions du programme de début d'année, un bon étudiant peut l'aborder avec profit dès le milieu du premier trimestre.

ÉNONCÉ

On se place dans le plan affine euclidien $\mathcal{E}$, rapporté à un repère orthonormé $(O, \vec{\imath}, \vec{\jmath})$. On appelle **inversion de centre** *ou* **de pôle Ω et de puissance** $k \in \mathbb{R}^*$, *l'application $\mathcal{I}(\Omega, k)$ de $\mathcal{E} \setminus \{\Omega\}$ dans lui-même qui à tout point M associe le point M' tel que Ω, M, M' soient alignés et vérifiant $\overline{\Omega M}.\overline{\Omega M'} = k$.*

Partie I

Dans cette partie on fixe Ω et $k \in \mathbb{R}^*$.

1°) Vérifier que $\mathcal{I}(\Omega, k)$ est une involution de $\mathcal{E} \setminus \{\Omega\}$.

2°) On se ramène au plan complexe associé à $\mathcal{E}$ et on note ω l'affixe de Ω.

a) Soient trois points alignés et distincts S, M et M' d'affixes respectives s, z et z'. Démontrer la double égalité :

$$\overline{SM}.\overline{SM'} = (\overline{z-s})(z'-s) = (z-s)(\overline{z'-s}).$$

b) Exprimer l'affixe z' de M' image de M d'affixe z dans l'inversion $\mathcal{I}(\Omega, k)$.

3°) Quels sont les points fixes par l'inversion $\mathcal{I}(\Omega, k)$?

4°) Soit λ non nul, on note $\mathcal{I}(O, \lambda)$ l'inversion de pôle O et de puissance λ et on pose :

$$H = (\mathcal{I}(O, \lambda))^{-1} \circ \mathcal{I}(\Omega, k) \circ \mathcal{I}(O, \lambda).$$

a) Déterminer H dans le cas où $O = \Omega$.

On supposera $O \neq \Omega$ dans la suite de la question.

b) Si $M' = H(M)$ et $M(z)$, $M'(z')$, écrire z' en fonction de z (on supposera z différent de 0 et de ω).

c) On suppose $k = |\omega|^2$. Montrer que l'application linéaire associée à H est une symétrie vectorielle orthogonale par rapport à une droite. Préciser alors H en déterminant l'ensemble de ses points invariants, noté Δ et en déterminant l'image d'un point situé sur une droite orthogonale à Δ.

d) On suppose $k \neq |\omega|^2$. Montrer que H est une inversion dont on précisera le centre et la puissance.

Partie II

Ici, k est un réel non nul.

1°) Calculer les coordonnées cartésiennes de M', image de $M \neq O$, par l'inversion $\mathcal{I}(O, k)$.

Vérifier que si $\rho = f(\theta)$ est une équation polaire d'une courbe $\mathcal{C}$ du plan, ne passant pas par O, la courbe transformée de $\mathcal{C}$ par l'inversion précédente a pour équation polaire $\rho = \dfrac{k}{f(\theta)}$.

2°) Déterminer les courbes planes correspondant aux équations polaires $\theta = a$, où a est un réel fixé, $\rho = b$, où b est un réel fixé et $\rho = \dfrac{c}{a\cos\theta + b\sin\theta}$, où $c \neq 0$ et $(a, b) \neq (0, 0)$.

3°) Montrer qu'un cercle passant par O a une équation polaire de la forme $\rho = a\cos\theta + b\sin\theta$, avec $(a, b) \neq (0, 0)$.

4°) Déterminer l'image par $\mathcal{I}(O, k)$:

a) d'une droite passant par O (privée de O) ;

b) d'une droite ne passant pas par O ;

c) d'un cercle passant par O (privé de O) ;

d) d'un cercle ne passant pas par O (on pourra dans cette question privilégier les coordonnées cartésiennes aux coordonnées polaires).

Partie III

1°) k_1, k_2 et a étant trois réels non nuls, A_1 et A_2 étant deux points fixes, distincts, d'affixes respectives a et $-a$, on étudie le produit des deux inversions $i_1 = \mathcal{I}(A_1, 2k_1)$ et $i_2 = \mathcal{I}(A_2, 2k_2)$. On note $h = i_1 \circ i_2$

a) On note z' l'affixe de M', image de M d'affixe z par h. Montrer que :

$$azz' + (k_1 - a^2)z - (k_2 - a^2)z' = a^3 - a(k_1 + k_2).$$

Dans la suite, on appellera $\mathcal{R}$ cette relation.

b) h possède-t-elle des points fixes ?

c) h est-elle involutive ?

d) La composition des deux inversions définies ici est-elle commutative ?

2°) Une symétrie orthogonale par rapport à la droite d'équation $x = \alpha$ ($\alpha \in \mathbb{R}$) échange $M(z)$ et $M_1(z_1)$. Montrer que z et z_1 sont liés par les relations :

$$z + \overline{z}_1 = 2\alpha \text{ et } \overline{z} + z_1 = 2\alpha.$$

3°) Montrer que $\mathcal{R}$ peut s'écrire :

$$(z' - p)(z - q) = \frac{k_1 k_2}{a^2},$$

où p et q sont deux réels, à déterminer en fonction de a, k_1 et k_2. Montrer par un choix convenable de α, que $\mathcal{R}$ devient :

$$(z' - p)(\overline{z}_1 - p) = -\frac{k_1 k_2}{a^2},$$

z_1 étant l'image de z par la symétrie orthogonale de la question précédente.

4°) Conclure que h est le produit d'une symétrie par rapport à une droite Δ suivie d'une inversion dont le pôle sera appelé P.
Préciser cette inversion et la droite Δ.

Partie IV

On considère la courbe $(\mathcal{S})$ dont les équations paramétriques sont :

$$x(t) = a\frac{1-t^2}{1+t^2},\ y(t) = a\frac{t-t^3}{1+t^2}$$

où a est une longueur constante supposée strictement positive.

1°) Construire la courbe $(\mathcal{S})$ (on fera le dessin pour $a = 1$).

2°) Déterminer une équation de la tangente au point courant.

3°) Indiquer une équation cartésienne et une équation polaire de $(\mathcal{S})$.

4°) Former l'équation qui donne les trois valeurs de t correspondant aux trois points d'intersection de $(\mathcal{S})$ et d'une droite quelconque quand cette intersection existe. En déduire qu'une condition nécessaire et suffisante pour que trois points $M_1(t_1), M_2(t_2)$ et $M_3(t_3)$ de $(\mathcal{S})$ soient alignés est :

$$t_1t_2 + t_1t_3 + t_2t_3 = -1.$$

5°) Une droite issue de $A(a, 0)$ recoupe $(\mathcal{S})$ en deux points M_1 et M_2. Quelle est la relation qui lie les paramètres de ces deux points ? Interprétation géométrique ? (On déterminera une équation de la droite OM_1 et de la droite OM_2).)
Calculer le produit $\overline{AM}_1.\overline{AM}_2$. Quelle est la courbe inverse de $(\mathcal{S})$ dans l'inversion $\mathcal{I}(A, a^2)$?

6°) Quelle est la courbe inverse de $(\mathcal{S})$ dans l'inversion $\mathcal{I}(O, a^2)$?

7°) On donne un point P de $(\mathcal{S})$, correspondant à la valeur t_0 du paramètre.
Quelle est l'équation qui donne les paramètres des points de contact M' et M'' des tangentes à $(\mathcal{S})$ issues de P ?
Discuter de la réalité de ces points.

8°) La corde $M'M''$ recoupe $(\mathcal{S})$ en P'. Quelle est, en fonction de t_0, la valeur du paramètre correspondant à P' ?
Montrer que les droites OP' et $M'M''$ sont perpendiculaires.

Décryptage du sujet :

Dans la partie I, on calcule l'image d'un point par une inversion donnée dans le plan complexe, la relation déterminée à la question I 2) b) sera utile dans la suite. La question 4) est une application de cette formule à la composée de trois inversions. On aboutit soit à une symétrie orthogonale soit à une inversion. Dans la partie II, on étudie l'image par une inversion de différentes figures classiques. On choisit les inversions de centre O mais l'étude est en fait plus générale, on a fait ici tout simplement un choix de centre de repère. Plus précisément, les questions II 2) et II 3) incitent à utiliser des équations polaires dans la question II 4). Le travail peut bien sûr se faire en coordonnées cartésiennes. Dans la partie III, on étudie le produit de deux inversions quelconques. On aboutit à la composée d'une symétrie orthogonale et d'une inversion. La partie IV commence par l'étude d'une courbe paramétrée. On raccroche avec les inversions à la question IV 5).

CORRIGÉ

Partie I

1°) On commence par remarquer que si $M \neq \Omega$, alors son image M' est différente de Ω. Posons $M' = \mathcal{I}(\Omega, M)$ et $M'' = \mathcal{I}(\Omega, M')$. Les points Ω, M, M' et M'' sont alignés et nous avons :

$$\overline{\Omega M'}.\overline{\Omega M} = \overline{\Omega M'}.\overline{\Omega M''} = k$$

et donc $M = M''$.

2°) a) Il existe $\lambda \in \mathbb{R}^*$ tel que $\overrightarrow{SM'} = \lambda \overrightarrow{SM}$. On en déduit que $\lambda = \dfrac{z'-s}{z-s}$ d'après la définition de l'affixe d'un vecteur. De plus :

$$\overline{SM}.\overline{SM'} = \overrightarrow{SM} \cdot \overrightarrow{SM'} = \lambda(\overrightarrow{SM})^2$$

et on sait, d'après la définition du module d'un complexe, que :

$$\|\overrightarrow{SM}\|^2 = |z-s|^2 = (z-s)(\overline{z-s})$$

et donc $\overline{SM}.\overline{SM'} = (\dfrac{z'-s}{z-s})(z-s)(\overline{z-s}) = (z'-s)(\overline{z-s})$.

Comme $\overline{SM}.\overline{SM'}$ est un réel, il est égal à son conjugué, ce qui donne la seconde formule.

b) Soit ω l'affixe de Ω. La relation précédente s'écrit :

$$(z'-\omega)(\overline{z}-\overline{\omega}) = k, \text{ d'où : } z' = \omega + \frac{k}{\overline{z}-\overline{\omega}}.$$

3°) Le point Ω est exclu d'office, et pour M d'affixe z, M est fixe si et seulement si $z = \omega + \dfrac{k}{\overline{z}-\overline{\omega}}$, soit $(z-\omega)(\overline{z}-\overline{\omega}) = k$, *i.e.* $|z-\omega|^2 = k$ ou encore $z \in \mathcal{C}(\Omega, \sqrt{k})$.
L'ensemble des points fixes est le cercle de centre Ω et de rayon $\sqrt{k}$.

4°) a) On sait déjà que $(\mathcal{I}(O,\lambda))^{-1} = \mathcal{I}(O,\lambda)$, on a donc ici :

$$z_1 = \frac{\lambda}{\overline{z}} \; ; \; z_2 = \frac{k}{\overline{z_1}} \; ; \; z' = \frac{\lambda}{\overline{z_2}}$$

D'où : $z' = \dfrac{\lambda}{k} z_1 = \dfrac{\lambda^2}{k}\dfrac{1}{\overline{z}}$ et dans ce cas :

H est l'inversion de pôle O et de puissance $\dfrac{\lambda^2}{k}$.

b) On pose $M_1 = \mathcal{I}(O,\lambda)(M), M_2 = \mathcal{I}(\Omega,k)(M_1), M' = (\mathcal{I}(O,\lambda))^{-1}(M_2)$ et on note z, z_1, z_2 et z' les affixes respectives de M, M_1, M_2 et M'. Nous avons les trois relations : $z_1 = \dfrac{\lambda}{\overline{z}}$, $z_2 = \omega + \dfrac{k}{\overline{z_1}-\overline{\omega}}$ et $z' = \dfrac{\lambda}{\overline{z_2}}$,

Elles impliquent : $z' = \dfrac{\lambda(\lambda - \omega\overline{z})}{\lambda\overline{\omega} + \overline{z}(k-|\omega|^2)}$.

c) Si $k - |\omega|^2 = 0$, on a : $z' = \dfrac{\lambda}{\overline{\omega}} - \dfrac{\omega}{\overline{\omega}}\overline{z}$. On pose $z = x+iy$, $z' = x'+iy'$ et $\omega = a+ib$ avec $(a,b) \neq (0,0)$. En séparant partie réelle et partie imaginaire, il vient :

$$\begin{cases} (a^2+b^2)x' &= (-a^2+b^2)x - 2aby + \lambda a \\ (a^2+b^2)y' &= -2abx + y(a^2-b^2) + \lambda b \end{cases}$$

Ainsi H est une application affine et la matrice de φ, application linéaire associée à H (ou sous-jacente à H), est :

$$A = \frac{1}{a^2+b^2}\begin{pmatrix} -a^2+b^2 & -2ab \\ -2ab & a^2-b^2 \end{pmatrix}.$$

On vérifie que ${}^tAA = I_2$ et que Det $A = -1$. Donc φ est une symétrie orthogonale vectorielle, par rapport à une droite vectorielle et H est une symétrie orthogonale par rapport à une droite affine.

Déterminons l'ensemble des points invariants de H :

$$\left.\begin{aligned} x(a^2+b^2) &= (-a^2+b^2)x - 2aby + \lambda a \\ y(a^2+b^2) &= -2abx + y(a^2-b^2) + \lambda b \end{aligned}\right\} \iff ax + by = \frac{\lambda}{2}$$

De plus $\vec{u}\,(a,b)$ est orthogonal à la droite Δ d'équation $ax+by = \frac{\lambda}{2}$ et ce vecteur est transformé par φ en son opposé. Finalement, H est la symétrie orthogonale par rapport à la droite Δ.

c) Si $k - |\omega|^2 \neq 0$, on met l'expression de z' sous la forme :

$$z' = \frac{\lambda\omega}{|\omega|^2 - k} + \frac{k\lambda^2}{(k-|\omega|^2)^2}\frac{1}{\overline{z} - \frac{\lambda\overline{\omega}}{|\omega|^2-k}}.$$

On reconnaît en H l'inversion de centre Ω_1 d'affixe $\dfrac{\lambda\omega}{|\omega|^2-k}$ et dont la puissance est $\mu = \dfrac{k\lambda^2}{(k-|\omega|^2)^2}$.

Partie II

1°) Si $M(x,y)$ et $M'(x',y')$, on a : $z' = \frac{k}{\overline{z}}$.

Comme $z' = x'+iy'$ et $\overline{z} = x - iy$, l'expression analytique de l'inversion $\mathcal{I}(O,\,k)$ est donc :

$$(x,y) \mapsto (x',y') = \left(\frac{kx}{x^2+y^2}, \frac{ky}{x^2+y^2}\right).$$

Si $\rho = f(\theta)$ est une équation polaire d'une courbe, la courbe transformée par l'inversion précédente a pour équation polaire $\rho = \dfrac{k}{f(\theta)}$, puisque :

$$\big(f(\theta)\cos\theta, f(\theta)\sin\theta\big) \mapsto \left(\frac{kf(\theta)\cos\theta}{f^2(\theta)}, \frac{kf(\theta)\sin\theta}{f^2(\theta)}\right).$$

En polaires, $\mathcal{I}(O,k) : [\rho,\theta] \mapsto \left[\frac{k}{\rho},\theta\right]$.

2°) Une droite passant par O a pour équation $\theta =$ cte, un cercle de centre O a pour équation $\rho =$ cte, une droite quelconque ne passant pas par O a pour équation $\rho = \dfrac{c}{a\cos\theta + b\sin\theta}$ avec $c \neq 0$ et $(a,b) \neq (0,0)$.

3°) Un cercle passant par l'origine O a une équation cartésienne de la forme $x^2+y^2-2ax-2by = 0$, avec $(a,b) \neq (0,0)$, et donc une équation polaire de la forme $\rho = 2a\cos\theta + 2b\sin\theta = k\cos(\theta - \varphi)$ (l'origine n'est pas perdue : elle est obtenue pour $\theta = \varphi$)

4°) a) Ici si $z = \rho.\mathrm{e}^{i\theta}$, où θ est constant, alors $z' = \dfrac{k}{\rho}\mathrm{e}^{i\theta}$, et en enlevant bien sûr le cas ennuyeux $\rho = 0$, ρ et $\dfrac{k}{\rho}$ décrivent $\mathbb{R}^*$ tous les deux. Une droite passant par O, privée de O est globalement invariante dans une inversion de centre O.

b) Prenons pour équation de la droite $\rho = \dfrac{c}{a\cos\theta + b\sin\theta}$, avec $c \neq 0$.

L'équation de l'inverse est alors $\rho = \dfrac{(a\cos\theta + b\sin\theta)k}{c}$, la transformée est donc un cercle passant par O, privé du point O.

c) C'est le même raisonnement qu'en b), l'image d'un cercle passant par O, privé de O est une droite ne passant pas par O.

d) Utilisons tout de même les coordonnées polaires ! Un cercle $\mathcal{C}$ ne passant pas par O a une équation cartésienne du type :

$$x^2 + y^2 - 2ax - 2by + c = 0, \text{ avec } c \neq 0.$$

(Il s'agit du cercle de centre (a, b) et de rayon $\sqrt{a^2 + b^2 - c}$, on suppose donc $a^2 + b^2 \geqslant c$.)

Donc une équation polaire de $\mathcal{C}$ est : $\rho^2 - 2a\rho\cos\theta - 2b\rho\sin\theta + c = 0$ et l'équation polaire de l'inverse est $\dfrac{k^2}{\rho^2} - \dfrac{2ka\cos\theta}{\rho} - \dfrac{2kb\sin\theta}{\rho} + c = 0$, soit :

$$\rho^2 - \frac{2ka}{c}\rho\cos\theta - \frac{2kb}{c}\rho\sin\theta + \frac{k^2}{c} = 0$$

Il s'agit du cercle de centre $\left(\frac{ak}{c}, \frac{bk}{c}\right)$ et de rayon $\left|\frac{k}{c}\right|\sqrt{a^2 + b^2 - c}$.

L'image d'un cercle ne passant pas par O est un cercle ne passant pas par O. On peut d'ailleurs noter que $\mathcal{C}'$ est aussi l'image de $\mathcal{C}$, par l'homothétie de centre O et de rapport $\dfrac{k}{c}$.

Partie III

1°) a) Notons $U = \mathcal{I}(A_2, 2k_2)(M)$. On a donc $M' = \mathcal{I}(A_1, 2k_1)(U)$. L'affixe de U étant u, nous pouvons écrire, d'après la question I 2) b) :

$$u = -a + \frac{2k_2}{\overline{z} + a} \text{ et } z' = a + \frac{2k_1}{\overline{u} - a}$$

ce qui donne $z' = a + \dfrac{(z + a)2k_1}{-2az - 2a^2 + 2k_2}$, et en arrangeant un peu :

$$azz' + (k_1 - a^2)z - (k_2 - a^2)z' = a^3 - a(k_1 + k_2).$$

C'est la relation $\mathcal{R}$.

b) Les éventuels points fixes sont les images des racines de l'équation :

$$az^2 + (k_1 - k_2)z + a(k_1 + k_2) - a^3 = 0.$$

c'est-à-dire :

$$\left(z + \frac{k_1 - k_2}{2a}\right)^2 = \frac{4a^4 - 4a^2(k_1 + k_2) + (k_1 - k_2)^2}{4a^2}$$

Il y a un seul point fixe si et seulement si $4a^4 = 4a^2(k_1 + k_2) - (k_1 - k_2)^2$, sinon, il y en a deux distincts (et ces points conviennent car k_1 et k_2 étant non nuls, les solutions sont différentes de a et $-a$).

c) h est involutive si et seulement si $h(h(z)) = z$ pour tout $z \notin \{-a, a\}$. Si $z' = h(z)$, on a alors $h(z') = z$. Nous avons donc le système :

$$\begin{cases} azz' + (k_1 - a^2)z - (k_2 - a^2)z' = a^3 - a(k_1 + k_2) \\ azz' + (k_1 - a^2)z' - (k_2 - a^2)z = a^3 - a(k_1 + k_2) \end{cases}$$

D'où :

$$(k_1 + k_2 - 2a^2)z + (2a^2 - k_1 - k_2)z' = 0$$

Soit : $\forall\, z \notin \{-a, a\}, (k_1 + k_2 - 2a^2)(z - z') = 0$.

Comme il n'existe que un ou deux points fixes, ceci n'a lieu que si $k_1 + k_2 = 2a^2$. Réciproquement, si $k_1 + k_2 = 2a^2$, la relation $\mathcal{R}$ devient :

$$azz' + (k_1 - a^2)(z + z') = -a^3,$$

cette relation est symétrique par rapport à z et z', et h est bien involutive.

d) Considérons $i_2 \circ i_1$, son expression analytique s'obtient simplement en échangeant les rôles de k_1 et k_2 et en changeant a en $-a$, ce qui donne, si M est d'affixe z et $i_2 \circ i_1(M)$ est d'affixe z'' :

$$azz'' - (k_2 - a^2)z + (k_1 - a^2)z'' = a^3 - a(k_1 + k_2).$$

Ce n'est pas la même expression que $\mathcal{R}$, sauf si $k_1 + k_2 = 2a^2$. En général i_1 et i_2 ne sont pas permutables.

2°) Si M est de coordonnées (x, y) et d'affixe z, alors son image M_1, par la symétrie par rapport à la verticale d'équation $x = \alpha$, est de coordonnées $(2\alpha - x, y)$ et d'affixe notée z_1. On a donc :

$z + \overline{z}_1 = x + iy + (2\alpha - x) - iy = 2\alpha$, ce qui est la même chose que $\overline{z} + z_1 = 2\alpha$.

3°) $\mathcal{R}$ peut s'écrire : $zz' + (\frac{k_1}{a} - a)z + (a - \frac{k_2}{a})z' = a^2 - (k_1 + k_2)$

soit : $(z' - p)(z - q) + r = 0$, en prenant :

$$p = -\frac{k_1}{a} + a, q = -a + \frac{k_2}{a} \text{ et } r = -\frac{k_1 k_2}{a^2}.$$

De plus :

$$\begin{aligned} (z' - p)(z - q) + r = 0 &\iff (z' - p)(2\alpha - \overline{z}_1 - q) + r = 0 \\ &\iff (z' - p)(\overline{z}_1 - 2\alpha + q) = r. \end{aligned}$$

Pour répondre aux exigences de la question, on prend $p = 2\alpha - q$ et donc :

$$\alpha = \frac{p + q}{2} = \frac{k_2 - k_1}{a}.$$

4°) Nous avons : $z' = p + \dfrac{r}{\overline{z}_1 - p}$, et donc si on note P le point d'affixe p (ne pas oublier que p est réel), on voit, d'après le résultat de la question I 2) b), que la relation qui permet de passer de z_1 à z' représente l'inversion de pôle P et de puissance r, tandis que la transformation qui permet de passer de z à z_1 est la symétrie orthogonale par rapport à Δ. Donc :

$$h = \mathcal{I}(P, r) \circ S(\Delta).$$

Partie IV

1°) Pour tout t, on a $x(-t) = x(t)$ et $y(-t) = -y(t)$. Il suffit donc de faire l'étude pour $t \geqslant 0$, en complétant par symétrie par rapport à l'axe des abscisses.

x et y sont dérivables sur $\mathbb{R}^+$, avec : $x'(t) = a\dfrac{-4t}{(1+t^2)^2}$, $y'(t) = a\dfrac{1-4t^2-t^4}{(1+t^2)^2}$.

On a : $t^4 + 4t^2 - 1 = (t^2+2)^2 - 5 = (t^2+2+\sqrt{5})(t^2+2-\sqrt{5})$

D'où le tableau des variations, avec $t_1 = \sqrt{5-\sqrt{2}}$:

t	0		t_1		1		$+\infty$
$x'(t)$	0	$-$		$-$	$-a$	$-$	
$x(t)$	a	$\searrow$	x_1	$\searrow$	0	$\searrow$	$-a$
$y(t)$	0	$\nearrow$	y_1	$\searrow$	0	$\searrow$	$-\infty$
$y'(t)$	a	$+$	0	$-$	$-a$	$-$	

La tangente en $M(t_1)$ est horizontale, en $M(0) = (a, 0)$ est verticale. Le point O est obtenu pour $t = 1$ et la tangente en ce point est dirigée par la première bissectrice et la droite d'équation $x = -a$ est asymptote à $(\mathcal{S})$.

Un Zeste de Maple

| > plot([(1 - t∧2)/(1 + t∧2), (t - t∧3)/(1 + t∧2), t = -3..3]) ;

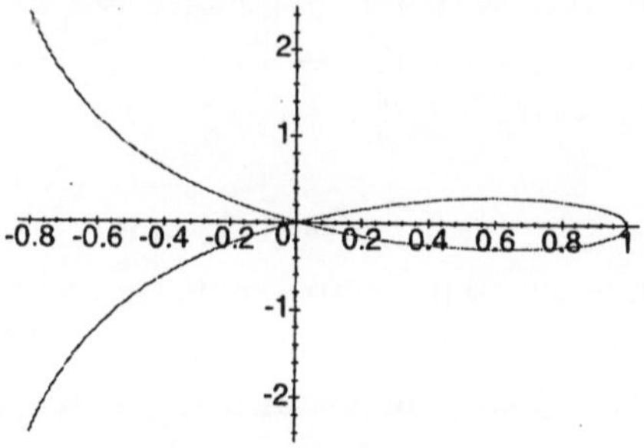

2°) On a $\big(x'(t), y'(t)\big) = -\dfrac{a}{(1+t^2)^2}(4t, t^4+4t^2-1)$. Donc l'équation de la tangente à $(\mathcal{S})$ au point de paramètre t est :

$$\begin{vmatrix} x - x(t) & 4t \\ y - y(t) & t^4+4t^2-1 \end{vmatrix} = 0$$

Soit, en remplaçant $x(t)$ et $y(t)$ par leurs expressions et en développant :

$$x(t^4+4t^2-1) - 4ty + a(t^4-2t^2+1) = 0.$$

3°) $\star$ Si $(x, y) \in \mathcal{S}$, alors $x \neq -a$. On a donc $t^2 = \dfrac{a-x}{a+x}$, et comme $y = tx$:

$$y^2 = \frac{a-x}{a+x}\,x^2, \text{ d'où : } x(x^2+y^2) - a(x^2-y^2) = 0 \quad (*)$$

Réciproquement, si M est de coordonnées (x, y) vérifiant $(*)$;

Si $x \neq 0$, alors on peut poser $y = tx$ et, il vient en remplaçant : $x = a\dfrac{1-t^2}{1+t^2}$ et $y = tx$.

Si on a $x = 0$, alors $y = 0$ et $O = (0, 0)$ est bien un point de $\mathcal{S}$, obtenu pour $t = 1$.

Par conséquent $\mathcal{S}$ est exactement l'ensemble des points dont les coordonnées vérifient $(*)$.

$\star$ Posons $x = \rho\cos\theta, y = \rho\sin\theta$. Si $M \in \mathcal{S}$, on a $\rho^3\cos\theta = a\rho^2(\cos^2\theta - \sin^2\theta)$.
Si $x \neq 0$, alors $\rho = a\dfrac{\cos 2\theta}{\cos\theta}$;
si $x = 0$, on retrouve l'origine qui est atteinte pour $\theta = \frac{\pi}{4}$.

Une équation polaire de $\mathcal{S}$ est donc (Ox étant l'axe polaire) : $\rho = a\dfrac{\cos 2\theta}{\cos\theta}$.

4°) $\star$ Considérons une droite D qui rencontre $\mathcal{S}$ en trois points. Une équation de D est $ux + vy + w = 0$, avec $v \neq 0$ (une verticale ne peut rencontrer $\mathcal{S}$ qu'en au maximum 2 points). Un point M appartient à $\mathcal{S} \cap D$ si et seulement si son paramètre t vérifie : $ua\dfrac{1-t^2}{1+t^2} + av\dfrac{t-t^3}{1+t^2} + w = 0$.
Ce qui s'écrit : $t^3 + (\frac{u}{v} - \frac{w}{av})t^2 - t - (\frac{u}{v} + \frac{w}{av}) = 0$..
Si cette équation admet trois racines t_1, t_2, t_3, on a ;

$$t^3 + (\frac{u}{v} - \frac{w}{av})t^2 - t - (\frac{u}{v} + \frac{w}{av}) = (t - t_1)(t - t_2)(t - t_3)$$

En développant et identifiant, on a donc : $t_1t_2 + t_2t_3 + t_3t_1 = -1$.

$\star$ Réciproquement, si cette relation est satisfaite par les paramètres de trois points, ces trois points sont alignés. En effet, la droite qui joint $M_1(t_1)$ et $M_2(t_2)$ recoupe $(\mathcal{S})$ en $M_3'(t_3')$ tel que l'on ait : $t_1t_2 + t_2t_3' + t_3't_1 = -1$,

ce qui entraîne : $\begin{cases} t_1t_2 + t_1t_3 + t_2t_3 & = & -1 \\ t_1t_2 + t_1t_3' + t_2t_3' & = & -1 \end{cases}$.

et, par différence :

$$(t_1 + t_2)(t_3 - t_3') = 0.$$

Comme $t_2 \neq -t_1$ (on ne prend pas deux points sur une même verticale), il vient $t_3 = t_3'$ et $M_3(t_3)$ et $M_3'(t_3')$ sont confondus, donc M_1, M_2, M_3 sont alignés.

$$M_1, M_2, M_3 \in \mathcal{S} \text{ sont alignés} \iff t_1t_2 + t_1t_3 + t_2t_3 = -1$$

5°) $\star$ A est le point de $\mathcal{S}$ qui correspond à $t_3 = 0$. Les paramètres t_1, t_2 de M_1 et de M_2 sont donc liés, d'après la question précédente, par la relation :

$$t_1t_2 = -1.$$

Or, si M est le point de $\mathcal{S}$ de paramètre $t \neq 0$, on a $y(t) = t.x(t)$ et l'équation de la droite OM est $y = tx$. Ainsi, dans le cas présent le produit des pentes de OM_1 et OM_2 vaut -1, ce qui veut dire que OM_1 et OM_2 sont perpendiculaires.
$\star$ On a : $k = \overline{AM}_1.\overline{AM}_2 = \overrightarrow{AM}_1.\overrightarrow{AM}_2 = \big(x(t_1) - a\big)\big(x(t_2) - a\big) + y(t_1)y(t_2)$

D'où : $k = \dfrac{4a^2}{(1+t_1^2)(1+t_2^2)} + \dfrac{a^2t_1t_2(1-t_1^2)(1-t_2^2)}{(1+t_1^2)(1+t_2^2)}$

Comme $t_1t_2 = -1$, on peut simplifier abondamment et il reste : $k = a^2$.
L'inversion de centre A et de puissance a^2 échange M_1 et M_2. Tous les points M de $\mathcal{S}$ (sauf A) sont des intersections de $\mathcal{S}$ et de droites issues de A. Donc $\mathcal{S} \setminus \{A\}$ est globalement invariante par l'inversion $\mathcal{I}(A, a^2)$.

6°) Cherchons l'inverse H de $\mathcal{S} \setminus \{O\}$ dans $\mathcal{I}(O, a^2)$. On sait que $M : [\rho, \theta]$ est transformé en $M' : [\frac{a^2}{\rho}, \theta]$. En utilisant le résultat de la question II 1), l'équation polaire de H est donc : $\rho = a\dfrac{\cos\theta}{\cos 2\theta}$.

Soit $\rho^2(\cos^2\theta - \sin^2\theta) = a\rho\cos\theta$, *i.e.* $x^2 - y^2 = ax$ (en excluant l'origine de cette courbe). Ce que l'on écrit sous la forme $(x - \frac{a}{2})^2 - y^2 = \dfrac{a^2}{4}$ ou encore

$$\frac{(x - \frac{a}{2})^2}{(\frac{a}{2})^2} - \frac{y^2}{(\frac{a}{2})^2} = 1$$

Il s'agit de l'hyperbole équilatère (privée de O) dont O et A sont les sommets, l'axe focal est l'axe des abscisses et le centre $(\frac{a}{2}, 0)$.

7°) Une droite issue de P est tangente à $\mathcal{S}$ si elle recoupe $\mathcal{S}$ en deux points confondus (la tangente en un point M est la limite de la corde pasant par M et N, lorsque N tend vers M). En utilisant encore la relation d'alignement, on voit que l'équation cherchée est obtenue en faisant $t_1 = t_0$ et $t_2 = t_3 = t$, ce qui donne :

$$t^2 + 2tt_0 + 1 = 0.$$

Cette équation a des racines réelles t', t'' (distinctes ou non) si et seulement si $t_0^2 \geqslant 1$, soit si et seulement si P n'appartient pas à la boucle de $\mathcal{S}$.

8°) M', M'', P' sont trois points alignés, donc $t't'' + t_0't' + t_0't'' = -1$. Or $t't'' = 1$ et $t' + t'' = -2t_0$. On a donc $t_0' = \dfrac{1}{t_0}$.

Ainsi les droites OP et OP' sont symétriques par rapport à la première bissectrice. La pente de $M'M''$ se calcule à partir des coordonnées. Elle est égale à $-t_0$, donc à $-\dfrac{1}{t_0'}$, la droite $M'M''$ est perpendiculaire à OP'.

Commentaires

A. *L'inversion est un classique que l'abordage se fasse par les nombres complexes comme ici ou qu'il se fasse par la géométrie pure. Une inversion conserve les angles arithmétiques, c'est-à-dire que l'angle de deux courbes en un point est égal à celui des courbes images au point correspondant. Le produit de deux inversions de même centre est une homothétie. On a vu dans le problème que le produit de deux inversions de centres distincts est le produit d'une inversion par une symétrie.*

B. *Considérons la fonction homographique* $f(z) = \dfrac{az + b}{cz + d}$, *$a, b, c, d$ complexes, avec $c \neq 0$, très utile pour définir le birapport. Elle est composée de translations, d'une symétrie par rapport à Ox, d'une inversion de pôle O et de puissance 1, et d'une similitude de centre O. Si on prolonge $\mathbb{C}$ en $\overline{\mathbb{C}} = \mathbb{C} \cup \{\infty\}$, on prolonge alors aussi f en posant $f(-\frac{d}{c}) = \infty$ et $f(\infty) = \frac{a}{c}$, on définit $\overline{\mathcal{E}} = \mathcal{E} \cup \{T\}$, où T est un point dont l'affixe est ∞ et appelé point à l'infini du plan affine. Ce prolongement du plan affine est appelé* ***plan anallagmatique.*** *On appelle groupe circulaire $\mathcal{G}$ de $\overline{\mathcal{E}}$, l'ensemble des bijections de $\overline{\mathcal{E}}$ conservant globalement l'ensemble des cercles et droites de $\overline{\mathcal{E}}$. Le groupe circulaire de $\overline{\mathcal{E}}$ est le groupe engendré par les inversions, les symétries, les déplacements et les similitudes de $\overline{\mathcal{E}}$. On voit donc que les inversions, non seulement utiles pour leurs propriétés propres, sont aussi intéressantes car faisant partie d'un tout ayant une caractéristique propre.*

C. *Enfin, parlons un peu de la courbe $(\mathcal{S})$ de la partie IV. C'est* ***une strophoïde droite****, c'est-à-dire une cubique circulaire ayant un point double à tangentes rectangulaires et qui admet un axe de symétrie.*

Problème n° 42

Durée estimée : 6 heures

Prérequis :

Représentations d'une courbe plane, équations cartésiennes, paramétriques et polaires.
Propriétés métriques d'une courbe plane.

ÉNONCÉ

Dans tout le problème, $\mathcal{E}_2$ désigne le plan euclidien orienté rapporté, sauf précision supplémentaire, à la base orthonormée directe $(O, \vec{\imath}, \vec{\jmath})$.

Notions à connaître

P1. On rappelle le théorème de relèvement que l'on pourra avoir à utiliser : On note $\mathbb{U} = \{z \in \mathbb{C}, |z| = 1\}$, I est un intervalle réel et $F : I \to \mathbb{U}$ est une fonction de classe $\mathcal{C}^p$, avec $p \geqslant 1$. Alors il existe une fonction $\theta : I \to \mathbb{R}$ de classe $\mathcal{C}^p$ vérifiant pour tout $t \in I$, $F(t) = e^{i\theta(t)}$.

P2. I et J sont deux intervalles réels, Soit $\vec{F} : I \to \mathcal{E}_2, t \mapsto \vec{F}(t)$ un arc paramétré de classe $\mathcal{C}^k$, $k \geqslant 1$. Ce paramétrage définit une courbe Γ du plan. Si $\varphi : J \to I$ est une bijection de classe $\mathcal{C}^k$ dont la dérivée ne s'annule jamais, on définit le paramétrage

$$\vec{G} = \vec{F} \circ \varphi : J \to \mathcal{E}_2, u \mapsto \vec{G}(u) = \vec{F}\big(\varphi(u)\big)$$

et on dit que $\vec{G}$ est un ***paramétrage $\mathcal{C}^k$–admissible de*** Γ.

Partie I : Paramétrage normal et courbure algébrique

1°) Vérifier que si $\vec{F} : t \mapsto \vec{F}(t)$ est un arc paramétré tel que $\vec{F}'(t)$ ne s'annule jamais et si $\vec{G} : u \mapsto \vec{G}(u)$ est un paramétrage admissible alors $\vec{G}'(u)$ ne s'annule jamais.

On rappelle qu'une courbe Γ définie par un paramétrage dont la dérivée ne s'annule pas est une ***courbe régulière****. Dans la suite du problème, on considère une courbe régulière Γ de classe $\mathcal{C}^k$, avec $k \geqslant 1$, sauf précisions ultérieures, définie initialement par un paramétrage $\vec{F} : I \to \mathcal{E}_2, t \mapsto \vec{F}(t)$. On pourra utiliser les notations :*

$$M = \vec{F}(t) \text{ et } \frac{d\overrightarrow{M}}{dt} = \vec{F}'(t).$$

2°) On pose $\vec{T} = \dfrac{\vec{F}'(t)}{\|\vec{F}'(t)\|}$. Montrer que l'on définit une application de classe $\mathcal{C}^{k-1}$ de I dans l'ensemble des vecteurs unitaires.

3°) On rappelle que si $\vec{N}$ est l'image du vecteur $\vec{T}$ défini dans la question 2 par la rotation vectorielle d'angle $\frac{\pi}{2}$ alors la base orthonormée directe $(\vec{T}, \vec{N})$ est le **repère de Frenet au point** $M = \vec{F}(t)$.

Si on effectue un changement de paramétrage $\mathcal{C}^k$–admissible $\varphi : u \mapsto t = \varphi(u)$, quelle incidence a-t-on sur le repère de Frenet ?

4°) Montrer qu'il est possible de choisir un paramétrage de $\Gamma : s \mapsto M(s)$ tel que $\frac{d\overrightarrow{M}}{ds}$ soit toujours le vecteur unitaire $\vec{T}$. Vérifier que ce changement de paramétrage est $\mathcal{C}^k$–admissible.

Un tel paramétrage ainsi construit est appelé paramétrage **normal** de Γ.

Si $\vec{G} : s \mapsto \vec{G}(s)$ est un paramétrage normal de Γ, on dit que s est une **abscisse curviligne** du point $M = \vec{G}(s) = \vec{F}(t)$. S'il existe un point A de Γ tel que $s = 0$, alors on dit que s est l'abscisse curviligne d'origine A et on a l'égalité :

$$s = \int_a^t \|\vec{F}'(y)\|\, dy.$$

(Si s est une abscisse curviligne d'une courbe orientée Γ, les autres abscisses curvilignes sont de la forme $s + k$, avec k constante)

5°) Calcul pratique d'une abscisse curviligne.

a) Posons $\vec{F}(t) = M = (x, y)$, calculer $\vec{F}'(t), \vec{T}$ et $\vec{N}$ et en déduire $\frac{dx}{ds}$ et $\frac{dy}{ds}$ en fonction de $\frac{dx}{dt}$ et $\frac{dy}{dt}$.

b) Appliquer les formules trouvées à la question 5) a) au cas de la chaînette $x \mapsto \operatorname{ch} x$. Calculer s, à une constante près.

c) On suppose ici que Γ est définie par une équation polaire. Soit $\theta \mapsto M(\theta)$ avec $\overrightarrow{OM} = \rho(\theta)\vec{u}(\theta)$, où $\vec{u}(\theta) = \cos\theta\vec{\imath} + \sin\theta\vec{\jmath}$. On rappelle au passage que $\vec{v}(\theta) = \frac{d\vec{u}}{d\theta} = -\sin\theta\vec{\imath} + \cos\theta\vec{\jmath}$, et que $\big(O, \vec{u}(\theta), \vec{v}(\theta)\big)$ est le repère polaire, dit aussi repère tournant.

Calculer $\frac{ds}{d\theta}$ en fonction de ρ et $\frac{d\rho}{d\theta}$. Exprimer le vecteur $\vec{T}$ dans $\big(\vec{u}(\theta), \vec{v}(\theta)\big)$.

d) Appliquer les résultats trouvés à la question 5) c) au cas d'une spirale logarithmique, définie par son équation polaire $\rho = a.\mathrm{e}^{m\theta}$, avec $a > 0$ et $m \in \mathbb{R}$. Vérifier que la tangente fait un angle constant avec le rayon vecteur. Calculer s, à une constante près.

6°) On suppose ici que l'on a $k \geqslant 2$. Soit s une abscisse curviligne, on sait que $s \mapsto \vec{T}(s) = \frac{d\overrightarrow{M}}{ds}$ est une fonction de classe $\mathcal{C}^{k-1}$, à valeurs dans l'ensemble des vecteurs unitaires de $\mathcal{E}_2$ que l'on peut identifier à $\mathbb{U}$.

a) Justifier le fait qu'il existe une fonction $s \mapsto \alpha(s)$, à valeurs réelles, de classe $\mathcal{C}^{k-1}$ telle que :

$$\forall\, s, \vec{T}(s) = \vec{u}\big(\alpha(s)\big) = \big(\cos[\alpha(s)], \sin[\alpha(s)]\big).$$

Calculer alors $\vec{T}, \vec{N}, \frac{dx}{ds}$ et $\frac{dy}{ds}$ en fonction de $\cos\alpha$ et de $\sin\alpha$ (sous-entendu : au point s).

b) Vérifier les deux formules :

$$\frac{d\vec{T}}{ds}(s) = \gamma(s)\vec{N}(s) \text{ et } \frac{d\vec{N}}{ds}(s) = -\gamma(s)\vec{T}(s),$$

où $\gamma(s) = \frac{d\alpha}{ds}(s)$. Ce réel est appelé **la courbure de l'arc au point** M.
Que peut-on dire de la fonction $s \mapsto \gamma(s)$?

c) En posant $\vec{F}(t) = M = (x(t), y(t))$, montrer que :

$$\gamma = \frac{\mathrm{Det}(\vec{F}', \vec{F}'')}{\|\vec{F}'\|^3} = \frac{x'y'' - x''y'}{(x'^2 + y'^2)^{3/2}},$$

où x', x'' sont les dérivées première et seconde par rapport à t. Simplifier la formule donnant γ dans le cas d'une courbe définie par une équation cartésienne $y = f(x)$. Appliquer alors à la chaînette d'équation cartésienne $y = \operatorname{ch} x$.

d) A quelle condition sur γ la famille $\left(\frac{d\vec{M}}{ds}, \frac{d^2\vec{M}}{ds^2}\right)$ est-elle une base orthogonale de $\mathbb{R}^2$?

e) Un point M de l'arc $t \mapsto \vec{F}(t)$ est dit **birégulier** lorsque la famille $\left(\vec{F}'(t), \vec{F}''(t)\right)$ est une base de $\mathbb{R}^2$. Démontrer que cette notion ne dépend pas du paramétrage admissible choisi pour décrire l'arc.
Démontrer alors qu'un point M est birégulier si et seulement si la courbure en M est non nulle.
Vérifier, de plus, que si l'arc est birégulier (c'est-à-dire que tous les points de l'arc sont biréguliers), α est un paramétrage $\mathcal{C}^{k-1}$–admissible.

f) Supposons Γ birégulier, montrer les relations vectorielles :

$$\frac{d\vec{T}}{d\alpha} = \vec{N} \text{ et } \frac{d\vec{N}}{d\alpha} = -\vec{T}.$$

g) Soit la cardioïde, d'équation polaire $\rho = a(1+\cos\theta)$, où $a > 0$. Calculer γ en déterminant une fonction $s \mapsto \alpha$ (on commencera par calculer s en fonction de θ, et on posera $s = 0$ pour $\theta = 0$, puis on calculera α en fonction de θ).

Partie II : Quelques équations intrinsèques

Nous avons vu dans la partie I la méthode pour déterminer la courbure en partant d'une courbe Γ. Réciproquement, une courbe plane est déterminée à un déplacement prés (en général composition d'une translation et d'une rotation) par sa courbure si celle-ci est continue. Nous allons illustrer ce résultat admis sur quelques exemples.

Déterminer (à un déplacement près) les courbes Γ telles que :

1°) $\forall s \in \mathbb{R}, \gamma(s) = k, k \in \mathbb{R}^*$ fixé.

2°) $\forall s \in \mathbb{R}, \gamma(s) = 0$.

3°) $\forall s \in \mathbb{R}_+^*, \gamma(s) = \frac{k}{s}, k \in \mathbb{R}^*$ fixé
(on pourra poser $z = x + iy$ dans l'intégration).

4°) $\forall s \in \mathbb{R}, \gamma^{-2}(s) + s^2 = k^2$, $k > 0$ fixé

(on pourra commencer par introduire φ tel que $\dfrac{1}{\gamma} = k\cos\varphi$ et $s = k\sin\varphi$).

Partie III : Théorème des quatre sommets

Etant donnée une courbe Γ régulière de classe C^3 de $\mathcal{E}_2$, on dit qu'elle est **fermée simple** *s'il existe un paramétrage $(\mathbb{R}, \vec{F})$ de Γ tel que $\vec{F}$ soit périodique de période $L > 0$ et tel que $\vec{F}$ soit injective sur $[0, L[$. De plus, si γ est la courbure et s une abscisse curviligne, on appelle* **sommet** *de l'arc Γ, un point où $\dfrac{d\gamma}{ds}$ s'annule.*

On suppose dans cette partie que Γ est fermée simple, de classe C^3 sur $\mathcal{E}_2$ (on note L la période de F) et **strictement convexe**, *c'est-à-dire que pour tout point A de Γ, $\Gamma \setminus \{A\}$ est contenu dans l'un des demi-plans ouverts définis par la tangente en A à Γ.*

Pour simplifier, on choisira directement pour $(\mathbb{R}, \vec{F})$ un paramétrage normal et on considèrera $s \mapsto \vec{F}(s)$, L étant alors la longueur de la courbe.

1°) En utilisant la formule de la question I 6) c), montrer que $s \mapsto \gamma$ est de classe C^1 et périodique (de période L).

Pourquoi la courbe Γ admet-elle deux sommets au moins ?

2°) Soit $\vec{\Psi}$ la fonction de $[0, L]$ dans $\mathcal{E}_2$, définie par : $s \mapsto \vec{\Psi}(s) = \dfrac{d\gamma}{ds}\vec{F}(s)$.
Démontrer en posant :

$$\vec{\Psi}(s) = X(s)\vec{\imath} + Y(s)\vec{\jmath} \text{ et } \vec{F}(s) = x(s)\vec{\imath} + y(s)\vec{\jmath},$$

les relations suivantes :

$$\int_0^L X(s)\,ds = -\int_0^L \gamma(s)x'(s)\,ds \text{ et } \int_0^L Y(s)\,ds = -\int_0^L \gamma(s)y'(s)\,ds$$

puis démontrer que :

$$\int_0^L X(s)\,ds = \int_0^L Y(s)\,ds = 0, \text{ en introduisant le repère de Frenet } (\vec{T}, \vec{N}).$$

3°) a) On suppose que la courbe n'a que deux sommets M_1 et M_2 de paramètres respectifs m_1 et m_2, le paramètre m_1 correspondant au minimum de γ et m_2 au maximum de γ. On choisit M_1 pour origine du repère, l'axe Ox étant dirigé par $\overrightarrow{M_1M_2}$, on choisit également M_1 pour origine des abscisses curvilignes de sorte que l'on a : $0 = m_1 < m_2 < L$. Justifier que la quantité $\dfrac{d\gamma}{ds}\vec{F}(s) \cdot \vec{\jmath}$ est strictement négative sur $]0, m_2[$ et sur $]m_2, L[$. Montrer que :

$$\int_0^L \frac{d\gamma}{ds}\vec{F}(s) \cdot \vec{\jmath}\,ds = 0,$$

et établir l'absurdité de l'hypothèse.

b) Montrer, de la même façon, qu'il est impossible que la courbe n'ait que trois sommets. En déduire que Γ a au moins quatre sommets.

4°) Déterminer les sommets de l'ellipse $(x = a\cos t, y = b\sin\, t,)$ avec a et b deux réels tels que $a \neq b$.

5°) Quelles sont les courbes $\mathcal{C}^3$ fermées simples et convexes dont tous les points sont des sommets ?

Partie IV : Inégalité isopérimétrique

Ici Γ est une courbe régulière fermée simple (voir la définition dans la partie III) de classe $\mathcal{C}^2$ de $\mathcal{E}_2$ rapporté à un repère orthonormé direct $(O, \vec{\imath}, \vec{\jmath})$, on pose avec les notations précédentes :

$$\ell(\Gamma) = \int_0^L \|\vec{F}'(s)\|\, ds,$$

(ℓ est la longueur de Γ et L est la période de $\vec{F}$)
On suppose que $\ell(\Gamma) = 2\pi$, et Δ désigne la surface fermée bornée limitée par la courbe Γ. On suppose à nouveau que $\vec{F}$ est un paramétrage normal et donc $\ell(\Gamma) = L = 2\pi$.

1°) Soit G le centre de gravité de Γ affecté de la densité linéique 1, on suppose que l'origine du repère est le point G. On pose $\vec{F}(s) = x(s)\,\vec{\imath} + y(s)\,\vec{\jmath}$.
Vérifier que

$$\int_0^{2\pi} x(s)\, ds = \int_0^{2\pi} y(s)\, ds = 0, x'^2(s) + y'^2(s) = 1.$$

2°) Montrer que l'aire M de Δ vaut $\displaystyle\int_0^{2\pi} x(s)y'(s)\, ds.$

3°) Montrer l'égalité :

$$2\pi - 2M = \int_0^{2\pi} \left(x'^2(s) - x^2(s)\right) ds + \int_0^{2\pi} \left(x(s) - y'(s)\right)^2 ds.$$

4°) On admet le résultat suivant :

Soit g une fonction numérique de classe C^1, périodique, de période 2π telle que $\displaystyle\int_0^{2\pi} g(t)\, dt = 0$. On a alors $\displaystyle\int_0^{2\pi} \left(g'(t)\right)^2 dt \geqslant \int_0^{2\pi} \left(g(t)\right)^2 dt$. L'égalité ayant lieu si et seulement si $g(t) = a\cos t + b\sin t$, où a et b sont des réels quelconques.

Montrer, à partir de la question IV 3), que

$$L^2 \geqslant 4\pi M.$$

5°) Que se passe t-il dans le cas où l'inégalité demandée à la question IV 4) est une égalité ?

Décryptage du sujet :

La partie I est essentiellement une question de cours. Elle pourra être rapidement traitée. C'est une bonne révision des paramétrages et des notions d'abscisse curviligne et de courbure. Attention, beaucoup d'élèves se contentent d'apprendre les formules donnant la courbure (et donc son inverse, le rayon de courbure) dans le cas d'une représentation en paramétriques ou en polaires et oublient le lien avec l'angle α qui permet pourtant de simplifier les calculs (voir la question I 6) g)). Aucune difficulté particulière dans la partie I.

Dans la partie II, on se consacre à une sorte de réciproque, on connait la courbure, on désire Γ. Bien entendu, comme on intègre à un moment donné, il y aura une infinité de solutions. Il existe un théorème général que l'on entrouve seulement. Il ne s'agit ici que de travailler sur des exemples de plus en plus ardus . . . Il s'agit dans chaque question (hormis la question II 2), simple) de partir de $\frac{ds}{d\alpha}$ et d'aboutir à des équations paramétriques en α.

S'il y a quelque chose à retenir dans ce sujet c'est avant tout l'usage du paramétrage admissible α qui permet d'avoir souvent rapidement la courbure si on ne la connait pas ou une famille de courbes en équations paramétriques si on part de la courbure.

Dans les parties III et IV, beaucoup moins classiques, il faut suivre le fil des questions. La notion de périodicité de la fonction $\vec{F}$ intervient sans cesse. On utilisera les formules de la courbure et les formules de Frenet établies dans la question 6) de la partie I.

Les différents exemples traités peuvent s'illustrer par un tracé, ce n'est pas demandé dans le problème mais si avez une calculette graphique ou un ordinateur pas loin . . .

CORRIGÉ

Partie I

1°) Soit φ le changement de paramètre. On a donc : $\forall u \in J, \vec{G}(u) = \vec{F}(\varphi(u))$. D'où : $\vec{G}'(u) = \vec{F}'(\varphi(u)).\varphi'(u)$. Comme $\vec{F}'$ et φ' ne s'annulent jamais, $\vec{G}'$ n'est jamais nulle.

2°) Comme $\frac{d\vec{M}}{dt}$ n'est jamais nulle, $f : t \mapsto \|\frac{d\vec{M}}{dt}\| = (\frac{d\vec{M}}{dt} \cdot \frac{d\vec{M}}{dt})^{1/2}$ est de classe $\mathcal{C}^{k-1}$, comme composée de fonctions de classe $\mathcal{C}^{k-1}$ et de la fonction $u \mapsto \sqrt{u}$ qui est de classe $\mathcal{C}^{\infty}$ sur $\mathbb{R}_+^*$.

La fonction f n'est jamais nulle, donc $t \mapsto \frac{1}{f(t)}$ est encore de classe $\mathcal{C}^{k-1}$ et $t \mapsto \vec{T}(t)$ l'est également. Enfin, on a bien $\|\vec{T}(t)\| = 1$.

3°) Si φ est le changement de paramétrage, on a vu que $\vec{G}(u) = \vec{F}(\varphi(u))$. Donc :

$$\vec{T}_G(u) = \frac{\varphi'(u).\vec{F}'(\varphi(u))}{|\varphi'(u)|.\|\vec{F}'(\varphi(u))\|} = \varepsilon.\vec{T}(\varphi(u))$$

où $\varepsilon = 1$ si φ est croissante et $\varepsilon = -1$ si φ est décroissante. Ainsi, un changement de variable croissant laisse $\vec{T}$ invariant (donc $\vec{N}$ aussi), tandis qu'un changement de variable décroissant change $\vec{T}$ en $-\vec{T}$ et $\vec{N}$ en $-\vec{N}$.

4°) Soit $M = \vec{F}(t)$ un paramétrage quelconque et $M = \vec{G}(s)$ un paramétrage admissible. On a donc $s = \varphi(t)$, où φ est à dérivée jamais nulle, et $\vec{F}(t) = \vec{G}(\varphi(t))$. On a alors : $\vec{F}'(t) = \vec{G}'(\varphi(t))\varphi'(t)$. Le paramétrage $\vec{G}$ est normal si et seulement si : $\varphi'(t) = \varepsilon.\|\vec{F}'(t)\|$, avec $\varepsilon \in \{-1, 1\}$. On doit choisir $\varepsilon = 1$, pour garder le même vecteur tangent et donc :

$$\varphi : t \mapsto s = \int^t \|\vec{F}'(u)\| \, du$$

où l'absence de borne inférieure signifie que l'on a pris une primitive quelconque. Comme $\vec{F}'$ n'est jamais nulle, φ' n'est jamais nulle et est bien de classe $\mathcal{C}^k$ ($\|\vec{F}'\|$ est de classe $\mathcal{C}^{k-1}$ et ses primitives sont de classe $\mathcal{C}^k$).

A partir de maintenant, pour alléger les écritures, nous suivrons l'usage des géomètres et des physiciens en notant par exemple $s = s(t)$ au lieu de $s = \varphi(t)$, ou même $\frac{d\vec{M}}{ds} = \frac{d\vec{M}}{dt}\frac{dt}{ds}$, sans qu'il soit fait référence à la variable utilisée pour conduire les calculs.

5°) a) On a $\vec{F}(t) = x(t)\vec{\imath} + y(t)\vec{\jmath}$, donc $\vec{F}'(t) = x'(t)\vec{\imath} + y'(t)\vec{\jmath}$.

Le repère étant orthonormé : $\|\vec{F}'(t)\| = \sqrt{x'^2(t) + y'^2(t)}$ et on en déduit le repère de Frenet :

$$\vec{T}(t) = \frac{x'(t)\vec{\imath} + y'(t)\vec{\jmath}}{\sqrt{x'^2(t) + y'^2(t)}}, \; \vec{N}(t) = \frac{-y'(t)\vec{\imath} + x'(t)\vec{\jmath}}{\sqrt{x'^2(t) + y'^2(t)}}.$$

On a : $\frac{ds}{dt}(t) = \|\vec{F}'(t)\| = \sqrt{x'^2(t) + y'^2(t)}$

et comme $\vec{T} = \frac{d\vec{M}}{ds} = \frac{dx}{ds}\vec{\imath} + \frac{dy}{ds}\vec{\jmath}$:

$$\frac{dx}{ds} = \frac{x'}{\sqrt{x'^2 + y'^2}}, \; \frac{dy}{ds} = \frac{y'}{\sqrt{x'^2 + y'^2}}$$

b) Le paramétrage est ici $x \mapsto (x, \operatorname{ch} x)$. On a $\frac{ds}{dx} = \sqrt{1 + \operatorname{sh}^2 x} = \operatorname{ch} x$ et donc $s = \operatorname{sh} x + k$, avec k constante. On a :

$$\vec{T} = \frac{dx}{ds}\frac{d\vec{M}}{dx} = \left(\frac{1}{\operatorname{ch} x}, \operatorname{th} x\right).$$

On obtient une représentation normale de l'arc en calculant x et y en fonction de s : on prend par exemple $s = \operatorname{sh} x$ et on obtient $x = \ln(s + \sqrt{1+s^2})$ et $y = \operatorname{ch} x = \sqrt{1+s^2}$. On peut alors écrire : $\vec{T} = \left(\frac{1}{\sqrt{1+s^2}}, \frac{s}{\sqrt{1+s^2}}\right)$, on remarque dans ce cas de la chaînette que s est la pente de $\vec{T}$.

c) On a $\overrightarrow{OM}(\theta) = \rho(\theta)\vec{u}(\theta)$, donc : $\frac{d\vec{M}}{d\theta} = \rho'\vec{u} + \rho\vec{v}$ et

$$\frac{ds}{d\theta} = \left\|\frac{d\vec{M}}{d\theta}\right\| = \sqrt{\rho^2 + \rho'^2}.$$

Nous en déduisons le vecteur unitaire tangent $\vec{T}$:

$$\vec{T} = \frac{d\theta}{ds}\frac{d\vec{M}}{dt} = \frac{\rho'}{\sqrt{\rho^2 + \rho'^2}}\vec{u} + \frac{\rho}{\sqrt{\rho^2 + \rho'^2}}\vec{v}.$$

d) Ici : $\frac{ds}{d\theta} = a.\mathrm{e}^{m\theta}\sqrt{1+m^2}$ et $\vec{T} = \frac{1}{\sqrt{1+m^2}}(m\vec{u} + \vec{v})$

La tangente fait bien un angle constant avec le rayon vecteur (on connaît son cosinus et son sinus).

On intègre la première égalité et les abscisses curvilignes sont de la forme :

$$s = a\frac{\sqrt{1+m^2}}{m}\mathrm{e}^{m\theta} + c, \text{ où } c \in \mathbb{R}.$$

6°) a) L'existence de $s \mapsto \alpha(s)$ provient directement du théorème du relèvement. Il existe une fonction $s \mapsto \alpha(s)$, à valeurs réelles, de classe $\mathcal{C}^{k-1}$ telle que pour tout s, $\vec{T} = \vec{u}(\alpha)$. Le réel α est une mesure de l'angle $(\vec{\imath}, \vec{T})$. On peut remarquer que $s \mapsto \alpha$ n'est pas unique, on choisit une détermination continue et on peut lui ajouter une constante multiple entière de 2π, on en déduit alors les formules :

$$\vec{T} = (\cos\alpha)\,\vec{\imath} + (\sin\alpha)\,\vec{\jmath},\ \vec{N} = (-\sin\alpha)\,\vec{\imath} + (\cos\alpha)\,\vec{\jmath}$$

et de plus, $\dfrac{dx}{ds} = \cos\alpha,\ \dfrac{dy}{ds} = \sin\alpha.$

b) Comme $\vec{T}(s) = \vec{u}\big(\alpha(s)\big)$, alors en dérivant par rapport à s :

$$\frac{d\vec{T}}{ds}(s) = \frac{d\alpha}{ds}(s)\vec{v}\big(\alpha(s)\big) = \frac{d\alpha}{ds}(s)\,\vec{N}(s).$$

De la même façon, en omettant le paramètre s : $\vec{N} = \vec{v}(\alpha)$ et donc en dérivant :

$$\frac{d\vec{N}}{ds} = \frac{d\alpha}{ds}\big(-\vec{v}(\alpha)\big) = -\frac{d\alpha}{ds}\,\vec{T}.$$

On remplace $\dfrac{d\alpha}{ds}$ par $\gamma(s)$ et on a les formules demandées. La fonction $s \mapsto \gamma(s)$ est de classe $\mathcal{C}^{k-2}$.

c) On part des relations : $\vec{F}'(t) = \dfrac{d\vec{M}}{dt}(t) = \dfrac{d\vec{M}}{ds}\big(s(t)\big)\,\dfrac{ds}{dt}(t) = \dfrac{ds}{dt}(t)\,\vec{T}\big(s(t)\big)$ et en omettant le paramètre lorsqu'il n'y a pas de confusion possible :

$$\vec{F}'' = \frac{d^2\vec{M}}{dt^2} = \frac{ds}{dt}\,\frac{d}{ds}\Big(\frac{ds}{dt}\,\vec{T}\big(s(t)\big)\Big) = \frac{d^2s}{dt^2}\,\vec{T} + \Big(\frac{ds}{dt}\Big)^2\gamma(s)\vec{N}.$$

On en déduit alors, puisque $\mathrm{Det}(\vec{T}, \vec{T}) = 0$ et $\mathrm{Det}(\vec{T}, \vec{N}) = 1$:

$$x'y'' - x''y' = \mathrm{Det}(\vec{F}', \vec{F}'') = \Big(\frac{ds}{dt}\Big)^3\gamma\big(s(t)\big)\,\mathrm{Det}(\vec{T}, \vec{N}) = \Big(\frac{ds}{dt}\Big)^3\gamma(s)$$

et :

$$\gamma = \frac{\mathrm{Det}(\vec{F}', \vec{F}'')}{\|\vec{F}'\|^3} = \frac{x'y'' - x''y'}{(x'^2 + y'^2)^{3/2}}.$$

En particulier, si le paramétrage est $x \mapsto (x, y) = \big(x, f(x)\big)$, on a $x' = 1, x'' = 0$ et la formule devient : $\gamma = \dfrac{f''(x)}{(1 + f'^2(x))^{3/2}}.$

On applique à la chaînette, en appliquant la formule simplifiée pour une courbe définie par son équation cartésienne. On trouve :

$$\gamma = \frac{\mathrm{ch}\,x}{(1 + \mathrm{sh}^2\,x)^{3/2}} = \frac{\mathrm{ch}\,x}{\mathrm{ch}^3\,x} = \frac{1}{\mathrm{ch}^2\,x}.$$

Remarque

On a au départ arbitrairement choisi un paramétrage de Γ. Un changement de paramétrage admissible, conservant l'orientation, ne change bien entendu pas la valeur de γ au point courant. Ainsi, si $\vec{G}(t) = \vec{F} \circ \varphi(t)$, avec $\varphi'(t) > 0$, alors :

$$\vec{G}'(t) = \varphi'(t).\vec{F}'\big(\varphi(t)\big) \text{ et } \vec{G}''(t) = \varphi''(t)\vec{F}'\big(\varphi(t)\big) + \varphi'^2(t)\vec{F}''\big(\varphi(t)\big),$$

et donc : $\mathrm{Det}(\vec{G}', \vec{G}'') = \varphi'^3\,\mathrm{Det}(\vec{F}' \circ \varphi, \vec{F}'' \circ \varphi)$ et ainsi :

$$\frac{\mathrm{Det}(\vec{G}', \vec{G}'')}{\|\vec{G}'\|^3} = \frac{\varphi'^3\,\mathrm{Det}(\vec{F}' \circ \varphi, \vec{F}'' \circ \varphi)}{\varphi'^3\|\vec{F}' \circ \varphi\|^3} = \frac{\mathrm{Det}(\vec{F}' \circ \varphi, \vec{F}'' \circ \varphi)}{\|\vec{F}' \circ \varphi\|^3}$$

d) Le vecteur $\dfrac{d\vec{T}}{ds}$ est toujours orthogonal au vecteur unitaire $\vec{T} = \dfrac{d\vec{M}}{ds}$ et est nul si et seulement si $\dfrac{d\alpha}{ds} = 0$. Donc la famille $\left(\dfrac{d\vec{M}}{ds}, \dfrac{d^2\vec{M}}{ds^2}\right)$ est une base orthogonale de $\mathbb{R}^2$ si et seulement si $\dfrac{d\alpha}{ds}$ est non nul, c'est-à-dire si et seulement si la courbure en M est non nulle.

e) La notion de birégularité d'un point M de Γ ne dépend pas du paramétrage admissible choisi pour décrire l'arc. Il suffit de reprendre le même procédé qu'à la remarque à la fin de 6) c) :
on pose $G = F \circ \varphi$ et $\text{Det}(\vec{G}', \vec{G}'')$ et $\text{Det}(\vec{F}' \circ \varphi, \vec{F}'' \circ \varphi)$ sont liés par le coefficient φ'^3 qui est non nul. Ces deux déterminants sont donc nuls (resp. non nuls) simultanément.
Un point $M(s)$ d'un arc de classe $\mathcal{C}^k$ avec $k \geqslant 2$ est donc birégulier si et seulement si en ce point $\text{Det}\left(\dfrac{d\vec{M}}{ds}, \dfrac{d^2\vec{M}}{ds^2}\right) \neq 0$, c'est-à-dire si et seulement si $\dfrac{d\alpha}{ds}(s) \neq 0$.
De plus, si l'arc est birégulier, l'application $s \mapsto \alpha(s)$ est de classe $\mathcal{C}^{k-1}$ et vérifie $\alpha'(s) \neq 0$ pour tout s, et α est donc un paramétrage $\mathcal{C}^{k-1}$-admissible.

f) On peut paramétrer l'arc Γ par α (on utilisera abondamment ce paramétrage dans la partie II) et dans ces conditions :

$$\vec{T} = \cos\alpha\,\vec{\imath} + \sin\alpha\,\vec{\jmath} \Longrightarrow \frac{d\vec{T}}{d\alpha} = -\sin\alpha\,\vec{\imath} + \cos\alpha\,\vec{\jmath} = \vec{N}$$

De même : $\dfrac{d\vec{N}}{d\alpha} = -\vec{T}$.

g) On peut bien sûr calculer γ en utilisant une formule équivalente à celle du 6) c) mais adaptée aux équations polaires. Ce n'est pas le but ici puisque il s'agit de priviligier α. On remarque que ρ est de période 2π et la courbe est entièrement décrite pour $\theta \in [-\pi, \pi]$ et $\theta \mapsto a(1 + \cos\theta)\vec{u}(\theta)$ est un arc birégulier pour $\theta \in]-\pi, \pi[$, on est bien dans le cadre de notre étude. On calcule :

$$\frac{d\vec{M}}{d\theta} = -a\sin\theta\vec{u}(\theta) + a(1 + \cos\theta)\vec{v}(\theta) = 2a\cos\frac{\theta}{2}(-\sin\frac{\theta}{2}\vec{u}(\theta) + \cos\frac{\theta}{2}\vec{v}(\theta).$$

On en déduit que $\dfrac{ds}{d\theta} = 2a\cos\dfrac{\theta}{2}$ et donc $s = a\sin\dfrac{\theta}{2}$ en posant $s = 0$ pour $\theta = 0$.
Le vecteur $\vec{T}$ vaut donc :

$$\vec{T} = -\sin\frac{\theta}{2}\vec{u}(\theta) + cos\frac{\theta}{2}\vec{v}(\theta) = \cos(\frac{\theta + \pi}{2})\vec{u}(\theta) + \sin(\frac{\theta + \pi}{2})\vec{v}(\theta)$$

et comme $\vec{u}(\theta) = \cos\theta\,\vec{\imath} + \sin\theta\,\vec{\jmath}$, le vecteur $\vec{T}$ est directement $\vec{u}(\theta + \dfrac{\theta + \pi}{2})$ et on pose $\alpha = \dfrac{3\theta + \pi}{2}$, ce qui est bien un paramétrage admissible, finalement :

$$\gamma = \frac{d\alpha}{ds} = \frac{d\alpha}{d\theta}\frac{d\theta}{ds} = \frac{3}{4a\cos\frac{\theta}{2}}.$$

Partie II

1°) On pose, en utilisant les notations de la partie I, $\alpha = (\vec{\imath}, \vec{T})$, alors :

$$\frac{1}{\gamma} = \frac{ds}{d\alpha} = \frac{1}{k} = R \Longrightarrow s = R(\alpha - \alpha_0),$$

où α_0 est une constante d'intégration. Comme $dx = ds\cos\alpha$ et $dy = ds\sin\alpha$:

$$\begin{cases} x &= R\cos(\alpha - \alpha_0) + x_0 \\ y &= R\sin(\alpha - \alpha_0) + y_0 \end{cases}.$$

Les courbes sont les cercles de rayon R. Ils sont définis à un déplacement près.

2°) Ici $\gamma(s) = 0$, donc $\vec{T}$ est constant, *i.e.* x et y sont des fonctions linéaires de l'abscisse curviligne s et la courbe est une droite. La réciproque est évidente.

3°) Nous écrivons :

$$\frac{d\alpha}{ds} = \gamma(s) = \frac{k}{s} =, \text{d'où } \alpha = k\ln s + \alpha_0,$$

où α_0 est une constante d'intégration, soit :

$$s = \exp(\frac{\alpha - \alpha_0}{k}) \text{ et } ds = \frac{1}{k}\exp(\frac{\alpha - \alpha_0}{k})\, d\alpha.$$

Ici, on pose $z = x + iy$ et :

$$dz = dx + idy = ds(\cos\alpha + i\sin\alpha) = \frac{1}{k}\exp(\frac{\alpha - \alpha_0}{k} + i\alpha)d\alpha$$

ce qui nous permet d'écrire, en intégrant :

$$z = \frac{1}{k}\,\frac{k}{1+ik}\exp(\frac{\alpha - \alpha_0}{k} + i\alpha) + z_0 = \frac{1-ik}{1+k^2}\exp(\frac{\alpha - \alpha_0}{k} + i\alpha) + z_0,$$

où z_0 est une constante d'intégration.

En prenant par exemple $z_0 = 0$ (ce qui revient à choisir l'origine du repère) et en revenant à x et y :

$$\begin{cases} x &= \mathrm{e}^{\frac{\alpha-\alpha_0}{k}} \times \dfrac{\cos\alpha + k\sin\alpha}{1+k^2} \\ y &= \mathrm{e}^{\frac{\alpha-\alpha_0}{k}} \times \dfrac{-k\cos\alpha + \sin\alpha}{1+k^2} \end{cases}.$$

Soit α_1 un des angles défini par $\cos\alpha_1 = \dfrac{1}{1+k^2}$ et $\sin\alpha_1 = \dfrac{k}{1+k^2}$ et posons $\theta = \alpha - \alpha_1$, alors on a : $x = \lambda\cos\theta.\mathrm{e}^{\frac{\theta}{k}}$ et $y = \lambda\sin\theta.\mathrm{e}^{\frac{\theta}{k}}$

On reconnaît une spirale logarithmique de pôle O ($\rho = \lambda.\mathrm{e}^{\frac{\theta}{k}}$).

4°) Puisque $\gamma^{-2} + s^2 = k^2$, pour chaque point M d'abscisse curviligne s, on peut trouver un angle φ tel que $\dfrac{1}{\gamma} = k\cos\varphi$ et $s = k\sin\varphi$ (et la courbe étant supposée de classe $\mathcal{C}^2$, la fonction s est de classe $\mathcal{C}^1$ et on peut choisir φ de sorte que $s \mapsto \varphi$ soit de classe $\mathcal{C}^1$: c'est encore le théoréme du relèvement). On a alors :

$$k\cos\varphi = \frac{ds}{d\alpha} = \frac{ds}{d\varphi}\,\frac{d\varphi}{d\alpha} = k\cos\varphi\frac{d\varphi}{d\alpha}.$$

Ainsi $\dfrac{d\varphi}{d\alpha} = 1$ et quitte à effectuer une rotation des axes, on peut supposer $\alpha = \varphi$.
Nous avons alors :

$$\begin{cases} dx = ds\cos\alpha = k\cos^2\alpha\, d\alpha = \dfrac{k}{2}(1+\cos 2\alpha)\, d\alpha \\ dy = ds\sin\alpha = k\sin\alpha\cos\alpha d\,\alpha = \dfrac{k}{2}\sin 2\alpha\, d\alpha \end{cases}$$

et en intégrant $\begin{cases} x - x_0 = \dfrac{k}{4}(2\alpha + \sin 2\alpha) \\ y - y_0 = -\dfrac{k}{4}\cos 2\alpha \end{cases}$

Quitte à changer l'origine du repère, on peut supposer $x_0 = 0$ et $y_0 = \dfrac{k}{4}$ (pour que y reste positif). En posant $t = 2\alpha$, nous en déduisons une représentation paramétrique d'une des courbes solutions :

$$\begin{cases} x = \frac{k}{4}(t + \sin t) \\ y = \frac{k}{4}(1 - \cos t) \end{cases}$$

Il s'agit d'une portion de cycloïde, t variant, par exemple, dans $]-\pi, \pi[$ (il ne faut pas que $\cos\alpha$, *i.e.* $\cos\varphi$ soit nul !)

Partie III

1°) $\vec{F}$ étant périodique, $\vec{F}'$ et $\vec{F}''$ le sont aussi. Donc :

$$\gamma = \frac{\mathrm{Det}(\vec{F}', \vec{F}'')}{\|\vec{F}'\|^3}$$

est une fonction périodique, dont L est une période et de classe $\mathcal{C}^1$.
γ est de classe $\mathcal{C}^1$ sur le compact $[0, L]$, cette fonction admet un maximum absolu M et un minimum absolu m et deux cas se présentent :

$\star$ $m = M$, alors γ est constante et il y a beaucoup de points où γ' est nulle !

$\star$ $m \neq M$, alors m et M sont atteints en des points distincts c et d et comme il s'agit en fait d'extremums sur $\mathbb{R}$, en ces points γ' est nulle.

La courbe Γ admet donc deux sommets au moins.

2°) En effectuant, dans chaque cas, une intégration par parties, x et y étant au moins de classe $\mathcal{C}^1$ et $\frac{d\gamma}{ds}$ étant continue sur $[0, L]$:

$$\int_0^L \frac{d\gamma}{ds}(s).x(s)\,ds = \big[\gamma(s)x(s)\big]_0^L - \int_0^L \gamma(s)x'(s)\,ds = -\int_0^L \gamma(s)x'(s)\,ds,$$

l'expression entre crochets étant nulle à cause de la périodicité.
De même :

$$\int_0^L \frac{d\gamma}{ds}(s)y(s)\,ds = \big[\gamma(s)y(s)\big]_0^L - \int_0^L \gamma(s)y'(s)\,ds = -\int_0^L \gamma(s)y'(s)\,ds.$$

De plus, le paramétrage étant normal, on a $\vec{F}'(s) = \vec{T}(s) = x'(s)\,\vec{\imath} + y'(s)\,\vec{\jmath}$, où $\vec{T}(s)$ est le vecteur unitaire tangent à la courbe orienté Γ au point $M = \vec{F}(s)$.
Si $\vec{N}(s)$ est le vecteur déduit de $\vec{T}(s)$ par une rotation de $\frac{\pi}{2}$, on sait que l'on a : $\frac{d}{ds}\vec{N}(s) = -\gamma(s)\vec{T}(s)$ [cf. les formules de Frenet établies à la question I 6) b)].
Il en résulte :

$$\forall s, -\gamma(s)\vec{F}'(s) = -\gamma(s)\vec{T}(s) = \frac{d}{ds}\vec{N}(s).$$

$$\int_0^L \vec{\Psi}(s)\,ds = \int_0^L \gamma'(s)\vec{F}(s)\,ds = -\int_0^L \gamma(s)\vec{T}(s)\,ds = \int_0^L \frac{d}{ds}\vec{N}(s)\,ds$$

$$= \vec{N}(L) - \vec{N}(0) = \vec{0}.$$

Ce qui donne la nullité des intégrales de chaque coordonnées de Ψ.

3°) a) Supposons que la courbe Γ n'ait que deux sommets M_1 et M_2 et fixons le repère comme indiqué dans le texte. Comme Γ est strictement convexe, la partie de la courbe correspondant à $s \in]0, m_2[$ est placée strictement au dessous de la

corde M_1M_2, c'est-à-dire au dessous de l'axe des abscisses $(y(s) < 0)$, tandis que la partie de la courbe correspondant à $s \in]m_2, L[$ est située au dessus de l'axe des abscisses $(y(s) > 0)$.
De plus γ' est strictement positive sur $]0, m_2[$ et strictement négative sur $]m_2, L[$ (la fonction γ est minimale en 0, maximale en m_2 et sa dérivée n'est jamais nulle entre ces deux valeurs, même technique entre m_2 et L).
Ainsi le produit $\gamma'(s)y(s) = \gamma'(s)\vec{F}(s) \cdot \vec{\jmath}$ est strictement négatif sur $]0, m_2[$ et aussi strictement négatif sur $]m_2, L[$.

Or : $$\int_0^L \frac{d\gamma}{ds}\vec{F}(s) \cdot \vec{\jmath} ds = \vec{\jmath} \cdot \int_0^L \frac{d\gamma}{ds}\vec{F}(s)\, ds = \vec{\jmath} \cdot \int_0^L \vec{\Psi}(s)\, ds = 0$$

Ainsi, on aurait trouvé une fonction continue, strictement négative sur le segment d'intégration, sauf en trois points $(0, m_2, L)$ et d'intégrale nulle : ce n'est pas raisonnable et notre hypothèse :« il n'y a que deux sommets » est absurde.

b) Supposons maintenant qu'il n'y ait que trois sommets : les deux sommets précédents, de paramètres $m_1 = 0$ et m_2 et un troisième sommet de paramètre $m_3 \in]0, L[\setminus\{m_2\}$. La dérivée γ' est nulle en m_3, mais γ' ne change pas de signe en traversant m_3 :
En effet, supposons par exemple $0 = m_1 < m_3 < m_2$, alors, comme 0 correspond à un minimum, γ' est positive entre 0 et m_3 et si elle changeait de signe en traversant m_3, elle serait positive entre m_3 et m_2 et donc m_2 ne correspondrait pas à un minimum ! Le raisonnement est le même si m_3 est entre m_2 et L.

Le raisonnement fait en a) est donc encore valable : $\gamma'(s)y(s)$ est strictement négatif sur $]0, m_2[\ \setminus\{m_3\}$ et strictement négatif sur $]m_2, L[$, la nullité de l'intégrale est encore impossible et donc notre hypothèse est absurde.

En conclusion Γ admet au moins quatre sommets.

4°) Une ellipse est bien une courbe fermée simple convexe, régulière et elle est de classe $\mathcal{C}^\infty$. On a, en appliquant la formule de I 6) c) :
$$\gamma(t) = ab(a^2 \sin^2 t + b^2 \cos^2 t)^{-3/2}.$$
et on a : $ds = \sqrt{a^2 \sin^2 t + b^2 \sin^2 t}\, dt$
D'où :
$$\frac{d\gamma}{ds} = \frac{d\gamma}{dt}\frac{dt}{ds} = -\frac{3}{2}\, ab(a^2 - b^2)(a^2 \sin^2 t + b^2 \cos^2 t)^{-3} \sin(2t)$$
Ainsi γ' s'annule aux points qui correspondent aux paramètres t tels que l'on ait $\sin 2t = 0$: les sommets de l'ellipse sont les points de paramètres $t = k\pi/2$, c'est-à-dire les intersections de l'ellipse avec ses axes (cela tombe bien, car ces points sont appelés les sommets de l'ellipse ! !)

5°) Si tous les points sont des sommets, $\gamma(s)$ est une constante. On retrouve le cas étudié en II 1) : il s'agit des cercles.

Partie IV

1°) Nous avons : $\displaystyle\int_0^{2\pi} x(s)ds = \int_0^{2\pi} y(s)ds = 0$, par définition du centre de gravité.

Comme f est un paramétrage normal : $\|\vec{F}'(s)\|^2 = 1 = x'^2(s) + y'^2(s)$.

2°) L'aire de Δ vaut $M = \displaystyle\iint_\Delta dxdy$.

En appliquant la formule de Green-Riemann, cette aire est égale à $\displaystyle\int_0^L x(s)y'(s)\,ds$, en supposant l'abscisse curviligne s choisie de sorte que la courbe Γ orientée soit telle que Δ soit « à gauche » de Γ.

3°) On a :

$$2\pi - 2M = \int_0^{2\pi} ds - 2\int_0^{2\pi} x(s)y'(s)\,ds = \int_0^{2\pi} (x'^2(s) + y'^2(s) - 2x(s)y'(s))\,ds$$
$$= \int_0^{2\pi} (x'^2(s) - x^2(s))\,ds + \int_0^{2\pi} (x(s) - y'(s))^2 ds.$$

4°) D'après le lemme admis, le premier terme du second membre de la dernière égalité est positif ou nul, le deuxième l'est aussi (par positivité de l'intégrale) et on en déduit que la longueur de Γ qui est 2π est supérieure ou égale à deux fois l'aire de Δ. D'où en multipliant par 2π :

$$L^2 \geqslant 4\pi M$$

5°) Il y a égalité dans l'inégalité précédente si et seulement si les deux intégrales sont nulles, soit :

$$\int_0^{2\pi} (x'^2(s) - x^2(s))\,ds = 0 \text{ et } \forall s \in [0, 2\pi], x(s) = y'(s).$$

Toujours d'après le lemme admis, on a donc : $x(s) = a\cos s + b\sin s$ et la seconde égalité donne alors : $y(s) = a\sin s - b\cos s + c$. Comme l'origine est le centre de gravité de Γ, on a $c = 0$ et la courbe Γ est un cercle de centre O (et de rayon $\sqrt{a^2 + b^2}$). La réciproque est évidente.

Commentaires

A. *Le théorème que l'on établit dans la partie III s'appelle* ***théorème des quatre sommets****. On a montré que toute courbe du type choisi a au moins quatre sommets. Elle peut en avoir une infinité (cf. cercles) comme un nombre supérieur ou égal à 4 (si vous n'arrivez pas à dormir, vous pouvez prendre la courbe définie en polaires par $1/r = n^2 - 1 + \cos n\theta$, avec $n \geqslant 2$, et montrer qu'elle possède $2n$ sommets après avoir prouvée qu'elle est fermée simple).*

B. *Le résultat admis dans la question IV-4 porte le nom de* ***lemme de Wirtinger****. Sa démonstration n'est pas excessivement compliquée mais repose sur le développement en série de Fourier d'une fonction 2π-périodique et sur l'égalité de Parseval, ce qui est un grand classique de la seconde année mais bien entendu inabordable pour l'instant.*

C. *L'inégalité démontrée dans la partie IV porte le nom d'* ***inégalité isopérimétrique****. Il existe une version spatiale de celle-ci, ce qui explique pourquoi les bulles de savon sont sphériques, mais la démonstration est beaucoup plus délicate.*

Aubin Imprimeur
LIGUGÉ, POITIERS

Achevé d'imprimer en mars 2004
N° d'impression L 66540
Dépôt légal mars 2004 / Imprimé en France